发现大油气田

杜金虎 张 健 张义杰 杨海军
郭绪杰 唐 勇 汪立群 袁庆东 著

石油工业出版社

图书在版编目（CIP）数据

发现大油气田 / 杜金虎等著 . —北京：石油工业出版社，2018.11

ISBN 978-7-5183-3082-9

Ⅰ. ①发… Ⅱ. ①杜… Ⅲ. ①大油气田 – 油气田开发 – 中国 Ⅳ. ① TE3

中国版本图书馆 CIP 数据核字（2018）第 283589 号

出版发行：石油工业出版社

（北京安定门外安华里 2 区 1 号　100011）

网　　址：www.petropub.com

编辑部：(010)64523543　　图书营销中心：(010)64523633

经　　销：全国新华书店

印　　刷：北京中石油彩色印刷有限责任公司

2018 年 12 月第 1 版　2018 年 12 月第 1 次印刷

889×1194 毫米　开本：1/16　印张：16.25

字数：330 千字

定价：160.00 元

（如出现印装质量问题，我社图书营销中心负责调换）

版权所有，翻印必究

前　言

新中国成立以来，中国石油在中国共产党的坚强领导下，以陆相石油地质理论为指导，以战天斗地的豪迈气概，发扬"爱国、创业、求实、奉献"的大庆精神，举全国之力，经过长期的艰苦探索，先后发现了克拉玛依、大庆、胜利、大港、辽河、华北、塔里木等一个又一个大油田，油气储量产量稳定增长。1978年，全国原油产量达到1亿吨，甩掉了"贫油"的帽子，1999年原油产量1.6亿吨，天然气产量244亿立方米，为国民经济的发展做出了重要贡献。

进入21世纪，随着油气勘探工作的不断深入，国内陆上主要含油气盆地、传统的找油领域勘探程度越来越高，勘探难度越来越大。中国石油以国家能源安全为己任，大力实施资源为王战略，采取了一系列革命性的重大举措，持续加大勘探投入，持续加大综合地质研究，持续加大工程技术攻关，持续加大新区新领域风险勘探，油气勘探取得一系列具有战略意义的重大突破，发现了以安岳、克深、玛湖三个10亿吨级特大油气田为代表的一批大油气田，油气储量连续13年超过10亿吨油当量规模增长，成为我国油气勘探史上成果最丰富、发现储量最多、储量增长高峰期持续时间最长的时期之一，为中国石油原油产量持续上升、天然气产量快速增长奠定了扎实的储量资源基础。

在一个历经几十年规模勘探的老探区，油气勘探还能取得如此之多的战略发现，油气储量竟然连续十多年的持续高位增长，不能不说是一个奇迹。每一个奇迹，都是中国石油勘探历史上精彩的经典之作；每一个奇迹，都具有划时代的里程碑意义；每一个奇迹，都凝聚着几代勘探人的心血和汗水；每一个奇迹，都是勘探家们集体智慧的结晶；每一个奇迹，更是一本充满辩证思维的勘探哲学教材。奇迹的创造既得益于中石油党组对勘探工作的高度重视，股份公司管理层对勘探战略的宏观把握，勘探系统领导层对勘探工作的科学决策，也得益于地质认识的不断深化，工程技术的持续进步，更得益于风险勘探机制重大创新，勘探找油人锲而不舍的执着探索。

  笔者出生在中国西北黄土高原偏僻的小山村，1979年考入成都地质学院，实现了走出大山的人生第一个梦想。1983年毕业分配到华北油田，从此便踏上了"我为祖国献石油"的光荣之旅。2004年以来任勘探与生产公司副总经理，主管油气勘探，作为这一时期理论技术攻关的组织者，风险勘探的主持者，战略发现的贡献人，亲历、参与、见证了这些"巨著"的创作历程，那艰苦卓绝、跌宕起伏的探索之旅，那久攻不克、锲而不舍的执着与坚持，那屡战屡败、屡败屡战的失落与迷茫，那"华山论剑"、激烈碰撞的靶场，那激动人心、震耳欲聋发现春雷，那把酒言欢、不醉不休的庆典场景，那气势宏伟、波澜壮阔的开发现场，那无比自豪、无比自信的帅气神情，那获得感、成就感、归属感，那实现初心、不辱使命的幸福感，一幕幕，一段段，一个个时常映入眼帘，浮现在脑海，闪现在梦境，总是让人感慨万千，总是让人不能忘怀，总是让人难以平静！总有一种强烈的愿望，编写一本"连环画"，再现这些大油气田的发现，书名就叫《发现大油气田》。但限于时间和精力，只遴选了"四川盆地安岳古老海相碳酸盐岩特大气区""塔里木盆地克拉苏超深层特大气田""准噶尔盆地玛湖砾岩特大油气田""柴达木盆地英西湖相碳酸盐岩油气田"四个典型战例，以此作为缩影，奉献给多年来一直关心、关爱、支持、帮助勘探和我的领导、专家、同仁、学者，完成自己勘探人生一大夙愿！

  本书的编写，力求实事求是，实话实说，历史客观，真实再现；突出勘探思路的转变，突出地质认识的深化，突出勘探技术的进步，突出勘探将士的集体智慧；辩证分析历史，客观描述过程；力求文字简练，图文并茂，通俗科普，在"信息爆炸"的岁月里不过多浪费大家宝贵的时间，力求战例的故事化、普通化、情景化，以探索过程时间为序展开，理论技术成果随后集中深度展现，满足各类读者的"胃口"，每个战例基本都按照几上几下艰难探索、风险勘探战略突破、宏观把握整体评价、理论创新技术进步的层次格架展开。希望本书成为勘探同仁的共同回味，大学教授的实战教案，找油后来人的良师益友。更希望该专著能成为找油人发现大油气田的"金钥匙"，助推中国石油年年都有大发现，为保障国家能源安全做出更大的贡献。

专著编写由笔者总策划、总编纂，几易编写提纲，反复逐字审稿，最后统稿定稿，中国石油勘探与生产公司郭绪杰，中国石油勘探开发研究院张义杰、袁庆东，西南油气田公司的张健、张玺华、杨山、马奎，新疆油田公司唐勇、郭文建、瞿建华，塔里木油田公司杨海军、李勇、周露，青海油田公司汪立群、姜营海参与了部分章节的编写。

在本书的编写过程中，还得到了中国石油天然气集团有限公司侯启军副总经理、股份有限公司李鹭光副总裁，以及高瑞祺、何海清、徐春春、沈平、田军、王清华、支东明、雷德文、张道伟、马达德、胡素云、李建忠、李国欣、易士威等专家、教授的支持和帮助，再次一并致以衷心的感谢！

限于水平，书中不当之处，敬请批评指正！

杜金虎

2018.12

目 录

第一章 四川盆地安岳古老海相碳酸盐岩特大气区的发现 …………………… 1

    第一节 三上威远启征途 半世纪砥砺前行 …………………………………… 3

    第二节 风险勘探谋突破 高石1井定乾坤 …………………………………… 14

    第三节 科学部署三战役 万亿规模绘新篇 …………………………………… 28

    第四节 理论突破攀高峰 科技创新筑梦圆 …………………………………… 57

第二章 塔里木盆地克拉苏超深层特大气田的发现 ……………………………… 71

    第一节 锲而不舍迎挑战 四面征战谋突破 …………………………………… 73

    第二节 厉兵秣马迎挑战 风险勘探绘宏图 …………………………………… 85

    第三节 披坚执锐攻极限 三大战役迎辉煌 …………………………………… 100

    第四节 深层气田发现史 理论技术创新史 …………………………………… 119

第三章 准噶尔盆地玛湖砾岩特大油气田的发现 ………………………………… 137

    第一节 初战玛湖当头棒 爱恨砾岩更痴狂 …………………………………… 140

    第二节 再战玛湖换思路 夏子街上响春雷 …………………………………… 145

    第三节 乘胜追击频报捷 北部喜现满凹油 …………………………………… 158

    第四节 类比升华启新征 南部油区轮廓清 …………………………………… 173

    第五节 认识技术双突破 玛湖蓝图沥胆成 …………………………………… 181

第四章　柴达木盆地英西湖相碳酸盐岩油气大发现 ………………………… 195

第一节　初探英西获发现　艰苦探索遇坎坷 ………………………… 197

第二节　山地地震显神威　精雕细刻助突破 ………………………… 210

第三节　创新认识阔征途　峰回路转定乾坤 ………………………… 221

第四节　几番探索现真相　千吨油龙吐宝藏 ………………………… 231

第五节　井筒技术巧施力　加快节奏谱新篇 ………………………… 242

第一章 四川盆地安岳古老海相碳酸盐岩特大气区的发现

四川盆地是世界上最早开采利用天然气的地方,也是中国天然气工业的摇篮。震旦系—寒武系古老海相碳酸盐岩形成5.7亿年前,是四川盆地时代最古老、分布广泛的碳酸盐岩层系,厚度达2000~3000m,面积超过$20\times10^4m^2$。20世纪中叶,黄汲清等老一辈地质学家率领威远油气勘探队开启了四川盆地震旦系—寒武系大气田发现之旅,探明威远气田$400\times10^8m^3$储量。半个多世纪历经了对盆地边缘地面构造、古隆起周缘构造、古隆起高部位资阳古圈闭及古隆起东段的艰难探索,均未获重大突破,久攻不克。古老碳酸盐岩能否形成规模资源?古老碳酸盐岩是否发育规模储层?古隆起现今低部位能否规模成藏?古老碳酸盐岩如何突破技术瓶颈?四大难题困扰了几代勘探家,勘探面临挑战前所未有!

2005年,中国石油创新实施风险勘探机制,转变思路,再启征程,由构造勘探转向岩性—地层勘探,由单一层系转向多层系立体勘探,聚焦古隆起与现今构造叠合发育区,强化古老碳酸盐岩优质储层发育规律研究,锁定勘探突破口,终于在2011年迎来了振奋人心的重大新发现——位于古隆起现今构造低部位的风险探井高石1井、磨溪8井相继获日产超百万立方米高产工业气流,中国石油人取得了震旦系—寒武系勘探的历史性突破!风险勘探获突破后,通过产学研联合攻关,分三个阶段科学评价整体部署,仅1年探明了我国单体储量规模最大的海相碳酸盐岩整装气藏——磨溪龙王庙组气藏,仅4年基本控制超万亿立方米特大气田的规模。截至2018年,安岳气田探明储量$8500\times10^8m^3$,三级储量超$1.4\times10^{12}m^3$。安岳气田的发现实现了几代石油人的大气田梦想,开创了我国深层古老碳酸盐岩油气勘探新纪元。

磨溪龙王庙组构造—岩性气藏具有"两大、两高、三好"特点:含气面积大,气藏面积达$803km^2$;储量规模大,探明储量达$4403.83\times10^8m^3$;气井产量高,平均单井测试产

量 $117×10^4m^3/d$；气藏压力高，平均压力系数达 1.65；天然气气质好，甲烷含量 96% 以上；勘探效益好，储量发现成本低；试采效果好，已建成 $110×10^8m^3/a$ 产能，累计产气超过 $300×10^8m^3$。震旦系灯影组四段岩性—地层气藏具有"整装规模、常压高产、优质高效"的特点：台缘带整装富集含气，探明地质储量 $4083.96×10^8m^3$；气藏属于超深层、高温、常压气藏，产层中部地层压力 56.6MPa，气藏压力系数 1.06～1.13，气藏中部温度 155.7℃；气井产量高，平均单井测试气产量 $50×10^4m^3/d$；天然气质量优，试采效果好，安岳气田震旦系灯影组累计产气 $15×10^8m^3$。

安岳大气田的战略发现经历了半个世纪的峥嵘岁月，五十余载的艰苦奋斗，是一部科学理论创新史，更是中国石油人不忘初心、不负使命的真实写照。其发现过程经历过"三上威虎山""欲与天公试比高"拿下威远气田的万丈豪情；也有"雄关漫道真如铁"的风雨兼程；还有"昨夜西风凋碧树"的挑战和迷茫，更有"众里寻他千百度"大气藏究竟在何方的世纪之问。最终中国石油人以"路虽远行则必至，事虽难做之必成"的勇气、锐气和决心取得了安岳特大型气田的战略发现。

安岳气田的发现对我国乃至世界古老碳酸盐岩油气勘探提供了宝贵的经验！像这样的高效大型油气藏，安岳不是唯一，也不是最后一个。矢志坚持，锐意创新，我们必将能打开更多优质油气藏之门，为我国石油天然气工业发展持续做出新的贡献。

第一节 三上威远启征途 半世纪砥砺前行

一、三上威远初告捷，大气田梦启征途

四川盆地古老碳酸盐岩油气勘探始于20世纪40年代：1940年钻探威1井，于二叠系阳新统完钻，仅获微气；1956年钻探威基井，未获工业气流；1964年，加深威基井，灯影组顶部中途测试日获气（7.98~14.5）×$10^4 m^3$。"三上威虎山"，历经24年艰苦探索，震旦系首次获得勘探突破，引起党和国家领导人高度重视。1965年，石油工业部响应中央"三线建设"号召，组织了6000余人，进行轰轰烈烈的"威远石油会战"（图1-1）。时任国务院副总理邓小平同志视察威远气田，批示："这里是全国气田会战之地，搞得如此红火，地处农村不在城市，干脆就叫'红村'吧"（图1-2）。威远气田的勘探，最终12口探井获气，探明含气面积216km^2，地质储量400×$10^8 m^3$，发现我国第一个大型海相整装气田（图1-3），为中国天然气工业发展贡献了力量。

威远气田以震旦系灯影组为主要目的层，气藏类型为构造气藏，气藏具统一底水，充满度低，仅为圈闭25%。威远气田的发现极大地拓宽了勘探视野，激发了勘探者们的信心，拉开了四川盆地震旦系天然气勘探的序幕。

图1-1 威远县新场镇红村召开"石油大会战誓师大会"（1965年）

发现大油气田

图1-2　邓小平同志视察威远气田（1965年；据《当代石油工业（1985—2005）》）

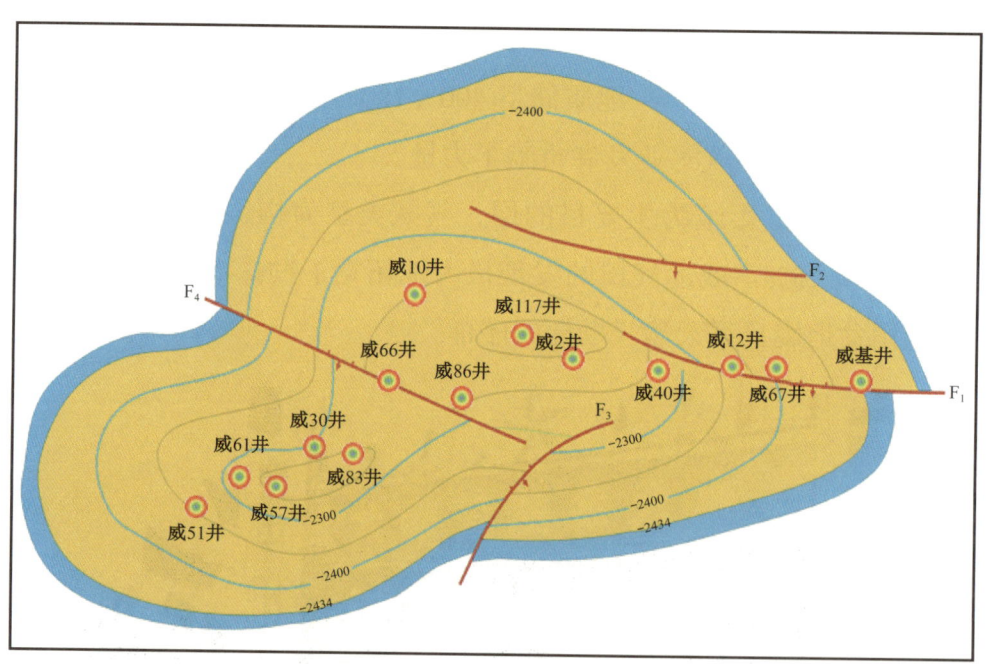

图1-3　威远构造震旦系顶界地震反射构造简图（1965年）

二、认识技术双受限，早期勘探收获浅

探索盆缘地面构造无功而返　根据威远气田构造控藏的认识和当时的钻机能力，自1966年起，以震旦系为目的层，首先对盆地周边的大两会、曾家河以及长宁等面积较大、

埋藏较浅的地面背斜构造开展钻探工作，部署6口探井（天1、曾1、宁1、宁2、强1、会1井），但6口探井均产水（图1-4）。其中，1971年完钻的宁2井在震旦系钻遇特厚盐岩层；1971年完钻的曾1井与强1井钻遇灯影组时均发生特大井漏，证实具有良好的储集性能。通过第一轮盆缘地面构造探索，认识到盆地周缘构造保存条件差，油气受后期严重破坏，震旦系勘探领域要从盆地边缘回归至盆地内部。

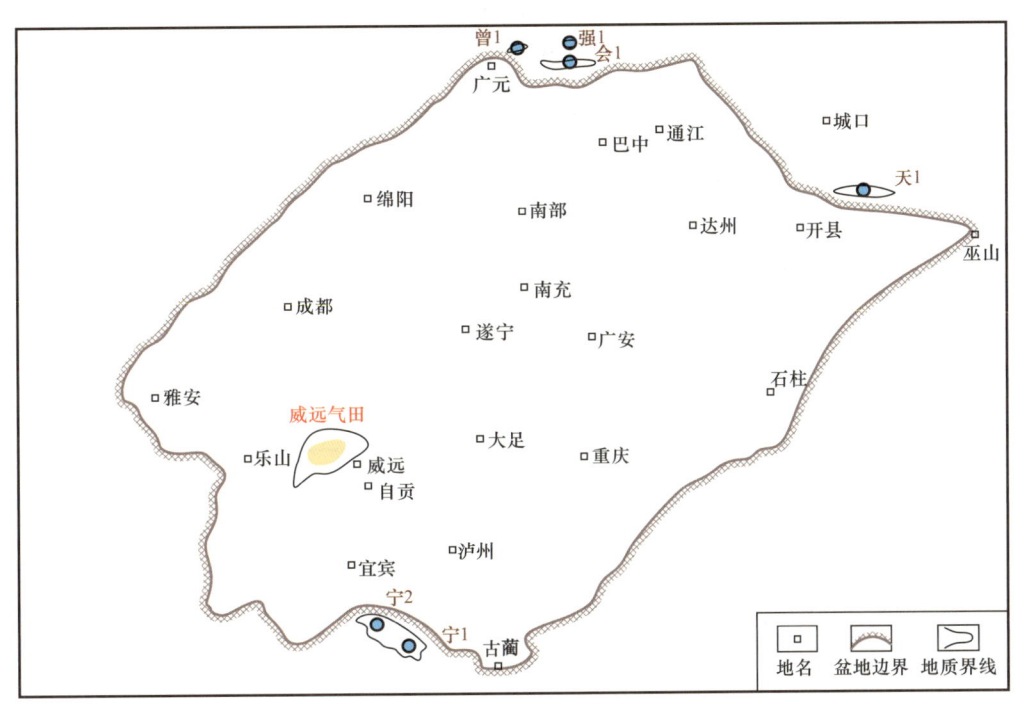

图1-4　四川盆地周边地面构造探索阶段井位部署图（1966—1972年）

探索川中古隆起周缘构造空手而归　20世纪70年代初，勘探者们综合分析重力、磁力、威远钻井成果及地震普查资料，认为盆地加里东期存在大型古隆起，面积达 $6.25 \times 10^4 km^2$，约占盆地面积三分之一，轴部沿雅安、遂宁、南充一线，古隆起高部位整个下古生界遭到不同程度的剥蚀。并命名为乐山—龙女寺古隆起（川中古隆起）。

古隆起的发现为勘探指引了新方向，鉴于当时的地震勘探技术仅限于落实埋藏较浅的构造，且钻机钻探能力有限，按照构造勘探思路，围绕川中古隆起及周边地区，选择埋藏较浅构造圈闭部署4口探井，自深1、窝深1、老龙1、宫深1井（图1-5）其中，自深1井震旦系钻遇储层厚度30m；窝深1井震旦系钻遇储层厚度200余米，钻井液漏失200余立方米，展现出一定的储渗能力；宫深1井震旦系钻遇储层厚度近百米，储渗条件良好；老龙1井震旦系取心131m，岩心段发育裂缝—孔洞型储层，由于保存条件较差导致均产水，完井试气均获高产水层（表1-1）。

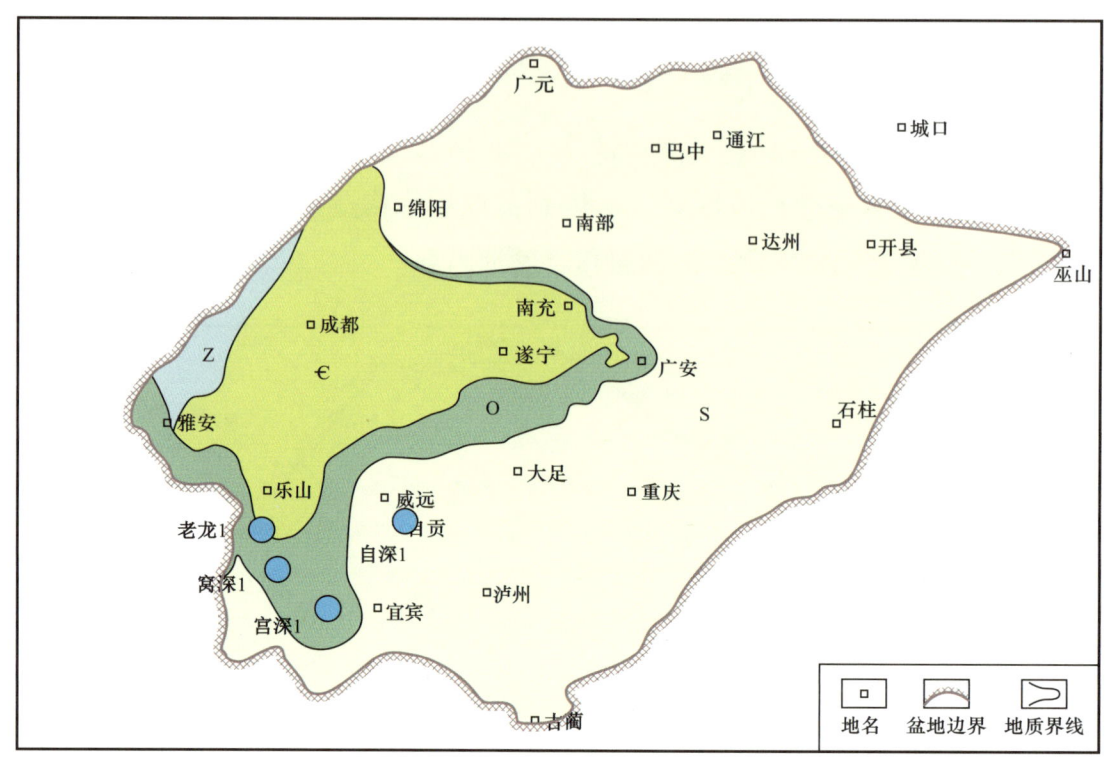

图1-5 四川盆地川中古隆起周缘勘探阶段井位部署图（1970—1990年）

表1-1 古隆起周缘构造钻井测试情况表

井号	构造位置	完钻时间	完钻层位	完钻井深（m）	测试成果	
					测试层段	水产量（m³/d）
自深1	古隆起下斜坡	1980年2月	Z_2dn_2	5533.5	Z_2dn_{3-4}	111.88
窝深1	古隆起上斜坡	1985年11月	Z_2dn_1	5880	Z_2dn_{1-2}	69.41
老龙1	古隆起顶部	1988年1月	基底	3785	Z_2dn_3	104.95
宫深1	古隆起下斜坡	1988年1月	Z_2dn_2	4980	Z_2dn_{2-3}	400.24

探索资阳古圈闭收效甚微 古隆起周缘部署的4口探井铩羽而归，揭示了古隆起南斜坡晚期构造保存条件较差。20世纪90年代新一轮勘探把目标指向古隆起顶部及上斜坡带，研究认为资阳地区发育印支期古圈闭，早期成藏条件优越。1993—1996年对位于古隆起高部位的资阳古圈闭进行勘探，部署钻井7口（图1-6），获工业气井3口，干井1口，水井3口（表1-2），发现了资阳含气构造，获得天然气控制储量$102 \times 10^8 m^3$，预测储量$338 \times 10^8 m^3$。资阳含气构造投产不到半年，气井即被水淹。钻后分析认为，资阳古圈闭气藏为残余型气藏，后期被调整，保存条件差是其失利的主要因素。

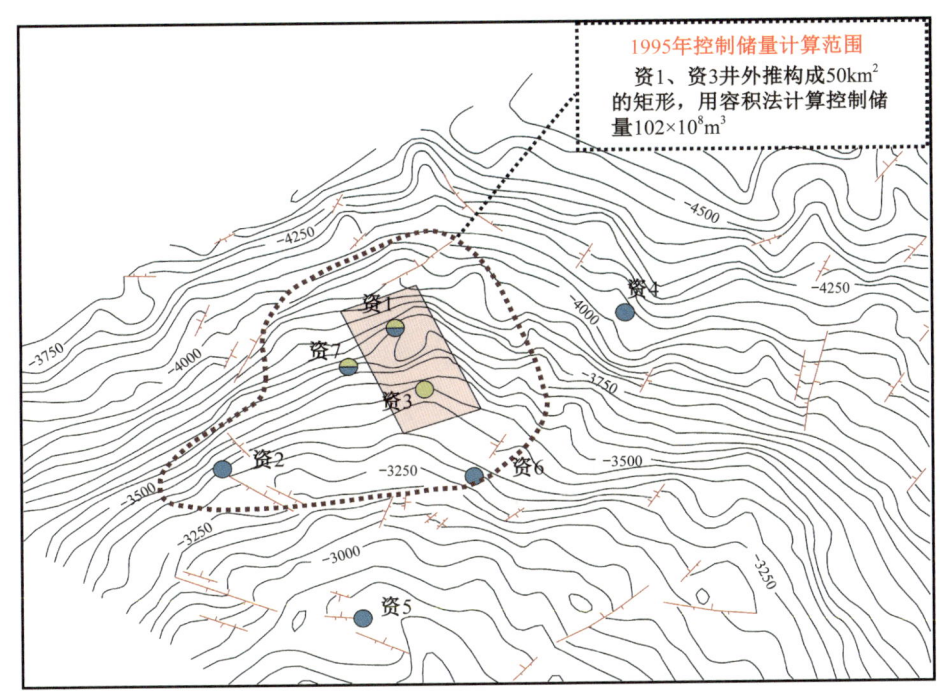

图1-6 资阳地区震旦系顶界构造图（据1996年资料，2018年清绘）

表1-2 资阳古圈闭钻井测试情况表

井号	完钻时间	完钻层位	完钻井深（m）	测试层段	测试成果 天然气产量（$10^4 m^3/d$）	水产量（m^3/d）
资1井	1993年9月	Z_2dn_1	4535	Z_2dn_{2+3}	5.33	86
资2井	1994年8月	Z_2dn_2	3810	Z_2dn_{2+3}	微气	5.55
资3井	1994年4月	Z_2dn_2	3920	Z_2dn_{2+3}	11.5	—
资4井	1995年1月	Z_2dn_2	4590	Z_2dn_{2+3}	微气	65.54
资5井	1996年11月	Z_2dn_2	3430	Z_2dn_{2+3}	—	62.15
资6井	1996年8月	Z_2dn_2	3804	Z_2dn_{2+3}	0.26	122.6
资7井	1995年12月	Z_2dn_2	4000	Z_2dn_{2+3}	9.74	377

三、古隆起东段初探，三次擦肩留遗憾

除对古隆起高部位的资阳古圈闭进行勘探外，20世纪70—90年代对古隆起东段的高石梯—磨溪地区也进行了长期的探索，先后部署女基井、安平1井和高科1井（图1-7）。由于地质认识不充分和工程技术不完善导致三口探井均未获得工业气流（表1-3），三次与万亿立方米大气田的发现擦肩而过。

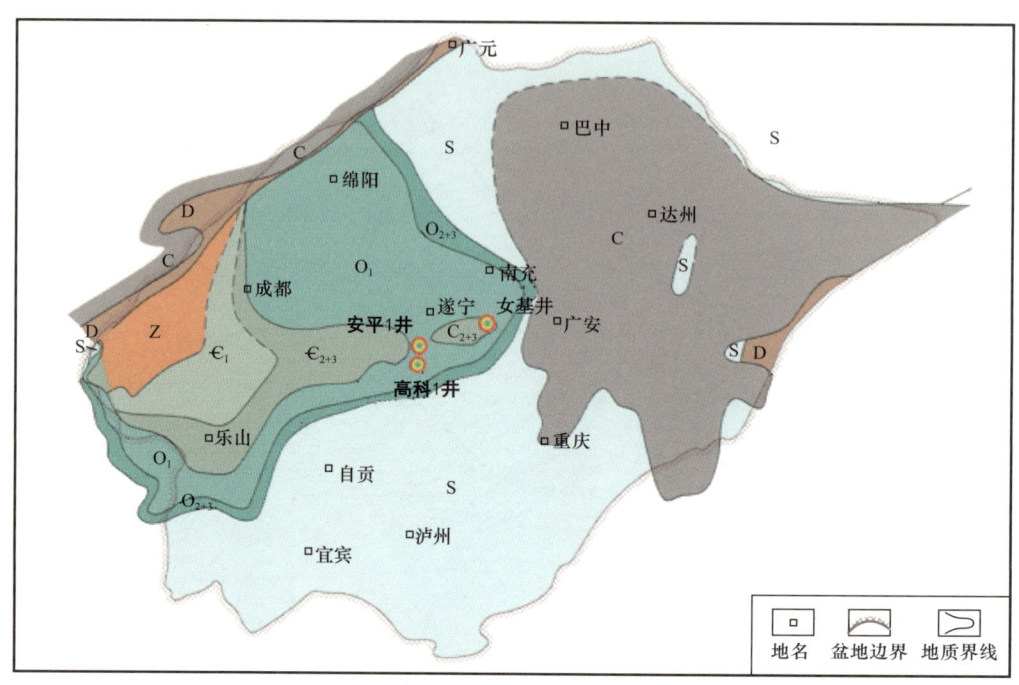

图1-7 四川盆地川中古隆起东段勘探阶段井位部署图（1990年）

表1-3 古隆起东段探井钻井测试情况

井号	局部构造位置	开、完钻时间	完钻层位	完钻井深（m）	测试结果（气 $10^4 m^3/d$，水 m^3/d）
女基井	龙女寺构造顶部	1971年8月—1976年2月	Z	6011	Z：气1.85
安平1井	安平店潜伏构造	1991年6月—1993年10月	Z	5520	Z：0.2486
高科1井	高石梯潜伏构造	1998年7月—1999年8月	Z	5480	Z（中测）：0.7

女基井首次擦肩 女基井是我国第一口超深层基准井，其钻探目的是为了获取川中二叠系—震旦系的完整地层剖面，查明其含油气情况。原石油工业部将国内仅有从罗马尼亚进口的7000m钻机投放到四川实施钻探。该井揭示了四川盆地发育18套含油气层系，堪称中国石油钻井工业的里程碑。1976年女基井钻至井深6011m（进入基岩37m）完钻，该井长达7年的漫长岁月，深深印在钻井队员的青春韶华里，他们用最美好的时光在艰苦的井队上书写着自己恋爱、结婚、生子的人生历程，也书写着女基井日益加深钻至基岩的艰难历程，他们的青春在坚实的岩石上开出奉献之花。

该井首次取得盆地侏罗系到基底的完整地层剖面，证实古隆起向川中地区延伸，并且在灯影组试油获气 $1.85×10^4 m^3/d$，初步认识到古隆起低部位对震旦系油气聚集可能有控制作用。但为了安全顺利钻进，使用钻井液密度（钻井液密度1.85g/cm³）过大，导致原洗象池组底部（现龙王庙组）无油气显示，进而未对该层段开展测井评价工作

（图1-8）。同时，由于前期勘探主要聚焦在灯影组，受地层划分、对比及认识限制，未认识到龙王庙组这一重要勘探领域，因此未决定对原洗象池组（现龙王庙组）试油。

35年后，在距女基井5km处部署了磨溪23井，龙王庙组油气显示良好，出现1次气测异常和1次井漏。测井解释储层厚度28m，气层厚度23.5m（图1-9），经过射孔酸化，获测试产量$114.41 \times 10^4 m^3/d$。磨溪23井与女基井相距仅5km，发现之路却走了35年，擦肩而过的百万立方米高产，折射出勘探家们艰难探索的曲折历程。

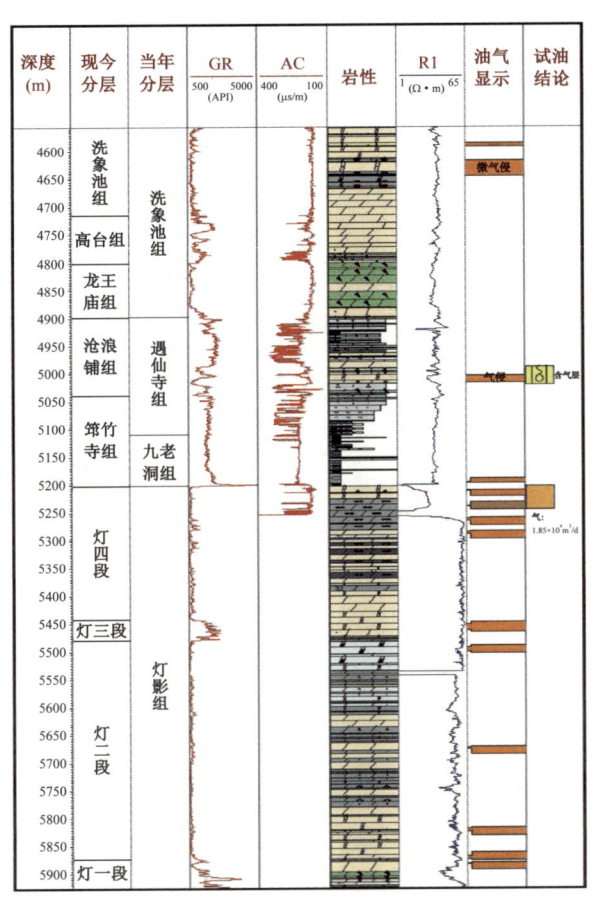

图1-8 女基井下古生界—震旦系综合柱状图

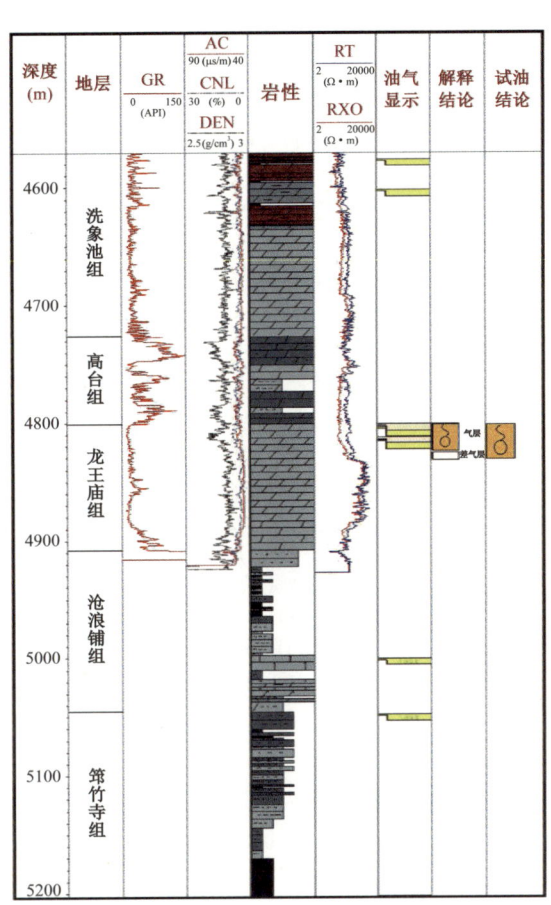

图1-9 磨溪23井寒武系综合柱状图

安平1井再次擦肩 1991年在乐山—龙女寺古隆起东段轴部安平店潜伏构造南高点部署了安平1井，其钻探目的是探索震旦系、寒武系、奥陶系风化壳储层性质及含油气情况。安平1井在原洗象池组下部（现今龙王庙组）见1次气测异常，测井解释为气层，厚度9m，孔隙度2%~8%；震旦系灯影组见2次气侵、8次气测异常、2次岩心冒气，测井解释储层厚度33.6m，气层厚度13.2m，平均单层厚度1~2m，储层单层厚度薄，平均孔隙度3.14%（图1-10和表1-4）。1993年3月，对洗象池组（现龙王庙组）进行RFT测试，但因封闭不严或渗透性差未取到压力资料。中途测试MDT取样以水为主，分析认为地层可能含水。

安平1井于灯二段完钻后，裸眼试油井段5396.57～5520m被水泥塞封堵，酸化改造不成功，灯二段裸眼试油失败。在灯四段试油时，普通盐酸酸化效果差，且压裂设备能力有限，未达到沟通地层的作用，灯四段仅获气 $0.248\times10^4m^3/d$。灯四段试油测试后，提出油管，发现油管断入井内，鱼顶井深4577.42m（寒武系洗象池组上部），寒武系无法试气，加之中途测试评价效果欠佳，导致该领域未能引起重视。

2013年，在距安平1井6km钻探磨溪9井，钻遇龙王庙组储层厚度48.4m，气层厚度31.5m，孔隙度6.3%，2次气测异常显示，测试产气 $154.29\times10^4m^3/d$；钻遇灯影组储层厚度190m，灯二段测试产气 $41.35\times10^4m^3/d$（图1-11和表1-4）。安平1井与磨溪9井均位于龙王庙组滩体与灯影组台缘滩叠合区，储层发育，而安平1井由于地质认识及工程技术原因未能发现龙王庙组与灯影组气藏，导致第二次与大气田再次擦肩而过。

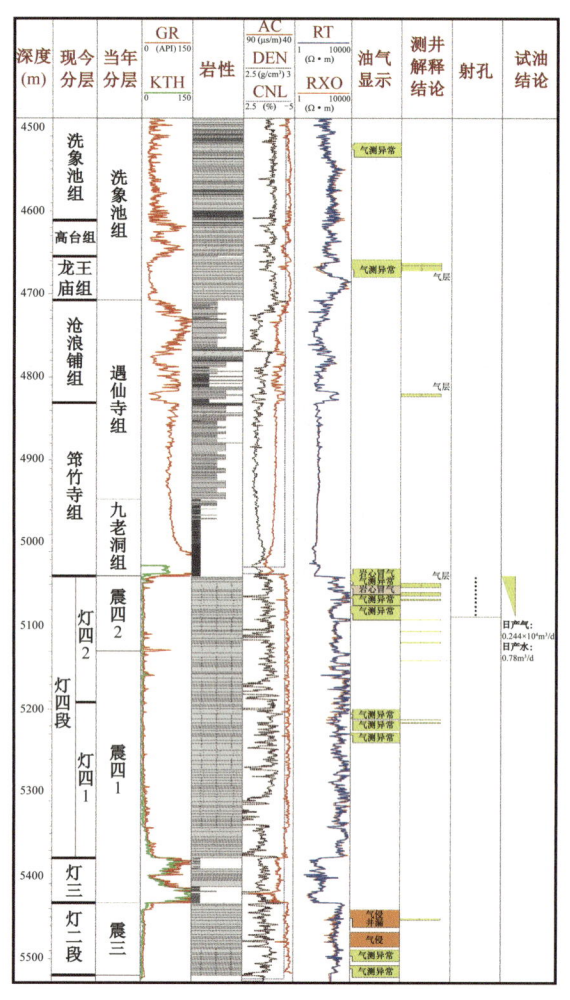

图1-10 安平1井下古生界—震旦系综合柱状图

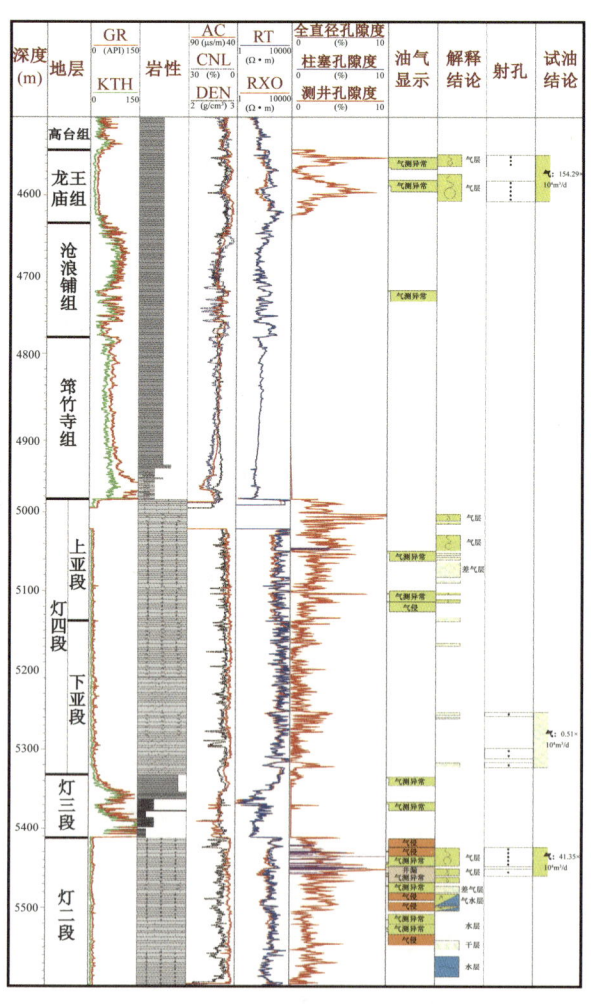

图1-11 磨溪9井震旦系—寒武系综合柱状图

表1-4 安平1井与磨溪9井参数对比表

井名	龙王庙组			灯影组		
	显示情况	储层厚度（m）	测试产气量（$10^4m^3/d$）	显示情况	储层厚度（m）	测试产气量（$10^4m^3/d$）
安平1井	1次气测异常	9.375	未测试	2次气侵、8次气测异常、2次岩心冒气	33.6	灯四段上部测试：0.248
磨溪9井	2次气测异常	49	154.29	6次气侵、8次气测异常、1次井漏	190	灯二段测试：41.35

高科1井三次擦肩而过 1999年完钻的高科1井是乐山—龙女寺川中古隆起钻探的科学探索井（图1-12），其钻探目的：第一，探索古隆起震旦系—寒武系含油气性；第二，分析震旦系—寒武系烃源岩，建立有机地球化学剖面；第三，通过钻探、测试及分析化验，明确震旦系—寒武系储盖组合特征，为川中古隆起下古生界天然气勘探前景评价提供丰富可靠的资料和地质认识。

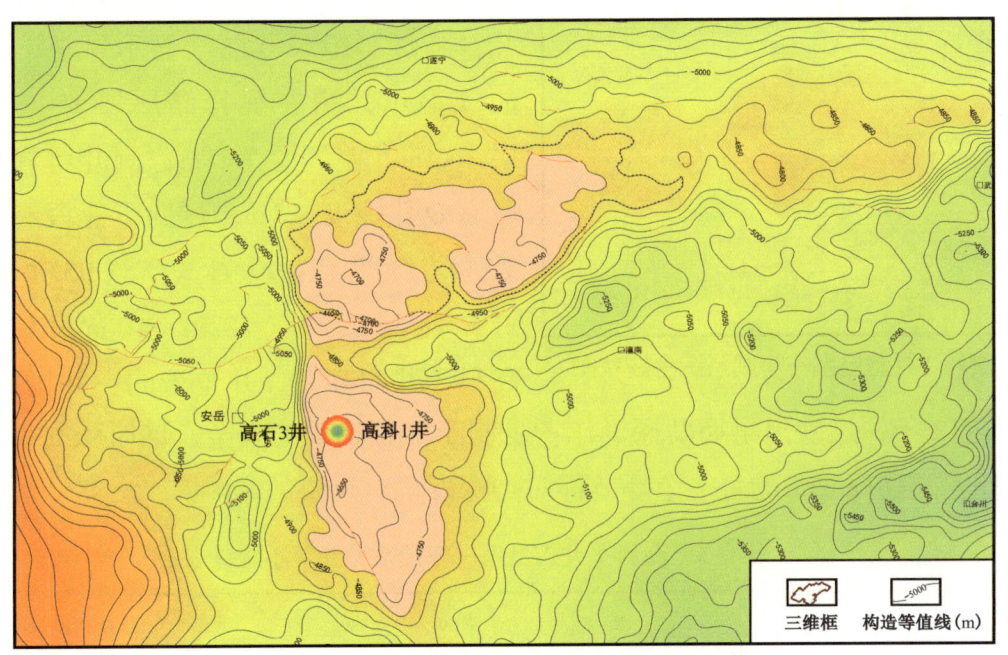

图1-12 四川盆地高石梯—威远地区震旦系顶界构造

钻井结果显示高科1井寒武系见2次气测异常，测井解释含气层5层，厚度3.3m，平均孔隙度3.2%。震旦系灯影组见4次油气显示，其中灯四段1次气侵，灯三段2次气测异常，灯二段1次气测异常，灯影组测井解释8层储层总厚度36.75m，灯四段测井解释气层厚度6.13m，灯二段和灯三段测井解释为含气层，厚度分别为21.3m和3.1m（图1-13和表1-5）。由于储层单层厚度薄，平均孔隙度3.3%，发育程度差，未对其进行试油。

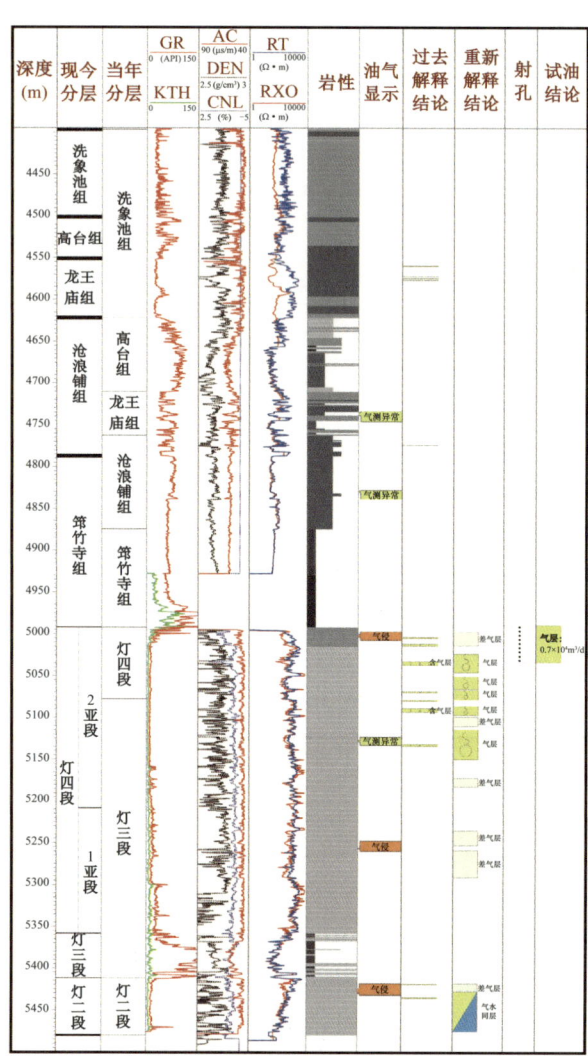

图 1-13 高科 1 井震旦系—寒武系综合柱状图

高科 1 井灯四段钻进中见气侵显示，在取心井段 4993～4996m、5003.9～5009.53m、5024.0～5026.96m 的岩心中溶洞发育，鉴于高科 1 井灯四段取心见良好油气显示，决定在灯四段上部 4989.1～5033.37m 进行中途测试，获日产天然气 $0.7×10^4m^3$。

高科 1 井灯四段中途测试成功获气，但在完井试油过程中，射孔测试联作管柱封隔器多次座封失败（表 1-6），封隔器坏损，套管变形，磨铣不成功（图 1-14），导致灯四段完井试油被迫中止，无法继续进行，与大气田第三次擦肩而过。

2012 年在高科 1 井同井场钻探高石 3 井，其灯影组录井油气显示异常丰富，12 次油气显示，测井解释储层厚 154m，其中气层 36.4m，差气层 76.1m，测井解释灯四上亚段有效孔隙度 3.8%，灯四下亚段有效孔隙度 3.2%，灯四上亚段测试产气 $95.76×10^4m^3/d$，灯二段测试产气 $10.56×10^4m^3/d$（图 1-15）。高科 1 井与高石 3 井位于同一井场同一井口，时间却相隔 13 年，反映出早期勘探工作者受制于工程技术的艰辛，同时映衬出从地质认识、工程技术及勘探决策的每一个环节都对勘探发现有重要的影响。

表 1-5 高科 1 井震旦系—寒武系钻井显示统计表

层位	井段（m）	岩性	显示类别	全烃（%）	钻井液密度（g/cm³）	综合解释
龙王庙组	4735～4739	粉晶鲕粒灰岩	气测异常	10.5 ↑ 63	1.65 ↓ 1.63	含气层
沧浪铺组	4828～4830	灰黑色粉砂岩	气测异常	21.3 ↑ 81.1	1.68 ↓ 1.64	含气层
灯四段	4993～4996	灰色云岩	气侵	0.3 ↑ 60	1.32 ↓ 1.29	气层
灯三段	5127～5129	黑灰色云岩	2 次气测异常	4.32 ↑ 40	1.19 ↓ 1.17	含气层
	5256～5257			0.7 ↑ 44.4	1.21 ↓ 1.15	含气层
灯二段	5424～5430	褐灰色云岩	气测异常	1.2 ↑ 52	1.19 ↓ 1.17	含气层

表1-6 高科1井完井试油事故叙述

时间	井深（m）	事故描述
1999年10月4日	4938.68	下射孔测试联作管柱至井深4938.68m，多次座封失败（封隔器卡瓦、胶皮各一个掉入井内）
1999年10月6日	4017.43	重新下射孔测试联作工具至井深4017.43m遇阻
1999年10月7日	4017.43	下φ147mm铅印至井深4017.43m遇阻，起铅印见长63mm、高57mm、厚26mm的三角擦痕
1999年10月11日	4017.43	下311mm钻头、尖钻头均在4017.43m遇阻
1999年10月14日	4017.63	下159mm磨鞋至井深4017.63m磨铣，出口见黑色煤屑返出，分析套管磨穿（龙潭组）
1999年10月15日	3466	再次下φ200mm铅印至3466m遇阻，起出铅印为长105mm、高60mm、厚55mm三角擦痕
1999年11月9日	3466.71	下208mm铣锥至井深3466.71m，磨铣见少量铁屑及紫色泥岩，分析套管磨穿（飞四段）
1999年12月7日	3374.5	打水泥塞，塞面3374.5m（嘉一段），结束试油

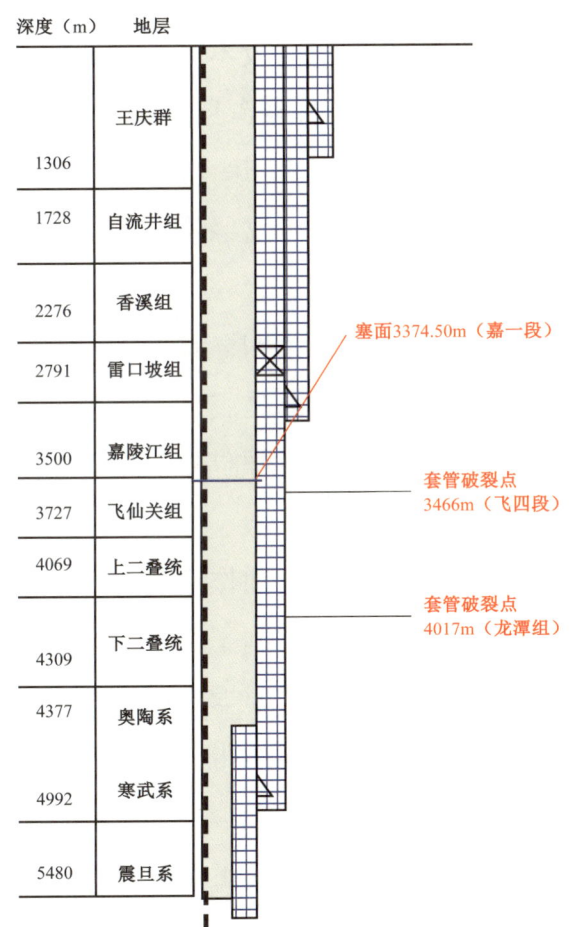

图1-14 高科1井井身结构图

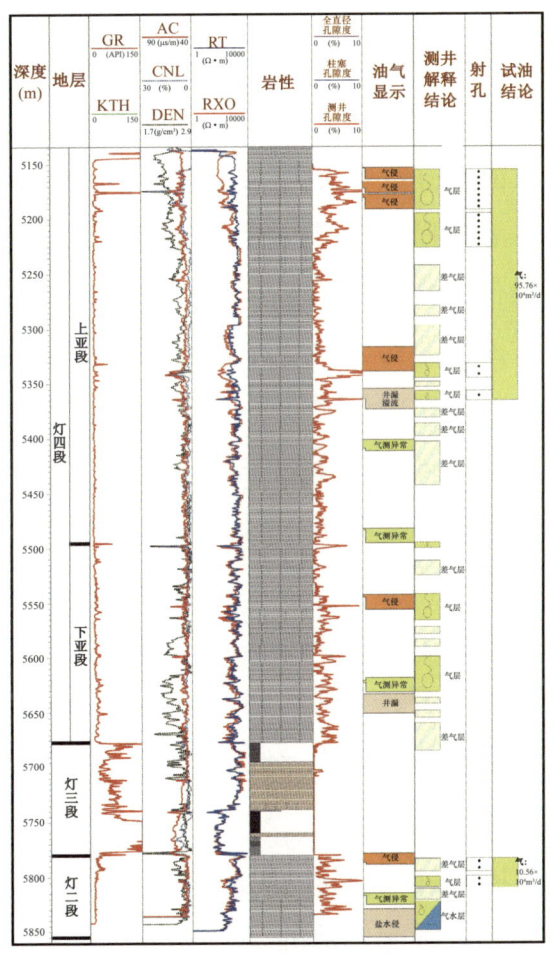

图1-15 高石3井震旦系灯影组综合柱状图

第二节　风险勘探谋突破　高石 1 井定乾坤

2004 年，中国石油推出了风险勘探机制，制定下发了《中国石油天然气股份有限公司石油天然气风险勘探项目管理办法》。2005 年 4 月 7 日，中国石油勘探与生产分公司组织四川盆地风险勘探项目井位论证工作会，根据资源评价结果，认为震旦系—寒武系资源量大、探明率低、勘探潜力大，从而，把古隆起确定为四川盆地首要的重点风险勘探领域，并明确指出只要研究工作到位，即上风险探井！西南油气田分公司联合中国石油勘探开发研究院等多家单位随即开展了风险勘探研究工作。

一、初战古隆起轴部，两大认识引转变

聚焦古隆起轴部，高部位找圈闭，低部位找储层　半个世纪久攻不克，令地质工作者心生疑虑：6 亿年间，古隆起经历了沧桑巨变。5000m 以下的古老深层碳酸盐岩储层，油气能否有效聚集保存？6 万余平方千米的大型古隆起难道仅威远气田一个"独生子"？勘探者们砥志研思，梳理半世纪勘探历程，总结四点认识：第一，盆缘构造变形强，保存条件欠佳，以产水为主；第二，古隆起轴部为油气有利聚集区；第三，其高部位（资阳古圈闭）历经后期构造调整，保存条件较差，气水关系复杂；第四，其低部位构造稳定，但储层非均质性强。因此，基于这些认识，明确了古隆起轴部是震旦系风险勘探有利区带，且认为古隆起轴部"高部位落实构造圈闭""低部位寻找优质储层"是首轮风险勘探突破的主攻方向（图 1-16）。

为明确现今构造低部位优质储层发育和分布规律，首次应用剥蚀作用与沉积补偿原理，研究川中古隆起震旦纪末期古岩溶地貌特征，认为桐湾运动控制了震旦系风化壳岩溶储层发育，并精细刻画了威远—川中地区震旦系顶面古岩溶地貌（图 1-17）。指出遂宁—安岳地区与威远地区类似，均位于强岩溶作用的岩溶高地—斜坡带，有利于形成大规模优质储层。

同时，经过新一轮的地震老资料处理和精细解释，认为高部位汉王场地区构造圈闭落实，古隆起轴部的汉王场—高石梯—龙女寺现今构造高带是油气富集的最有利区带，预测大兴场、汉王场、高石梯—磨溪构造可形成大中型气田（图 1-18）。

第一章 四川盆地安岳古老海相碳酸盐岩特大气区的发现

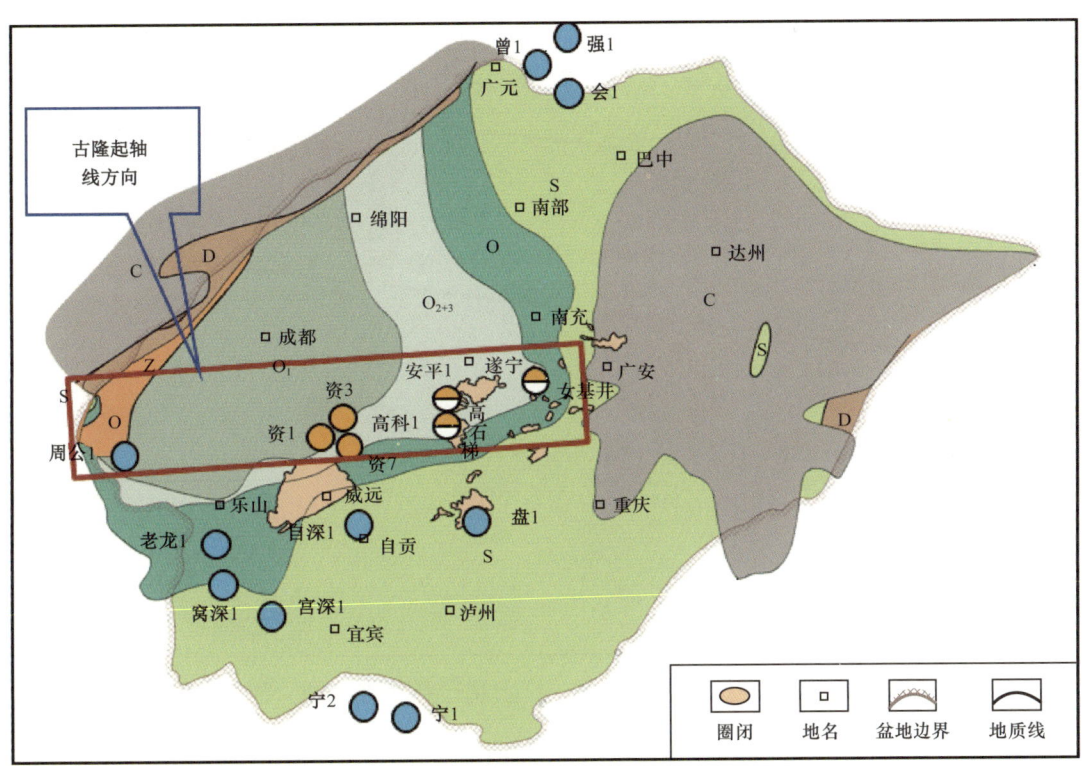

图1-16 四川盆地川中古隆起轴部井位部署图（2005年）

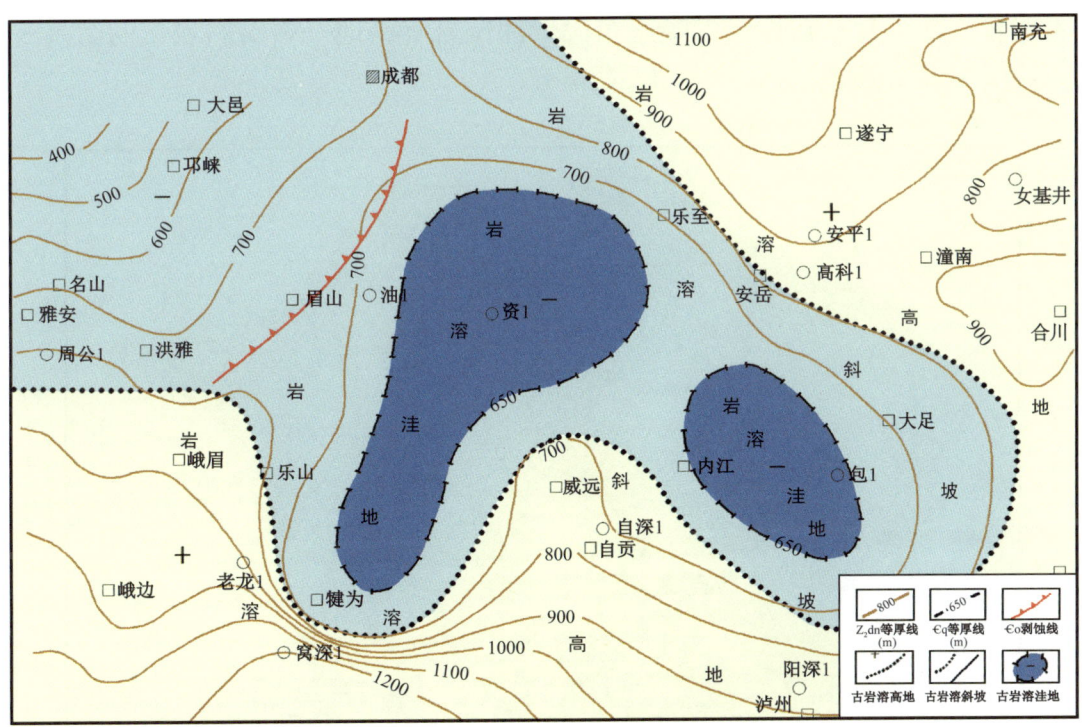

图1-17 川中古隆起震旦纪末古岩溶地貌略图（2005年）

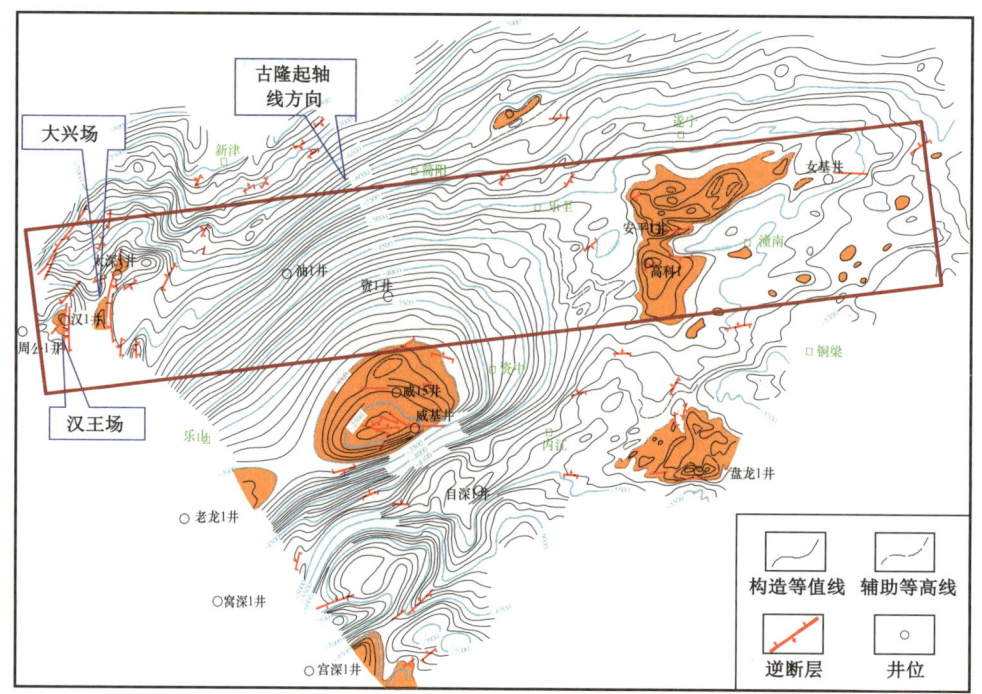

图 1-18　四川盆地名山—宜宾—广安震旦系顶界地震反射构造图

两大方向展开部署，首轮风险勘探首战未捷　2006年8月，以古隆起轴部高部位构造圈闭和低部位优质储层发育区为勘探目标，部署2口风险探井：在古隆起高部位汉王场构造圈闭部署汉深1井；在位于古隆起东段低部位岩溶高地—岩溶斜坡带的磨溪—安平店构造部署磨溪1井（图1-19）。

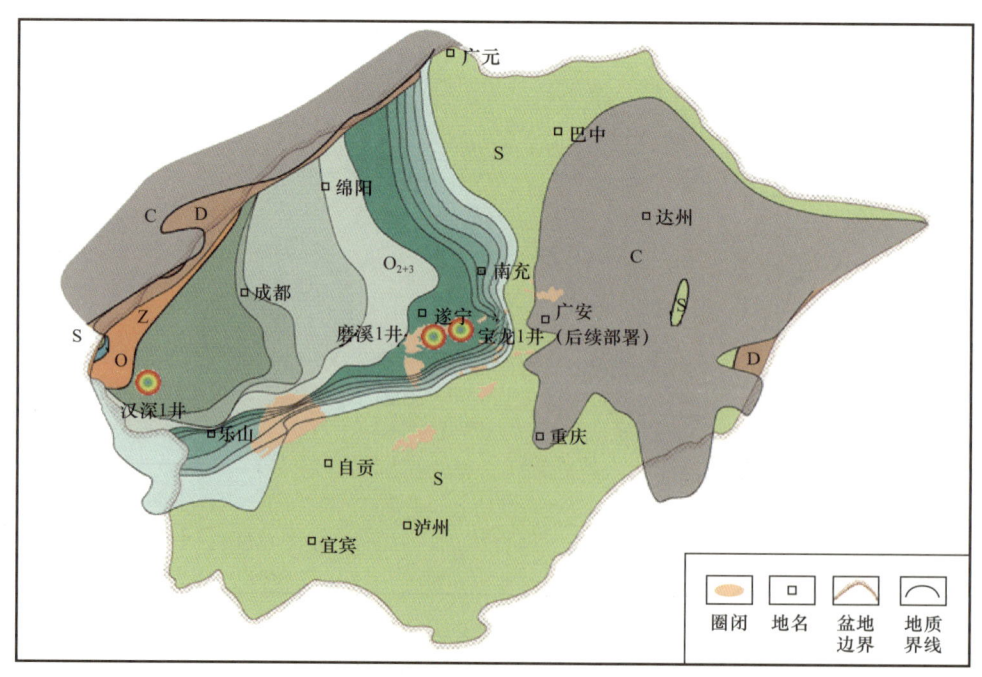

图 1-19　四川盆地川中古隆起风险勘探首轮井位部署图（2005年）

汉深 1 井钻探目的为了解震旦系含流体情况。部署依据主要有两点：第一，位于古隆起高部，储层发育；第二，构造落实，圈闭面积较大，闭合度高。该井完钻后揭示灯影组储层发育，物性好，测井解释储层厚度 118.7m，孔隙度 2.4%～6.4%，平均孔隙度 4%（图 1-20），未见良好油气显示（仅现 1 次井漏），测井解释主要为含气水层。该井灯二段测试产淡水，揭示古隆起高部位成藏的关键仍在于保存条件。

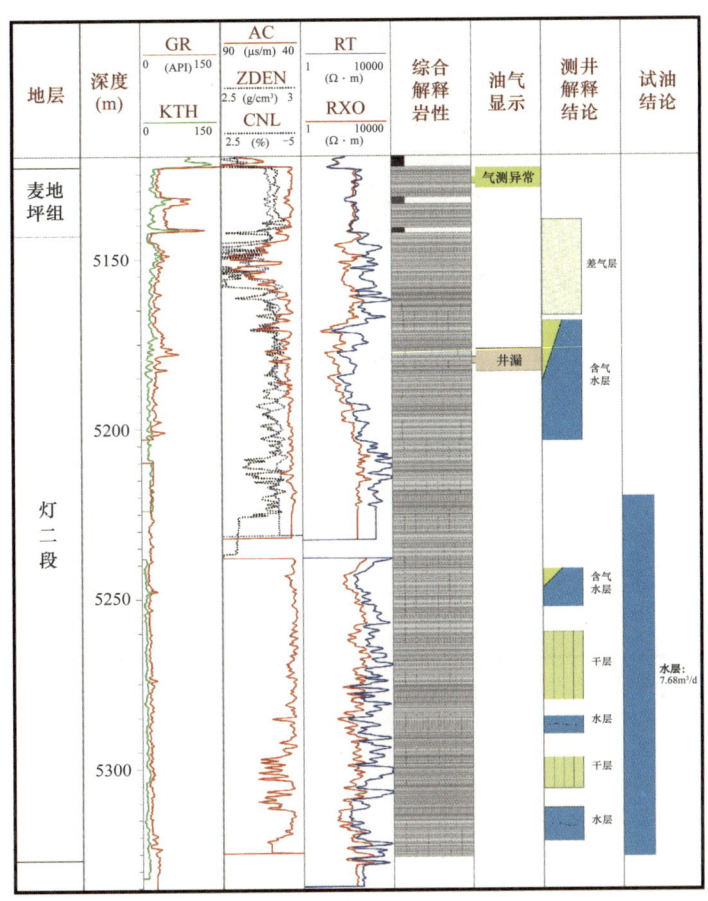

图 1-20　汉深 1 井单井综合柱状图

磨溪 1 井位于川中古隆起轴部磨溪—安平店构造，钻探目的是探索震旦系—寒武系储层发育情况及含油气性。其部署依据主要有四点：第一，目标位于岩溶储层发育有利区，三维地震预测该区域储层分布面积大（图 1-21）；第二，高石梯—磨溪构造圈闭面积大；第三，本区多口钻井（高科 1 井、安平 1 井等）见气显示，说明该区块含气条件好，保存条件好；第四，从勘探节奏上考虑，古隆起一旦突破，将起到带动全局的作用。

磨溪 1 井钻至长兴组发现良好的油气显示，气侵显示段全烃含量 46.1%，C_1 含量 32.6%，集气点火燃，天蓝色火焰，焰高 8～10cm，持续 10s，中途测试获日产 $32\times10^4m^3$ 高产气流。鉴于该井长兴组油气显示良好，决策磨溪 1 井提前至龙潭组完钻，完井测试日产气获 $57.5\times10^4m^3$。

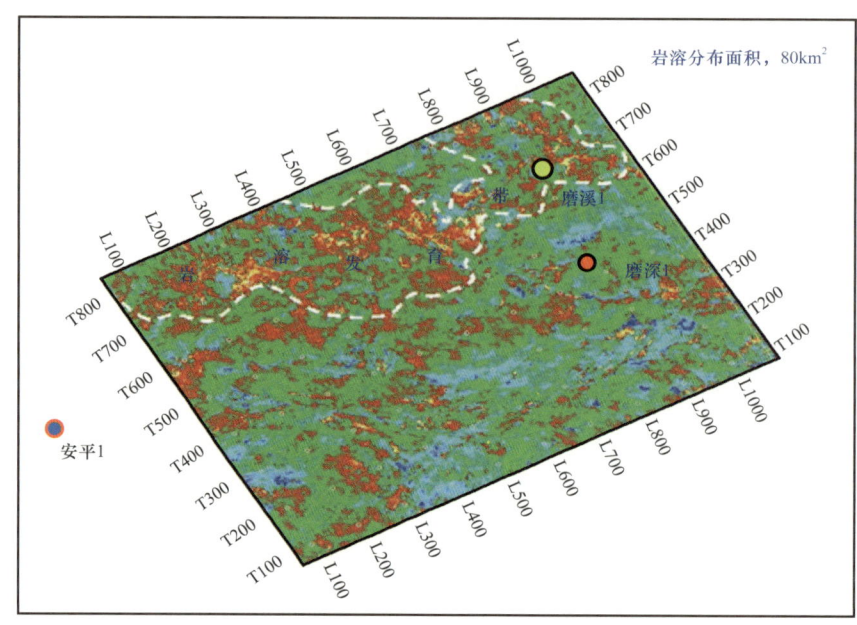

图1-21 磨溪地区灯四段岩溶发育带预测图

由于磨溪1井提前完钻,中国石油勘探与生产公司决策将古隆起轴部龙女寺构造,原设计洗象池组完钻的宝龙1井加深至沧浪铺组,以完成磨溪1井对寒武系的勘探任务。钻探结果,宝龙1井洗象池组测试产气 $1.35 \times 10^4 \text{m}^3/\text{d}$,龙王庙组测试产气 $0.033 \times 10^4 \text{m}^3/\text{d}$,证实寒武系具有一定含气性,但储层较差(图1-22)。

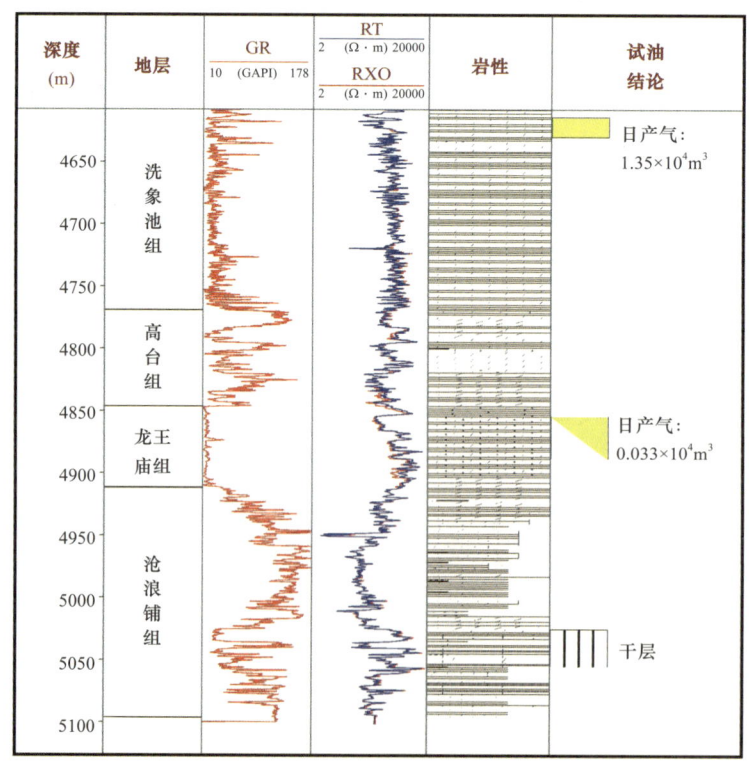

图1-22 宝龙1井单井综合柱状图

首轮风险勘探 3 口探井虽未突破,但取得了两点重要的阶段认识:其一,震旦系—寒武系储层广泛分布,但非均质性强;其二,古隆起轴部成藏条件具有一定的复杂性,寻找有利储层发育区和保存条件较好的古今构造叠合区是获得突破的关键。

二、锁定高磨谋突破,高石 1 井定乾坤

为了进一步明确震旦系—寒武系勘探突破口,中国石油勘探与生产分公司重新组织新一轮风险勘探研究,决策联合处理 8 条川中大剖面,开展高石梯、磨溪构造二维、三维地震资料处理解释联合攻关。以西南油气田分公司为主的多家单位围绕川中古隆起含油气条件和勘探目标,开展了构造演化、沉积相、储层及圈闭评价,通过第二轮风险勘探研究工作,确立了两条思路转变:勘探层系由震旦系调整为寒武系龙王庙组及震旦系;勘探突破口转变为以岩性—构造气藏为目标,寻找继承性古隆起、古今构造叠合发育区。

转变一:明确了寒武系龙王庙组为重要的勘探层系 研究认为,四川盆地下寒武统龙王庙组广泛分布。除在资阳以西地区剥蚀殆尽外,其他地区均广泛分布,厚度大多在 40~200m,总体具有从西北向东南逐渐增厚的特点(图 1-23)。其中川中安岳地区龙王庙组厚度为 60~120m,岩性以颗粒云岩为主,发育大规模台内浅滩相沉积(图 1-24),为优质储层发育奠定了基础(图 1-25)。

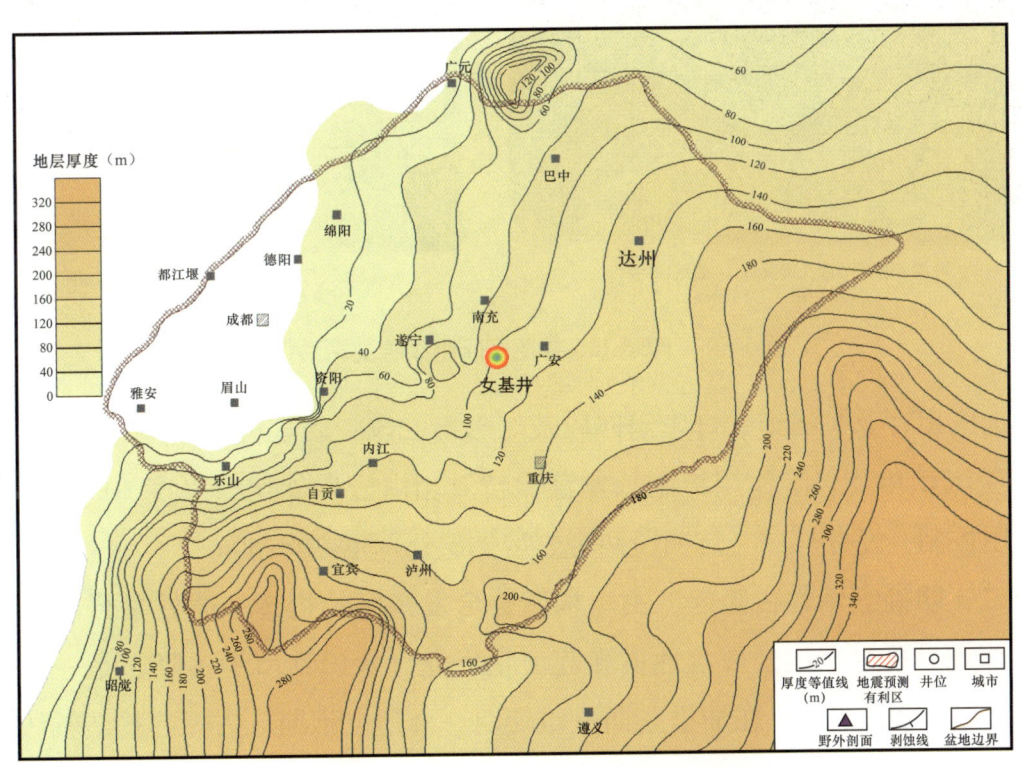

图 1-23　四川盆地龙王庙组地层展布图

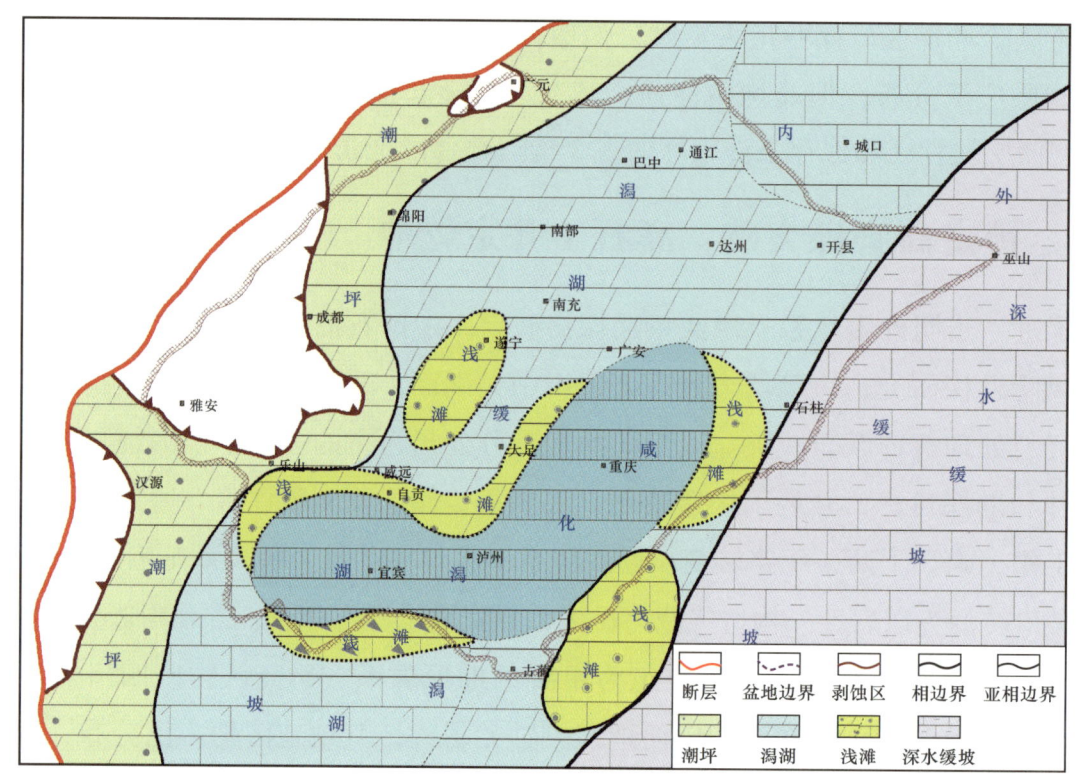

图1-24 四川盆地寒武系龙王庙组岩相古地理图

砂屑云岩，溶蚀孔洞发育，威寒105井，
龙王庙组，2454.85m

颗粒云岩，粒间溶孔发育，威寒105井，
龙王庙组，2457.22m

图1-25 威寒105井龙王庙组储层发育特征图

安岳地区发育龙王庙组、灯影组四段及灯影组二段三套规模性储层（图1-26）。龙王庙组储层受沉积相及岩溶作用控制，发育颗粒滩相白云岩储层，厚度30～50m。灯影组受岩溶作用控制，发育灯二、灯四段两套岩溶储层，厚度30～60m。

转变二：明确继承性古隆起、古今构造叠合发育区的构造—岩性复合圈闭为首要勘探目标 首先，通过系统开展盆地古隆起演化研究，认识到川中古隆起是一个长期发育的继承性隆起（图1-27）。在加里东期—印支期—喜马拉雅期，古隆起构造轴线逐渐向南移动，磨溪—高石梯地区始终为继承性古隆起发育区，有利于油气运聚。

第一章 四川盆地安岳古老海相碳酸盐岩特大气区的发现

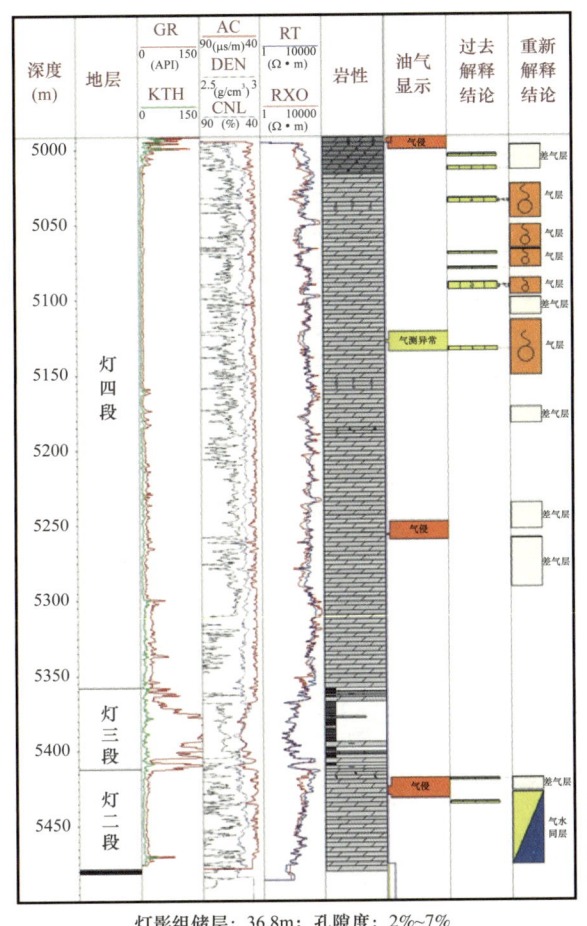

(a) 高科1井震旦系测井处理成果图

灯影组储层：36.8m；孔隙度：2%~7%

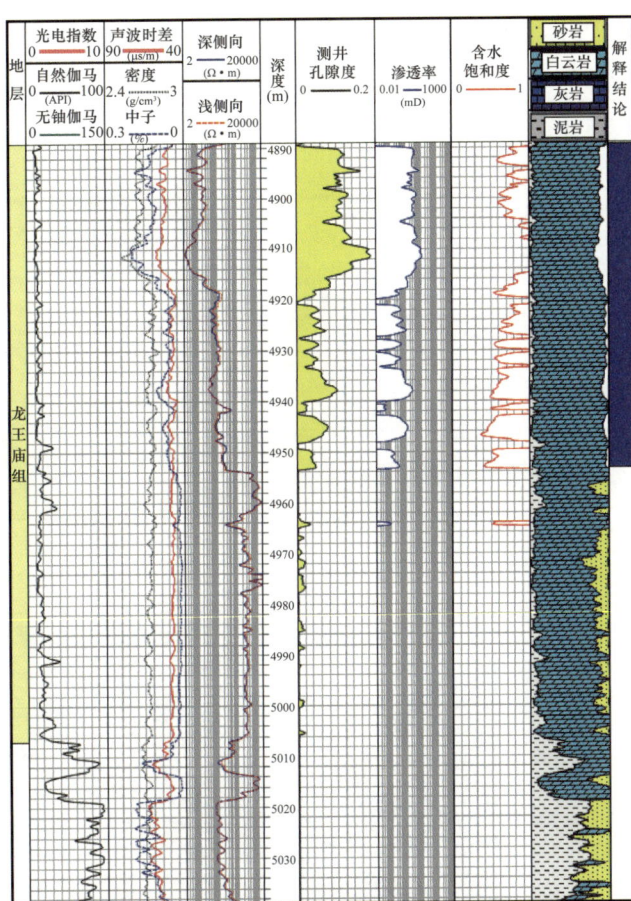

(b) 盘1井龙王庙组测井处理成果图

龙王庙组储层：51.5m；孔隙度：4%~10%

图1-26 老井复查测井重新处理成果图

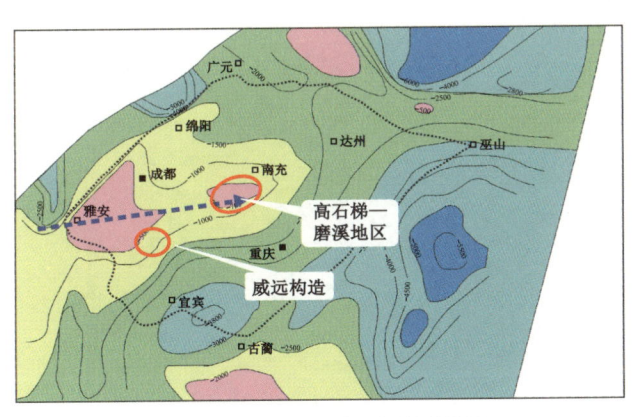

(a) 四川盆地加里东期震旦系顶古构造图

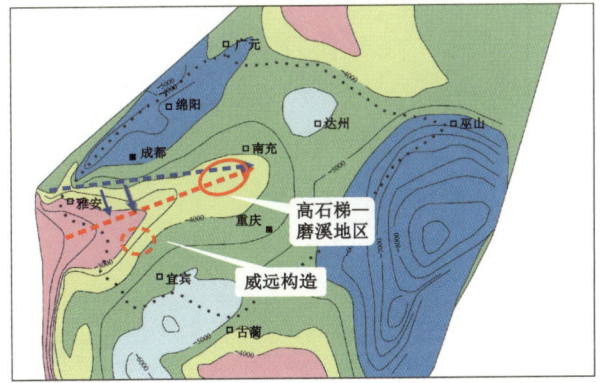

(b) 四川盆地晚印支期震旦系顶古构造图

图1-27 古隆起演化图（据西南油气田分公司，2009年）

其次，综合利用地震、钻井资料，系统开展构造演化研究，证实了加里东期—印支期—喜马拉雅期，高石梯—磨溪地区古今构造圈闭发育，有利于油气聚集与保存（图1-28）。

最后，成藏研究认为威远为调整型气藏、资阳为残余型气藏，高石梯—磨溪地区在历次构造变动中均保持稳定，位于古隆起继承性高部位，古今构造圈闭发育，有利于油气的持续充注与保存，为大中型气田的形成创造了最有利成藏条件（图1-29）。

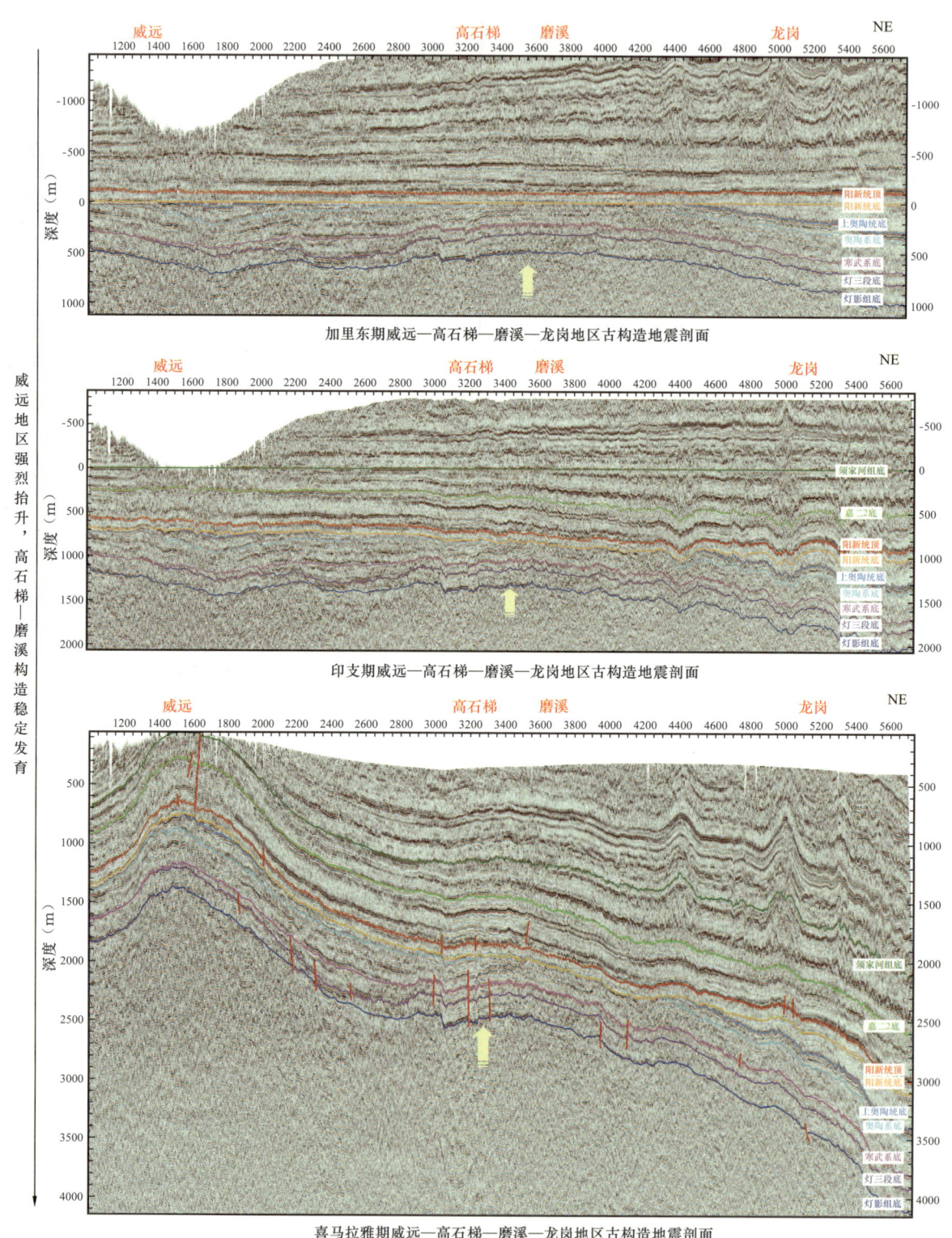

图1-28　高石梯—磨溪构造演化图

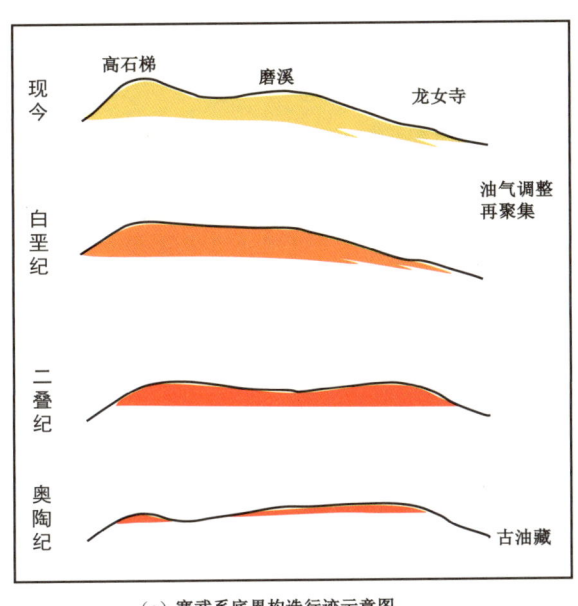
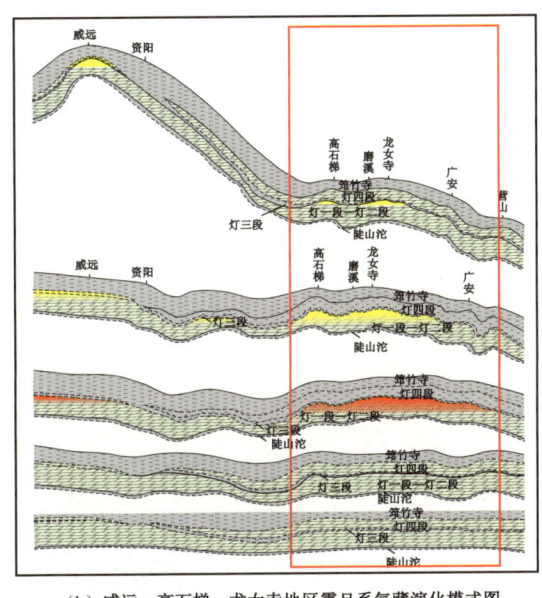

(a) 寒武系底界构造行迹示意图　　(b) 威远—高石梯—龙女寺地区震旦系气藏演化模式图

图 1-29　高石梯—磨溪地区震旦系气藏演化模式图

三大有利因素锁定高磨，低部位谋求战略发现　2009 年 9 月 7 日，中国石油勘探与生产分公司再次组织西南油气田分公司等多家单位对四川盆地震旦系—寒武系风险勘探进行专题研讨，认为高石梯—磨溪构造虽然位于古隆起低部位，但却具备三大有利含油气地质条件：第一，位于继承性古隆起倾末端，古今构造叠合发育，有利于油气聚集与保存；第二，纵向上发育多套储层，有利于高产富集；第三，发育高石梯和磨溪两个潜伏构造，其中磨溪潜伏构造圈闭闭合度 120m，面积 982km^2，高石梯潜伏构造圈闭闭合度 140m，闭合面积 995km^2。高石梯—磨溪地区圈闭闭合面积 1977km^2，有利于油气保存，估算资源量大，是震旦系—寒武系风险勘探突破口。在两大思路转变的指引下，勘探与生产分公司决策设立专项，开展龙王庙组、灯二段、灯四段储层分布规律研究和地震预测攻关，尽快落实风险勘探目标。

通过系统开展灯影组岩溶储层形成机制研究，首次恢复盆地级别灯影组岩溶古地貌（图 1-30），提出安岳地区受桐湾期岩溶作用控制，整体处于古岩溶高地—古岩溶斜坡区，有利于岩溶储层发育。

开展地震资料处理解释、储层预测平行攻关，对高石梯—磨溪地区寒武系龙王庙组、震旦系灯四段、灯二段三套优质储层展布进行刻画，储层发育区叠合面积达 200km^2（图 1-31）。

2009 年 12 月，基于储层预测最新研究成果，西南油气田分公司等多家单位对第二轮风险探井部署进行论证，勘探与生产分公司决定部署实施风险探井高石 1 井、磨溪 8 井、螺观 1（第一批优先实施高石 1 井、螺观 1 井，磨溪 8 井根据高石 1 井钻井成果择机实施）（图 1-32 和图 1-33）。高石 1 井位于川中古隆起高石梯构造高部位，钻探目的是为探索震

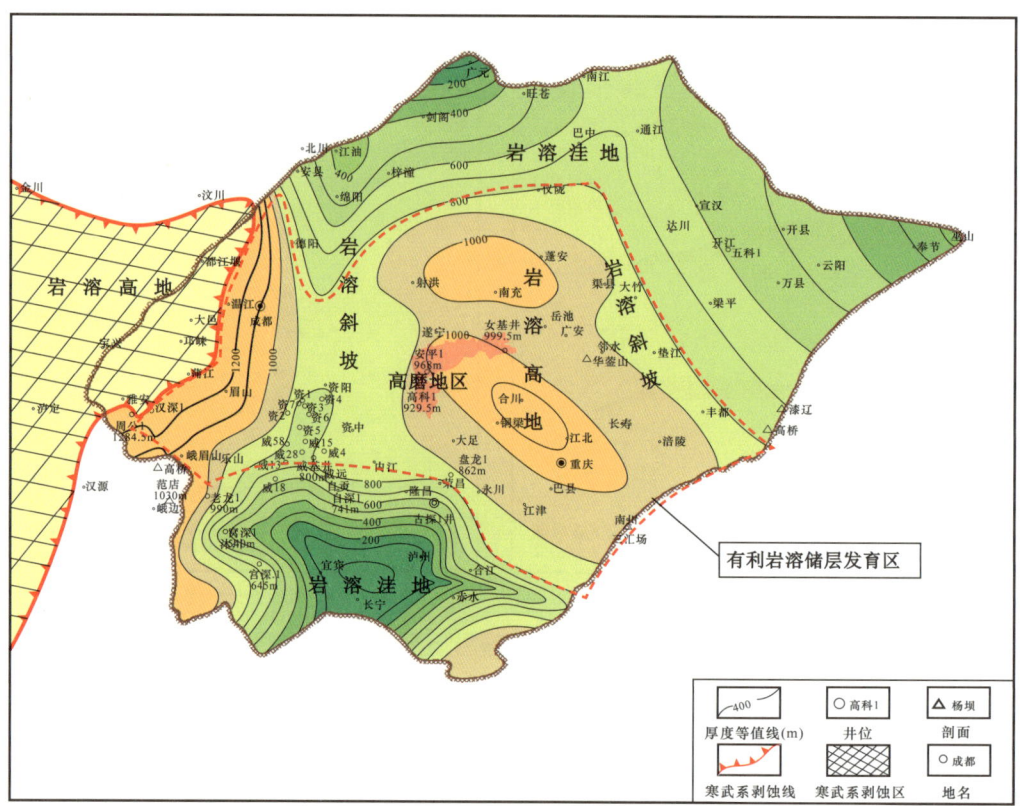

图 1-30　四川盆地寒武系沉积前古地貌图（2009 年）

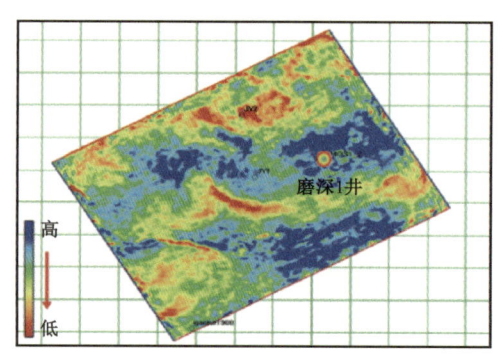

（a）磨溪地区寒武系龙王庙组储层厚度预测图

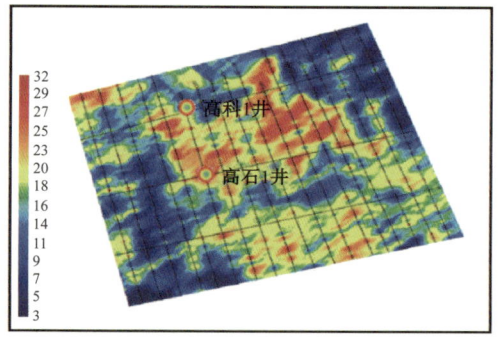

（b）灯四段—灯三段储层厚度预测图

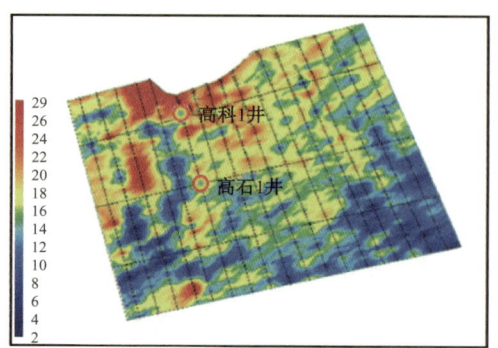

（c）高石梯地区灯二段储层厚度图

图 1-31　高石梯—磨溪地区寒武系—震旦系储层预测图

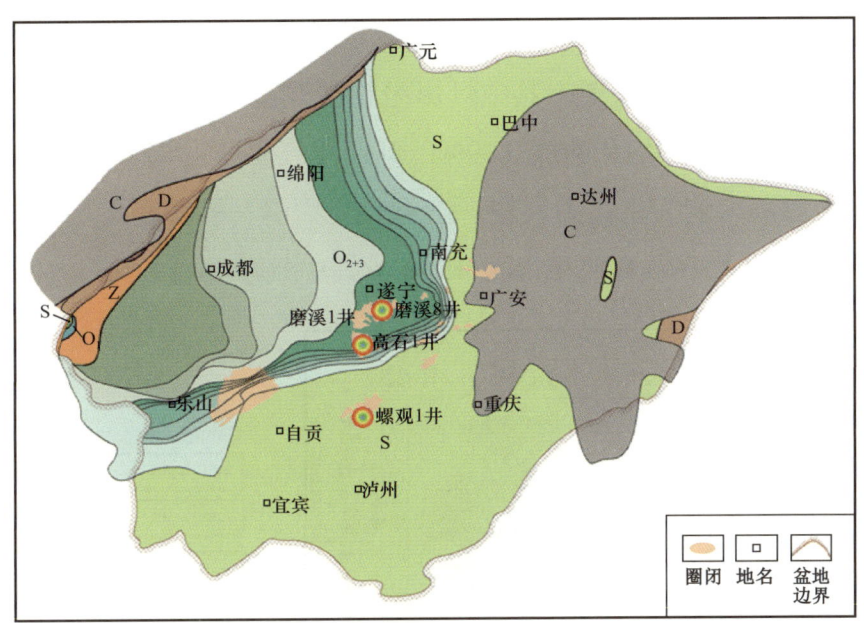

图 1-32　四川盆地川中古隆起第二轮风险勘探井位部署图

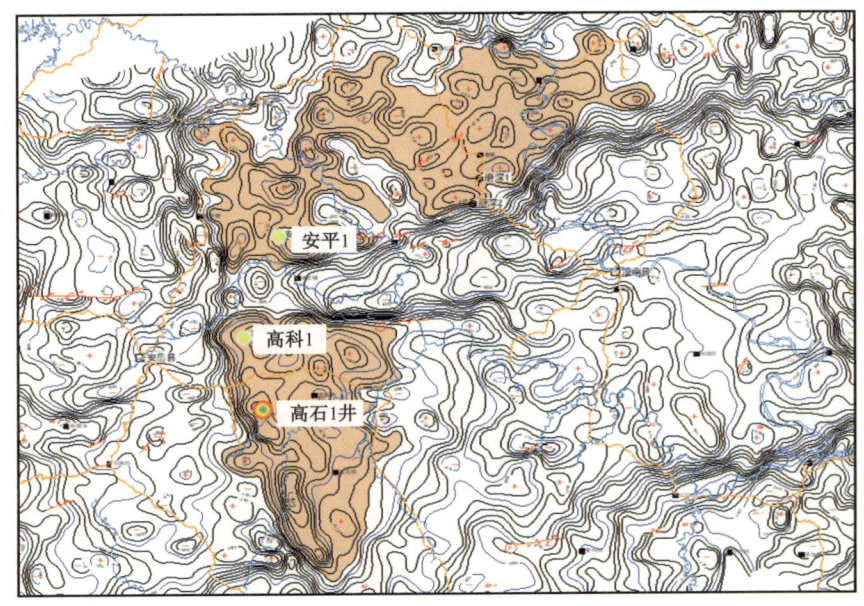

图 1-33　川中地区震旦系顶地震反射构造图（2009 年）

旦系—寒武系的含油气性，部署依据主要有四点：第一，烃源条件好，筇竹寺组是主要烃源岩；第二，高石梯构造震旦系顶面圈闭面积大；第三，位于龙王庙组、灯二段、灯四段岩溶储层叠合发育区，构造低部位的高科 1 井震旦系产微气、无水，高石 1 井储层预测较高科 1 井更厚；第四，长期处于古今构造高部位叠合区，有利油气聚集成藏。

乘风破浪会有时，高石 1 井石破天惊　2010 年 8 月 20 日，高石 1 井开钻，2011 年 3 月 31 日钻至灯影组。钻探进入灯影组后，油气显示极为活跃（气侵 4 次，气测异常 6

次），牢牢吸引住勘探家的眼球（图1-34），仿佛混沌的迷雾中突现一道曙光。震旦系灯影组、龙王庙组储层评价不负众望，其中灯影组钻探厚度859.5m，储层厚度275.88m，取心分析孔隙度4.71%，测井平均孔隙度3.39%，灯四段气层厚度132.62m，灯二段气层厚度66.17m，储层岩性以藻云岩为主，为裂缝—溶洞型、裂缝—孔隙型储层（图1-35）。同时，龙王庙组见气测异常，测井解释储层厚度15.8m，其中气层厚度5.1m，差气层厚度10.7m。

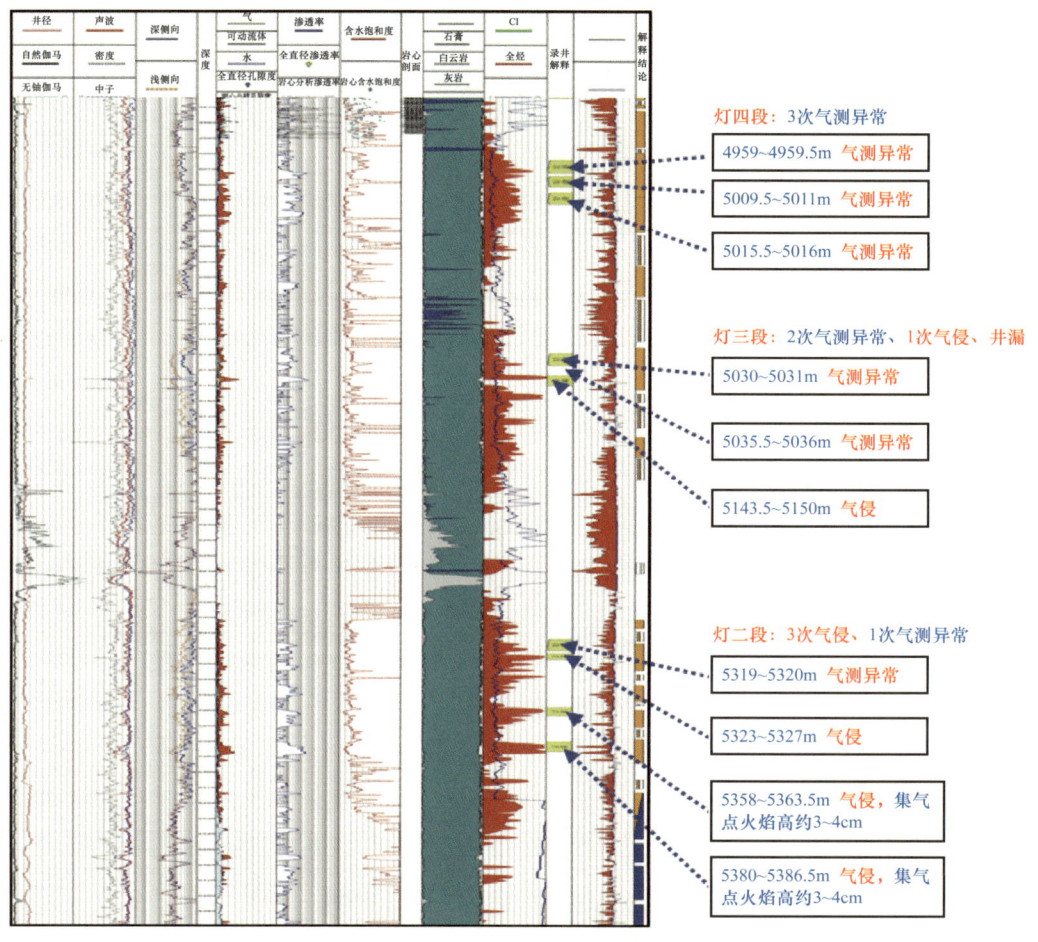

图1-34　高石1井灯影组储层显示特征图

2011年7月至9月，相继完成高石1井灯二段、灯三上亚段和灯四段试油，其中对灯二段采用340m³高温有机转向酸、80m³转向液（混纤维）、10m³助破后冲洗液和30m³顶替液进行酸化液体测试联作，测试稳定油压25.09MPa，获得测试产量102.14×10⁴m³/d；对灯四下亚段—灯四上亚段段采用651.19m³高温胶凝酸，448.69m³有机转向酸，83.87m³降阻酸，分层酸化压裂施工，测试稳定油压30.13MPa，获日产32.28×104 m³/d，（图1-36和图1-37）。高石1井震旦系灯影组试气获得重大突破，揭开了5亿年前古老大气藏的神秘面纱，解开了勘探者半世纪的心结，实现了石油人五十年来发现大气田的梦想！

第一章 四川盆地安岳古老海相碳酸盐岩特大气区的发现

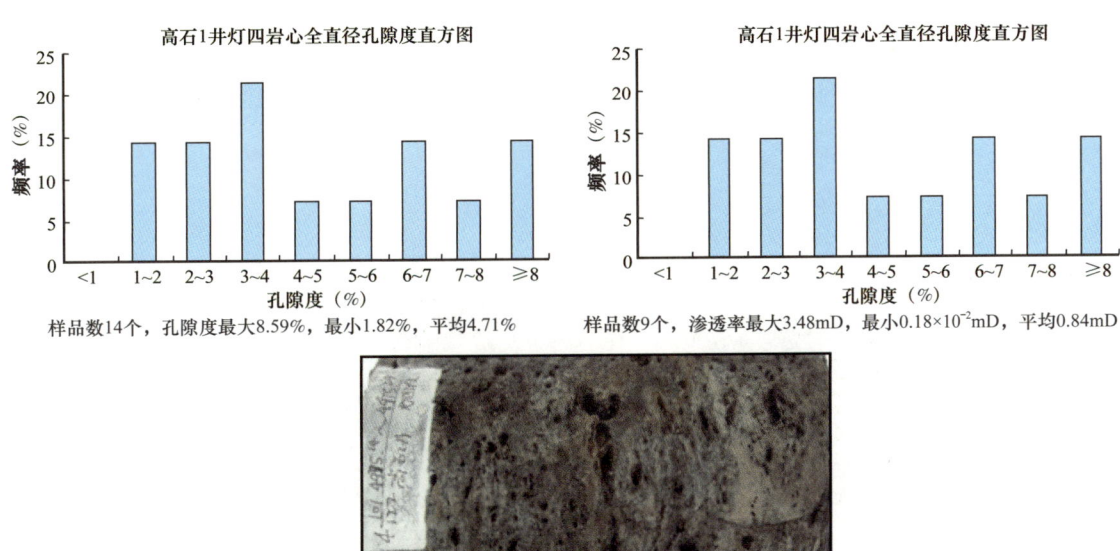

图 1-35　高石 1 井灯影组储层物性和特征图

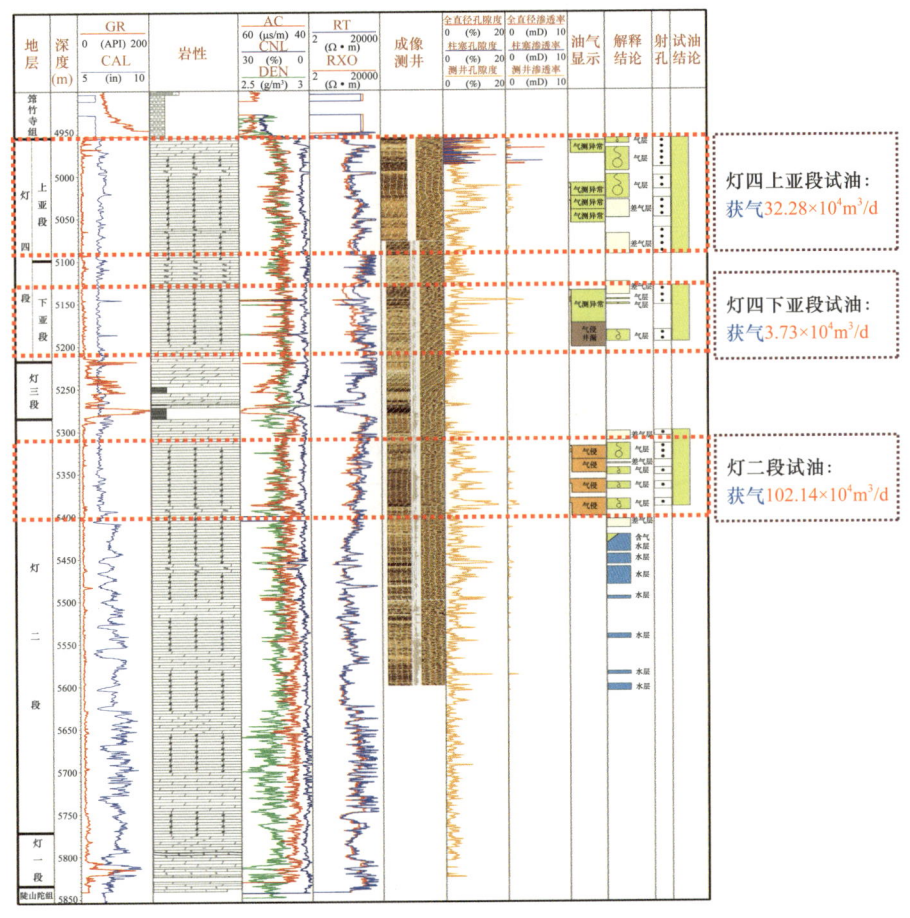

图 1-36　高石 1 井灯影组综合柱状图

图 1-37 高石 1 井现场试油

第三节 科学部署三战役 万亿规模绘新篇

高石 1 井震旦系获高产工业气流,是半个世纪以来古隆起勘探的又一重大发现!中国石油制定了"整体研究、整体部署、整体控制"的部署原则,确定了科研生产一体化、产学研联合攻关的工作模式。针对制约勘探的烃源岩与资源潜力、地层展布、沉积储层、构造演化和成藏条件等关键地质问题,以及地震储层与流体预测、复杂岩性测井解释、安全快速钻完井、储层改造等技术瓶颈问题,决策设立重点勘探项目"四川盆地海相碳酸盐岩大型古隆起高效气田成藏理论与勘探技术",下设 9 大课题(表 1-7)。

表 1-7 "四川盆地海相碳酸盐岩大型古隆起高效气田成藏理论与勘探技术"课题设置表

5 个关键地质理论研究课题	四川盆地乐山—龙女寺古隆起震旦系、寒武系天然气资源潜力评价
	四川盆地灯影组、龙王庙组地层及岩相古地理研究
	四川盆地乐山—龙女寺古隆起灯影组、龙王庙组岩相古地理及沉积储层特征研究
	四川盆地乐山—龙女寺古隆起构造演化与古地貌研究
	四川盆地乐山—龙女寺古隆起油气成藏与区带评价研究
4 个技术瓶颈攻关研究课题	四川盆地乐山—龙女寺古隆起震旦系—下古生界构造、储层烃类检测地震技术研究
	四川盆地乐山—龙女寺古隆起震旦系—下古生界储层测井评价技术研究
	四川盆地乐山—龙女寺古隆起震旦系—下古生界储层有效改造技术攻关研究
	四川盆地乐山—龙女寺古隆起震旦系—下古生界快速钻井技术攻关研究

通过对震旦系—寒武系整体研究，基于阶段性地质认识，不断调整勘探思路，整体部署，分三阶段实施，实现了安岳震旦系—寒武系三级储量超万亿立方米大气田的高效勘探！

第一阶段：多层系整体部署，主攻震旦系、兼探龙王庙组。通过两轮部署，明确灯影组气藏大规模含气特征，发现龙王庙组气藏，安岳气田大气区轮廓展现。

第二阶段：效益优先，主攻龙王庙组、兼探震旦系。根据龙王庙组构造—岩性气藏大面积含气、测试产量高、试采效果好的特征，实施三轮部署。仅用一年半时间，探明磨溪龙王庙组气藏储量规模达 $4403.8 \times 10^8 m^3$，为国内单体储量规模最大的整装海相碳酸盐岩气藏。

第三阶段：主攻震旦系，整体控制 $7500 km^2$ 含气区。在古裂陷控烃、控相、控藏认识基础上，明确灯四段台缘带高产富气区，探明灯四段台缘带储量规模达 $4083 \times 10^8 m^3$。

一、多层系整体部署，大气区轮廓展现

灯影组气藏大面积含气，龙王庙组勘探展现新苗头 高石 1 井在震旦系灯影组获百万立方米高产气流，不仅敲开了深层古老碳酸盐岩大气藏希望之门，也在成藏条件研究上获得多项新认识。在烃源方面，高石 1 井的钻探新发现震旦系灯三段泥质烃源岩，其 TOC 含量为 0.33%～4.73%，平均为 1.03%，丰度高；干酪根同位素为 –33.4‰～–28.5‰，平均为 –31.0‰，为腐泥型。川中地区发育筇竹寺组、灯影组两套烃源岩（图 1–38），具备形成大气藏的资源基础。

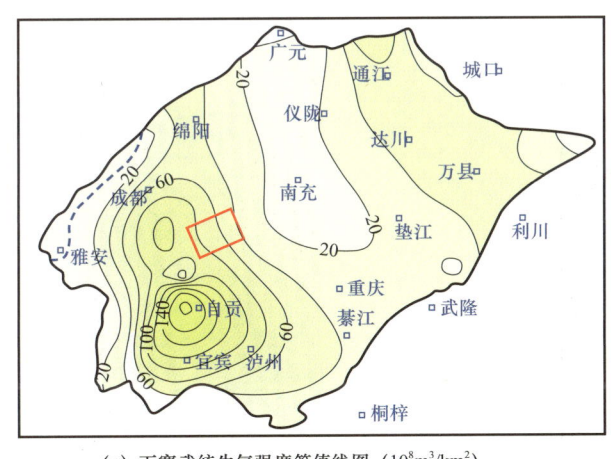
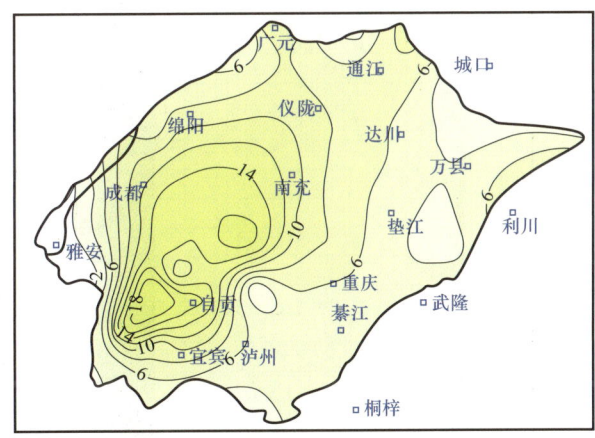

(a) 下寒武统生气强度等值线图（$10^8 m^3/km^2$）　　(b) 灯影组生气强度等值线图（$10^8 m^3/km^2$）

图 1–38　四川盆地寒武系—震旦系生气强度等值线图

在储层研究方面，进一步明确高石梯—磨溪地区纵向上发育灯二段、灯四段和龙王庙组三套储层。其中灯影组受桐湾运动影响，在灯二段顶部及灯四段顶部发育两套大规模丘滩相岩溶储层（图 1–39）。

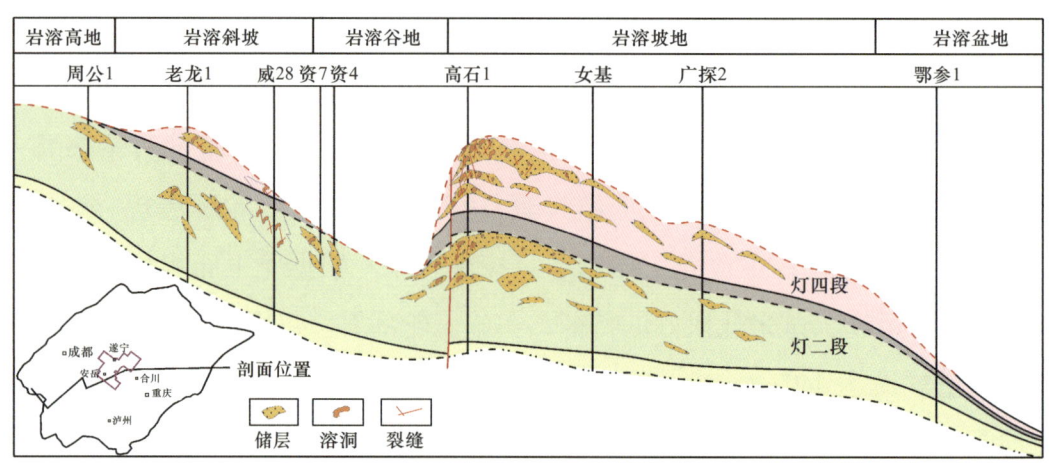

图1-39 四川盆地震旦系灯影组储层发育模式图

同时，高石1井在龙王庙组4502.5～4507.1m井段钻遇5.1m滩相白云岩优质储层，录井显示气测异常，成像测井见溶蚀孔洞，测井解释为气层，孔隙度4.3%（图1-40），因灯影组投入试采，龙王庙组未测试，但该井于龙王庙组这一发现，进一步证实前期关于高石梯—磨溪龙王庙组具备良好勘探潜力的地质认识。

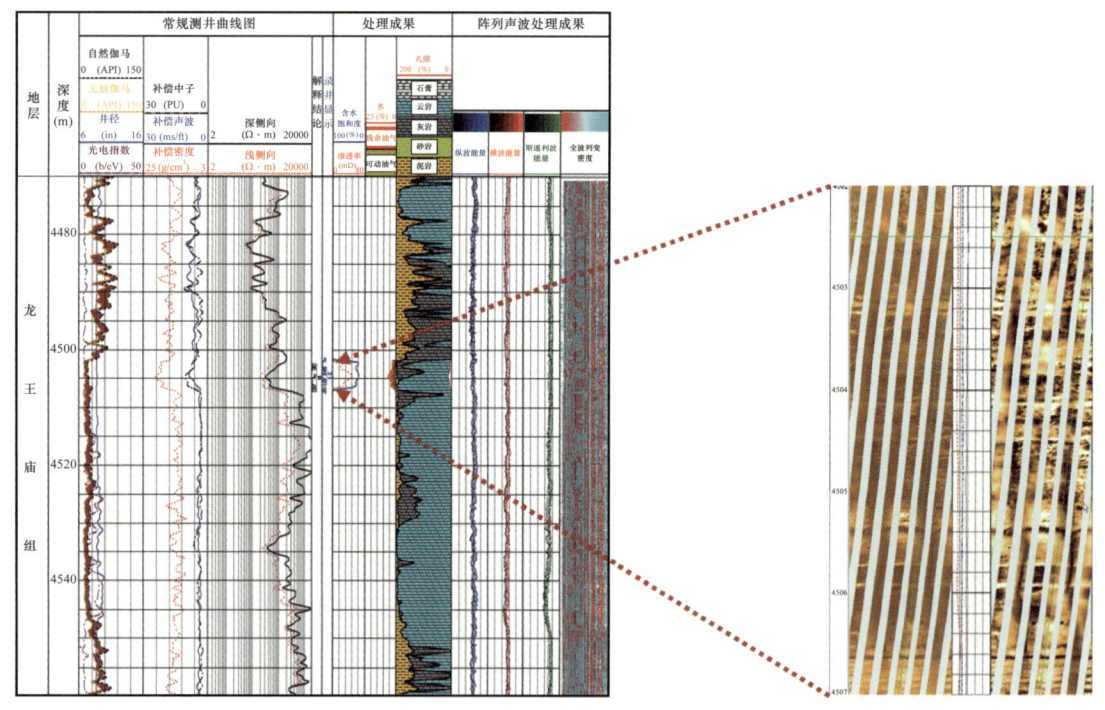

图1-40 高石1井龙王庙组测井综合评价图

在灯影组气藏认识方面，认为高石梯—磨溪地区灯四段气藏不完全受构造圈闭控制，分析具有大面积含气特征，面积达7500km²（图1-41）。主要依据为高石1、高科1、安平1井灯四段测井解释为气层，高石1井灯四段气层底界海拔比高石梯构造灯影组顶界最低圈闭线低 106m，安平 1 井灯四段气层底界海拔比磨溪构造灯影组顶界最低圈闭线低 67m。而灯二段为构造底水气藏，主要依据为高石 1 井灯二段与高科 1 井具有统一气水界面，比高石梯构造灯二段顶界最低圈闭线高 30m（图 1-42）。

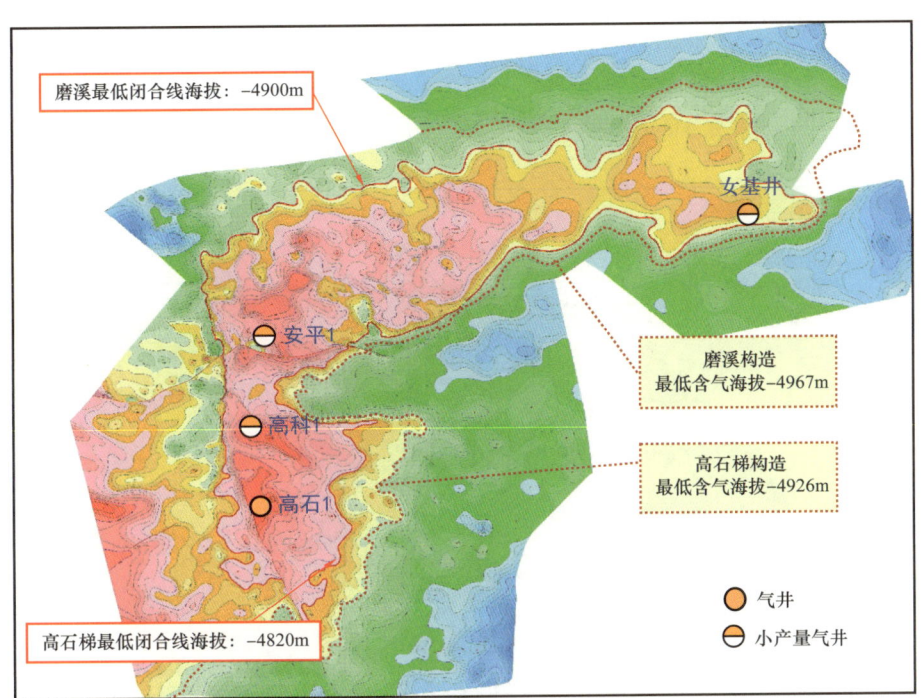

图 1-41 四川盆地高石梯—磨溪构造震旦系灯影组顶界构造图

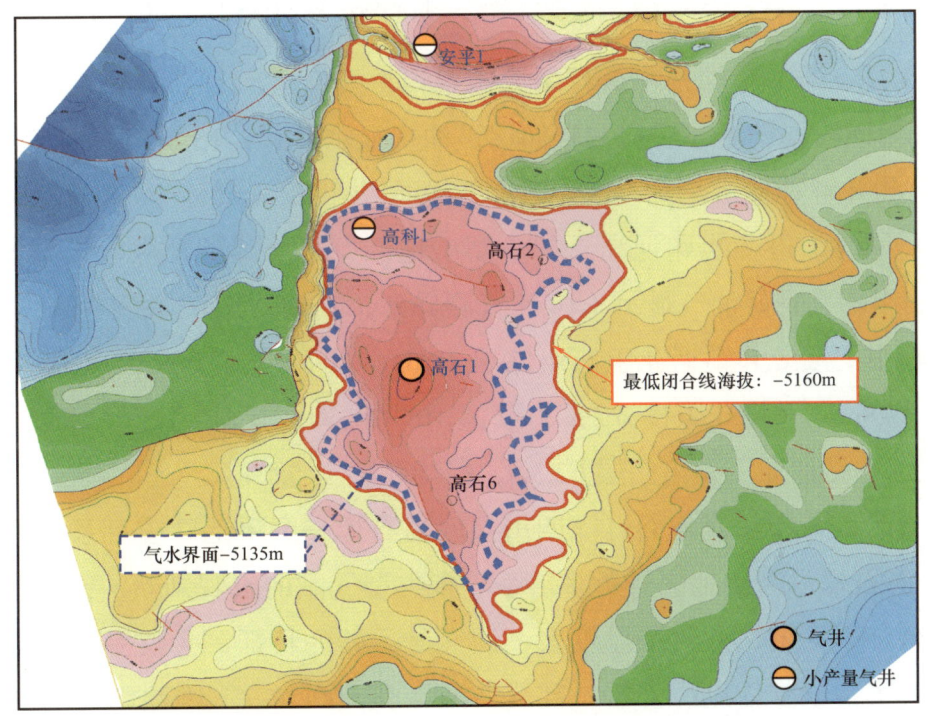

图 1-42 高石梯构造灯二段气藏分布图（2011 年）

主探灯影组、兼探龙王庙组，开展第一阶段整体部署　基于以上的认识，勘探家们认为高石梯—磨溪龙王庙组勘探潜力巨大。2011年8月，在北京香山召开"四川盆地川中古隆起勘探部署会"，中国石油勘探与生产公司决策以整体控制灯影组气藏规模、兼探龙王庙组为思路，针对高石梯—磨溪构造主体实施第一轮整体部署，其中三维地震790km²，探井7口（含2009年风险探井磨溪8井）：高石2井、高石3井、高石6井、磨溪8井、磨溪9井、磨溪10井、磨溪11井（图1-43）。

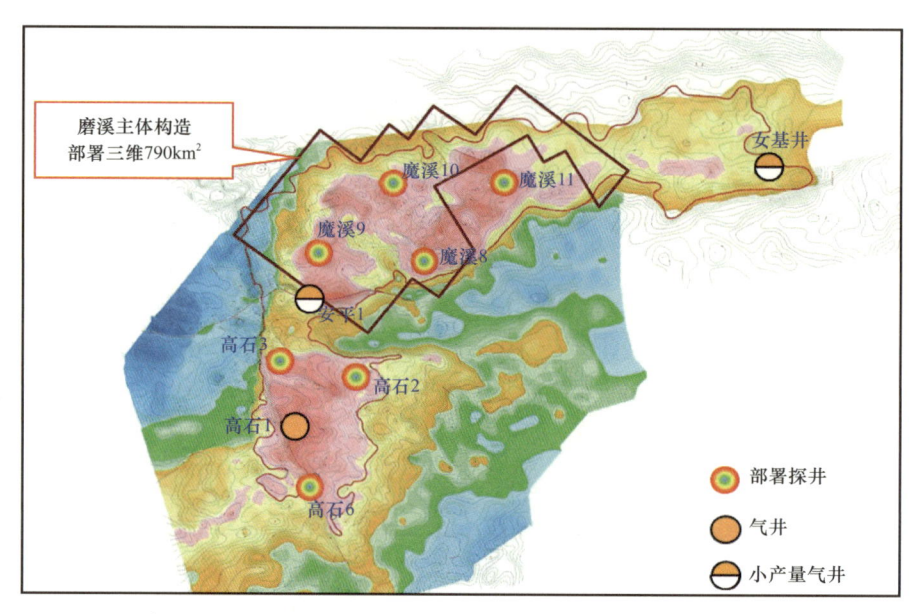

图1-43　高石梯—磨溪构造震旦系第一阶段第一轮整体部署图（2011年）

2012年5月，第一轮探井在震旦系勘探获得重要新进展，高石梯—磨溪主体构造的7口探井灯影组四段均钻遇厚层白云岩储层，油气显示活跃，15次气侵、17次气测异常、5次井漏，且测井解释储层均为纯气层，灯四段单井气层累计厚度28.4~99.6m，气层横向分布稳定。同时，进一步印证高石梯—磨溪地区龙王庙组储层发育，其中磨溪地区4口探井龙王庙组均有良好油气显示（14次气测异常，2次井漏）。且测井解释储层厚度大，孔隙度高，其中磨溪8井钻遇龙王庙组储层49.6m，平均孔隙度6.1%；磨溪9井钻遇龙王庙组储层37.8m，平均孔隙度6.2%；磨溪10井钻遇龙王庙组储层35m，平均孔隙度6.6%，磨溪11井钻遇龙王庙组储层62.3m，平均孔隙度5.6%。

2012年6月，在望江宾馆召开"四川盆地高石梯—磨溪地区震旦系—寒武系勘探部署会"，基于高石梯—磨溪地区具备多层系、多类型气藏的宏观判断，针对灯四段大面积含气特点，结合第一批钻井气层厚度大、油气显示好的特征，会议专家们提出实施高石梯—磨溪构造第二轮整体勘探部署，部署二维地震900km，三维地震650km²，部署探井16口：其中为评价高石梯、磨溪主体构造灯影组储量规模且兼探下古生界，部署探井14

口（高石7、高石8、高石9、高石10、高石11、高石12、磨溪12、磨溪13、磨溪16、磨溪17、磨溪18、磨溪19、磨溪20、磨溪21井）（图1-44）。

甩开预探高石梯—威远地区，跳出主体构造区，部署探井2口（高石16、高石17）（图1-45），其中优先部署高石17井以探索灯四段气藏西边界，探索威远—高石梯之间震旦系灯影组相变区，进一步明确灯四段气藏类型及含气边界，证实是否存在"裂陷"，为下古生界—震旦系勘探寻找更大突破。

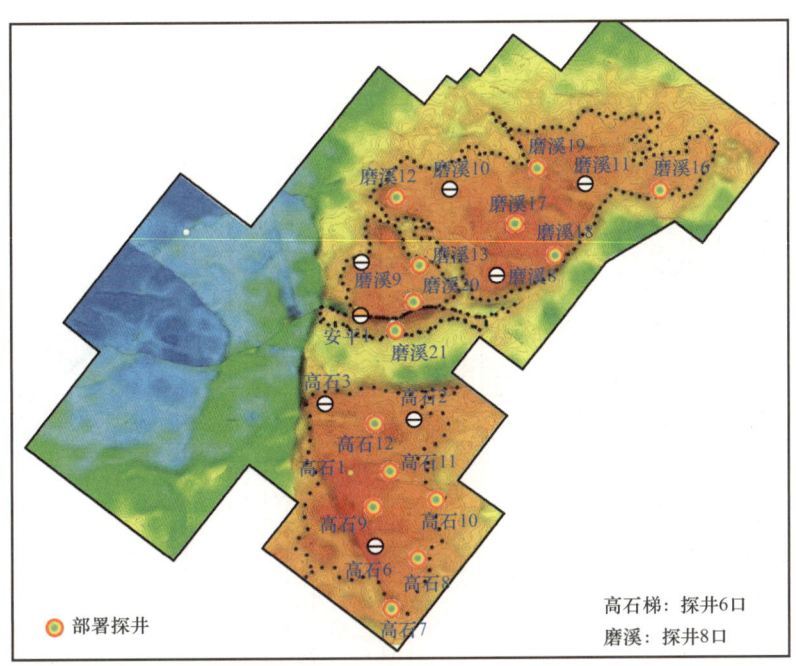

图1-44　川中地区第一阶段第二轮甩开预探部署图（2012年）

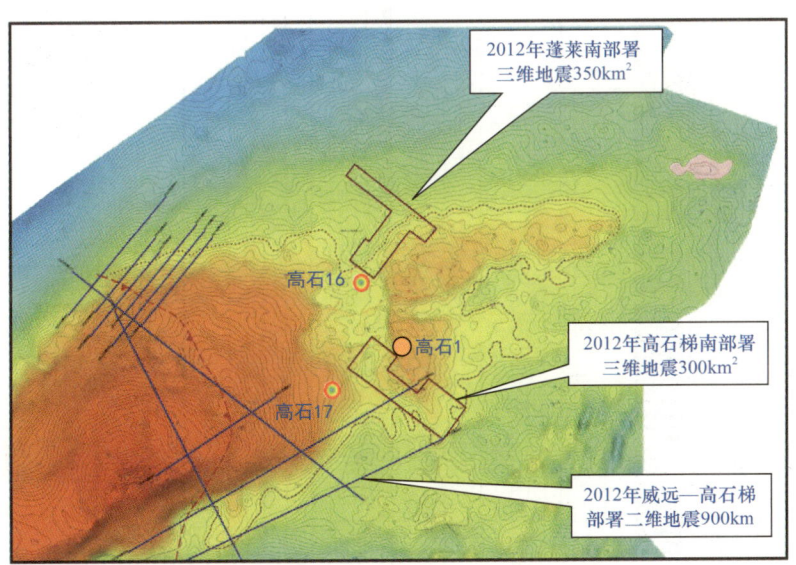

图1-45　高石梯—磨溪主体构造震旦系第一阶段第二轮整体部署图（2012年）

首轮探井旗开得胜，灯影组大气藏轮廓展现　第一轮部署 7 口探井在灯影组钻遇优质储层，其中 7 口探井于灯四段获得多次气侵和气测异常显示，结合钻井资料和地震预测，认为高石梯—磨溪主体构造灯四段储层分上下两套，总体具有储层发育层数多，累计厚度大的特征。储层厚 36～148m，平均厚度 70m。孔隙度在 2.49%～5.19% 之间，平均孔隙度为 4.34%。岩性主要是各种微生物白云岩及泥晶白云岩，储集空间类型以溶蚀孔洞为主（图 1-46）。高石梯—磨溪主体构造灯四段储层厚度大，孔隙度高，测井解释均为气层，测试均产纯气，不产地层水，进一步证实高石梯—磨溪地区为油气富集的有利区。

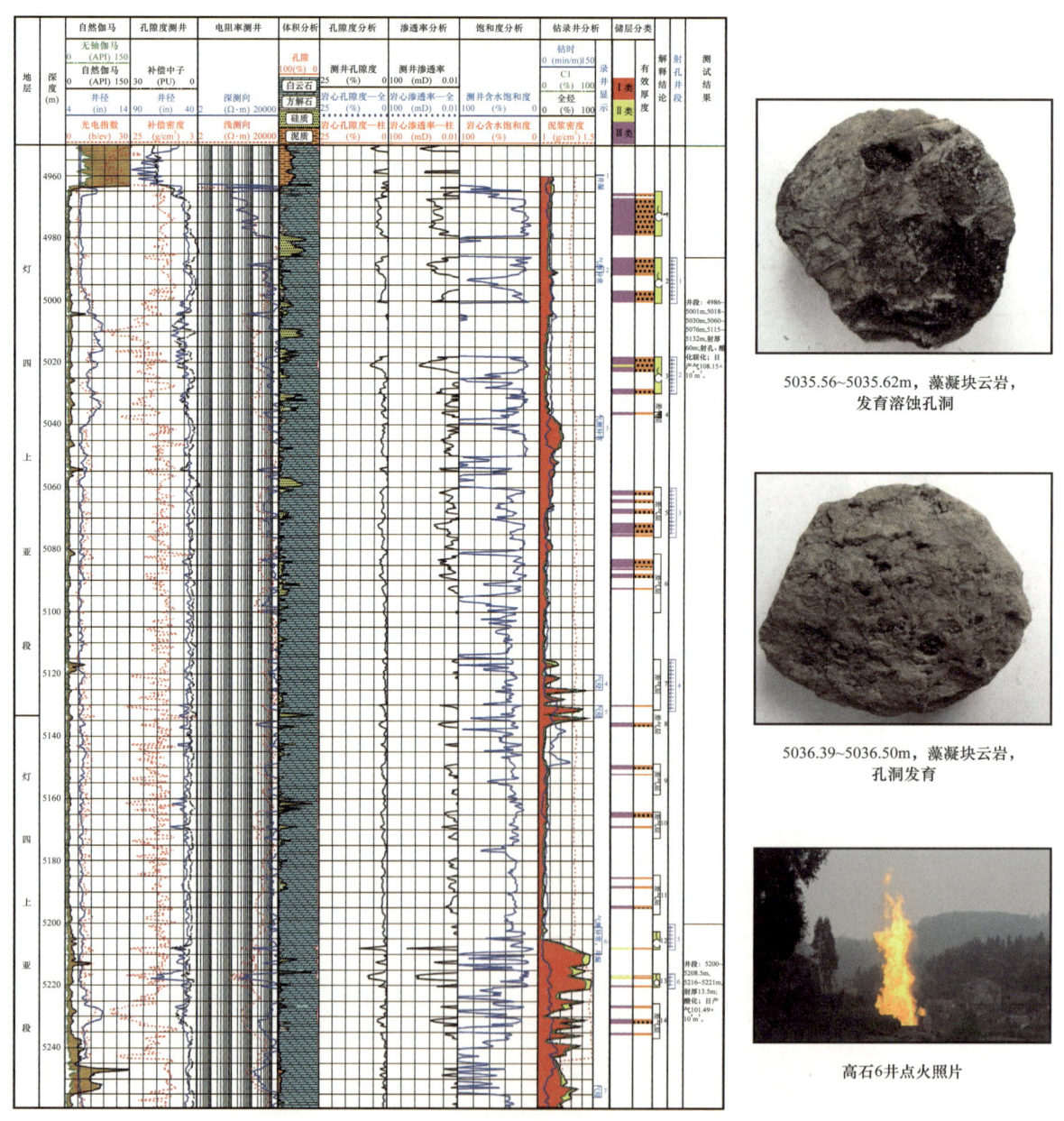

图 1-46　高石 6 井灯影组测井显示和储层特征图

2012年底，7口探井均完成试油，获工业气井5口。高石梯地区三口探井获百万立方米高产，其中高石2井测试产量$91.19\times10^4m^3/d$，高石3井测试产量$95.76\times10^4m^3/d$，高石6井测试产量$209.64\times10^4m^3/d$。磨溪地区的磨溪8和磨溪11井也有多次气测异常显示，且获得工业气流。首轮部署探井旗开得胜，均未见水，进一步证实高石梯—磨溪地区灯四段大面积含气的地质特征。

龙王庙组储层发育引惊喜，怎料气水难辨疑团骤现 第一轮部署探井在龙王庙组也见到良好显示（14次气测异常，2次井漏）（表1-8）。多家研究机构通过地质、测井综合解释，明确龙王庙组发育厚层孔隙型白云岩储层，其中磨溪地区龙王庙组储层厚40~60m，孔隙度3.9%~4.8%。但通过对比分析，认为磨溪地区龙王庙组储层上部含气，但中下部储层电阻率偏低，电阻率远低于威远地区的气水下限：磨溪8井储层下部最低电阻率为$114\Omega\cdot m$，比威寒101井（电阻率$120\Omega\cdot m$，产水$68.6m^3/d$）低$6\Omega\cdot m$；磨溪11储层最低电阻率仅为$54\Omega\cdot m$，远低于威寒101及磨溪8井。由此推断，磨溪龙王庙组储层段下部为水层，龙王庙组气藏极有可能为低幅构造控制的底水气藏，即便顶部含气，其规模极为有限，为油气勘探开发领域俗称的"水上漂"型油气藏，规模勘探开发潜力有限（图1-47）。"大水冲了龙王庙的阴霾，一时间失落蔓延在大多数人心中"，龙王庙组能否形成大规模气藏成为新疑团。

表1-8 高石梯—磨溪构造龙王庙组显示、测井解释情况

井号	显示情况	测井解释
磨溪8	气测异常2次	储层厚度55.25m，孔隙度3.9%
磨溪9	气测异常3次	储层厚度40m，孔隙度4.2%
磨溪10	井漏1次、气测异常2次	储层厚度41.4m，孔隙度4.8%
磨溪11	井漏1次	储层厚度62.3m，孔隙度4.0%
高石2	气测异常2次	储层厚度4.5m，孔隙度2.9%
高石3	气测异常2次	储层厚度20m，孔隙度4.3%
高石6	气测异常3次	储层厚度27.5m，孔隙度3.1%

磨溪地区龙王庙组究竟是气层、水层还是像威远一样仅存在一个"气顶"？三种观念碰撞与交锋，意见分歧较大，一时相持不下。究竟是否测试？如何试气？龙王庙组的勘探工作该如何开展？新领域的勘探路途上的崎岖不平再次考验着勘探家们。

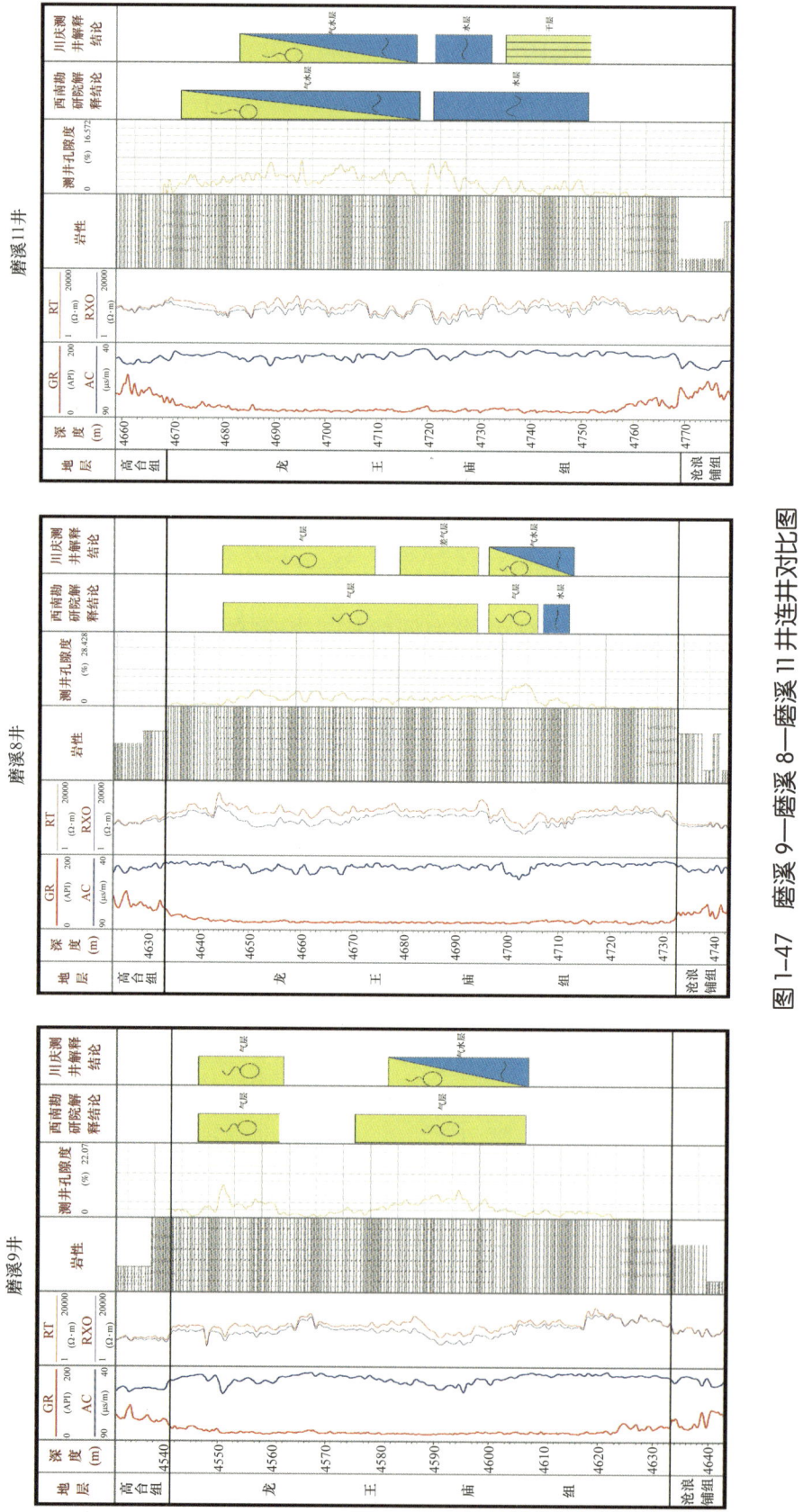

图1-47 磨溪9—磨溪8—磨溪11井连井对比图

果断试油"疑似水层",磨溪 8 井气龙"横空出世" 2012 年 5 月,中国石油勘探生产公司主管领导在成都组织召开了龙王庙组含油气性评价及试气方案专题讨论会,在听取了各家汇报及与会专家的意见后指出,磨溪地区龙王庙组完钻的 4 口井,钻探过程中气显示异常活跃,厚度大,物性好,电测资料深浅双侧向电阻率成正幅度差异,表现出明显的含气特征;威远和磨溪地区岩性岩相及圈闭的封闭性差异很大,不能简单套用威远测井模板进行解释评价;龙王庙组作为风险勘探战略新领域,磨溪 8、磨溪 11 井底部"气水层"海拔低于该井局部构造溢出点,一旦获气将进一步证明龙王庙组为构造背景上的岩性地层气藏。最终果断决策,首先对磨溪 8、磨溪 11 井下部"疑似水层"进行专层测试。

2012 年 9 月,对磨溪 8 井龙王庙组 4697.5~4713m 井段龙王庙组下部"疑似水层"进行了射孔—酸化—测试联作测试,该井酸化后累计排液 18.1m³,应排 116.77m³,余液 98.67m³,于 9 月 9 日稳定放喷 2 小时 30 分钟,火焰高 26~28m,呈橘红色,其中稳定油压 54.55MPa,折算气产量为 107.18×10^4m³/d。

磨溪 8 井"疑似水层"测试获百万立方米高产(图 1-48),龙王庙组气藏"横空出世"!该井的突破是四川盆地龙王庙组勘探重大突破,开辟了四川盆地寒武系碳酸盐岩勘探的新天地!

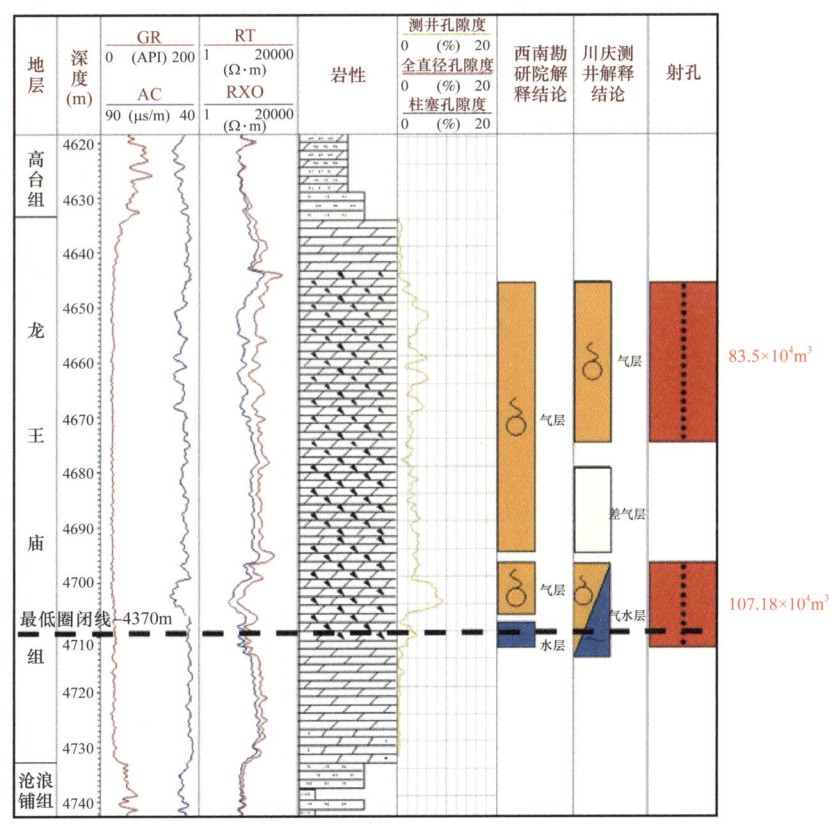

图 1-48 磨溪 8 井龙王庙组综合柱状图

低部位磨溪 11 井再建奇功，岩性气藏大格局初露峥嵘　磨溪 8 井的战略发现表明龙王庙组气藏不受构造控制，但磨溪地区龙王庙组气藏规模仍有待探索，磨溪 11 井比磨溪 8 井低 38m，比磨溪 9 井低近 140m，且不发育局部构造，位于磨溪地区相对低部位，该井一旦获气，磨溪地区龙王庙组气藏将呈现出不受构造控制的岩性气藏大格局（图 1-49）。2012 年 10 月，低部位磨溪 11 井再建奇功，其下部"水层"获日产气超百万立方米（图 1-50），科学决策引领百万立方米高产，"最牛水层"变老虎！磨溪地区龙王庙组整体含气的岩性气藏大格局初露峥嵘！

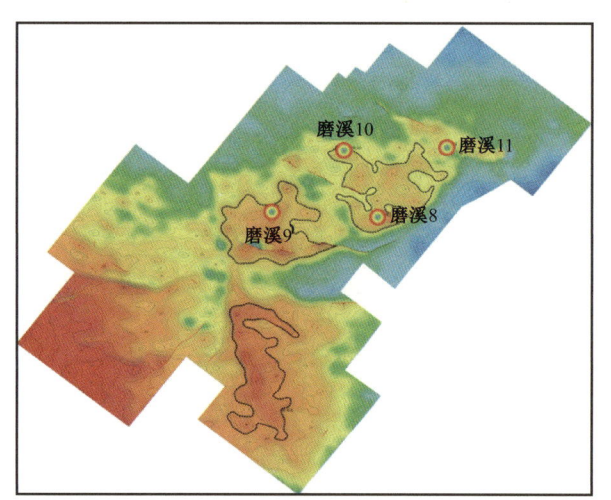

图 1-49　高石梯—磨溪地区寒武系龙王庙组顶界地震反射构造图

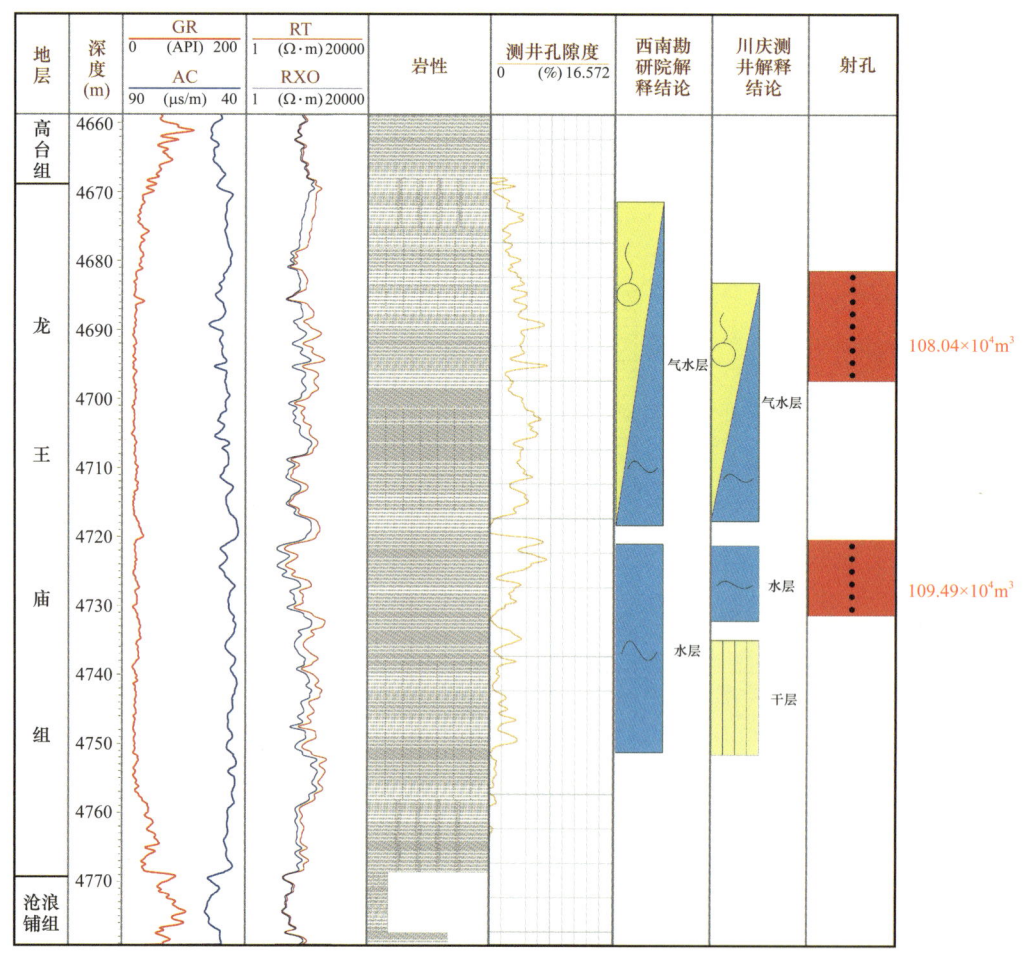

图 1-50　磨溪 11 井龙王庙组测井解释成果图

磨溪9井、磨溪10井不负众望，口口百万立方米奠定辉煌　在磨溪8及磨溪11井连获高产气流后，新老井重新解释全部为气层，磨溪9与磨溪10井相继完成测试，磨溪9井日产量达$154×10^4m^3$，磨溪10井日产量达$122×10^4m^3$，两口井龙王庙组均获百万立方米高产（图1-51）。截至2013年1月，磨溪地区四口探井累计获测试产量$684.53×10^4m^3/d$，单井平均测试产量高达$171.13×10^4m^3/d$！分属不同构造部位的四口百万立方米高产气井，揭示了磨溪龙王庙组气藏具有整体高产富气的特征，坚定了勘探者们快速探明龙王庙组气藏的决心！

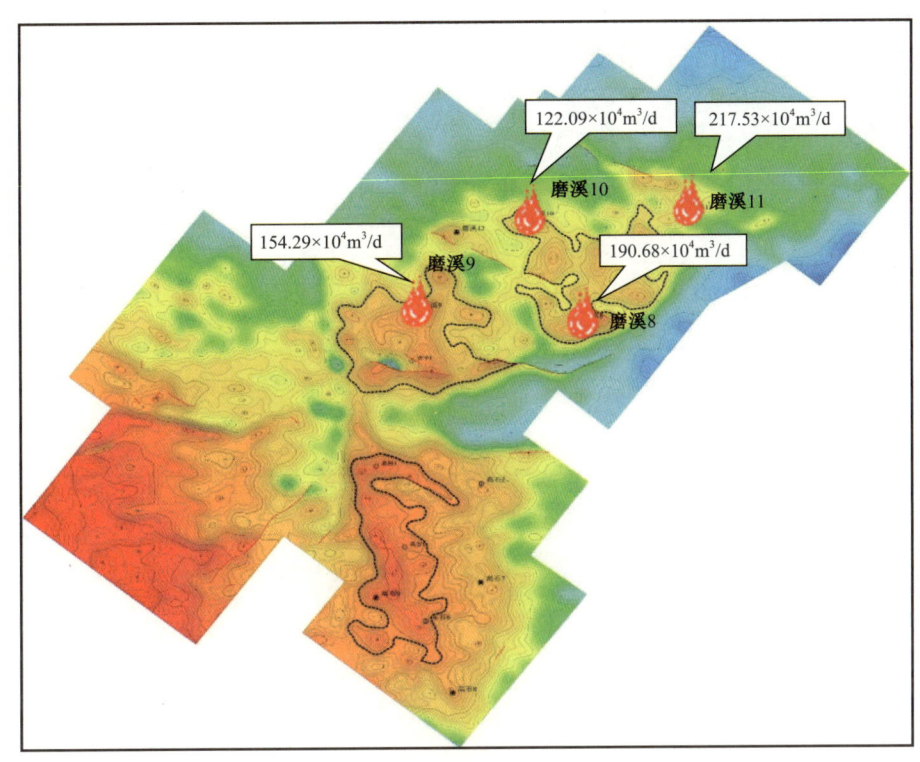

图1-51　磨溪构造龙王庙组阶段试油成果图（2013年）

二、整体探明龙王庙，高产高效创纪录

效益优先调整思路，勘探主攻龙王庙组　磨溪龙王庙组气藏初露锋芒，推动了龙王庙组成藏地质认识的不断深化，根据龙王庙组成藏地质条件好，以及测试产量高、试采效果好的特征，中国石油果断部署，决策优先探明磨溪龙王庙组气藏，主要依据有以下三点：

在沉积方面，认识到古隆起控制着龙王庙组区域沉积相带的展布。颗粒滩体环古隆起呈环带状大面积分布（图1-52和图1-53），为高石梯—磨溪地区龙王庙组储层发育奠定了基础（图1-54）。

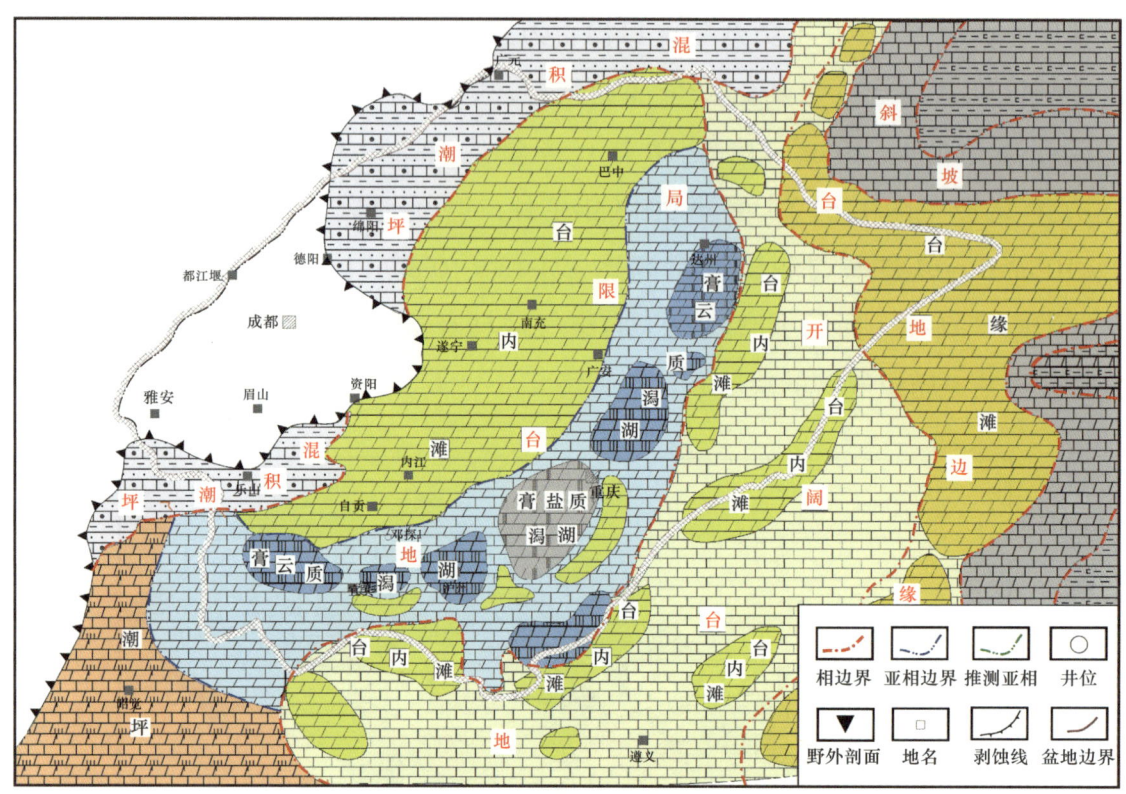

图 1-52 四川盆地及邻区寒武系龙王庙组岩相古地理图

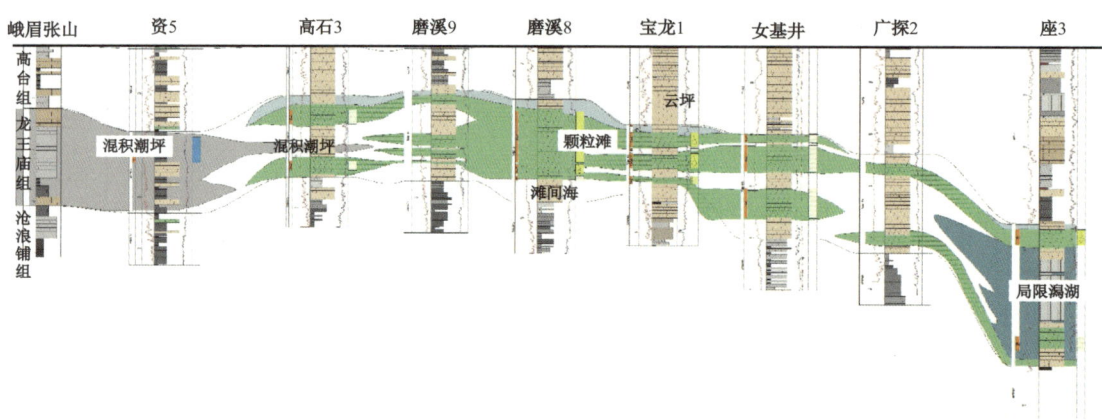

图 1-53 峨眉张山—资 5 井—高石 3—磨溪 9—磨溪 8—宝龙 1—女基井—广探 2—座 3 井沉积相剖面

磨溪 8 井，龙王庙组砂屑溶孔云岩

磨溪 9 井，龙王庙组细晶粉晶云岩

图 1-54 四川盆地寒武系龙王庙组储层发育特征

在源储配置方面，龙王庙组具有良好的源储配置条件，具备形成大气田的有利成藏条件。大面积发育的颗粒滩相储层叠置于之古隆起上，且下伏的筇竹寺组烃源条件好，成藏组合良好（图1-55），古隆起长期继承性稳定发育有利于构造—岩性圈闭群的形成与保存和油气聚集成藏。

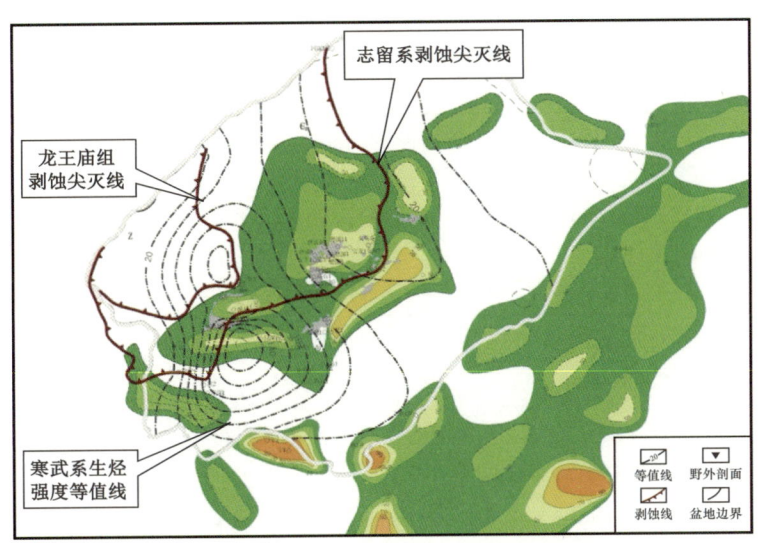

图1-55　四川盆地及邻区下寒武统龙王庙组颗粒岩厚度与生烃强度叠合图

在试采效果方面，磨溪8井试采结果表明龙王庙组气藏具备良好的稳产条件。该井龙王庙组于2012年12月6日投产，日产气量稳定在$64\times10^4m^3$左右，水气比在$0.1m^3/10^4m^3$，油压稳定58.3MPa。截至2013年2月，已累计产气$3114\times10^4m^3$，试采效果良好（图1-56）。根据以上地质认识，中国石油针对龙王庙组气藏勘探开发效果好、气藏优质等特点，调整勘探思路，决策优先探明磨溪龙王庙组气藏。

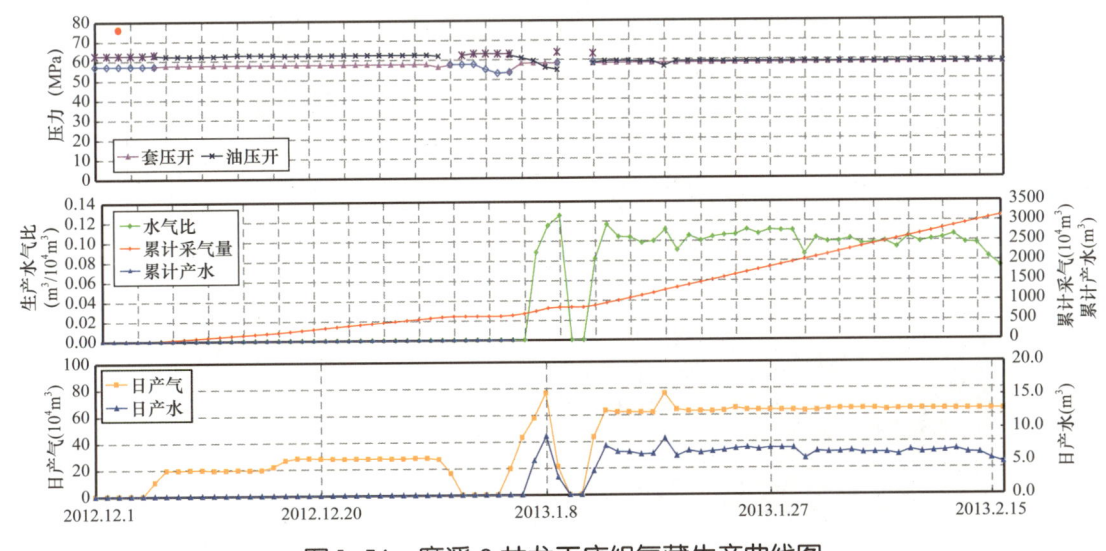

图1-56　磨溪8井龙王庙组气藏生产曲线图

乘胜追击三轮部署，快速探明整装气藏 按照"优先探明磨溪龙王庙组气藏，整体控制震旦系—寒武系气藏规模"的部署原则，进行了第二阶段两轮的整体勘探部署，第一轮主攻探明和评价磨溪主体龙王庙组储量规模，第二轮以扩大勘探领域为目的，甩开预探磨溪主体构造外围龙王庙组含气情况，并兼探灯影组含气边界。共部署三维地震1100km²，探井23口（表1-9和图1-57）。

表1-9 高石梯—磨溪地区下古生界龙王庙组—震旦系第二阶段探井部署图

阶段	部署时间	部署思路	井号
评价阶段	2012年10月	尽快探明磨溪主体龙王庙，加快实施5口专层井	磨溪201、磨溪202、磨溪203、磨溪204、磨溪205
	2013年3月	加快评价磨溪龙王庙组储量规模，部署2口	磨溪101、磨溪102
甩开阶段	2013年4月	针对龙女寺地区部署龙王庙组专层井3口、三维地震1100km²	磨溪23、磨溪29、磨溪30
	2013年4月	甩开外围，扩大高石梯构造以西地区龙王庙组和以东震旦系，部署探井7口	高石16、高石18、高石19、高石20、高石21、高石23、高石26
	2013年4月	探索灯四段气水界面，兼探龙王庙组，磨溪北斜坡部署探井1口	磨溪22
	2013年7月	甩开探索磨溪北斜坡龙王庙组气藏储层发育情况及含流体性质，增加部署探井5口	磨溪26、磨溪27、磨溪31、磨溪51、南充1

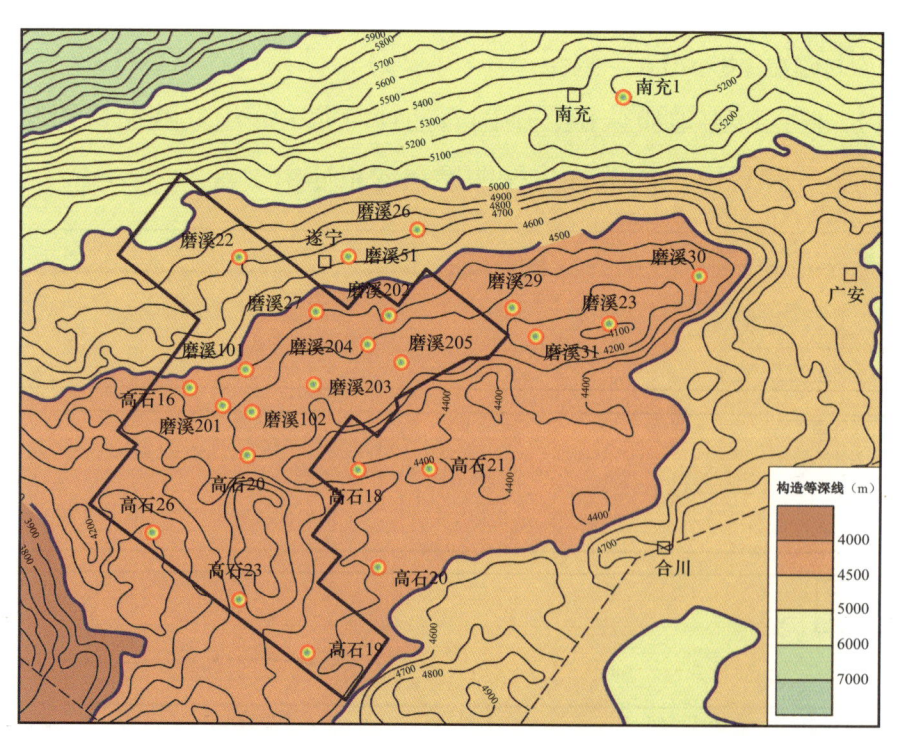

图1-57 高石梯—磨溪地区下古生界龙王庙组—震旦系第二阶段探井部署图

快速探明和评价磨溪主体龙王庙组储量规模 2012年10月为尽快探明磨溪主体龙王庙组，加快实施5口专层井，即磨溪201、磨溪202、磨溪203、磨溪204、磨溪205井。到2013年3月，第一阶段部署井磨溪12、磨溪13、磨溪17等井都见到了良好的气显示，测井解释储层厚度大，平均厚度49.2m，孔隙度高，平均为4.56%，揭示出龙王庙组储层在高石梯—磨溪地区大面积分布，其中磨溪构造储层较高石梯构造发育，磨溪地区龙王庙组纵向储层发育，储层物性好，厚度10～50m，孔隙度4%～10%，横向上分布稳定（图1-58）。高石梯地区寒武系龙王庙组储层物性相对较差，厚3～20m，孔隙度2%～5%，横向变化较大。多口井龙王庙组的含气范围超过构造圈闭范围，明确认为龙王庙组为构造背景上的岩性—地层气藏（图1-59）。根据对磨溪构造龙王庙组的进一步认识，为加快评价磨溪龙王庙组储量规模，部署了磨溪101、磨溪102井。

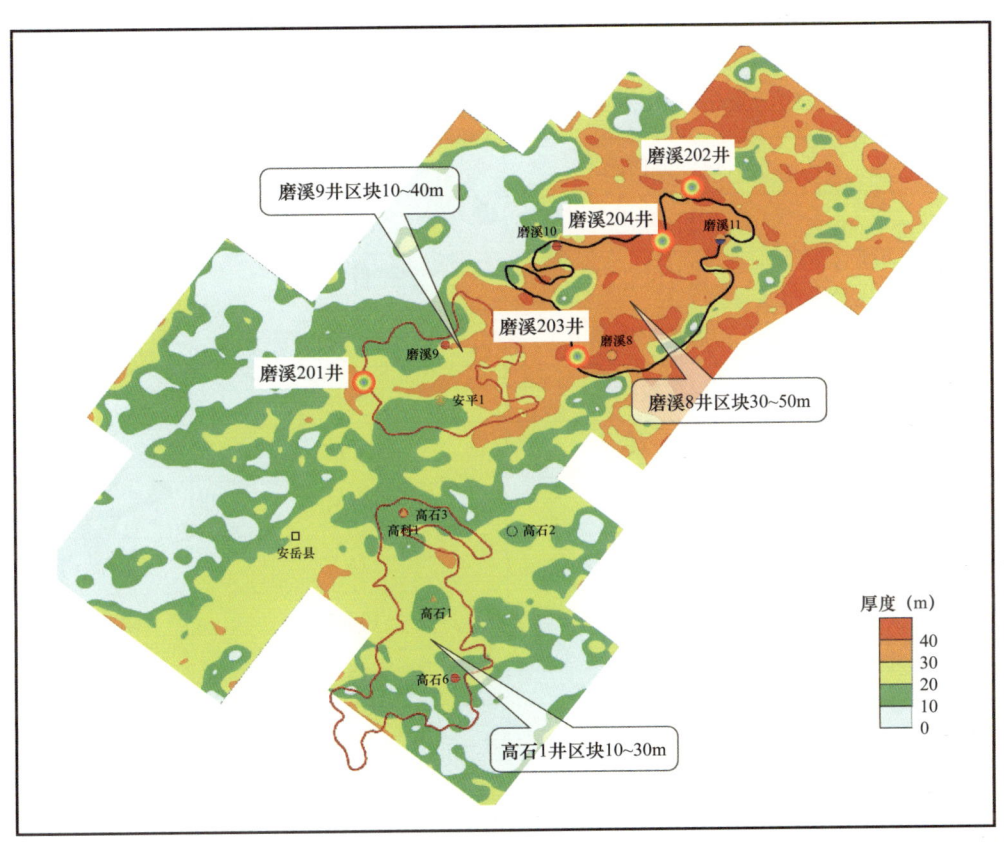

图1-58 四川盆地高石梯—磨溪地区寒武系龙王庙组地震储层平面图（2013年）

口口高产井捷报频传（表1-10），实钻证实磨溪主体构造范围内海拔 -4410m 以上整体含气，龙王庙组探井成功率100%，16口井获百万立方米高产，累计井口测试产量 $1758×10^4m^3/d$，单井平均测试产量 $110.49×10^4m^3/d$，单井日产量可满足600万居民一天用气需求！

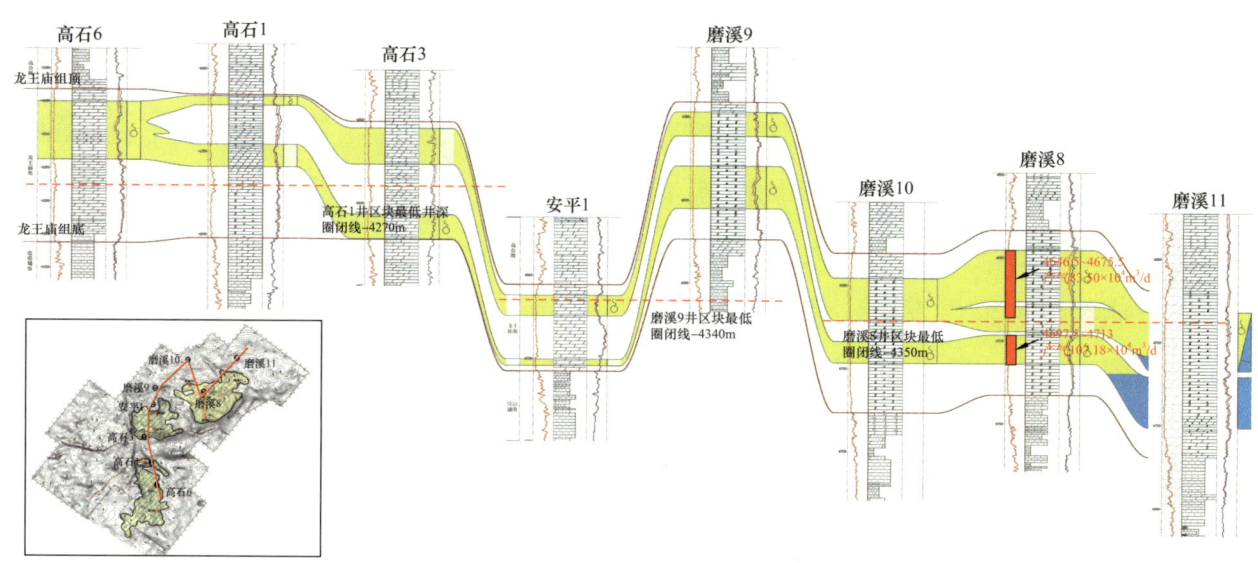

图 1-59 高石梯—磨溪地区龙王庙组气藏剖面图

表 1-10 安岳气田磨溪区块钻井寒武系龙王庙组日产气和试油结论

井号	试油或措施	日产气（$10^4 m^3$）	试油结论
磨溪 12	射孔酸化	116.77	高产工业气层
磨溪 16	射孔酸化	11.47	工业气层
磨溪 21	射孔酸化	7.27	工业气层
磨溪 202	射孔酸化	30.32	高产工业气层
磨溪 203（中测）	射孔酸化	0.1537	含气层
磨溪 204	射孔酸化	115.62	高产工业气层
磨溪 205	射孔酸化	116.87	高产工业气层
磨溪 13	射孔酸化	128.84	高产工业气层
磨溪 17	射孔酸化	53.2	高产工业气层
磨溪 19	射孔酸化	11.45	工业气层
磨溪 009-X1	射孔酸化	263.47	高产工业气层
磨溪 101	射孔酸化	85.9	高产工业气层
磨溪 201	射孔酸化	132.2	高产工业气层

2013年12月4日，经国土资源部专业评审，龙王庙组气藏探明储量规模 $4403.83×10^8 m^3$（表1-11、图1-60），为我国规模最大的单体海相碳酸盐岩整装气藏（图1-61）。从磨溪8井横空出世至龙王庙组高效探明，仅历时400余天，在我国天然气工业史上实属罕见！

第一章 四川盆地安岳古老海相碳酸盐岩特大气区的发现

表1-11 安岳气田磨溪区块磨溪8井区、磨溪21井区龙王庙组气藏探明储量表

区块	计算单元	含气面积（km^2）	有效厚度（m）	有效孔隙度（%）	含气饱和度（%）	天然气原始体积系数（B_{gi}）	天然气地质储量（$10^8 m^3$）	天然气技术可采储量（$10^8 m^3$）
磨溪区块	磨溪8井区	779.86	36.4	4.8	82.3	0.00257	4363.41	3054.39
	磨溪21井区	25.40	15.6	3.4	81.0	0.00270	40.42	28.29
	合计	805.26					4403.83	3082.68

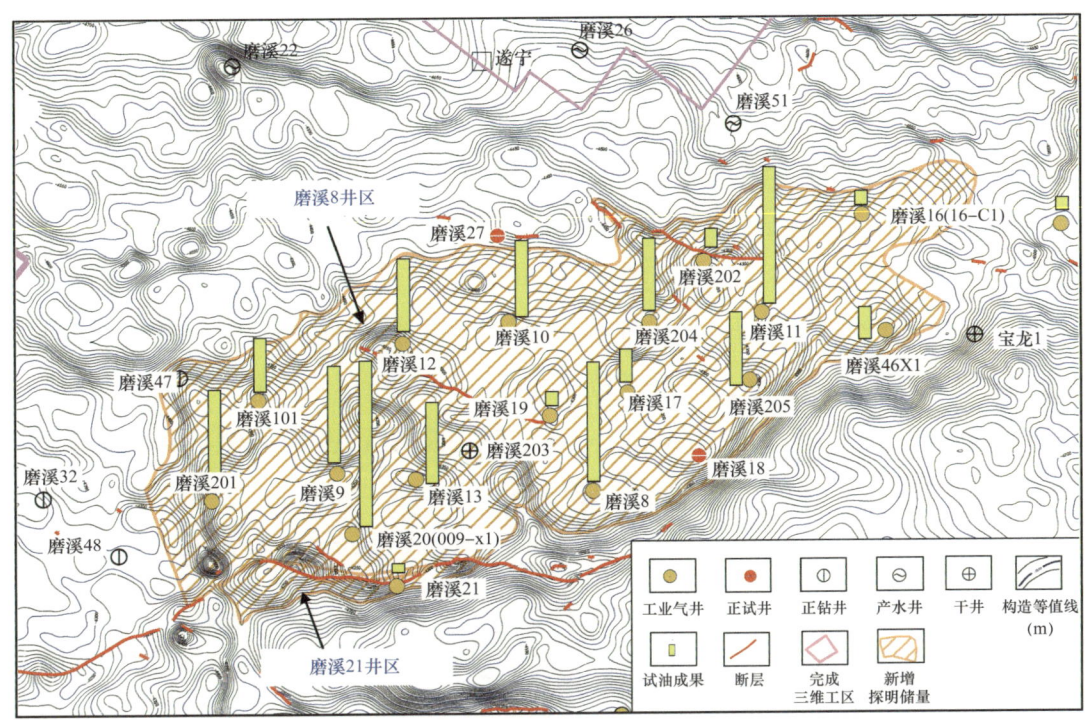

图1-60 安岳气田磨溪区块寒武系龙王庙组气藏含气面积图

图1-61 建设中的安岳龙王庙组大气田

北部斜坡前景广阔，磨溪外围局面复杂 2013年4月，针对龙女寺地区部署龙王庙组专层井3口，即磨溪23、磨溪29、磨溪30井，其中磨溪23井龙王庙组获得百万立方米高产。同时认识到龙女寺地区受古地貌较低的影响，龙王庙组储层非均质性较强。但基于磨溪23和磨溪8井龙王庙组勘探取得突破，以及高石梯构造高石6和井获得百万立方米高产，证实古隆起轴部具良好的含气性，随后逐步加强外围的甩开勘探。以扩大高石梯构造以西地区龙王庙组和以东震旦系勘探为目的，部署探井7口，即高石16、高石18、高石19、高石20、高石21、高石23、高石26井（图1-58），但部署的探井储层较差，且含水，分析认为其圈闭及保存条件较差。

由于龙女寺地区和高石梯构造东西段的勘探效果总体欠佳，2013年3月，中石油决策以探索灯四段气水界面且兼探龙王庙组为目的，在磨溪以北斜坡地区部署探井1口，即磨溪22井。2013年7月，增加部署5口井以探索磨溪北斜坡龙王庙组气藏储层发育情况及含流体性质。结果磨溪22井、磨溪26井、磨溪51井龙王庙组均产水。2015—2016年，持续对北斜坡进行探索，部署了磨溪52井，日产量 $18.42 \times 10^4 m^3$，折算后的地层压力 111.5MPa，与磨溪构造主体压力和气水界面均不一致（图1-62），表明北斜坡发育岩性气藏群的特点。2017年，基于地震老资料的重新处理解释和进一步研究，在磨溪北斜坡八角场地区刻画龙王庙组滩体 $1624km^2$，其上倾方向受致密带的侧向封堵，具备形成岩性气藏的条件，展现出良好的勘探前景（图1-63）。

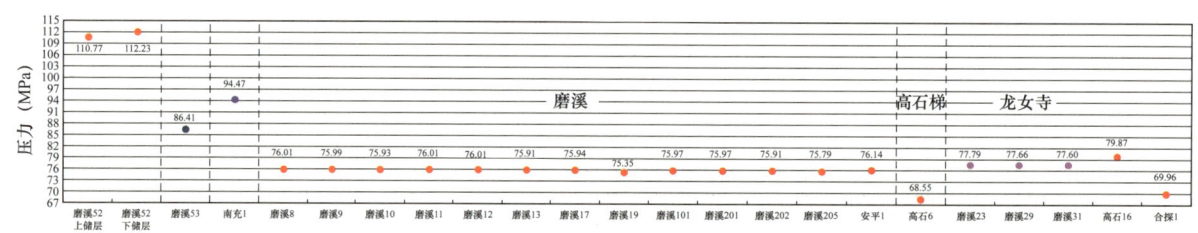

图1-62 磨溪—高石梯—龙女寺龙王庙地层压力（折算至磨溪期次中部海拔 -4342.3m）

三、探明灯影台缘带，万亿规模绘新篇

高石17证实古裂陷，灯影组勘探开新篇 自2011年起，陆续开展灯影组地质综合研究工作。2013年7月，早期部署以探索威远至高石梯—磨溪地区灯影组相变和气藏边界，证实裂陷是否存在为目的高石17井完钻，地层中缺失灯影组三段、四段，其下寒武统下部发育深水陆棚硅质泥页岩，厚度可达700m，而震旦系灯影组发育瘤状硅质云岩，相对深水沉积，厚度小于150m，与高石梯—磨溪地区灯影组高能丘滩相相比，相变异常明显。该井的钻探证实了德阳—安岳古裂陷的存在（图1-64）。德阳—安岳古裂陷的发现，为震旦系灯影组的勘探进一步指明了方向。随即对古裂陷展开新一轮攻关研究，取得三项重要地质认识。

第一章 四川盆地安岳古老海相碳酸盐岩特大气区的发现

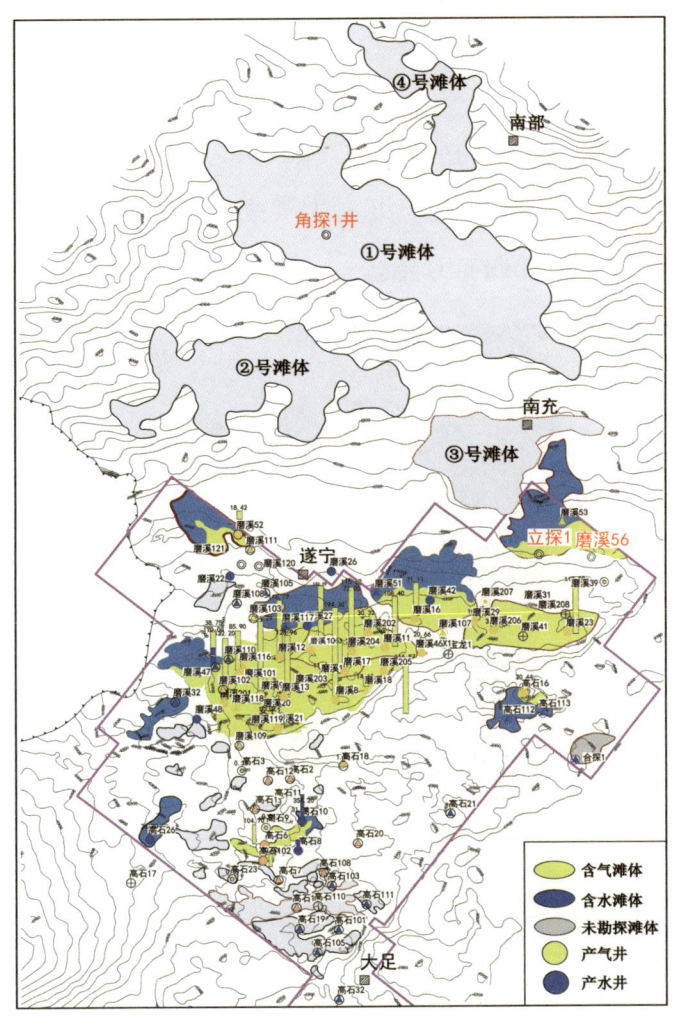

图 1-63 磨溪—龙女寺构造龙王庙组滩体及气水分布图（2017 年）

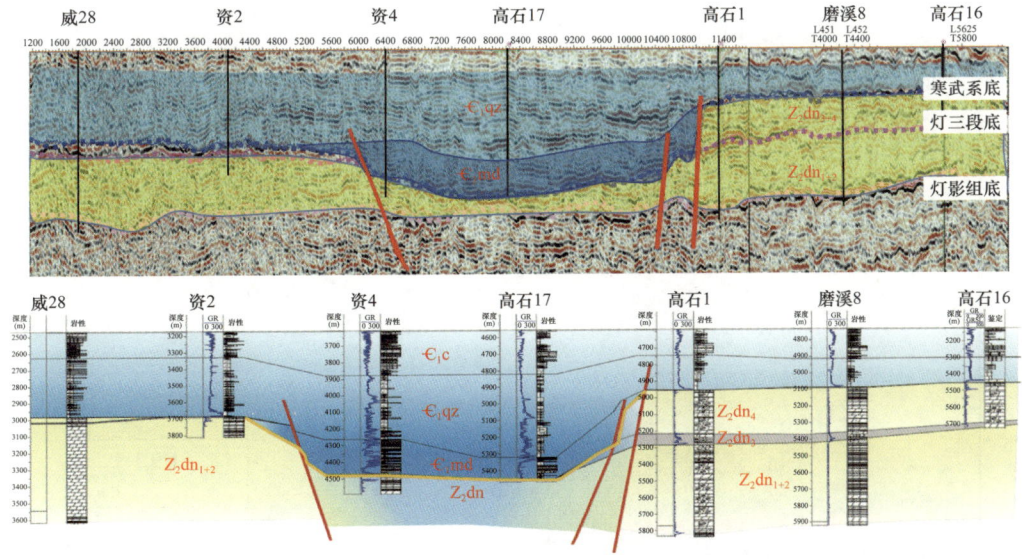

图 1-64 威 28—资 2—资 4—高石 17—高石 1—磨溪 8—高石 16 井连井剖面图

首先，古裂陷控烃源岩发育，明确了生烃中心，落实了资源规模。裂陷区内烃源岩厚300～500m，TOC>2%，R_o>2.5%，生气强度（80～180）×$10^8m^3/km^2$；台内烃源岩厚100～150m，TOC平均1%，R_o>2%，生气强度（20～40）×$10^8m^3/km^2$（图1-65和1-66）。相比之下，裂陷区内烃源岩厚度、有机质丰度、生气强度是台内的2～4倍。盆地模拟资源量达$5.0×10^{12}m^3$，是第三次资源评价的10倍。

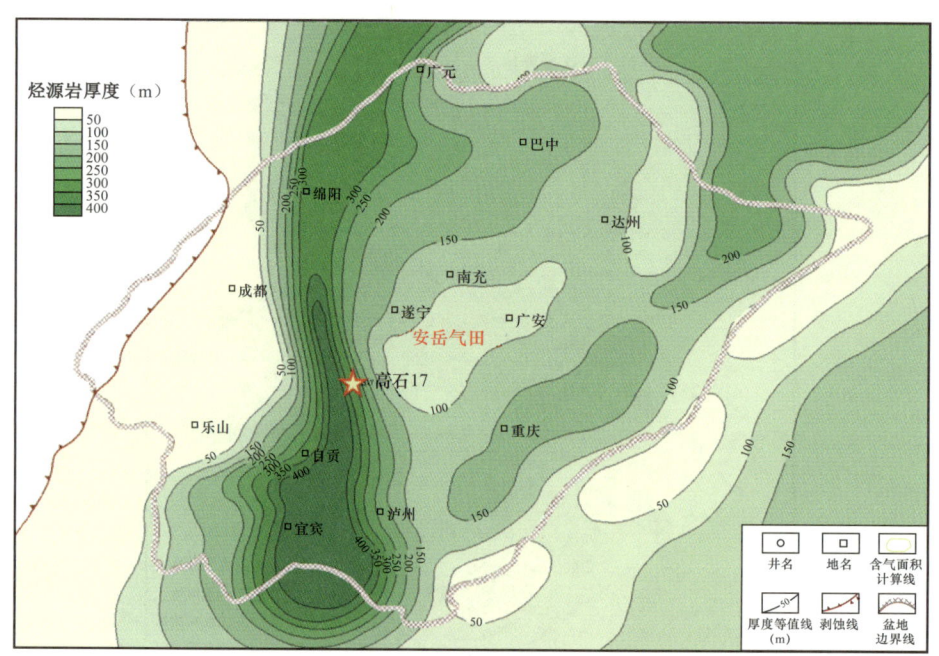

图1-65 下寒武统烃源岩厚度分布图

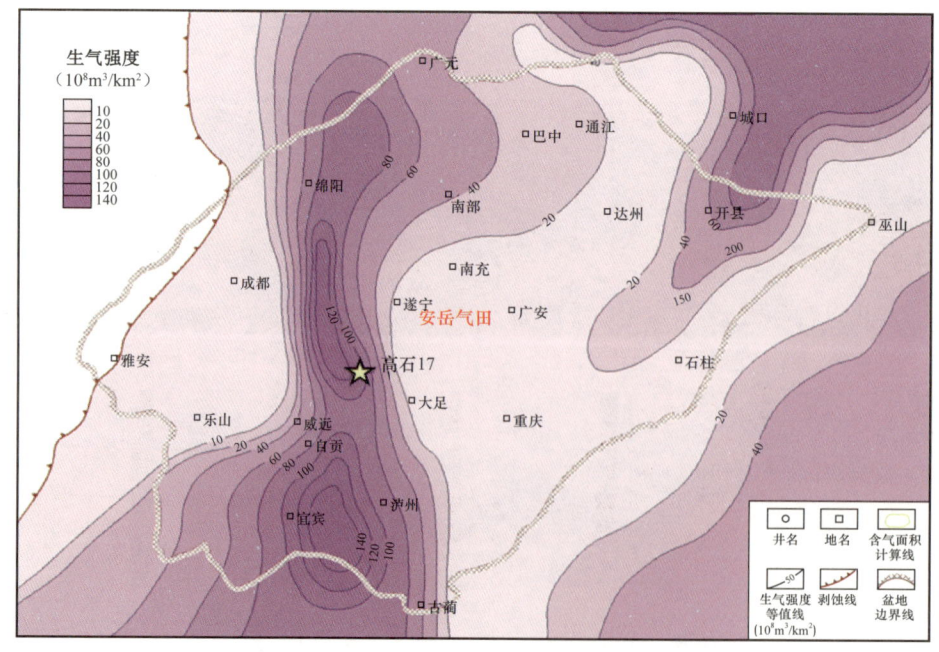

图1-66 下寒武统烃源岩现今生气强度图

其次，古裂陷控制有利相带展布。以往，针对四川盆地灯影组岩相古地理研究，盆地均为蒸发潮坪与蒸发潟湖相而没有发现高能相带。2011年以来，基于大量钻录测井、地震和露头剖面，以及测试分析资料，通过构造、沉积相结合的岩相古地理编图研究，结合高石17井地质认识，发现了以南北向德阳—安岳克拉通内裂陷为轴、两侧对称发育、呈"U"形展布的克拉通内台地边缘高能相带，改变了以往上扬子克拉通内震旦纪构造稳定、沉积相单一的传统认识。同时，由于受桐湾期表生岩溶作用影响，灯四段沉积期时地貌较高，且位于桐湾期大型岩溶高地—岩溶坡地，高能台缘相带与表生岩溶有效叠合，有利于形成优质储层发育（图1-67和1-68）。

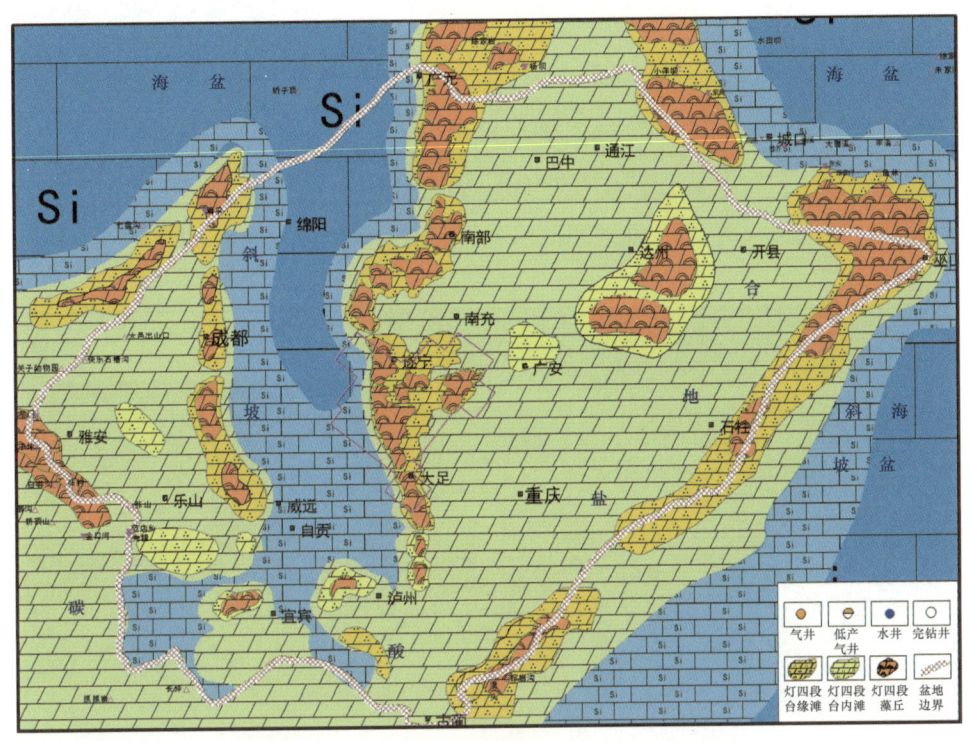

图1-67 四川盆地灯四段岩相古地理

基于古裂陷对烃源岩、储层、成藏控制作用的地质认识，2013—2014年，持续对高石梯—磨溪构造灯影组开展部署工作，共部署探井34口，获工业气流23口（图1-69），平均测试日产量$44\times10^4m^3$，6口井灯四段测试百万立方米高产，其中高石2日产气$91.19\times10^4m^3$，高石3日产气$95.76\times10^4m^3$，高石6日产气$209.64\times10^4m^3$，高石7日产气$105.65\times10^4m^3$，高石9日产气$91\times10^4m^3$，磨溪22日产气$105.61\times10^4m^3$。高产井主要位于高石梯—磨溪构造西侧，其中外围的磨溪22井灯四段上部为气层，测试产量超过百万立方米，灯四段下部含水，气水界面为-5230m。以此气水界面确定气柱高度，为590m，大于构造圈闭幅度；且灯影组均未见水，以此气水界面圈定含气面积，预测可达$7500km^2$。

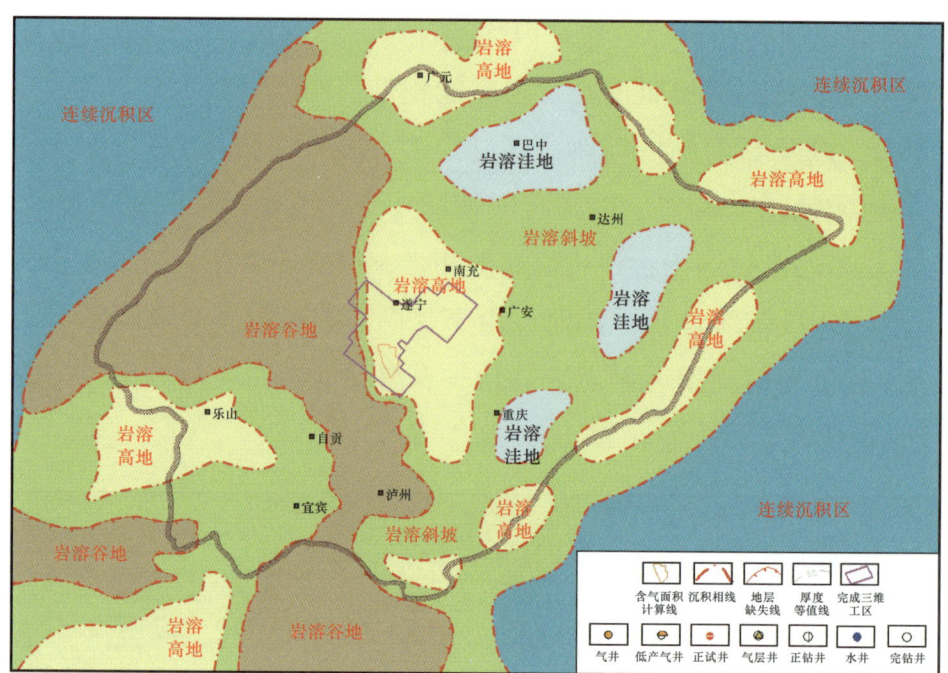

图1-68 四川盆地寒武系沉积前震旦系顶界岩溶地貌图

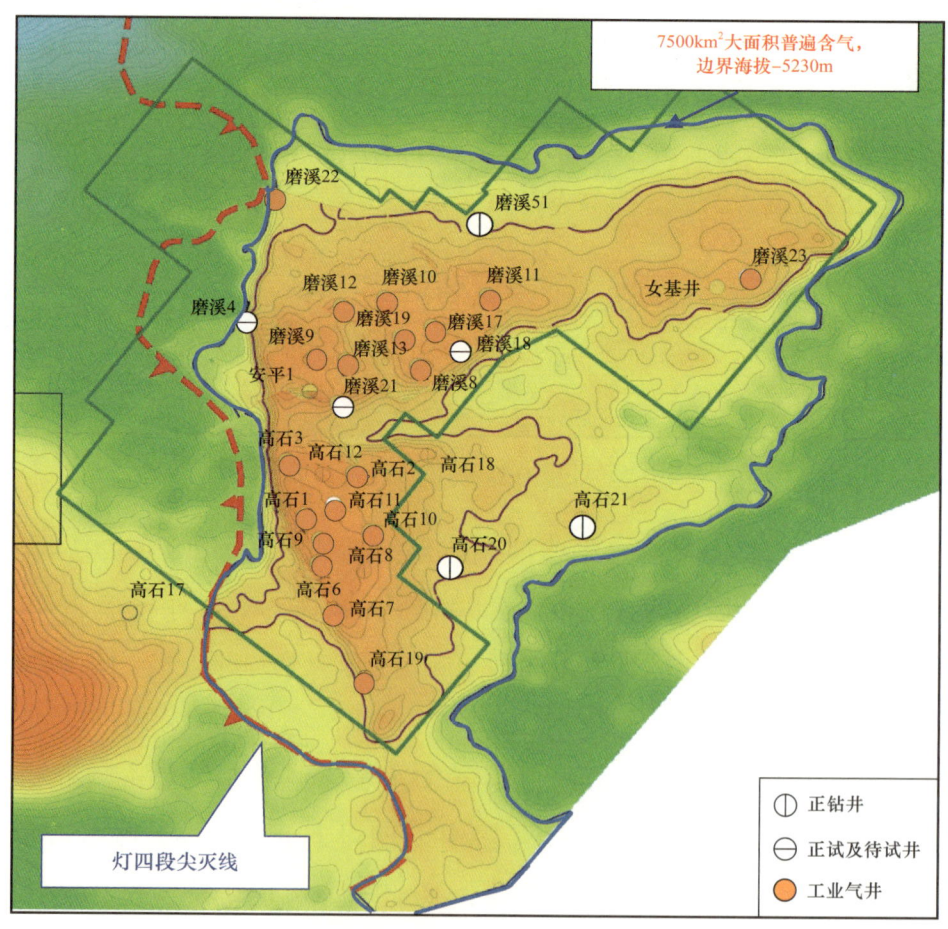

图1-69 高石梯—磨溪构造震旦系灯影组已部署井试油成果图

台缘带高产富气，灯影组高效探明　在安岳气田灯四段气藏7500km² 含气范围内，研究认为受台内裂陷控制，台缘带西侧为生烃中心，资源规模大，为灯四段台缘带提供充足的资源基础。受桐湾运动影响，灯影组与寒武系之间形成不整合面，不整合面下伏灯影组发育大面积风化壳岩溶储层，储层发育受丘滩体相与岩溶作用共同控制，台缘带丘滩体储层厚度大，丘地比大于0.7（图1-70）。丘滩体储层厚度60～130m，储地比大于0.4（图1-71）；且岩溶作用强，以裂缝—孔洞型为主。同时，不整合面之上发育下寒武统泥质岩区域性盖层，灯四段地层向克拉通内裂陷区存在明显的地层剥蚀，与上覆寒武系泥质岩不整合面接触，构成大型地层圈闭。勘探实践证实，灯四段具有大面积含气特征，台缘带储层厚度大，可作为油气富集高产的有利区。由此，为加快探明高石梯—磨溪地区台缘带灯影组，于2014—2016年陆续部署探井12口。

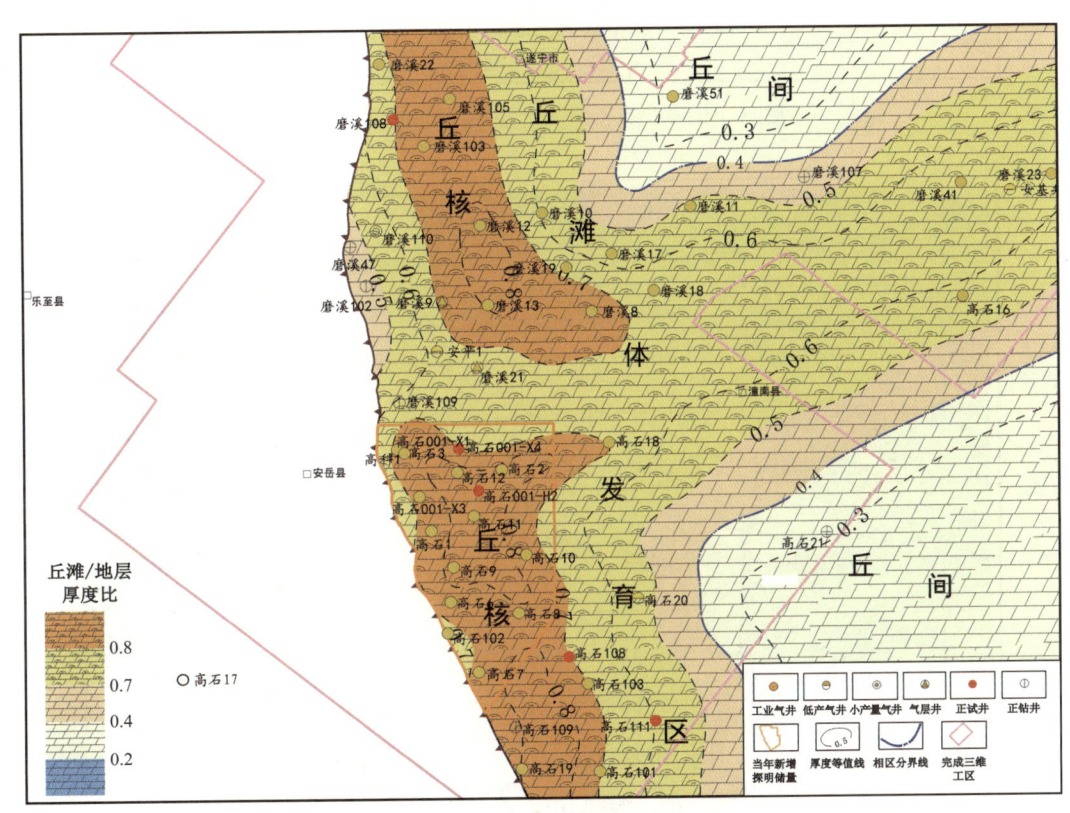

图1-70　台缘带灯四上亚段沉积相平面图

2014—2016年，基于裂陷为核心的灯影组系统研究认识，以探明灯四段台缘带高产富气区、控制台缘储量规模为主要目标，向南部高石梯地区和北部磨溪地区台缘带相继部署6口探井，完成台缘带灯影组第三阶段三轮整体部署（图1-72）。

2014年，以加大井控、评价高石1井区储量规模为目的，向南部高石梯地区台缘带西侧部署高石102井。该井钻探成果表明，其受台缘带控制，丘滩体极为发育，高石102

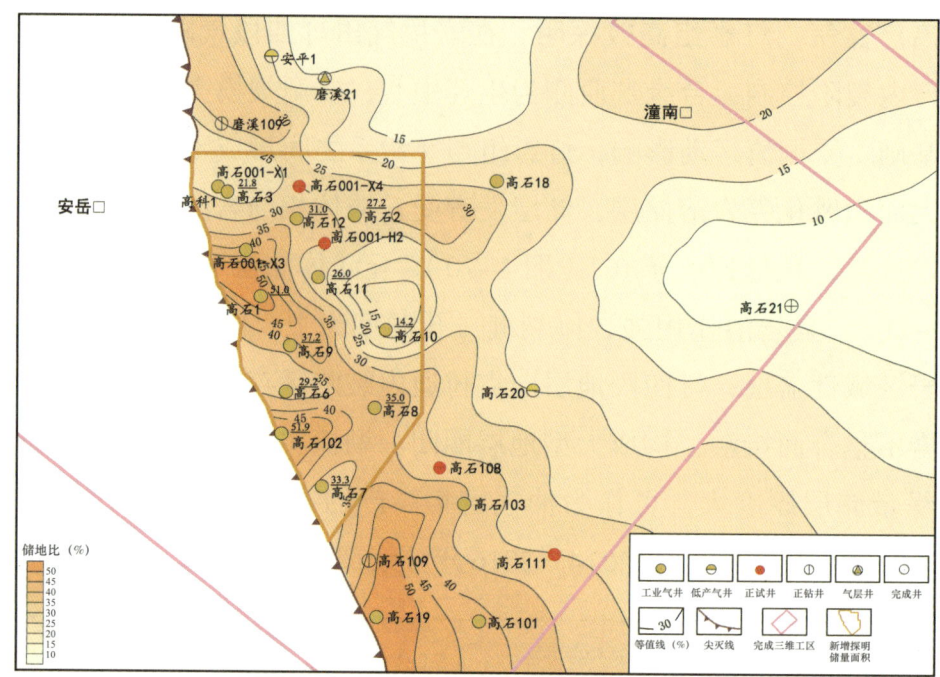

图 1-71 台缘带灯四上亚段储地比平面图

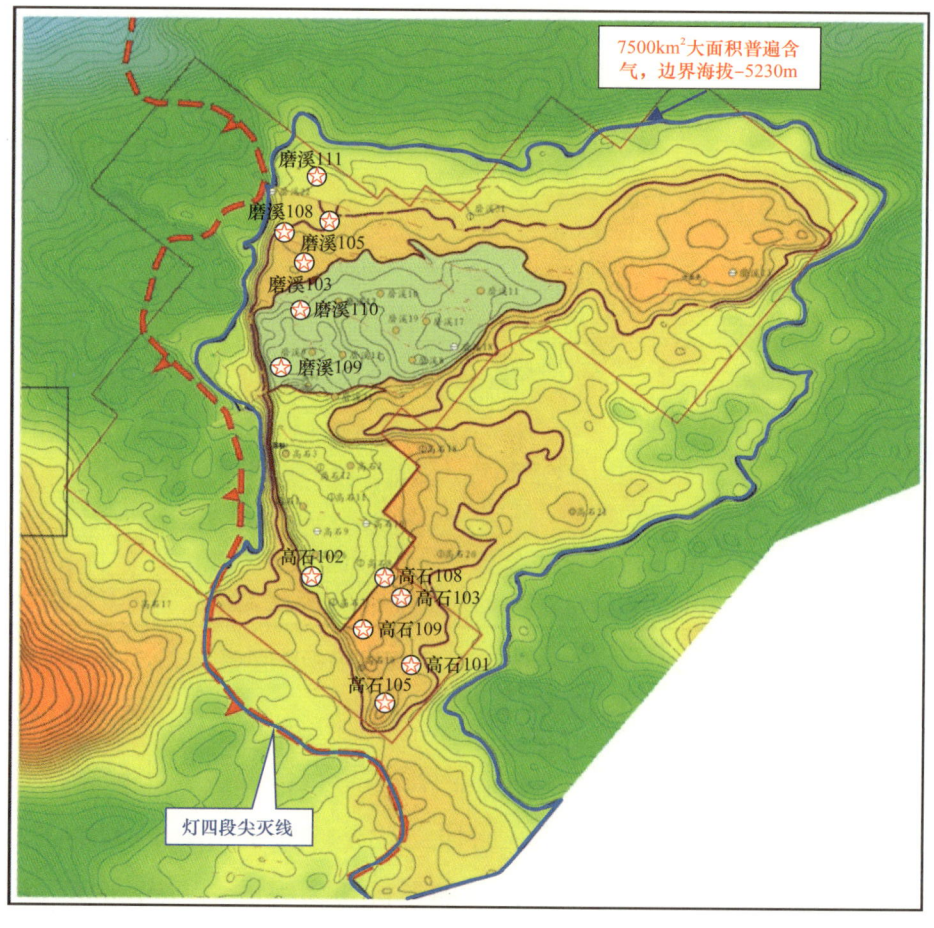

图 1-72 高石梯—磨溪地区寒武系—震旦系第三阶段探井部署图

井附近藻丘/地层值平均值约为0.7（图1–71）。取心资料显示高石102井灯四段储层均以高能藻凝块云岩和藻砂屑云岩为主，溶蚀孔洞和溶蚀裂缝极为发育（图1–73），测井解释灯四段储层厚度70.8m，气层厚度28m，平均孔隙度3.8%（图1–74）。钻井过程中见3次气侵、3气测异常和1次井漏，油气显示良好。经过射孔酸化，获工业气，测试产量$62.63 \times 10^4 m^3/d$。最终探明高石1井区灯四段储量达$2170.81 \times 10^8 m^3$。

高石102井，灯四段，5047.86~5048.14m，
藻凝块云岩，溶蚀孔洞发育

高石102井，灯四段，5099.74~5100.10m，
藻屑云岩，溶蚀孔洞、溶缝发育

图1–73　高石102井震旦系灯影组储层特征

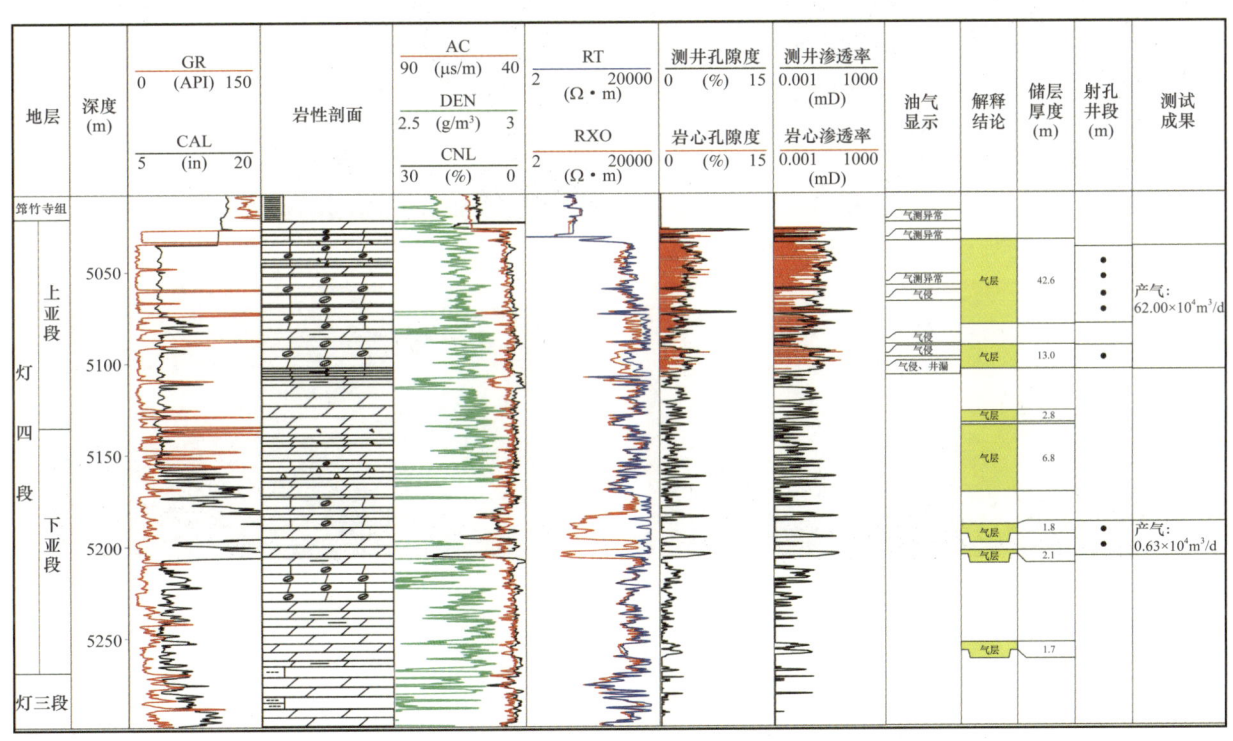

图1–74　高石102井震旦系灯影组综合柱状图

2015—2016年，以评价磨溪地区及高石梯南灯四段台缘带为目的，向北向南台缘带甩开部署11口探井。其中北部磨溪台缘带甩开部署磨溪103、磨溪105、磨溪108、磨

溪109、磨溪110和磨溪111井。同样，受北侧台缘带控制，高能丘滩复合体可多期叠置发育，厚度大，取心资料显示岩性以藻凝块云岩、含角砾藻云岩为主（图1-75），测井解释含气有效储层主要分布在灯四上亚段，厚度介于30～70m，气层厚度20～40m，孔隙度为2.01%～4.79%，平均孔隙度为3.78%。钻井过程中见多次气侵和气测异常，经过射孔酸化，6口探井均获工业气流，累计测试产量164.41×10^{4}m^3/d，单井平均测试产量27.4×10^{4}m^3/d。其中磨溪109井灯四段见两次气侵、2次气测异常、1次井漏，测井解释5层储层，厚33.4m，其中气层2层，厚28.4m，孔隙度4.44%。经射孔替喷测试，稳定油压35.57MPa，日产气43.36×10^{4}m^3，测试结果63.98×10^{4}m^3/d（图1-76）。磨溪地区的此轮部署进一步证实磨溪地区灯四段台缘带高产富气的特征，该地区灯四段台缘储量达1527.84×10^{8}m^3。在南部高石梯地区部署高石101、高石103、高石105、高石108和高石109井。累计测试产量53.42×10^{4}m^3/d，单井平均测试产量10.68×10^{4}m^3/d，探明高石19井区灯四段储量达385.31×10^{8}m^3。

磨溪105井，灯四段，5325.1～5325.22m,溶洞凝块云岩

磨溪105井，灯四段，5312.06～5312.24m,溶洞凝块云岩

磨溪108井，灯四段，5296.57～5296.77m
扁圆状溶洞，中洞—大洞凝块云岩

磨溪109井，灯四段，5111.27～5112.23m
围绕岩溶角砾发育大洞，崩塌角砾岩

图1-75 磨溪地区震旦系灯影组储层特征图

经过三轮部署，32口井获工业气流，6口井灯四段测试百万立方米高产，平均测试日产量40×10^{4}m^3，基本探明灯四台缘带。在探明高石1井区、高石19井区、磨溪22井区和磨溪109井区储量规模的同时，也充分证实了高石梯—磨溪地区灯四段台缘带整体含气的特征（表1-12）。

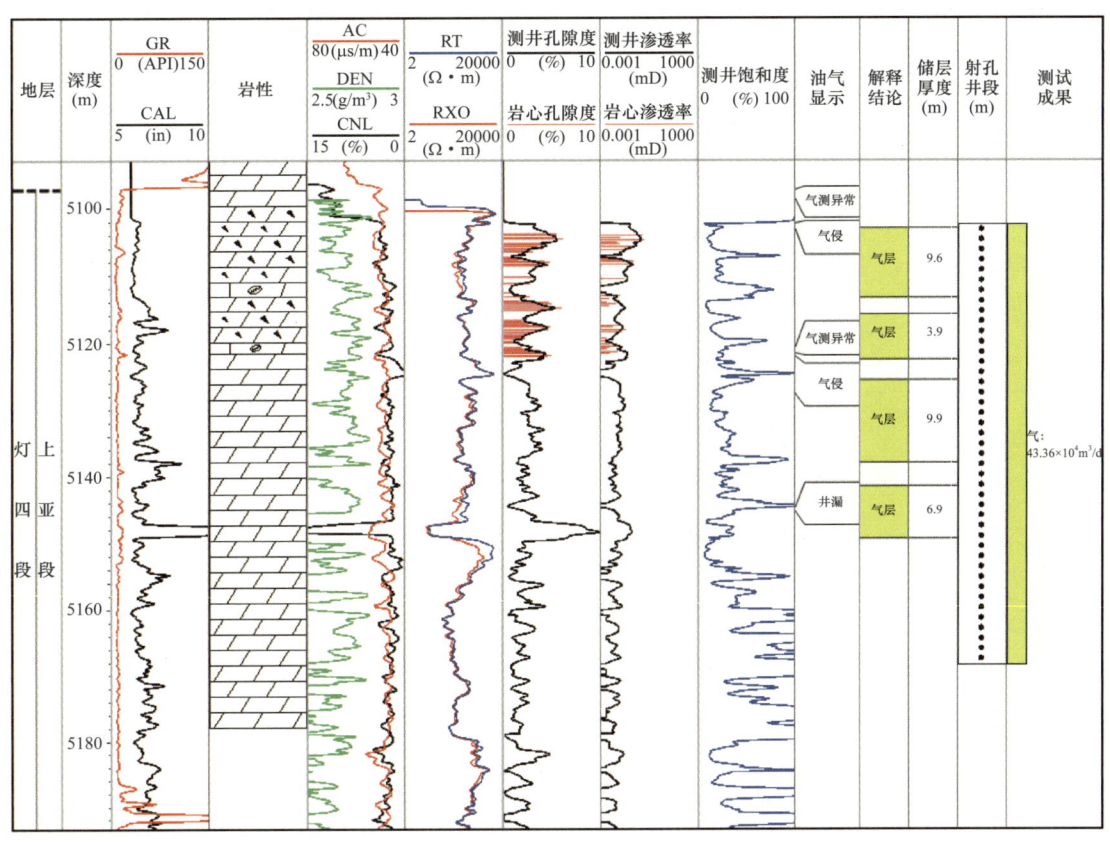

图 1-76 磨溪 109 井震旦系灯影组综合柱状图

表 1-12 安岳气田高石梯区块高石 1 井区灯影组四段气藏探明储量计算结果

区块	计算单元		含气面积（km²）	有效厚度（m）	有效孔隙度（%）	平均含气饱和度（%）	探明储量（10⁸m³）
台缘带高石梯区块	高石 1 井	灯四上亚段	408.53	45.1	3.6	79.2	1646.79
		灯四下亚段	264.71	23.6	3.4	78.7	524.02
	高石 19 井区	灯四上亚段	161.93	26.1	3.6	78	385.31
台缘带磨溪区块	磨溪 22 井区	灯四上亚段	416.74	34.5	3.3	78.2	1225.26
	磨溪 109 井区	灯四上亚段	97.69	39.5	3.3	75.8	302.58
合计			1349.6	168.8	17.2	389.9	4083.96

不忘初心，方得始终，超万亿立方米气田谱写新篇章 截至 2017 年，安岳气田龙王庙组、灯四段探明储量 $8500×10^8m^3$，龙王庙组、灯影组三级储层近 $1.4×10^{12}m^3$（图 1-77 和图 1-78）。随着地质物探研究不断深入，工艺井技术不断进步，灯四段台内区储量还将不断扩大。从高石 1 井的发现，到超万亿立方米气田的实现，石油人用不忘初心、艰苦创业、开拓创新的精神，谱写出了古老碳酸盐岩油气勘探的新篇章！

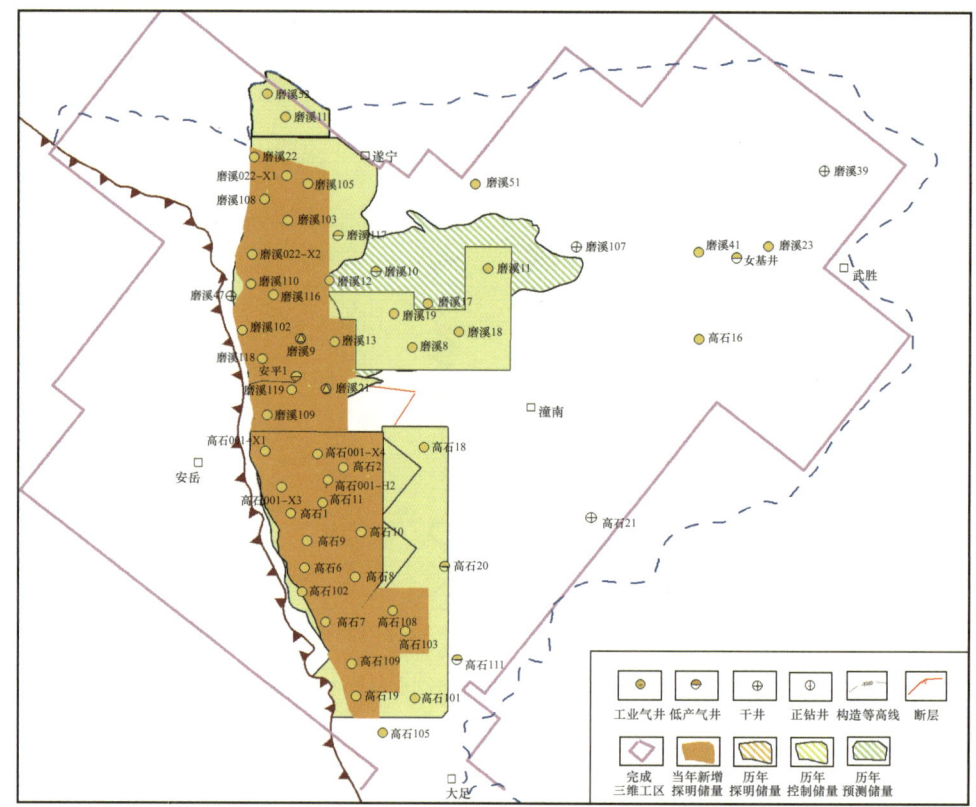

图1-77　高石梯—磨溪地区灯影组储量申报图

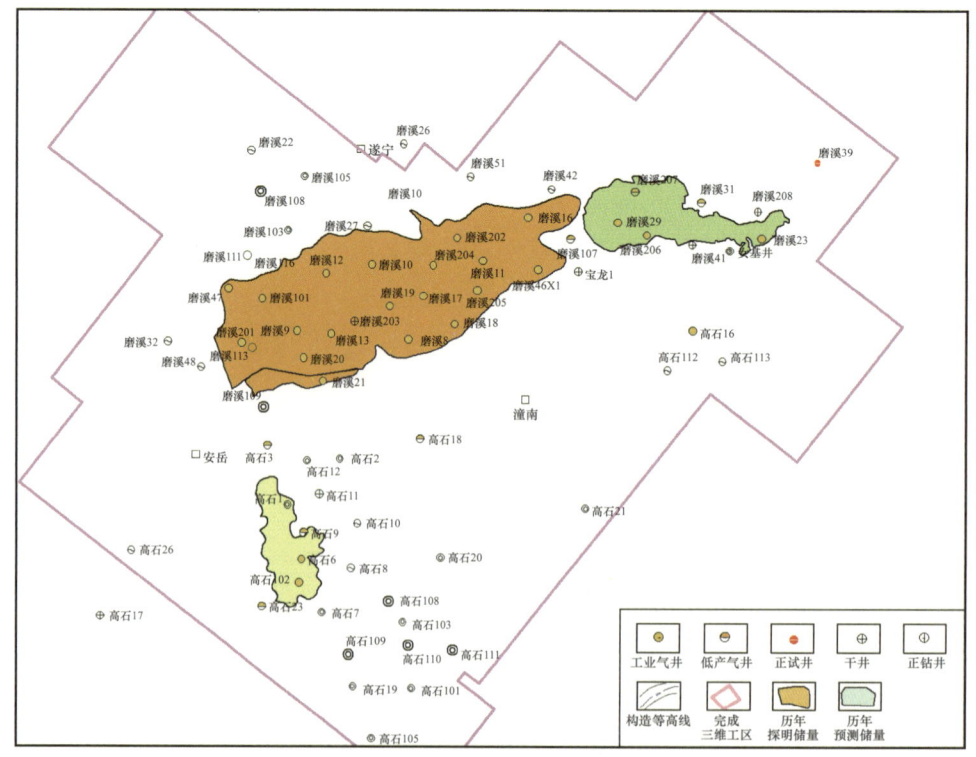

图1-78　高石梯—磨溪地区龙王庙组储量申报图

2017年以来，立足于安岳气田灯四段7500km²大气区整体含气的基本认识，明确台内超6000km²未探明区为下步深化评价勘探重点。基于台内区气层薄、产能低的特点，结合目前勘探程度，台内整体评价应由西部台缘带向东部台内区逐渐推进，分步、分区开展精细评价，优选评价区，通过工艺井试验，提高单井产量，推动储量有效升级，逐步实现安岳气田灯四段气藏的整体探明。2016年7月，在高石19井区薄储层低产区，部署实施了高石110井，邻井标定及地震预测该区仅顶部发育优质储层，因此采用水平井型开展工艺试验，裸眼长度1055.8m，钻遇储层斜厚622.7m，储层平均孔隙度大4.3%，测试获日产量$65.77 \times 10^4 m^3$高产工业气流，较邻井同产层平均产量提高10倍。高石110井工艺试验井取得良好效果，初步证实了针对薄储层低产区，通过实施工艺井，科学设计，可以有效提高单井产量，实现薄储层区储量的有效动用。

第四节　理论突破攀高峰　科技创新筑梦圆

一、台内裂陷引创新，思路转变促梦圆

在科研生产一体化工作模式背景下，对寒武系—震旦系地层、沉积、储层、成藏机制取得了一系列重要认识，其中裂陷的发现是最为重要的科学发现（图1-79）。早期认为高石梯—磨溪地区灯四段为构造—岩性气藏，依据是灯影组油气有利区主要分布在川中古隆起东段，而西段盆地边缘以产水为主，根据地震资料初步刻画出威远—高石梯间震旦系灯影组可能存在相变带，为震旦系灯影组形成岩性油气藏创造了条件（图1-80）；随着勘探工作的推进和研究不断深化，认为威远和高石梯—磨溪之间灯影组存在裂陷（图1-81），推断裂陷对灯影组沉积、储层、成藏具有控制作用。

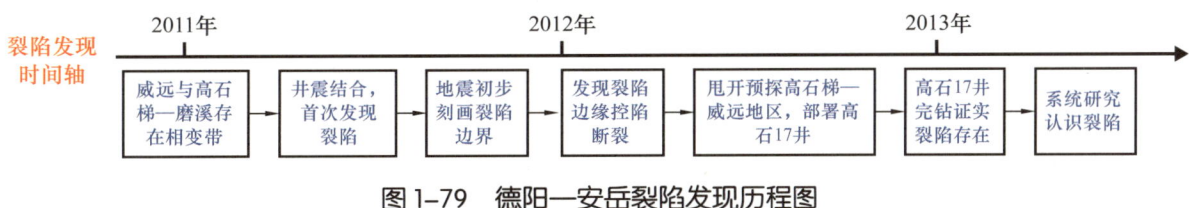

图1-79　德阳—安岳裂陷发现历程图

2011—2012年，针对早期相变带认识，地质研究工作者开展老井复查及二维、三维地震解释工作，进行灯影组、寒武系地层精细对比，首次完成全盆地灯影组等时地层格架的

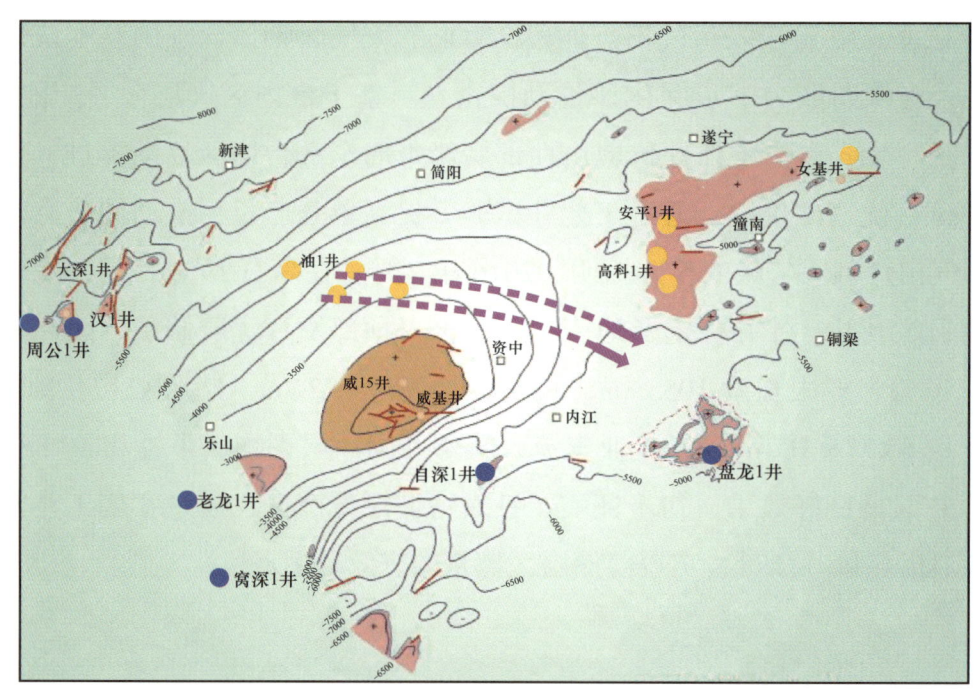

图 1-80 乐山—龙女寺古隆起震旦系顶界地震反射构造简图

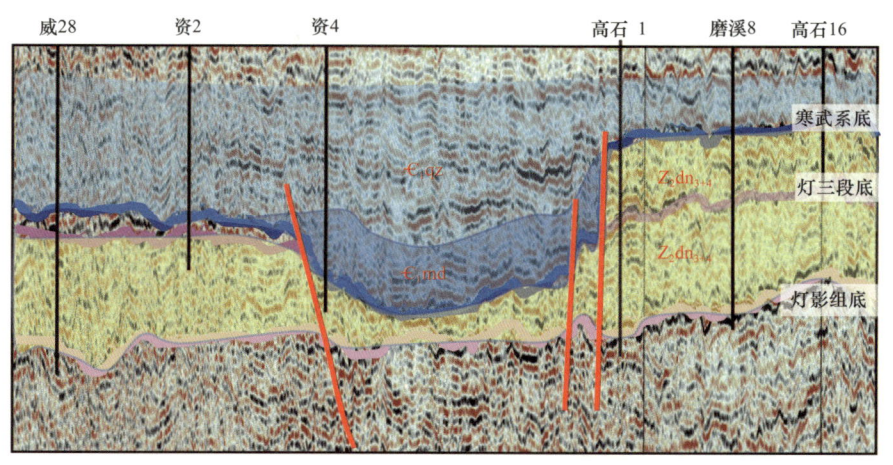

图 1-81 过威远—高石梯—磨溪地区地震剖面图（2012 年）

建立，开展区域地层对比研究，明确高石梯—磨溪与威远之间存在裂陷，裂陷内部灯影组极薄，筇竹寺组与灯影组厚度呈互补关系，裂陷内部发育厚层下寒武统筇竹寺组（图 1-82）。同时，基于三维地震解释开展裂陷精细刻画，发现高石梯—磨溪西侧存在裂陷边缘的"陡坎"，明确高石梯—磨溪西侧发育灯影组裂陷，刻画了高石梯—磨溪地区裂陷边界（图 1-83）。

高石 17 井完钻，其下寒武统下部发育深水陆棚硅质泥页岩，厚度可达 700m，而震旦系灯影组发育斜坡相瘤状硅质云岩，厚度小于 150m，首次通过钻井证实了德阳—安岳古裂陷的存在（图 1-84）。

第一章 四川盆地安岳古老海相碳酸盐岩特大气区的发现

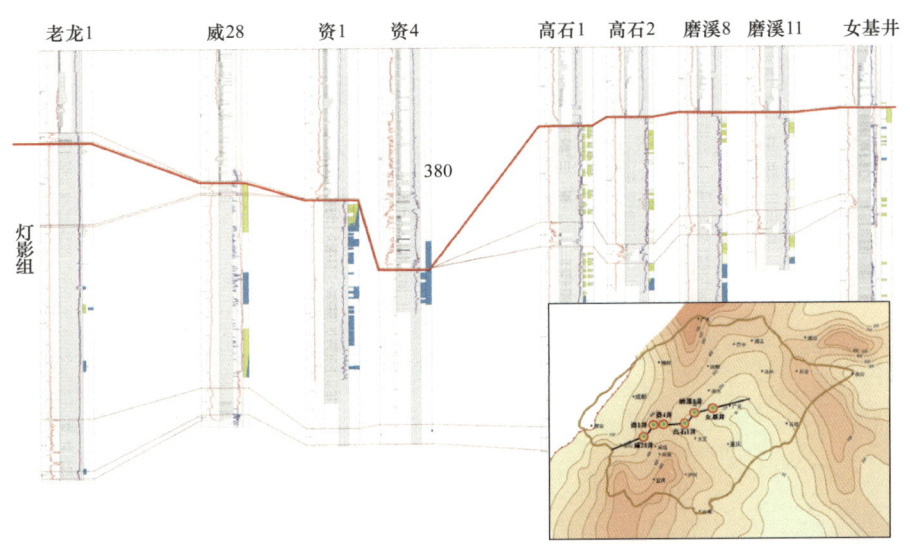

图1-82 老龙1—威28—资1—资4—高石1—高石2—磨溪8—磨溪11—女基井连井剖面图（2012年）

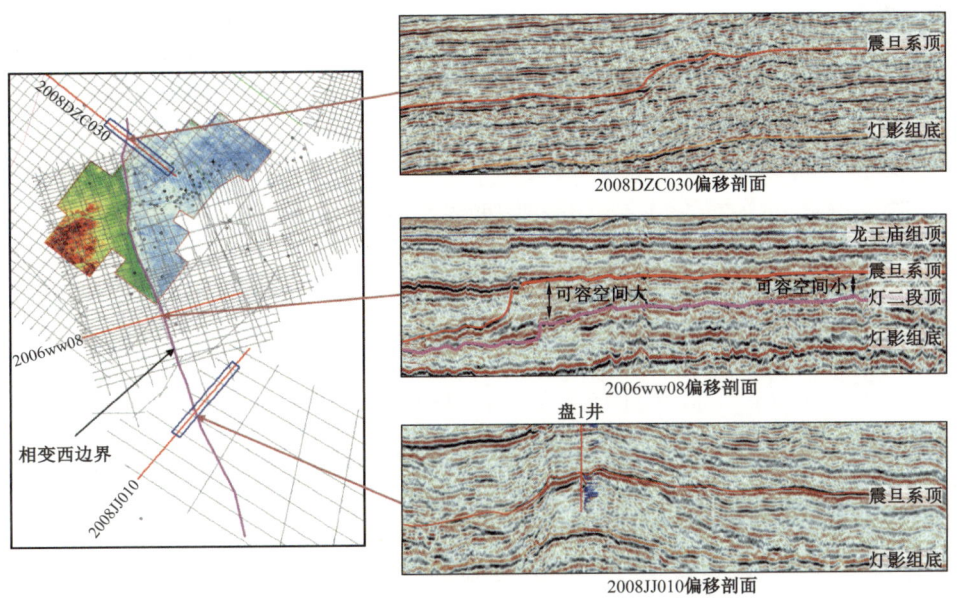

图1-83 高石梯—磨溪地区裂陷边界展布图

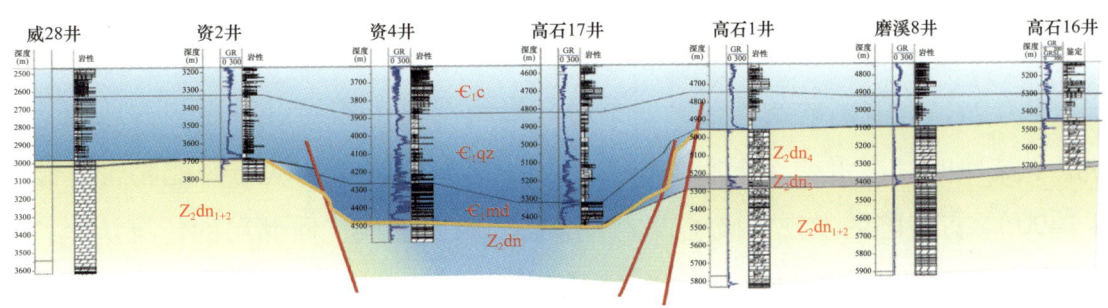

图1-84 威28—资2—资4—高石17—高石1—磨溪8—高石16井连井剖面图

德阳—安岳古裂陷发现后，多家单位针对古裂陷展布特征、发育规模、对沉积以及对油气成藏的控制作用开展系统研究。明确了古裂陷基本特征，其分布形态由川西海盆向克拉通盆地延伸，宽度50~300km，南北长320km，面积$6 \times 10^4 km^2$；其发育时代为震旦纪灯影组沉积时期—早寒武世筇竹寺组沉积时期，经历了形成、发展、消亡三个阶段（图1-85）。

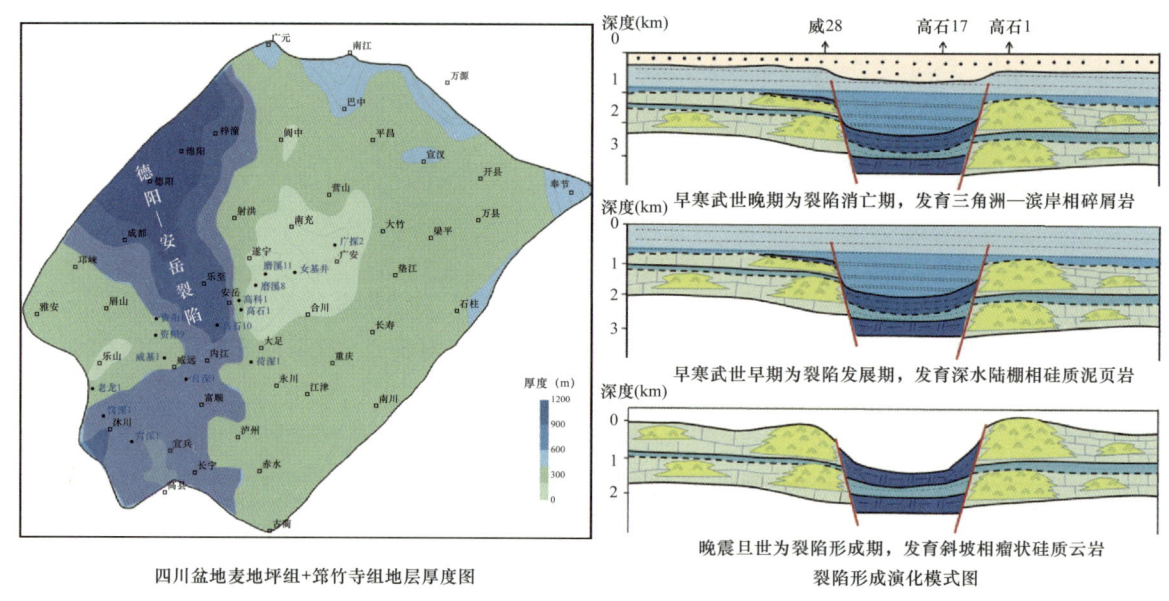

图1-85 古裂陷形成发展消亡示意图

以古裂陷为核心的理论突破为超万亿立方米特大型气田战略发现创造了条件。德阳—安岳古裂陷的发现，改变了早期震旦系灯影组为稳定台地沉积，盆地内部"铁板一块"，缺乏高能相带的认识（图1-86）。通过研究攻关，认为上扬子克拉通发育大规模裂陷，控制下古生界—震旦系生烃中心，改变了"上扬子震旦纪—寒武纪构造稳定、沉积相单一"的传统认识，为成藏理论创新奠定基础（图1-87）。

在烃源分布方面，德阳—安岳古裂陷颠覆了早期寒武系烃源岩分布的认识。早期认为寒武系烃源岩广覆式分布，烃源岩厚值区发育在蜀南地区，与古隆起匹配不佳（图1-88）。德阳—安岳古裂陷的发现，明确了生烃中心沿绵阳—自贡—宜宾一带近南北向展布，烃源岩最厚达450m，为大气田形成提供了充足的资源基础（图1-89）。

在沉积方面，古裂陷的发现，更新了对灯影组及龙王庙组沉积岩相古地理认识。以往认为整个盆地的灯影组和龙王庙组以潮坪相、潟湖相为主，缺乏高能相带，储层不发育（图1-90）。古裂陷的发现突破了古老碳酸盐岩难以形成优质储层的传统认识，建立了灯影组克拉通内镶边台地和龙王庙组缓坡"双颗粒滩"两类沉积新模式，发现了两个有利相带（图1-91）。

第一章 四川盆地安岳古老海相碳酸盐岩特大气区的发现

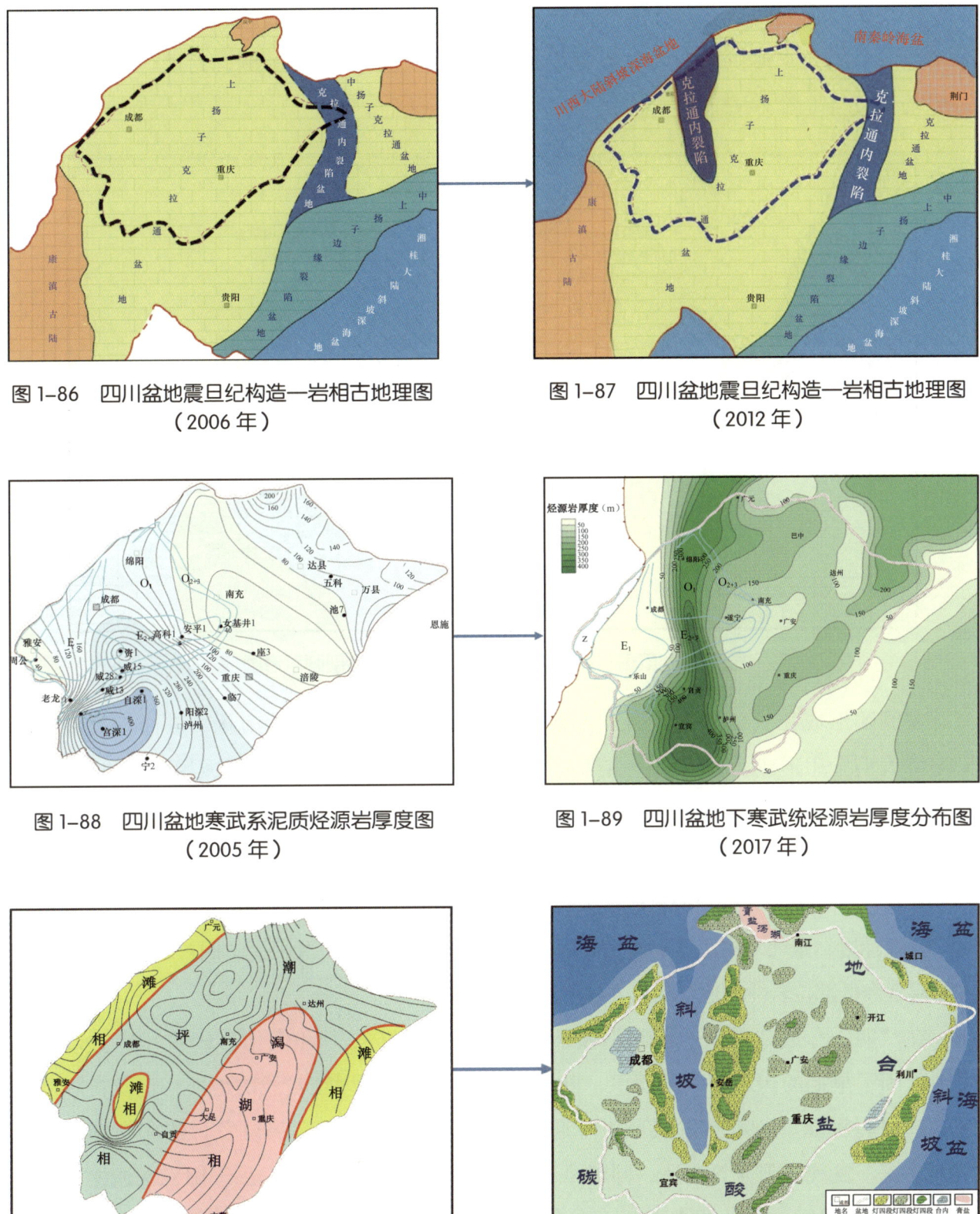

图 1-86　四川盆地震旦纪构造—岩相古地理图（2006 年）

图 1-87　四川盆地震旦纪构造—岩相古地理图（2012 年）

图 1-88　四川盆地寒武系泥质烃源岩厚度图（2005 年）

图 1-89　四川盆地下寒武统烃源岩厚度分布图（2017 年）

图 1-90　四川盆地灯影组岩相古地理图（2006 年）

图 1-91　四川盆地灯影组岩相古地理图（2017 年）

在成藏组合方面，三套优质烃源岩与三套储层形成立体高效的成藏组合，其中灯四段多种成藏组合立体供烃的高效成藏模式，同时形成上倾方向的侧向封堵，有利于气藏的形成和保存（图1-92）。

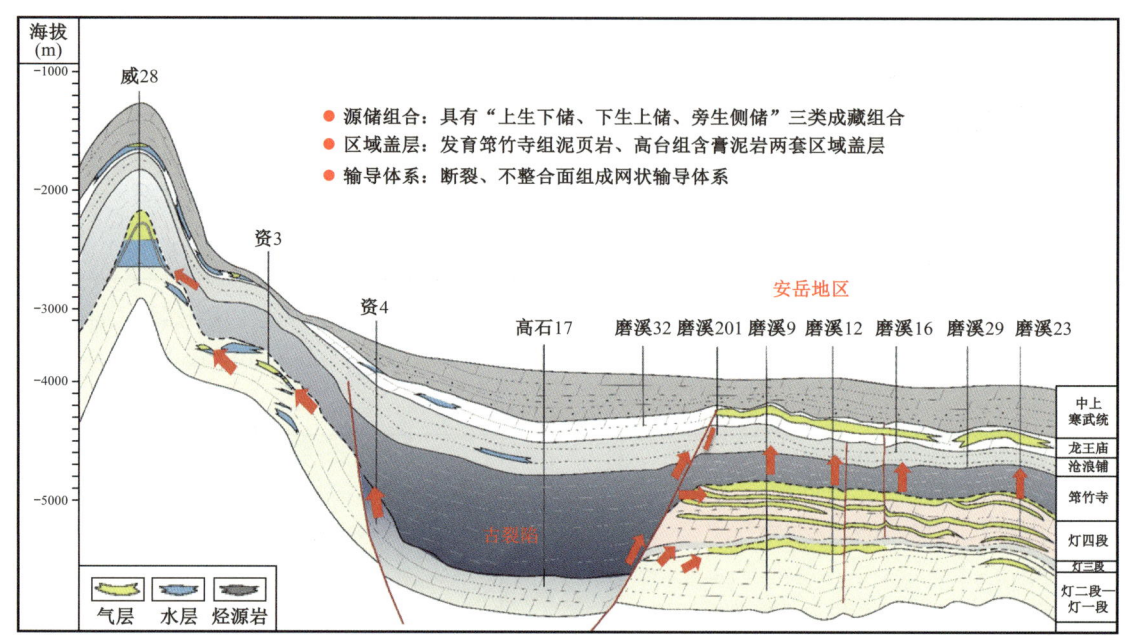

图1-92 威远—资阳—安岳地区生储盖组合剖面示意图

在圈闭形成和成藏演化方面，古裂陷控制川中古隆起继承性演化，进而控制油气聚集与特大型气田形成。分析川中古隆起形成于桐湾期，改变了"其形成始于加里东运动"传统认识。高石梯—磨溪地区长期稳定发展，利于油气规模聚集，而后，其油气藏演化与构造演化高度匹配，利于油气藏保存与特大型气田形成（图1-93）。

总之，古裂陷及其控制的早期古隆起、古丘滩体储层、岩性—地层古圈闭"四古"要素的时空有效配置，是现今构造低部位大规模成藏的重要机制。安岳气田受"四古"要素控制，在古隆起现今低部位岩性—地层圈闭大规模成藏（图1-94）。

在"四古"成藏理论的创新引领下，勘探思路逐步提升和优化。1960年威远气田的发现巩固了早期的构造控藏的认识，勘探者们对盆地边缘埋藏较浅的地面构造及古隆起周缘构造进行勘探。1990年发展至古隆起控藏阶段，对古隆起高部位发育的印支期古圈闭实施勘探，发现资阳含气构造，同时由于认识及技术的限制，与安岳气田三次遗憾擦肩而过。进入20世纪，继承性古隆起、古今构造叠合控制油气成藏理论引领了风险勘探的突破，发现了龙王庙组及灯影组气藏。2013年后，古老碳酸盐岩四古成藏理论指导了万亿立方米大气田的高效探明，为超万亿立方米特大型气田战略发现奠定了坚实基础（图1-95）。

第一章 四川盆地安岳古老海相碳酸盐岩特大气区的发现

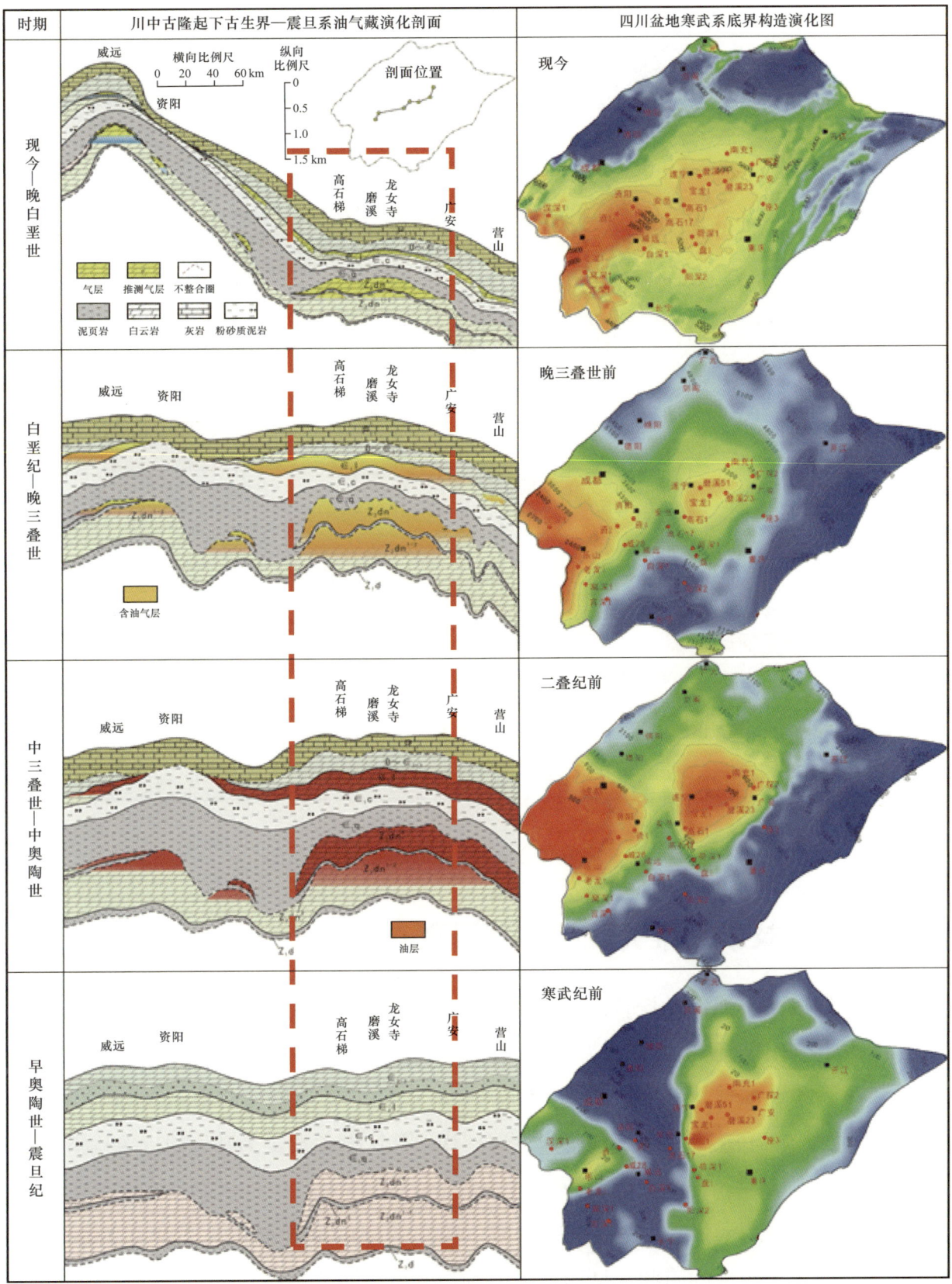

图1-93 四川盆地震旦系油气藏演化示意图

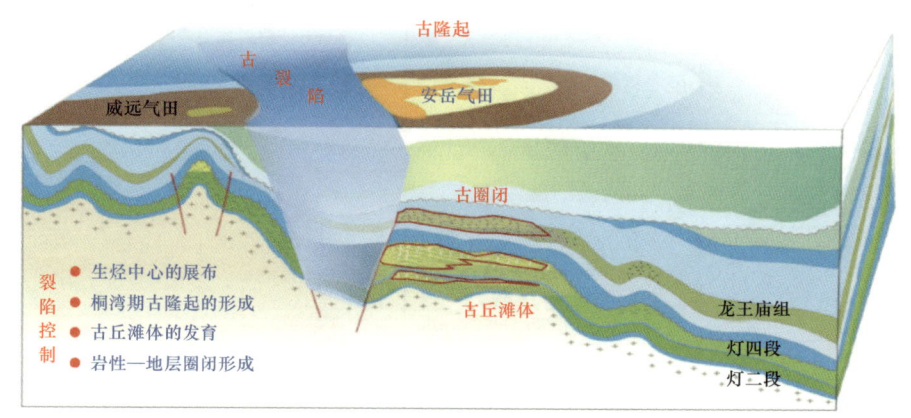

图 1-94 四古理论成藏示意图

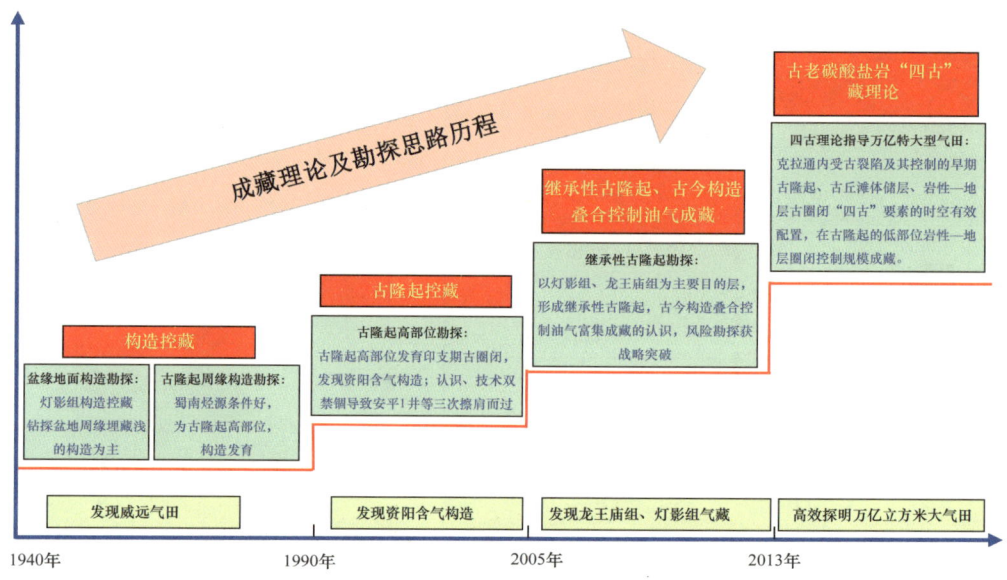

图 1-95 成藏理论及勘探思路进步历程示意图

二、地震技术克难关，储层气层现真容

半个世纪以来，地震勘探技术的进步为安岳特大型气田的战略发现提供了重要的保障。20 世纪中期，地震勘探主要为构造圈闭落实阶段，其采用苏联制造的 CC-26-51 型光点地震仪做单次观测，累计完成地震剖面 20047.02km，地震勘探面积约 $3.3\times10^4 km^2$，作出的 21 个地震构造成图客观地反映了地下局部构造和区域构造，为开发威远等构造勘探做出了重要贡献。

进入至 21 世纪，数字地震大规模应用，四川盆地的地震勘探人员逐步形成了独特的山地勘探技术，解决的问题从早期简单的构造落实发展至构造细节的描述、构造演化。其中 2008 年部署的格架地震助推勘探人员明确了川中古隆起在加里东期、印支期、喜马拉雅期的演化过程。对风险勘探阶段的突破提供了保障。

随着勘探思路从构造勘探转向岩性勘探，地震勘探也向沉积体的刻画方向发展，三维地震勘探规模应用为川中地区裂陷的发现及震旦系—寒武系的沉积相研究创造了条件。此阶段地震勘探技术进入沉积特征地震表征阶段。

2011年后，高石1井的战略突破也为地震勘探工作带来新的使命——地震储层的预测识别。在震旦系灯影组岩溶缝洞型储集体预测方面，创新了古老碳酸盐岩岩溶发育区带地震描述和岩溶缝洞型储集体地震定量描述两项关键技术，首次较好解决了震旦系小尺度岩溶缝洞型储集体描述的难题（图1-96）。应用效果好，高产成功率高。在寒武系龙王庙组高能滩相储层预测方面，创新了非均质滩相储层地震分级评价和高能滩相孔洞储层地震精细描述两项关键技术，解决了非均质性储层地震分级评价、高能滩空间雕刻及薄储层精细量化预测等难题，应用效果显著（图1-97）。

如今，通过高精度三维地震刻画灯影组及龙王庙组储层发育特征，实现了储层精细刻画和气水有效识别阶段，为安岳超万亿立方米大气田高效勘探保驾护航（图1-98）。

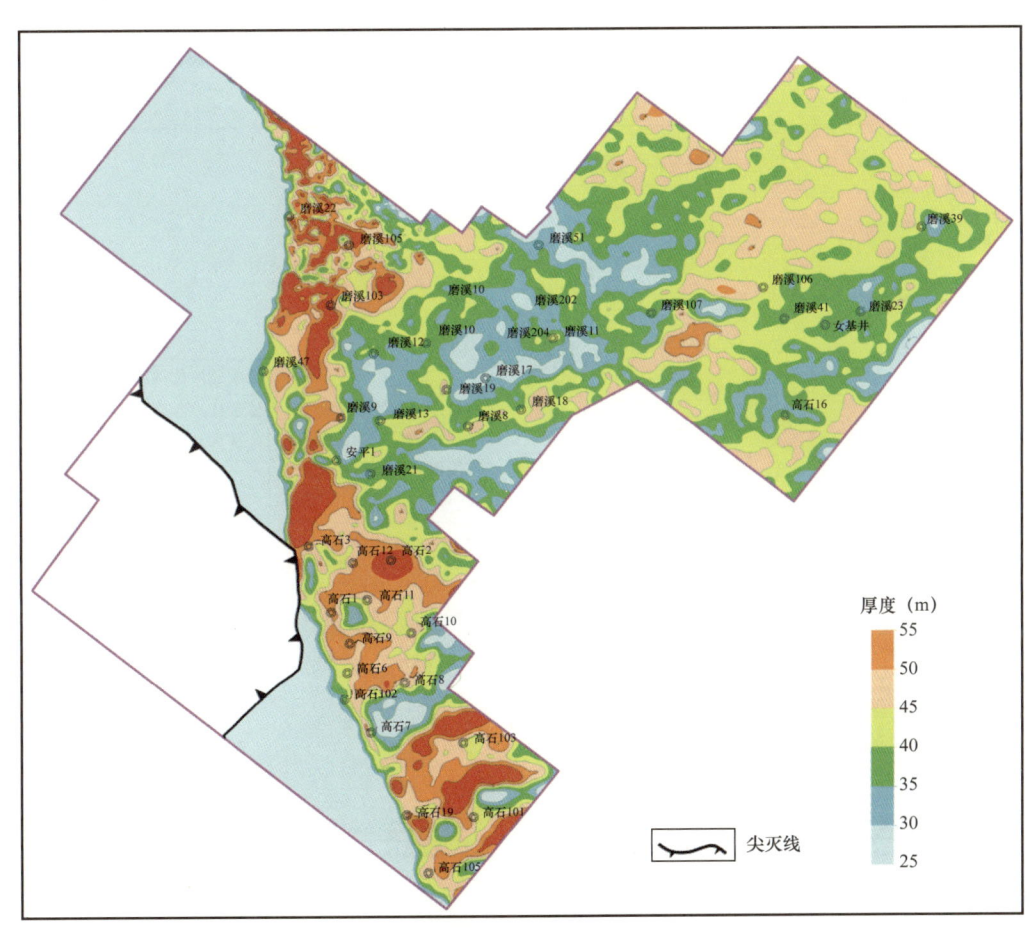

图1-96　高石梯—磨溪地区灯四段上储层预测平面图

发现大油气田

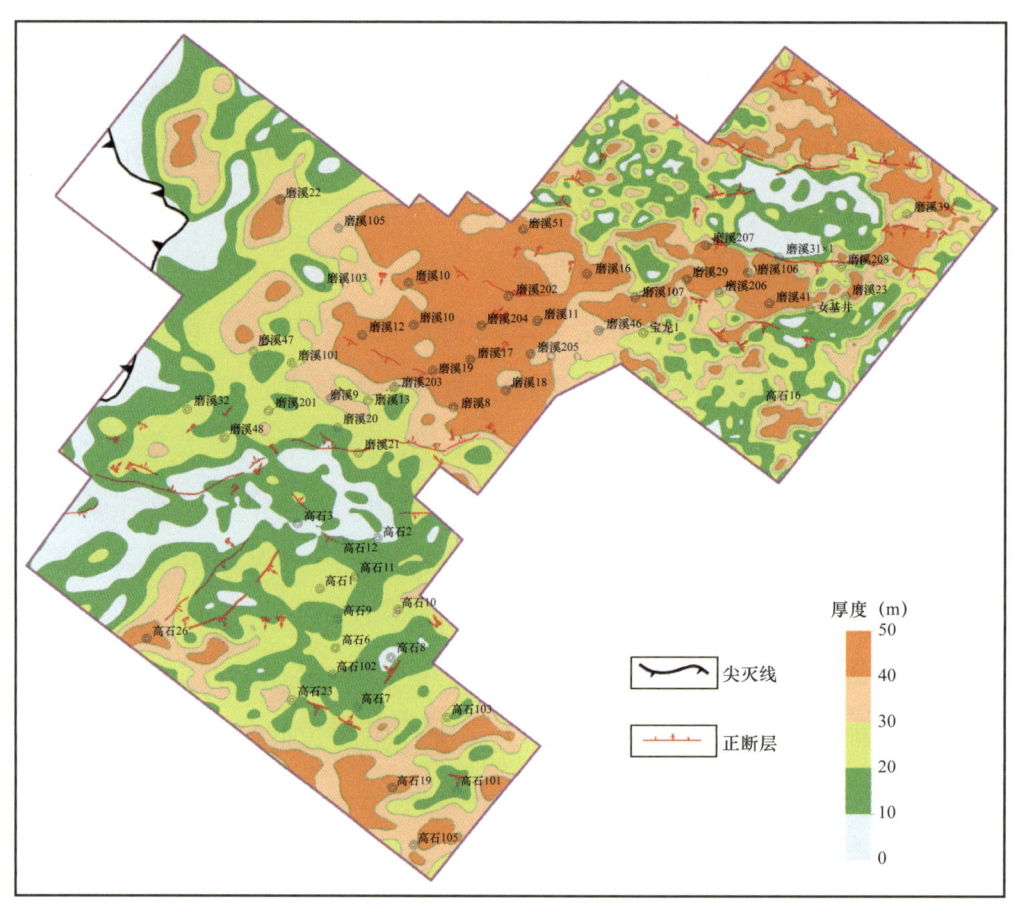

图 1-97 龙王庙组高能滩相储层预测

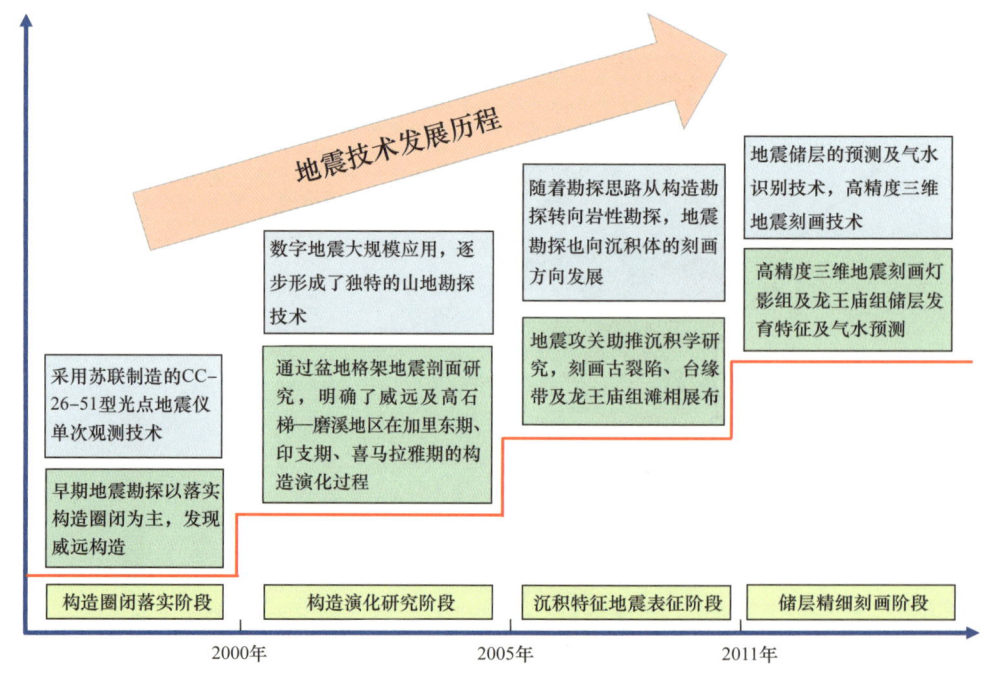

图 1-98 地震技术进步历程示意图

三、井筒技术俱提升,增产增效双实现

井筒技术全面提升,测井、钻井、完井技术得以完善,为增产增效提供了坚实的基础,有效助推万亿立方米特大型气田战略发现。

测井技术 四川盆地龙王庙组储层储集空间类型多样,孔、洞、缝均有发育,储层非均质性强,测井响应具有非线性特征,储层参数准确计算及标定存在困难。同时储层控制因素复杂,未建立有效储层评价标准,而特殊矿物、岩石结构等因素造成电性特征复杂,流体判别难度大。针对"三高"储层特殊矿物识别和物性参数计算,研发了碳酸盐岩矿物含量计算方法及处理软件、储层有效性评价及气层测井识别技术、古老碳酸盐岩储层产能预测技术,有效助推了安岳特大型气田的高效探明(图1-99)。

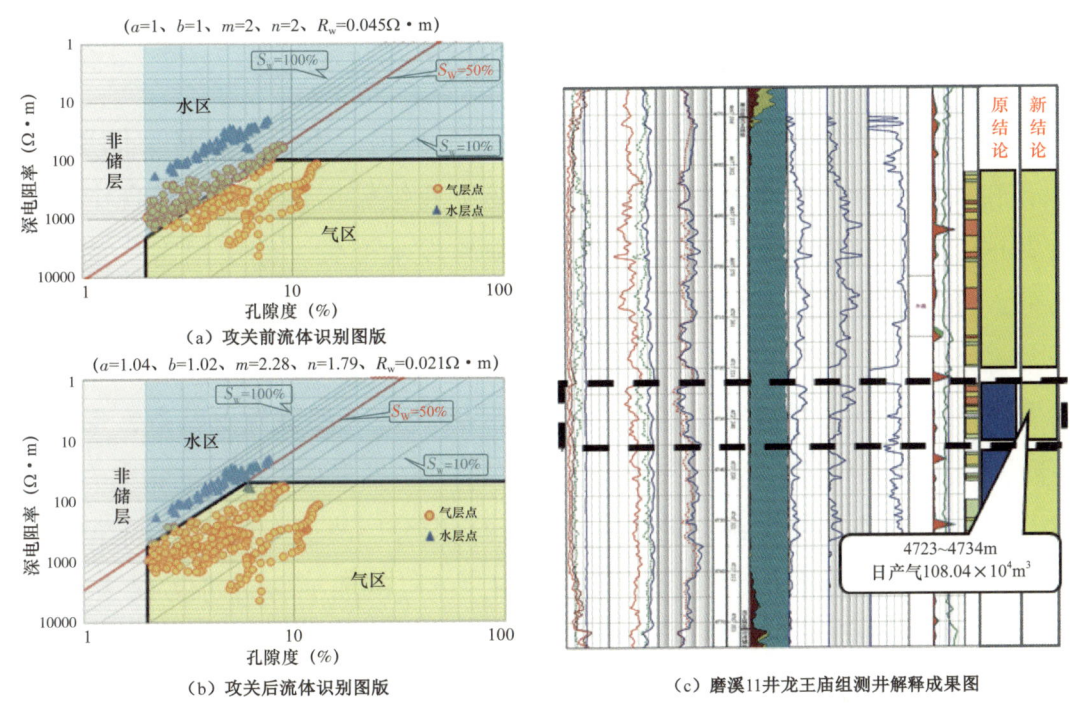

图1-99 测井攻关成果示意图

磨溪11井攻关前测井解释为水层,攻关后解释为气层,测试获气百万立方米

钻井技术 钻井周期过长是制约深层古老碳酸盐岩高效勘探的技术瓶颈。高石梯—磨溪地区震旦系—寒武系埋深大、纵向岩性复杂,且钻遇层系具多产层与多压力系统,最高压力系数达到2.0;岩石软硬交互频繁、研磨性强、硬度高,深部地层可钻性差,机械钻速低;高密度钻井液井段长,井壁稳定性差,自流井组、须家河等层段井壁垮塌现象突出;震旦系—寒武系碳酸盐岩储层孔洞、裂缝发育,高温、高压环境下密闭取心极易破碎,取心进尺少,收获率低。

针对多产层、多压力系统深部地层可钻性差、井壁垮塌严重等难题，形成了"优、快"钻井技术，通过简化井身结构、优化配套技术、强化安全环保、细化作业措施，实现了钻井的持续"提速、提效"。钻井提速、提效后，震旦系深井钻井周期从302天降至149天，龙王庙组专层井钻井周期由101天降至92天（图1-100），效果显著。

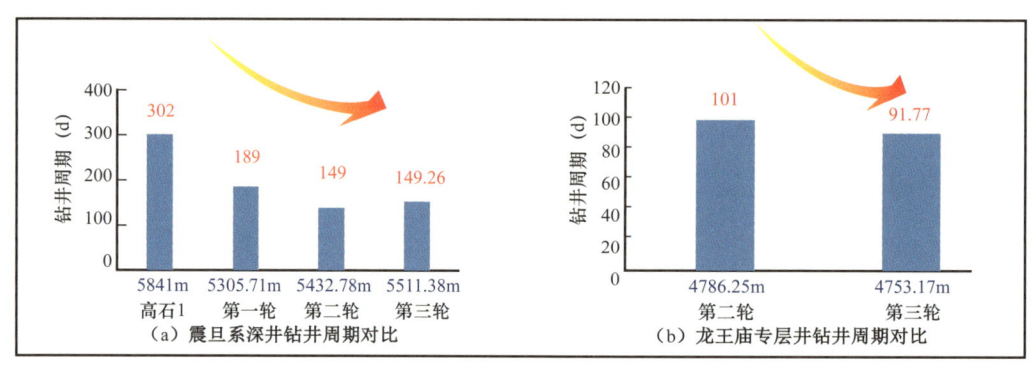

图1-100 钻井攻关提速增效成果示意图

试油技术 龙王庙组储层厚度大，纵横向分布不均，Ⅰ、Ⅱ、Ⅲ类储层交替存在，酸化施工存在吸酸差异，需要分层转向工艺；龙王庙组储层试井解释表现中—高渗透特征，部分井区孔、洞、缝搭配良好，钻进过程中易发生漏失，储层损害严重，需要有效解除；另外，气井单井产量大，地层压力高，又含硫化氢，大斜度井/水平井机械分段改造工艺技术难度大。

针对龙王庙组气藏具有储层厚度大、温度高、压力高、埋藏深等特点，形成寒武系龙王庙组高温、高压深井孔洞型储层高效酸化技术系列，包括形成了龙王庙组复合酸压改造技术、研制了180℃抗高温酸液体系、研制了180℃耐高温分层改造工具。酸化后测试产量是酸化前4~10倍，单层平均测试气产量80.6×10^{4}m^3/d，单层试油平均周期仅12天（图1-101）。同时针对震旦系灯影组高温高破裂压力缝洞型储层，形成了集"分层、转向、抗温、加重"为一体的储层改造和"井下测试管柱、数据自动采集"等特色配套技术，提高单井产量。

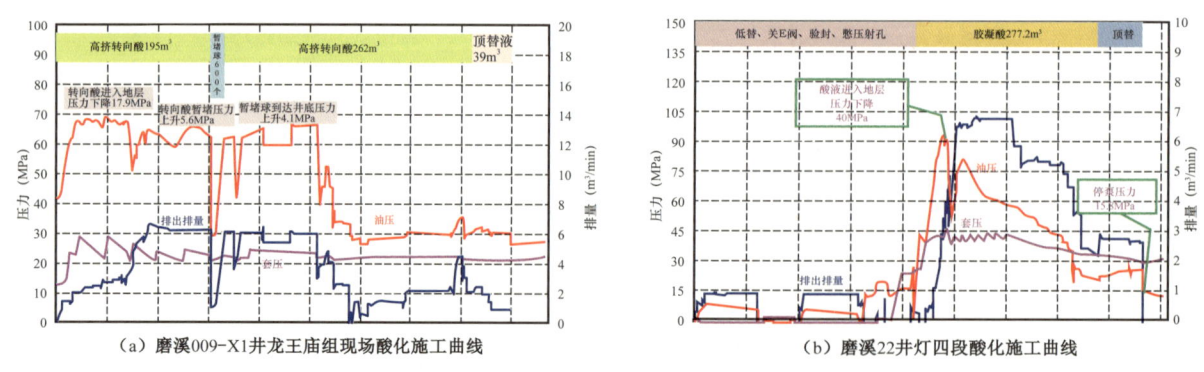

图1-101 酸化压裂施工增产增效成果示意图

感悟

上天易，入地难。油气勘探是地质认识不断接近客观实际的过程，是传承与创新的辩证统一，意味着经验与技术的发扬光大。

油气田在地质家的脑海里。作为油气勘探开发的"指挥棒"，地质家为油气资源指明方向，提供了路径。这需要地质家大胆解放思想，开拓创新，为未来寻找更多高效优质油气藏做出新贡献。

油气田发现在决策者的坚持中。如果将油气勘探开发比作一场战役，决策者就是指挥战斗的将军。如果没有决策者的果断与坚持，那么，这些油气藏只能永远埋藏于地下。

油气领域拓展在地质科学家的创新中。安岳气田的诞生打破了石油地质理论固有的认知模式。正是因为地质理论和技术的不断创新，才使安岳气田由梦想变为现实。

安岳大发现的启示在于：不断解放思想，勘探无禁区，找油无止境，油气田在地质家的脑海里；不断挑战自我，以敢为人先的勇气、攻坚克难的锐气，创新实践，系统应用油气勘探理论技术，深化油气富集规律认识；不断优选目标，扩展勘探新领域，实施风险勘探，推进勘探不断取得新发现、新进展！

第二章 塔里木盆地克拉苏超深层特大气田的发现

克拉苏构造带位于塔里木盆地北缘、南天山山前，隶属于库车前陆冲断带，主要勘探目的层为白垩系巴什基奇克组。1998年发现举世瞩目的克拉2气田，直接促成了横贯中国东西部的现代能源"丝绸之路"——西气东输工程的启动，推动了国家能源结构的调整。西气东输工程投运后，塔里木油田先后向上海、北京等14个省、区、市的110多个城市供气，3000余家工业、企业和近4亿居民从中受益。

伴随着对清洁能源需求的不断攀升，中国石油立足大盆地、大气区规模勘探，在塔里木盆地瞄准库车坳陷，针对盐下白垩系主力目的层，历经十年不懈努力、四面征战：首探盐下深层发现大北1气藏，评价遭遇曲折；克拉2旁找"克拉2"，未获发现；区域甩开苗头不断，未能战略突破；克拉2下找"克拉2"初见曙光，但遭遇技术瓶颈。

勘探家重新审视库车坳陷四大有利地质条件，主攻领域重回克拉苏构造带，锁定盐下深层持续攻关。首创"宽线+大组合"二维地震勘探技术突破资料瓶颈，探索圈闭研究三种方法落实盐下克深2构造，创建塔标Ⅱ井身结构保障超深层顺利钻探，2008年8月，克深2号风险探井获得日产$40\times10^4m^3$高产工业气流，一举打破十年沉寂，随后克深5、阿瓦3两口风险探井接连突破，发现了东西长248km、南北宽15～30km的克拉苏深层大气田（简称"克深大气田"），打开了库车山前天然气勘探开发新天地。

克深2井突破之后，中国石油将克深大气田作为战略要地，决策整体部署大面积山地三维地震勘探，实施规模勘探高潮迭起。盐相关构造建模技术指导克深南带整体发现，叠前深度偏移处理技术攻关实现克深北带逆掩叠置气藏规模突破，构造转换带地质认识推动克深西部雁列式气藏持续发现。截至目前，已发现气藏19个，探明天然气地质储量$8300\times10^8m^3$，待探明天然气地质储量近$6000\times10^8m^3$，万亿立方米储量规模的大气区基本落实，创造了塔里木盆地天然气勘探的十年辉煌。

克深大气田是国内外罕见的超深高温高压裂缝性低孔高效高产砂岩气藏（图2-1），气藏主体埋深6000～7500m，地层温度120～180℃，地层压力90～130MPa，储层孔隙度4%～7%，约70%的钻井测试天然气日产量达$30\times10^4m^3$以上，60%以上的钻井无阻流量超过百万立方米,天然气中甲烷含量均高达95%以上。截至2017年底,已有10个气藏投入开发和试采,建成天然气产能$75\times10^8\text{m}^3/\text{a}$。

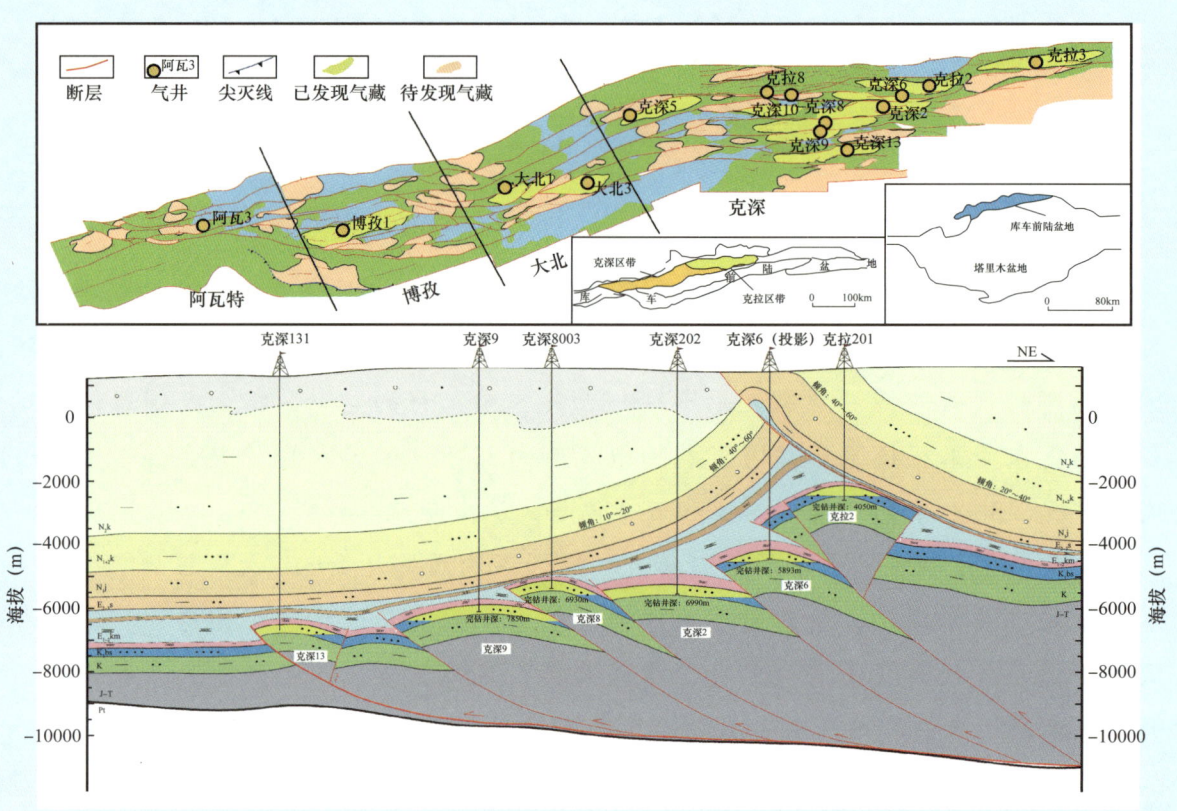

图2-1 2017年克拉苏构造带勘探成果图、地质结构剖面图

克深大气田的发现是一部理论技术的创新史、发展史。在克深大气田的发现历程中,面临世界级难题,始终把技术攻关放在首位,牢记使命、砥砺奋进。复杂山地地震勘探经历沿沟弯线到二维直测线、再到"宽线+大组合"的技术攻关,逐步锁定盐下目标,从窄方位到宽方位三维攻关实施规模勘探;建立挤压型盐相关构造模型,发展复杂山地圈闭落实技术,有力提高圈闭钻探成功率;通过超深井筒优化、钻井提速、高地应力裂缝性低孔砂岩改造提产等技术革新,实现从"打不成"到"打得成",再到"打得快、打得好",有效支撑油气发现与高效勘探开发。

克深大气田的发现,为我国石油天然气工业的发展和西气东输奠定了坚实的资源基础,对加快新疆经济发展、保持新疆社会稳定、保障国家能源安全具有重要的战略意义。

第一节 锲而不舍迎挑战 四面征战谋突破

1997年3月25日，位于新疆维吾尔自治区拜城县北部山区的克拉2井开钻，1998年1月20日在3567~3809m井段获得高产工业气流，2000年探明特高丰度、常温高压、特高产能的克拉2气田，天然气地质储量$2840\times10^8m^3$，可采储量$2130\times10^8m^3$。克拉2气田的发现促进了国家"西气东输"工程的启动，2017年7月累计生产天然气突破了$1000\times10^8m^3$。

克拉2气田发现之后的八年，中国石油针对白垩系主力目的层，以寻找优质、高产、浅埋大油气田为目标，在库车坳陷全面开启"四面征战"（图2-2），钻探圈闭20个，以期为西气东输和保障国家能源战略安全寻找更多的资源接替，但效果远远低于勘探预期，勘探历程曲折复杂。

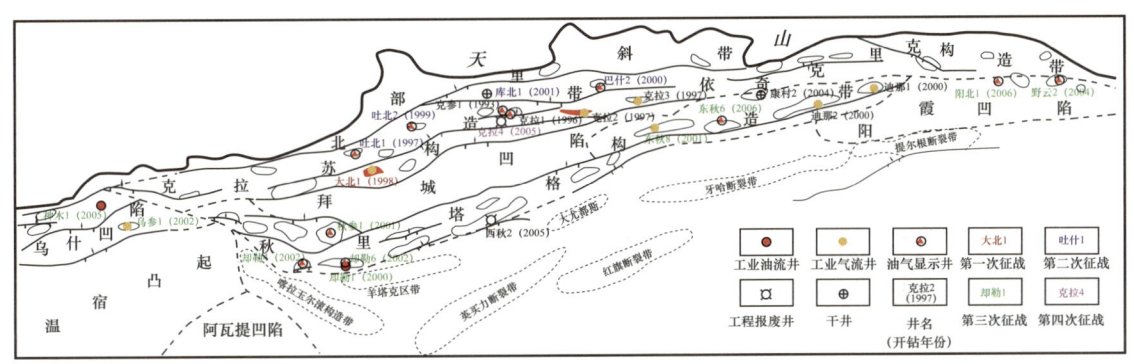

图2-2 库车坳陷2005年勘探成果图

一、大北首次探索深层，评价曲折越打越碎

1999年9月，向西部90km甩开部署钻探的大北1井首次在盐下深层获得发现（图2-3a），揭开白垩系巴什基奇克组46m，测井解释气层加差气层29m，针对5552~5586m井段进行完井压裂测试，6mm油嘴求产，油压40MPa，折日产天然气$30\times10^4m^3$，给勘探工作带来一片曙光。

2000年2月，利用二维地震资料，在同一个构造部署上钻大北2井且获得油气发现（图2-3b），钻揭白垩系储层厚283m（较大北1井厚237m），上交控制天然气地质储量超$920\times10^8m^3$（图2-3c、图2-4）。随后于2005—2006年两轮次上钻4口评价井（大北101、大北102、大北103、大北201井）（图2-3d、e），均获得工业油气流，但6口井居然有5

个气水界面，让人难以理解。之后利用新采集的三维地震资料重新解释，发现大北1号构造是由多条逆冲断层复杂化了的至少5个断背斜所组成（图2-3f），最终上交天然气探明地质储量$580 \times 10^8 m^3$，远低于预期。而在随后的勘探开发过程中又不断出现新的复杂（图2-3g、h）。从二维地震的简单背斜认识，到三维地震的复杂多断块认识，"井位上钻一批，构造复杂一次，气藏越打越碎、越打越小"，一度使得勘探工作陷入困境，大北地区的评价工作随之中断。直到近两年构造转换带认识的提出，大北地区的勘探工作才得以继续展开。

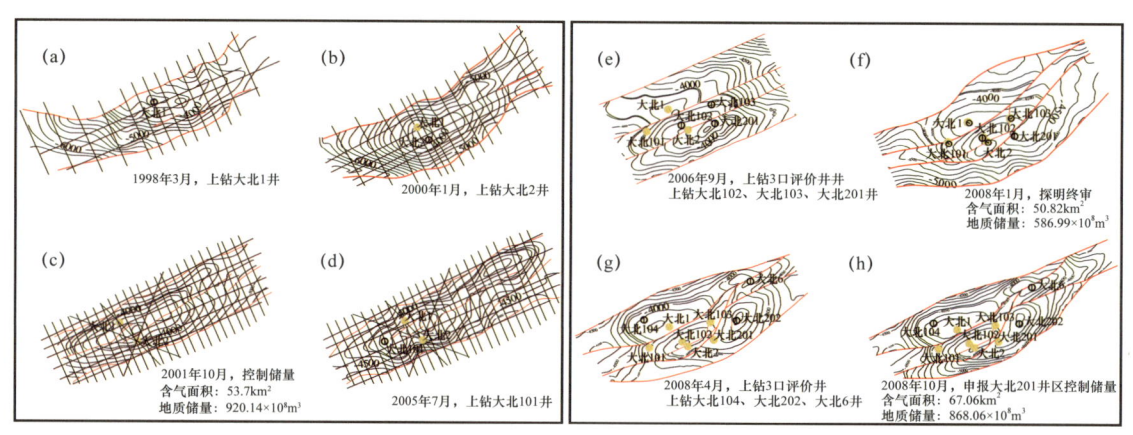

图2-3　大北1气田不同时期白垩系构造顶面对比图（左：二维地震资料解释；右：三维地震资料解释）

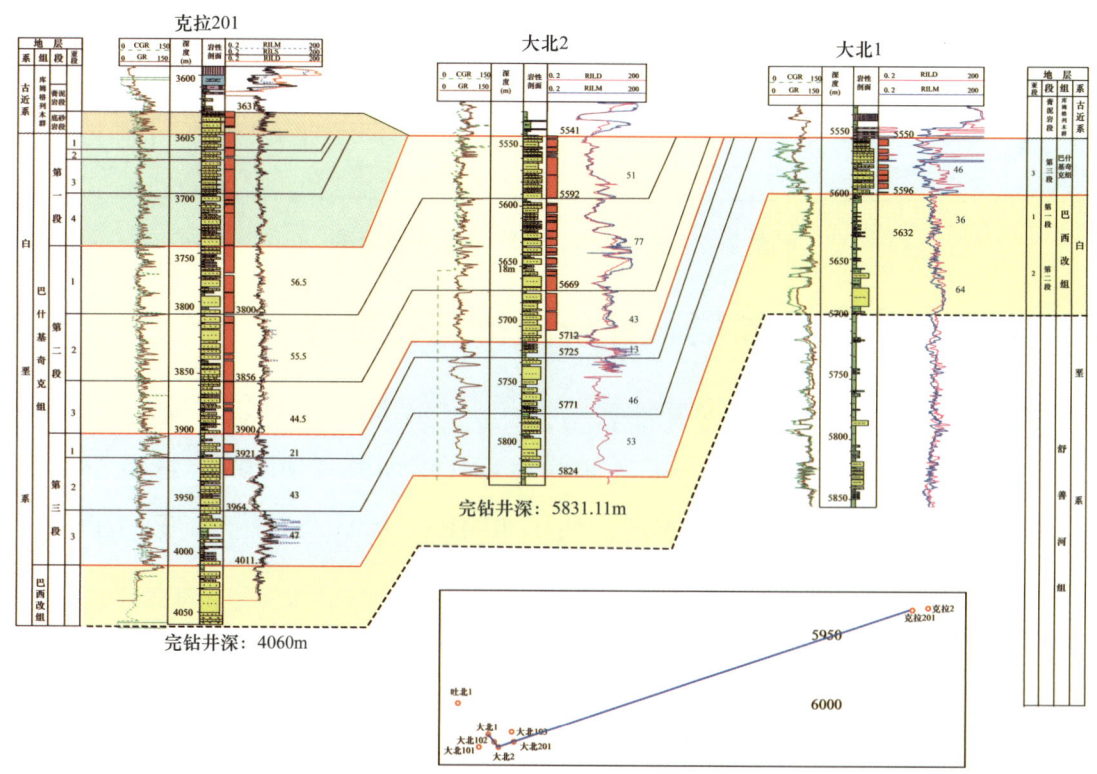

图2-4　克拉201—大北2—大北1井白垩系巴什基奇克组对比图

二、克拉 2 旁浅层探索，保存条件制约发现

在探索大北的同时，按照寻找与克拉 2 气田相似的"埋藏浅、幅度高、规模大"气藏的勘探思路，在克拉 2 旁对克拉苏构造带浅层的探索也在积极推进。

1999—2001 年，在克拉 2 旁浅层的勘探并不如愿。同一排构造带、同样勘探目的层的四个浅层圈闭先后向西 100km、向北 12km 甩开上钻了吐北 1、吐北 2、库北 1、巴什 2 井，但均宣告失利，克拉 2 旁浅层勘探全军覆没（图 2-5）。

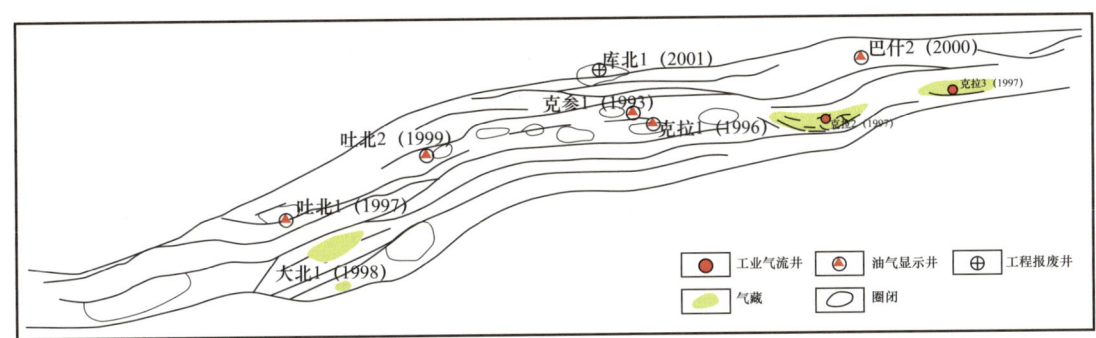

图 2-5 克拉苏构造带 2001 年勘探成果图

1997 年 6 月 28 日，向西甩开 100km 部署上钻了吐北 1 井（图 2-6a），古近系底砂岩、白垩系巴什基奇克组和巴西改组测井解释均为水层，钻后分析认为吐北 1 井位于构造低部位。吐北 1 井失利后，1999 年 9 月 30 日部署上钻了吐北 2 井（图 2-6b），实钻结果与设计差异较大，白垩系巴什基奇克组主力储层缺失，在古近系底砂岩、白垩系巴西改组测试见水，仅见微量气，钻后分析认为吐北 2 井打在了构造低部位。

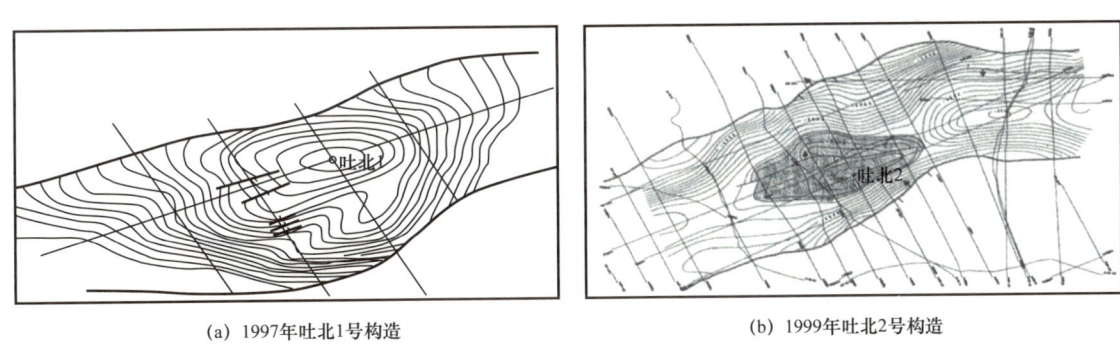

(a) 1997年吐北1号构造　　　(b) 1999年吐北2号构造

图 2-6 吐北地区白垩系巴什基奇克组顶面构造图

2000 年 5 月 4 日，向北甩开部署上钻了巴什 2 井（图 2-7a），实钻与设计差异较大，钻后分析认为巴什 2 井位于构造南翼，落于圈闭之外。2001 年 4 月 17 日，在库北 1 号构造高点部署上钻了库北 1 井（图 2-7b），在 3702~4750m（侏罗系齐古组—阳霞组）井段中途测试，用

6mm 油嘴求产，折日产水 5m³，钻后分析认为库北 1 井位于构造西翼，侏罗系储层物性较差。

连续的失利让勘探工作者陷入深思：浅层勘探失利的核心问题是构造复杂，保存条件差，严重制约浅层勘探的突破，但为什么克拉 2 气田能被发现？克拉 2 气田得天独厚的石油地质条件和这些失利的圈闭有什么差异？难道克拉 2 气田就是天生的独生子？所有这些疑问，等待着勘探工作者去破解。

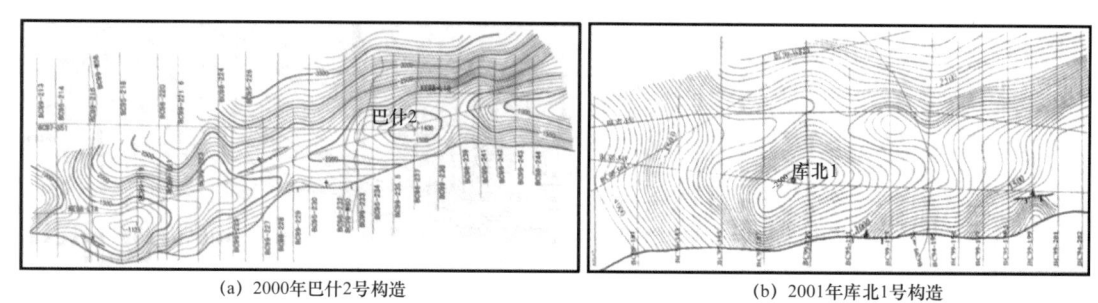

(a) 2000年巴什2号构造　　　　　　　　(b) 2001年库北1号构造

图 2-7　巴什—库北地区白垩系巴什基奇克组顶面构造图

三、区域甩开苗头不断，历经坎坷陷入低谷

面对当时严峻的勘探形势，2002—2005 年，库车油气勘探思路调整为"油气并举，突出石油勘探，天然气重在发现，择优探明"。由于库车的黑油主要分布在库车前陆盆地的外围，分布范围广，涉及领域多，勘探与研究程度均较低，勘探目标及主攻领域相对分散，勘探风险很大。除东秋 8、乌参 1、神木 1 井试油虽获工业油气流但试采效果不理想，其余井全部失利，未能取得实质性突破，勘探步入低潮。

在此期间，塔里木油田公司在东西长 475km、南北宽 70km 的范围内，先后针对 15 个圈闭部署了 20 口预探井（图 2-8）。却勒、东秋、乌什和阳北四个地区油气勘探虽然取得了却勒 1、东秋 8、乌参 1、神木 1 井四个发现以及野云 2 井发现苗头，但评价勘探或甩开预探均颗粒无收，没有取得实质性突破，没有一个发现变成了规模储量区。这让从事库车坳陷油气勘探的人员灰头土脸，大有"无颜见江东父老"的感慨。

却勒油藏评价遭遇复杂，首次认识到速度陷阱　通过 1999 年秋参 1 井的钻探，证实了秋里塔格构造带盐下发育白垩系巴什基奇克组储盖组合，又处在库车生烃坳陷的周缘，具备较好的勘探潜力，让勘探工作者的目光转向了秋里塔格构造带。2000 年，新一轮二维地震资料（主测线 7 条、联络测线 2 条）解释成果显示，却勒 1 号构造位于塔里木盆地库车坳陷秋立塔格构造带西段，为近东西走向的短轴背斜，长轴 10.0km，短轴 4.5km，圈闭面积 25km²，幅度 140m，高点海拔为 -4460m（图 2-9）。针对这一成果，为了解探索其含油气性，塔里木油田公司部署上钻了却勒 1 井，主要目的层为古近系底砂岩和白垩系砂岩，钻探结果在古近系底砂岩测井解释获得 10m/6 层油气层，完井后对 5759~5770m 井段试获工业油气流，用 5mm 油嘴求产，日产油 83m³，日产气 3×10^4m³。

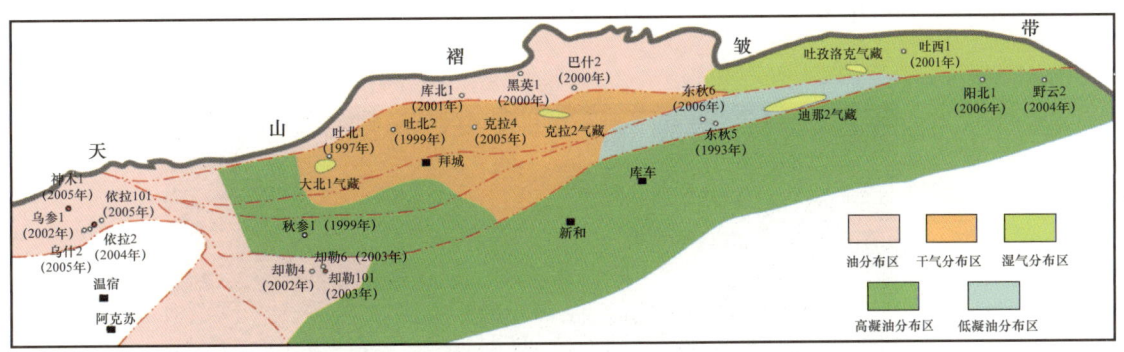

图 2-8　2006 年库车前陆盆地相态分布图

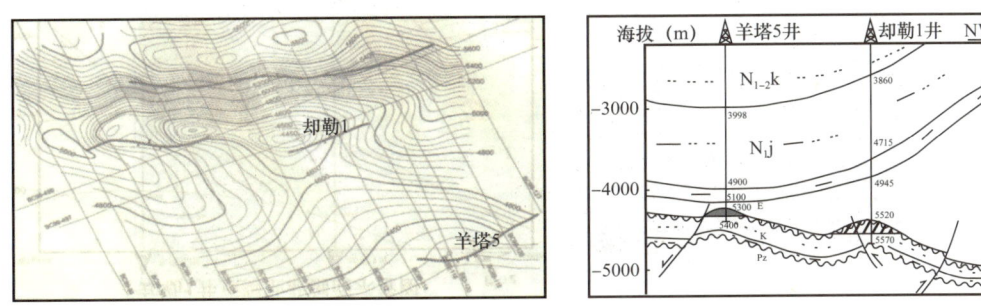

图 2-9　却勒 1 号构造白垩系顶面构造图及油藏剖面示意图（2000 年却勒 1 井上钻前）

却勒 1 井的成功点燃了勘探者心中的希望。为了扩大勘探成果，先后上钻秋参 1、却勒 4、却勒 6 井，结果事与愿违，评价接连失利。尤其部署在高点上的却勒 6 井，与设计认识差异较大（图 2-10）。通过这一轮评价钻探，却勒 1 构造由完整的背斜变为简单的大斜坡，且仅薄砂层出油气，为上倾尖灭的岩性油藏。

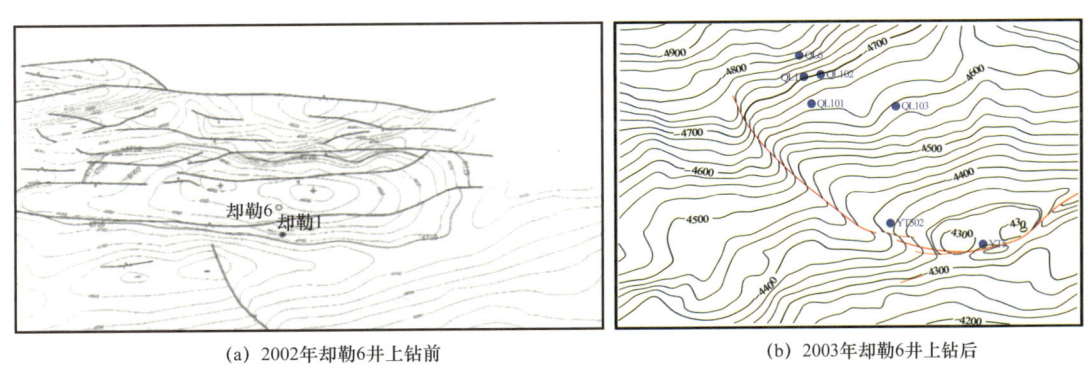

(a) 2002 年却勒 6 井上钻前　　　　(b) 2003 年却勒 6 井上钻后

图 2-10　却勒 6 号构造白垩系顶面构造图

勘探工作者总是在失败中寻找突破。为破解却勒失败的原因，勘探人员通过精细解析发现，由于地层速度陷阱造成二维地震时间域构造假象，如却勒6井较却勒1井时间域地震资料解释浅30ms，深度偏移地震资料解释却深84m。从此开始认识到速度研究对变速成图及圈闭研究的重要意义（图2-11）。

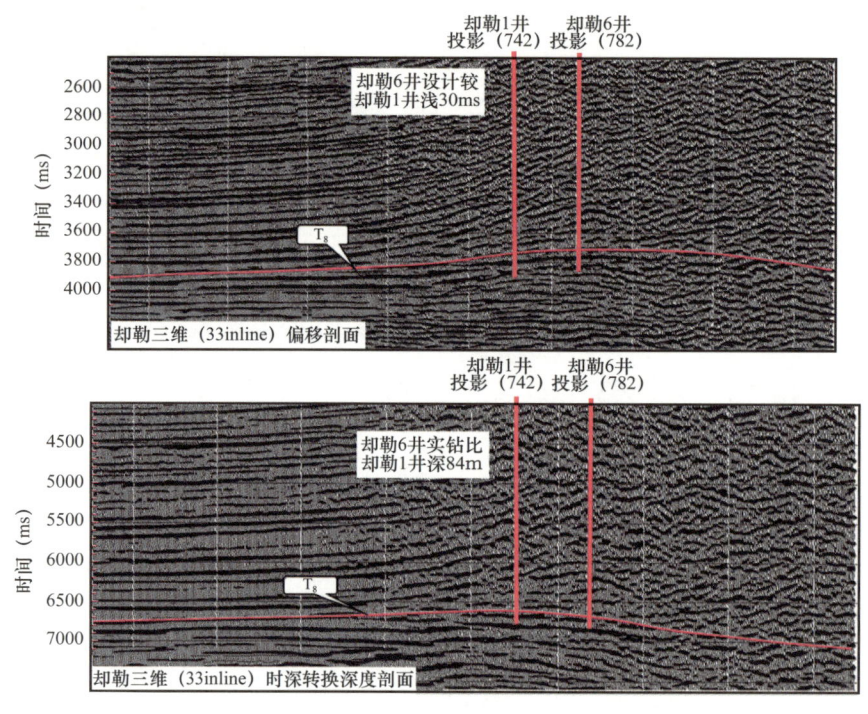

图2-11 却勒地区三维地震剖面解释对比图

东秋预探不尽如人意，认识到盐盖层的重要性 大北勘探的复杂，让石油勘探工作者的目光又从西部收回到到克拉2气田南部的秋里塔格山的东段，这里毗邻克拉2气田，能否在这打开一片新天地？

1993年2月，经过认真研究已有的地震资料，在克拉2井未获得突破前，在其东部的东秋里塔克构造高点上钻了东秋5井（图2-12），设计目的层为古近系、白垩系、侏罗系、三叠系。东秋5井的钻探过程相当艰难，每一米的钻探进尺成本被比喻为"是画王彩电摞起来的"，钻井时间最长，前后经历两年多，最终于1995年4月完钻，完钻层位为白垩系，完井测试4层均为含气水层，宣告失利。

2001年，重新分析了东秋5井失利原因，认为是测网稀、圈闭不落实所致。在重新开展二维地震攻关，重新落实构造的基础上，先后钻探了东秋8、东秋6井。钻前钻后构造未发生大的变化，两口井点仍处在构造的高部位，钻探结果主力目的层白垩系砂岩储层厚度、物性比克拉2气田更好，但完井试油均为水层，除东秋8井在古近系4666～4669m、4676～4678m两个薄砂层，获得工业油气流外，离勘探家们的期望甚远。

第二章 塔里木盆地克拉苏超深层特大气田的发现

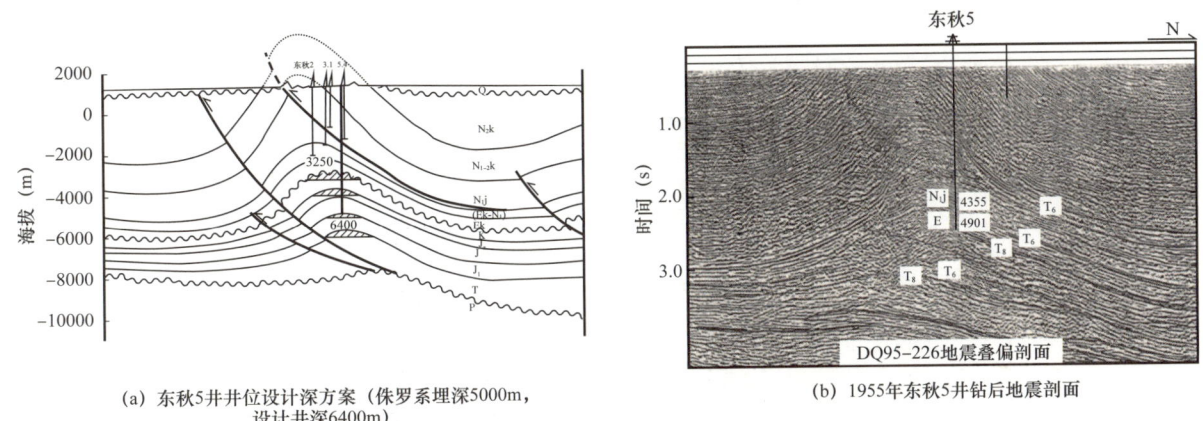

(a) 东秋5井井位设计深方案（侏罗系埋深5000m，设计井深6400m）

(b) 1955年东秋5井钻后地震剖面

图 2-12 1995 年过东秋 5 井南北向气藏剖面和地震剖面图

钻后分析认为，东秋 8 圈闭是落实的，该井钻遇新近系吉迪克组、古近系库姆格列木群两期盐湖沉积的边缘相带叠置区。这两套区域性盖层在本区内的减薄和相变，导致最重要的盐盖层缺失，在东秋地区封盖能力变弱，勘探领域应优选在两套盐层的主体发育区（图 2-13）。

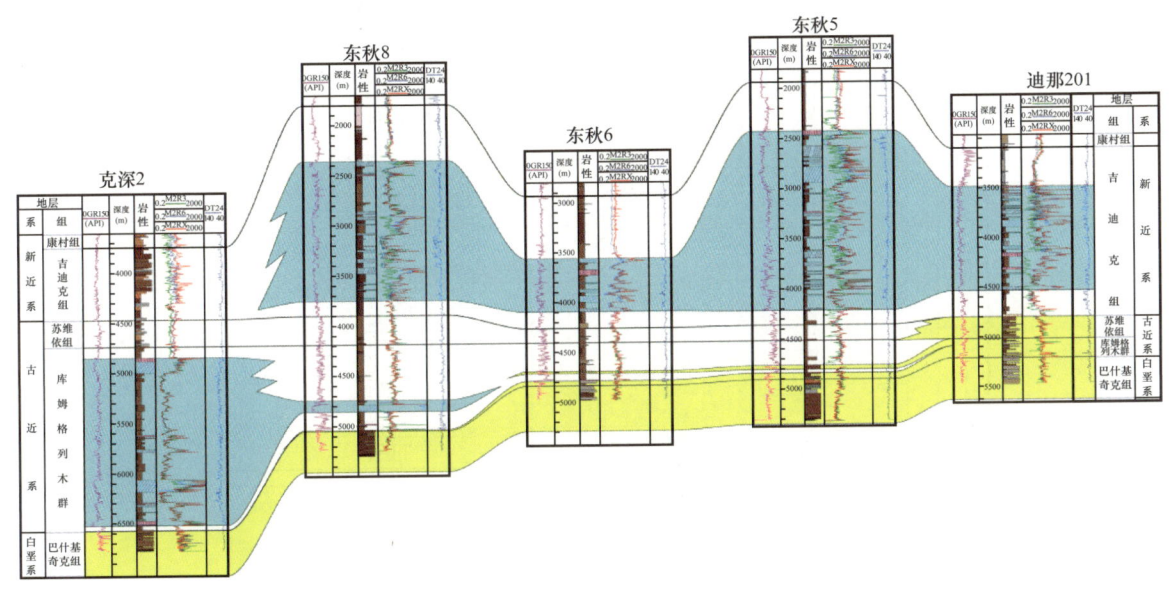

图 2-13 克深—东秋—迪那井区新近系—白垩系地层对比图

乌什凹陷首获突破，岩性勘探任重道远 早在 20 世纪 90 年代中期，EXXON 公司获得塔里木第十二、第十三区块勘探权后，部署了部分非地震（航磁、重力）及二维地震 502km，进行了乌什凹陷石油地质综合评价。认为该区发现油气田风险大，于 1998 年放弃了该勘探区块勘探权。

同年中国石油重新接手后，2000 年、2001 年部署了 25 条测线，并通过新一轮石油地质综合评价，在乌什凹陷东部部署了乌参 1 井（图 2-14）。2003 年，乌参 1 井在白垩系舒善河组发现油气层 39.5m/8 层，6038.5~6052m 井段完井试油，获得日产油 179m³，日产天然气 23×10^4m³ 的高产，取得了新层系、新区带的勘探突破。

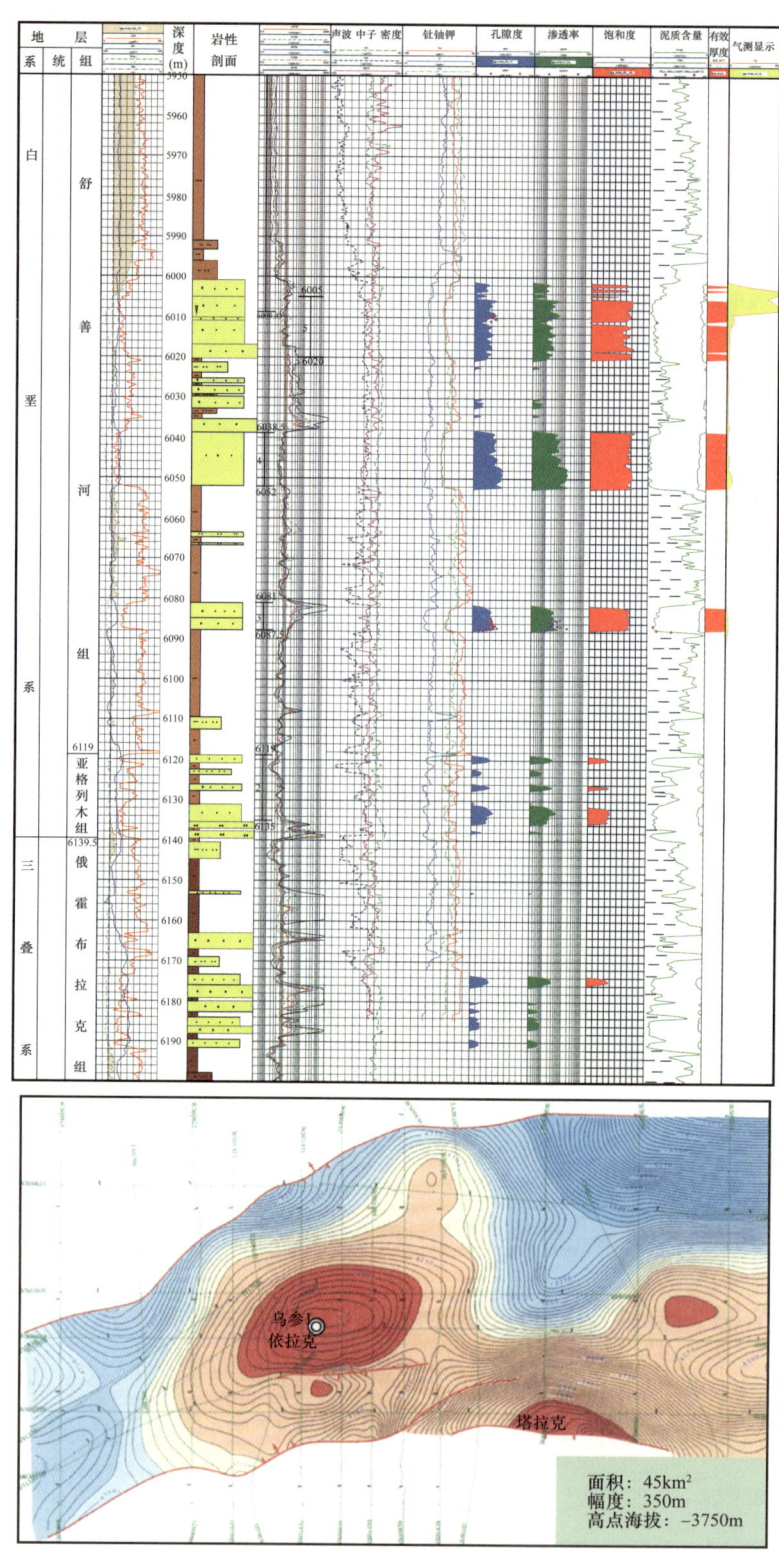

图 2-14　乌参 1 井白垩系四性关系图及依拉克构造白垩系顶面构造图
（2002 年乌参 1 井上钻前）

乌参1井发现后，中国石油随即部署三维地震，先后上钻了依拉2、依拉101、乌什2三口探井并积极展开评价，但均因沉积储层变化原因宣告失利（图2-15）。同时乌参1试采一年后含水率上升至66%，日产油量从初期的95m³下降到10m³，累计产油8215t，效果并不理想。勘探工作者首先认识到库车地区西部缺失砂岩和盐的储盖组合，逐步认识到乌什凹陷东部发育构造背景上的舒善河组岩性油气藏，但地震资料不满足勘探需求，难以对砂体进行精细刻画，2005年以后该区勘探基本处于停滞状态。

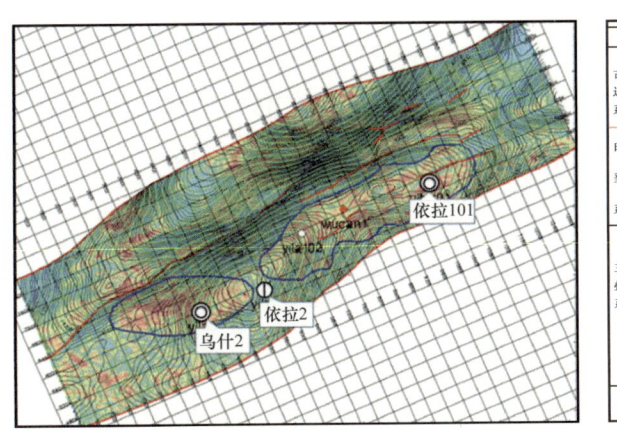 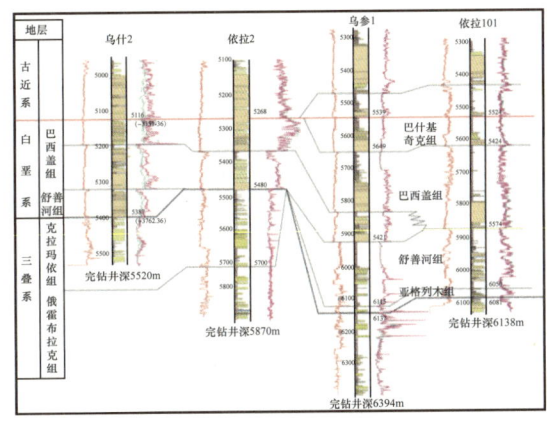

图2-15 2005年依拉克构造白垩系顶面构造图及乌什2—乌参1—依拉101井白垩系地层对比图

直至2012年，乌什凹陷首次按照岩性油气藏勘探的思路，部署上钻神木2井并获得发现，但评价勘探再次遭遇复杂，神木201、神木3、神木4井等相继失利。2016—2017年通过叠前储层反演砂体雕刻，相继上钻神木6、神木7井，均遭失利，再次证实了乌什凹陷虽然具备基本的石油地质条件，具有一定的勘探潜力，但地质认识与地震资料现状不满足精细勘探需求，前陆冲断带岩性油气藏勘探之路任重道远。

野云钻探见到苗头，阳霞凹陷具有较好的勘探潜力 吸取却勒1井钻探的经验教训，勘探工作者采用迪那构造带变速成图方法，在克拉2气田的东部发现了野云2号构造。2004年野云2井在白垩系钻井过程中循环排气见5~8m的火焰，且冒黑烟，满心喜悦地以为发现了一个新的含油气构造带，完钻后对5966~6088m井段进行压裂测试，用4mm油嘴求产，油压1.7MPa，折日产气1595~3906m³。钻探证实野云2构造存在，说明速度方法、圈闭研究方法是准确的（图2-16），野云2井测试获低产气流，主要原因为储层物性较差。

2005年重新认识后在野云2井西部26km的阳北1号构造上又钻探了阳北1风险探井。钻探结果油气显示比野云2井更差，古近系—白垩系砂岩储层物性与野云2井相当，虽然钻后构造仍然存在，但储层条件差、盖层条件差、储盖组合差，导致阳北1井失利（图2-17）。

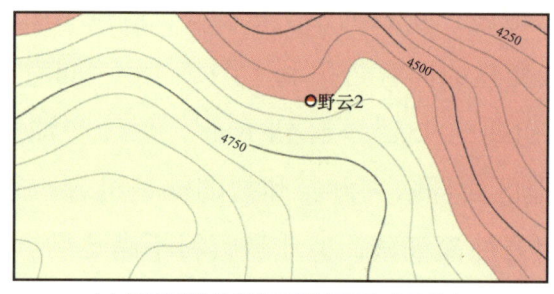 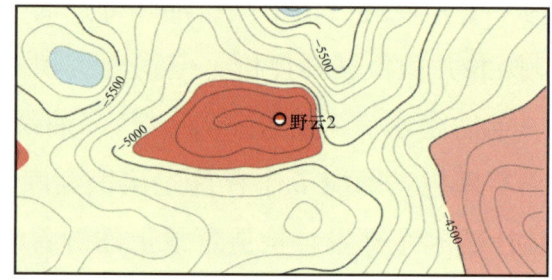

(a) 野云2号构造地震T_8反射层T_0图（2006年）　　(b) 野云2号构造地震T_8反射层构造图（2006年）

图 2-16　2006 年野云 2 号构造白垩系顶面 T_0 图与构造图对比图

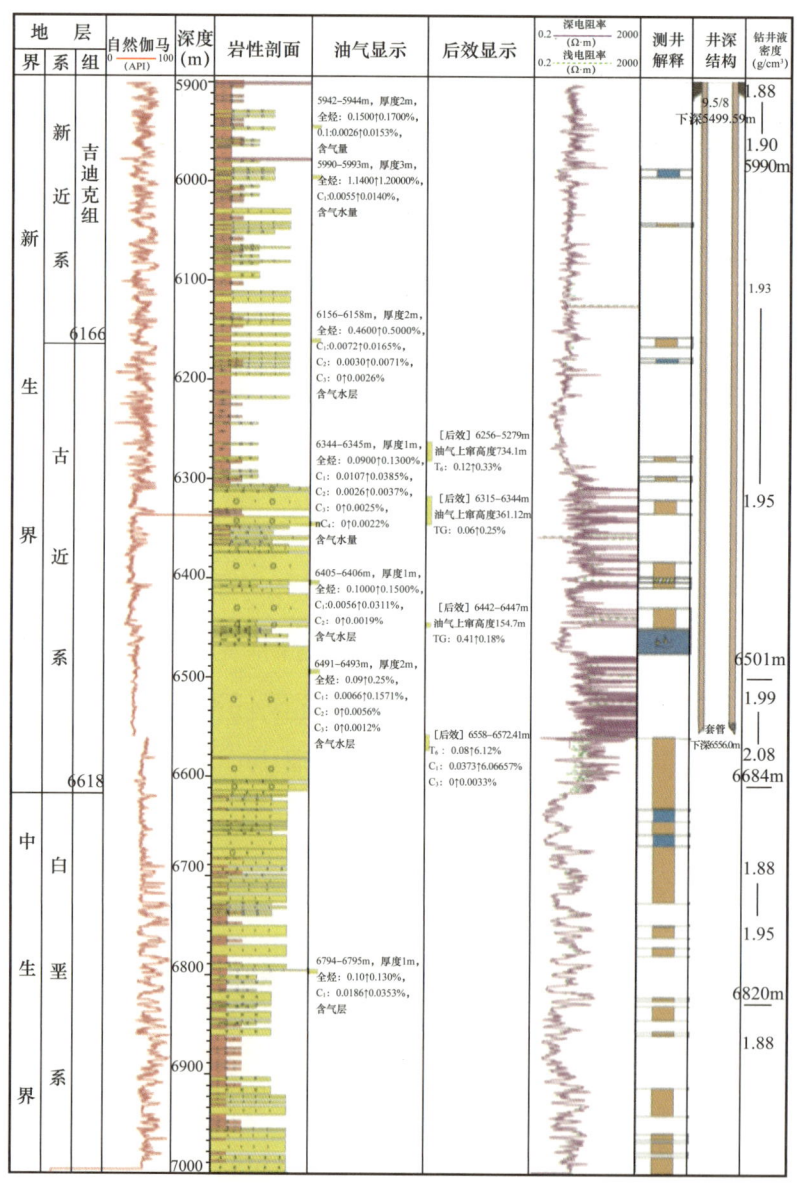

图 2-17　2008 年阳北 1 井古近系—白垩系综合柱状图

四、四处寻罢再回深层，三次加深初见曙光

1998—2004年，经历八年时间，四处探寻，再回盐下深层，多家单位并行处理、多轮次平行解释，在库车坳陷深层发现克拉4和西秋2两个圈闭，并率先围绕克拉4圈闭展开攻关（图2-18）。

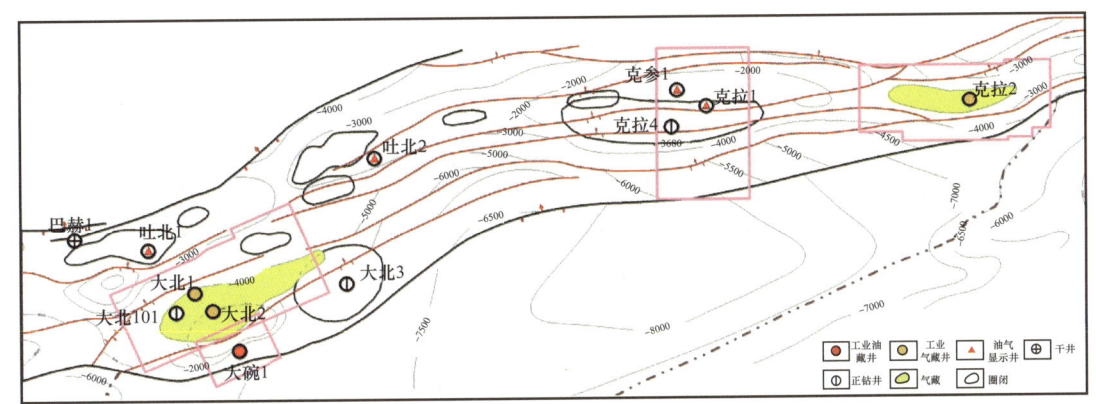

图2-18 克拉苏构造带2005年勘探成果图

克拉4井于2005年9月3日开钻，设计盐底（目的层顶）4570m，设计井深5050m。克拉4井实钻与设计严重偏差，历经三次加深（图2-19）：第一次加深预测盐底5500m，设计井深5600m；第二次加深预测盐底6140m，设计井深6240m；第三次加深预测盐底6400m，设计井深6500m。克拉4井在6358～6363m钻遇白云岩标志层后，2006年8月5日卡钻，最终报废。从此"圈闭带轱辘、高点带弹簧"成为库车圈闭研究的经典术语。

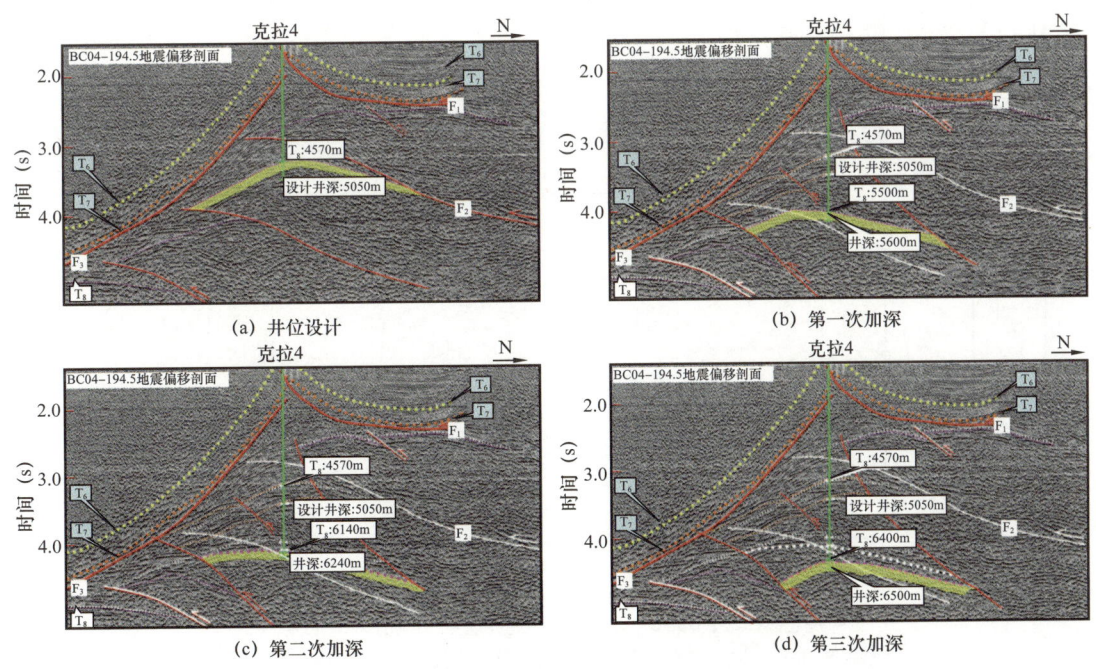

图2-19 克拉4井钻探前与钻探后加深地震解释模式对比图

克拉4号构造地震资料品质差，目的层难以识别，模型不准、真假难分，先后结合川东模式、国外物理模拟，确定钻后模型（图2-20）。

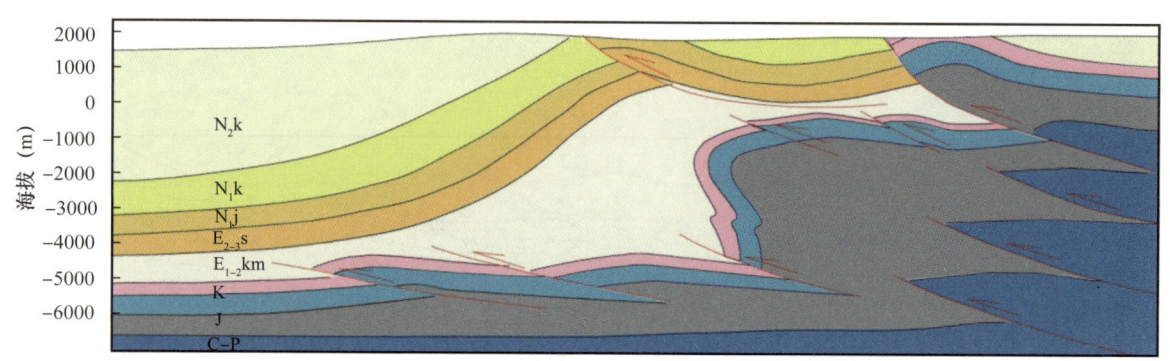

图2-20 克拉4井钻后地质模型图

克拉4井带来三个证实，给勘探家增强了信心：第一，钻遇古近系白云岩标志层见到油气显示，证实深层含油气；第二，逼近目的层证实深层构造存在；第三，证实盐下深层勘探方向正确（图2-21）。

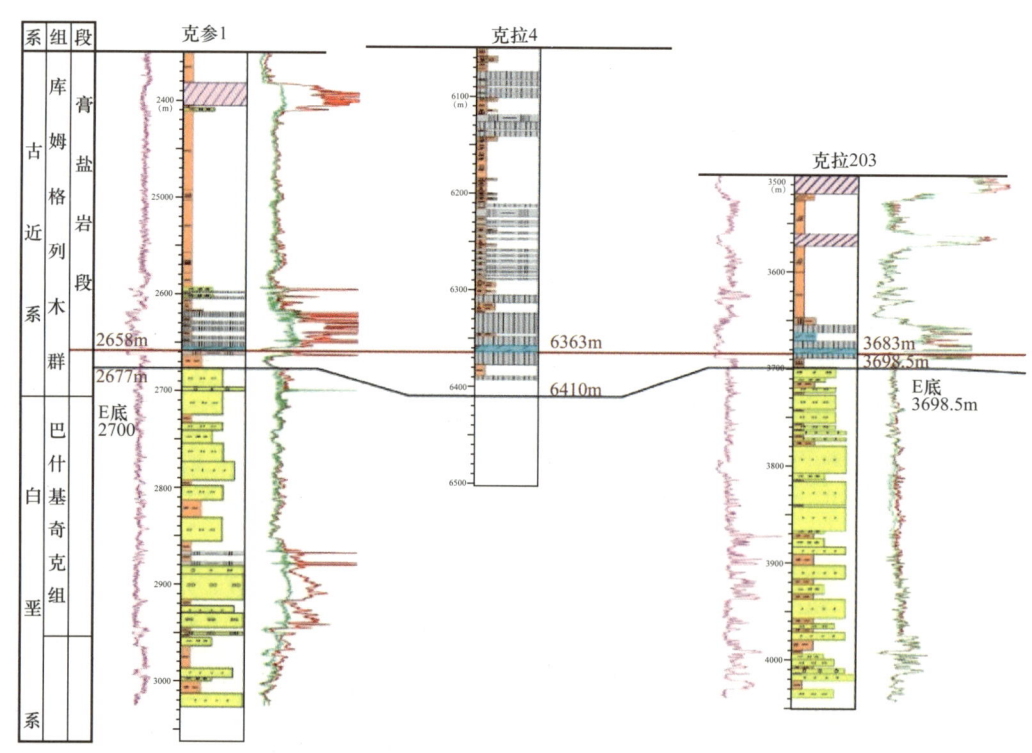

图2-21 克参1—克拉4—克拉203井新近系—白垩系综合柱状图
克拉4井岩屑录井6358~6363m为白云岩，有油味，喷照荧光，
气测TG 0.0899↑0.5709%，对比分析，预计6410m进入白垩系

一次次挫折并没有让勘探工作丧失信心，勘探家们把失利当教材，进一步深化地质研究，最终在认识上有了新突破：圈闭不落实是几次战役失利的重要原因，"高点带弹簧、圈闭带轱辘"的现象仍然困扰着库车坳陷的圈闭落实，如何提高地震资料品质和圈闭研究方法成为了攻关的重点；同时白垩系主力目的层失利的另一主要原因是盐盖层的缺失，保存条件变差；盆地两厢储盖组合发生了巨大的变化，主力储盖组合不是缺失就是变差，明确了它们不是寻找大气田的勘探主攻方向。

此后，勘探家们继续锁定白垩系巴什基奇克组，提出主攻巨厚盐层分布区，开展圈闭落实技术攻关，寻求大突破、大发现。

第二节　厉兵秣马迎挑战　风险勘探绘宏图

克拉2气田发现后的四面探索却次次受挫让勘探家进一步认识到：要想在库车坳陷发现新的大气田，必须重新审视勘探思路、重新突破物探技术的瓶颈、重新认识大气田的勘探方向、重新确定大气田的主攻领域和区带；必须坚持盐下大气田勘探领域不动摇、坚持勘探技术的创新与持续攻关不动摇。

一、卧薪尝胆重新认识，反复审视锁定方向

地质家们对克拉苏构造带重新审视，认为库车坳陷是富油气区带，冲断带是主攻方向，盐下是主攻领域，深层具有极大的勘探潜力。

一是盐下生烃条件好、资源潜力大。库车坳陷发育上三叠统湖相泥岩和中—下侏罗统煤系两套烃源岩。厚度大，一般为480~850m，最厚达1040m（图2-22）；分布面积达14000km^2；有机质丰度高，一般为1.63%~2.95%，最高达3.78%；成熟度高，R_o一般大于1.6%；晚期快速深埋、晚期排烃，生烃强度大，生气强度高达（350~400）×10^8m^3/km^2，生油强度高达1000×10^4t/km^2（图2-23），生油气条件在塔里木盆地最优，在全国排在前列。

二是储盖组合好。库车坳陷中部古近系巨厚膏盐岩与白垩系巴什基奇克组巨厚砂岩组成优质储盖组合。白垩系巴什基奇克组沉积相横向稳定，发育大型辫状河三角洲沉积、扇

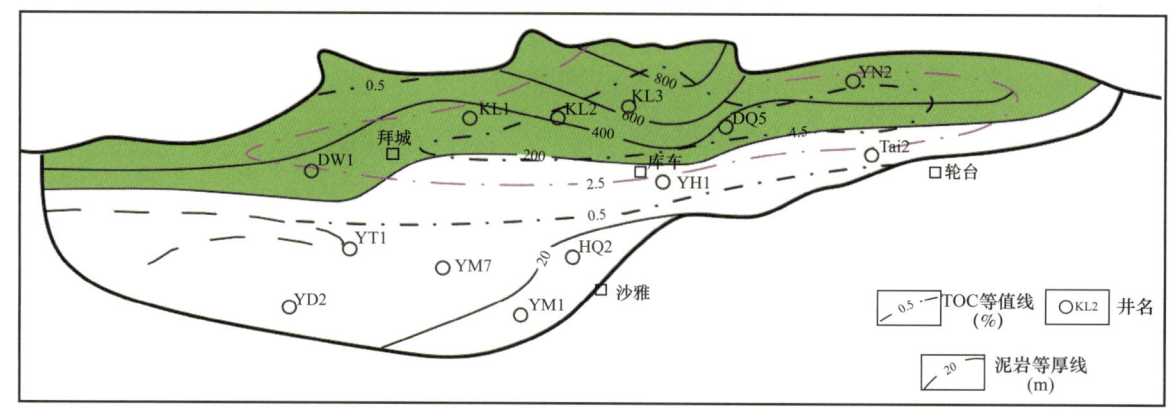

图 2-22　2006 年库车坳陷侏罗系暗色泥岩厚度图（2006 年）

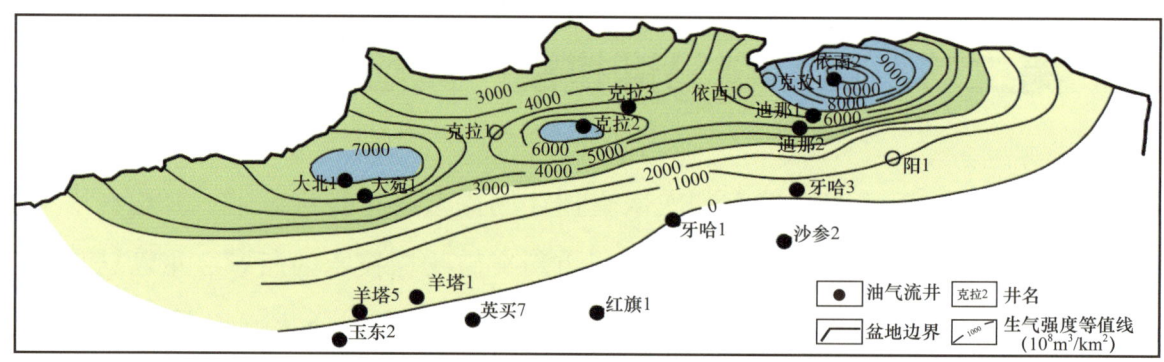

图 2-23　2006 年库车坳陷侏罗系生气强度图（2006 年）

三角洲沉积；砂体连续、厚度大，一般为 200~300m，最厚达 350m；单砂体厚度一般为 5~10m，砂地比高达 90%；泥岩夹层薄，一般为 0.5~5m；储层孔隙度一般为 5%~7%；渗透率一般为 0.1~10mD（图 2-24）。其上覆盖巨厚膏盐岩层，区域广泛分布，东西长约 272km，南北宽约 120km（图 2-25），最厚可达 4000m；纯盐层单层厚度一般为 50~60m；岩性致密、突破压力大、封盖能力强；同时又是区域重要的滑脱层，构成具有强封闭性的优质盖层。

三是构造圈闭发育。喜马拉雅期盐下冲断构造成排展布，背斜、断背斜圈闭面积大、幅度高。2006 年底，依据克拉 4 井钻探结果，重新进行地震解释，完成新一轮克拉苏深层的构造成图（图 2-26）。发现了 24 个圈闭，面积达 812km²，预测圈闭资源量达到 $11000 \times 10^8 m^3$，揭示深层盐下构造成排成带发育的可能性，坚定了深层勘探的信心。

第二章 塔里木盆地克拉苏超深层特大气田的发现

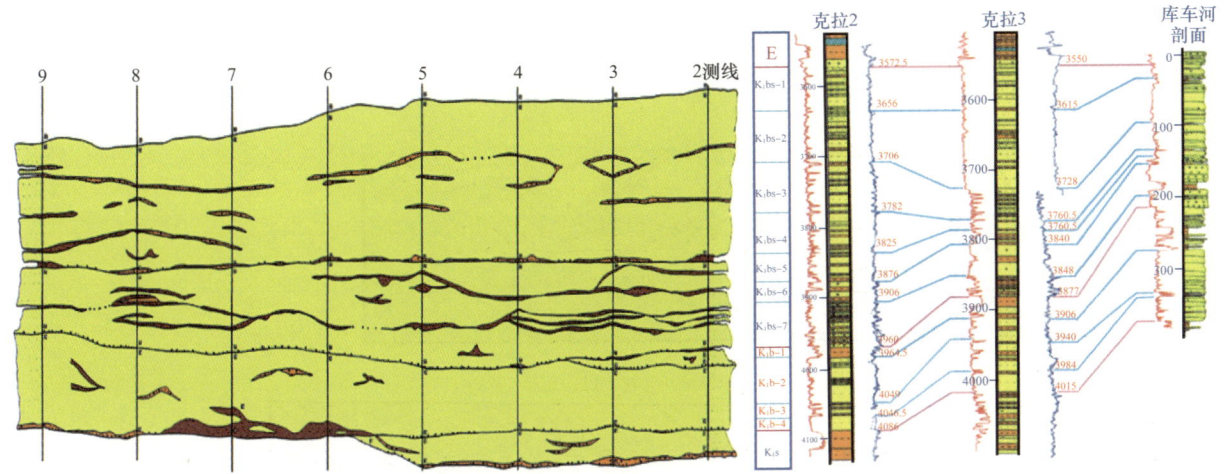

图 2-24 克拉苏河巴什基奇克组砂体结构原型图及克拉 2 井—克拉 3 井—库车河剖面白垩系对比图

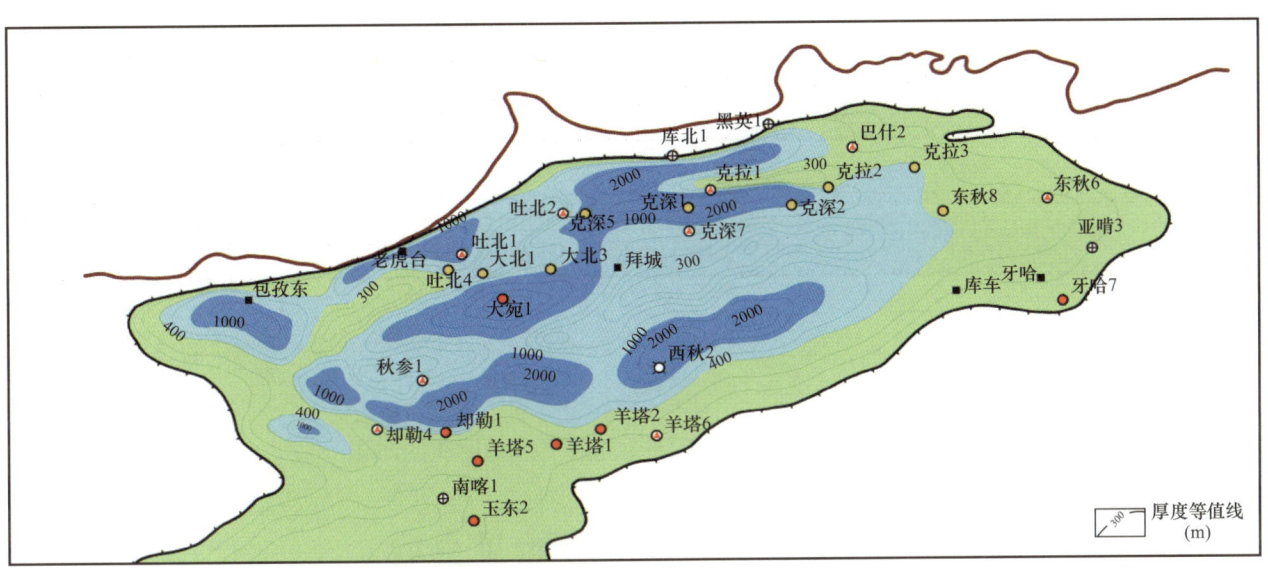

图 2-25 吉迪克组—古近系膏盐岩厚度图

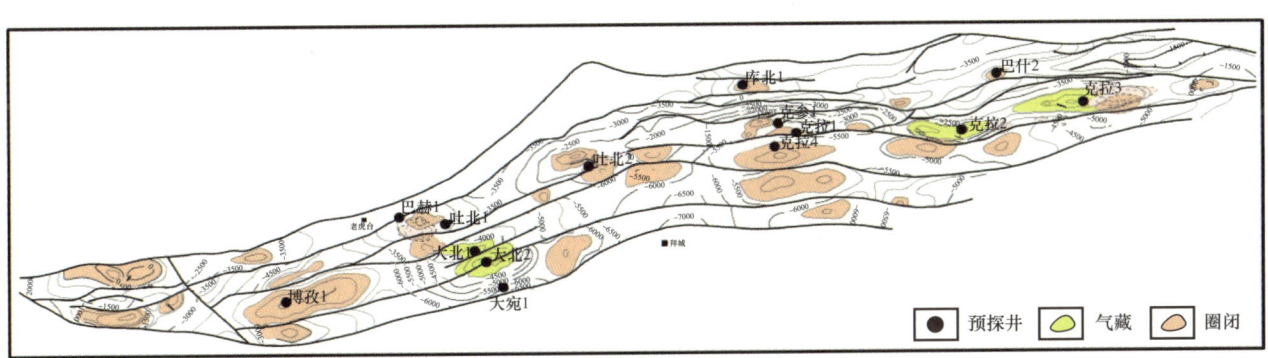

图 2-26 2006 年克拉苏构造带深层勘探成果图

四是成藏条件优越。与克拉2气田相比，克深大气田油气成藏时间更晚（库车组沉积时期—现今），主力烃源岩生气高峰期与构造形成时间匹配关系更好，油气成藏与圈闭形成同步（图2-27），塑性盐层封盖，保存条件好。

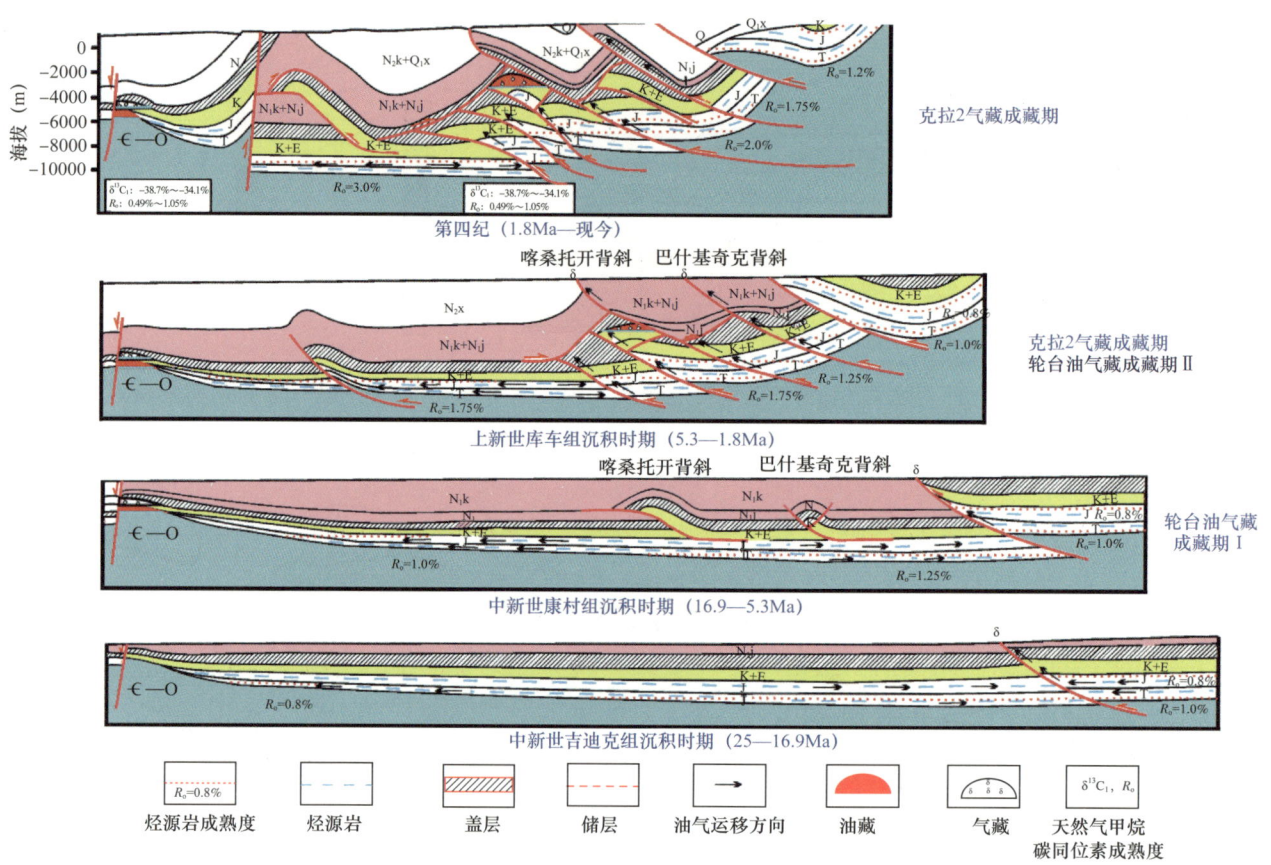

图2-27 库车坳构造演化与油气成藏期次匹配图

二、物探先行求精求硬，深层构造始见真容

物探是地质家的眼睛，每一次油气勘探大发现都离不开物探技术的进步。克拉苏深层构造的发现同样不能例外。

1998—2004年批量部署二维地震直测线108条，仅在BC98-239测线发现了克拉苏深层构造影子，地质家们猜想盐下深层可能发育多排构造带（图2-28）。受地表及地下构造条件双重复杂影响：地表高差大、山体发育、沟壑纵横，地下浅层地层高陡，目的层逆冲叠瓦断片发育，同时大套膏盐岩的屏蔽作用导致盐下构造不清楚。要想实现深层的突破，首先就要从地震勘探技术上下手，获得较高品质的地震资料，将构造影子变成构造实貌。

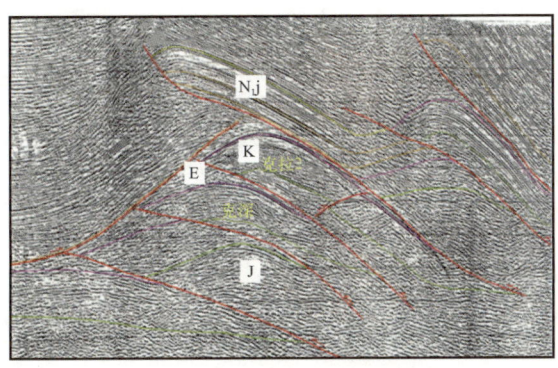 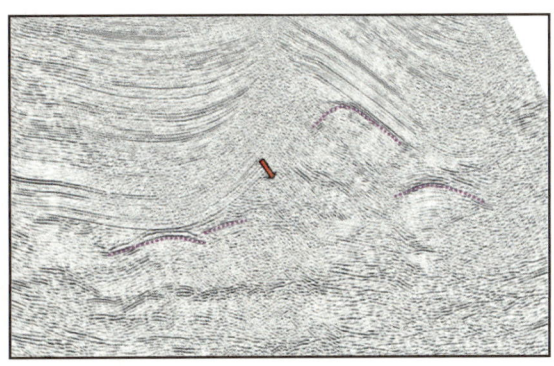

(a) BC98-239叠后时间偏移剖面　　　　　　　　　(b) BC98-232叠后时间偏移剖面

图 2-28　BC98-239 和 BC98-232 叠后时间偏移剖面

在克拉 4 井钻探的过程中，中国石油便开展了地震攻关：包括小道距、高密度、宽线等单项技术攻关，资料品质有所改善，但盐下深层构造的轮廓仍然不清楚（图 2-29）。

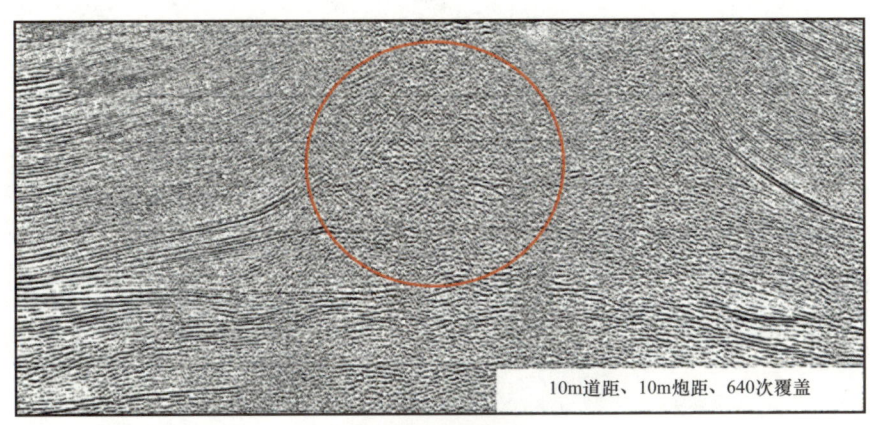

(a) QL03-126 攻关剖面

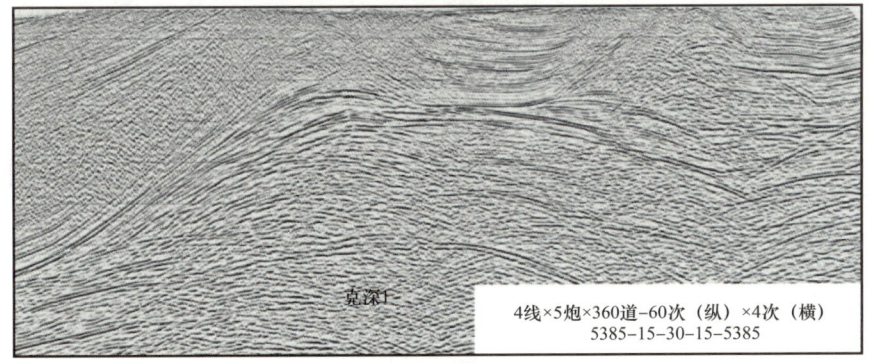

(b) BC05-198K 宽线叠加剖面

图 2-29　QL03-126 攻关剖面和 BC05-198K 宽线叠加剖面
（a）单线、小道距、小炮距、高覆盖剖面品质有所改善，但仍然不能满足低信噪比勘探的要求；
（b）2005 年首次在克深 1（现克拉 4 井）构造上开展了宽线采集攻关，剖面信噪比得到明显改善但波场极复杂

2006年中国石油挑战极限,组织实施新一轮的物探技术攻关,提出将盐下深层资料一级、二级品率由20%以下提升到60%以上的目标。针对库车山地地表、地下双重复杂,组织国内外知名专家反复论证,确定了"宽线+大组合"采集思路:通过宽线提高地震测线有效覆盖次数,从而提高地震资料信噪比;通过大组合检波压制以侧面噪声为主的各种干扰波。以"宁要一条过得硬,不要十条过得去;宁要一条精品,不要十条二级品"作为库车山地地震勘探的行动指南,围绕提高信噪比和成像质量两大主攻方向,持续开展采集攻关实验。包括高密度表层调查、宽线观测、横向大组合检波、矩阵观测、"宽线+大组合"观测、干扰波调查。

图 2-30　物探人员进行库车山地地震采集

在地震采集上,不断探索、反复实践、优化升华,以"宽线+大组合"采集取代单线采集,通过宽线横向面元组合叠加、检波器大组合压制侧面干扰,强强联合,优势互补,使有效覆盖次数较单线提高4~6倍。首次获得盐下深层目的层清晰反射,原始资料一级品率从25%提高到60%以上(图2-31)。

根据不同的地貌形态、地质结构、岩性组合,采取分段设计的方法,对"宽线+大组合"观测系统进行优化,确保既能实现地质目的,又能节约成本。在构造复杂山体区,采用2炮2线、2炮3线、3炮2线观测方式,在构造相对简单的戈壁区,采用单线观测方式(图2-32)。

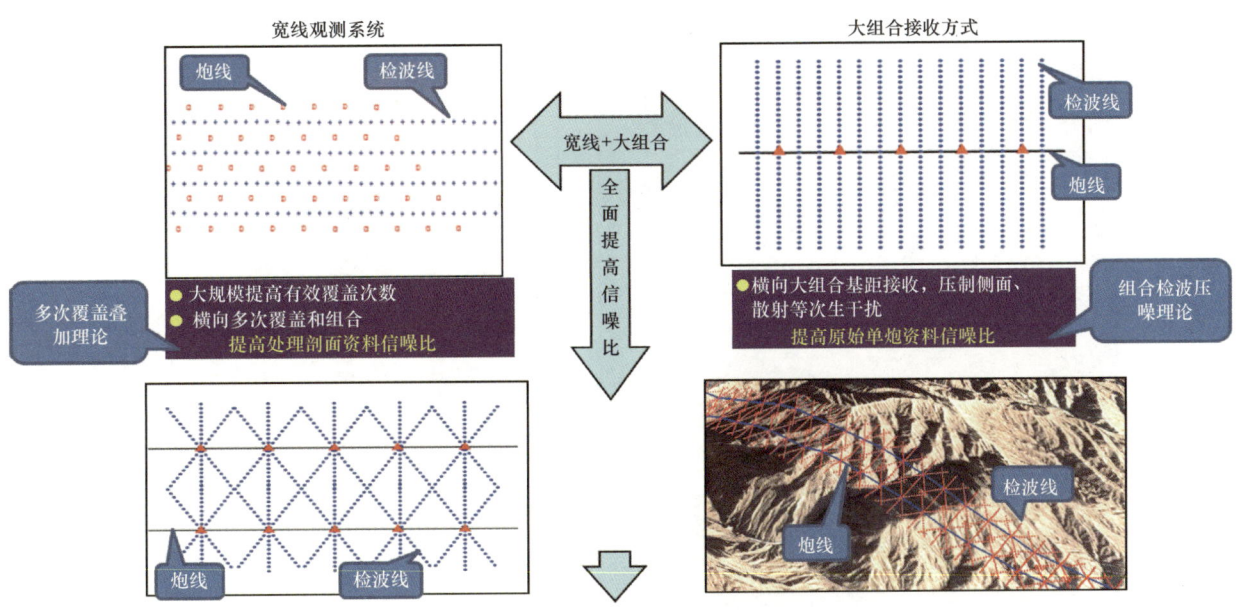

图 2-31 "宽线 + 大组合"采集流程示意图

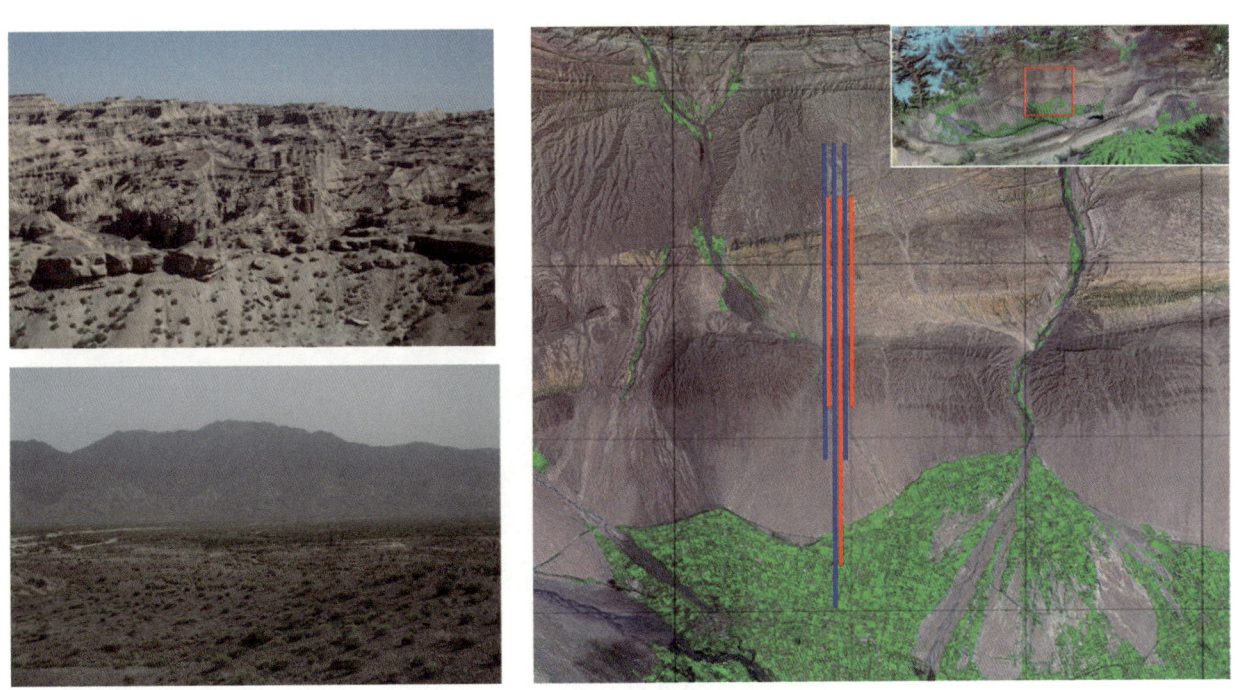

图 2-32 "宽线 + 大组合"观测系统

进行大组合高差研究，要求组合高差一般在 15m 以内，低降速层接近区域可以放宽到 15 米以上；组合基距接近一个干扰波波长有利于干扰波压制；组合方式上，沿测线组合不利于压制侧面干扰，垂直测线组合有利于压制侧面干扰（图 2-33）。

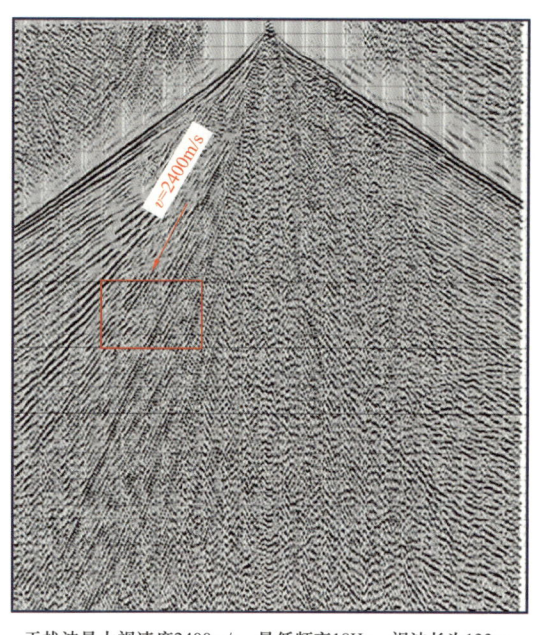
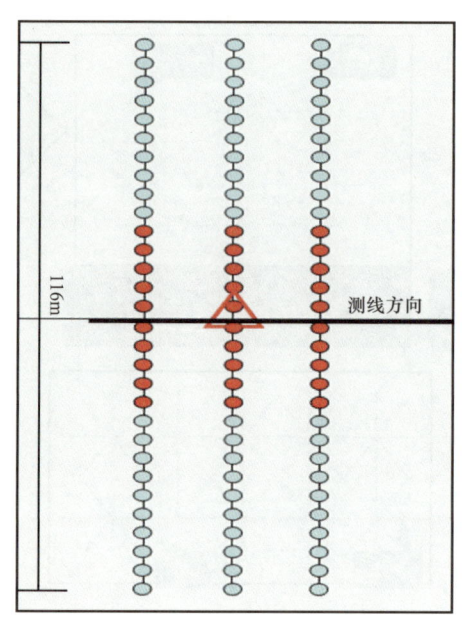

干扰波最大视速度2400m/s, 最低频率18Hz, 视波长为133m　　　　组合基距116m, 单道9串组合（3串3并）

图 2-33　垂直测线组合图

在地震资料处理上，以拟三维地震处理的思路取代传统的二维地震单线处理思路，逐渐形成了二维宽线拟三维叠前深度偏移处理技术（图2-34），进一步提高了宽线资料的处理效果，真正发挥宽线在复杂区的成像优势。

	关键技术	创新点
1	三维定观与弯曲面元调整技术	弯曲宽线面元调整
2	宽线初至波、反射波剩余静校正技术	宽线分层应用GRS模型道
3	宽线叠前去噪处理技术	分线多域多系统组合去噪
4	宽线叠加处理技术	最佳扩大面元叠加 宽线相干倾角叠加 GRS加权叠加技术
5	宽线叠前偏移一体化处理技术	拟三维方式叠前偏移

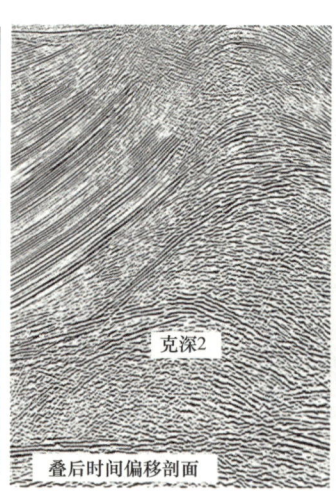
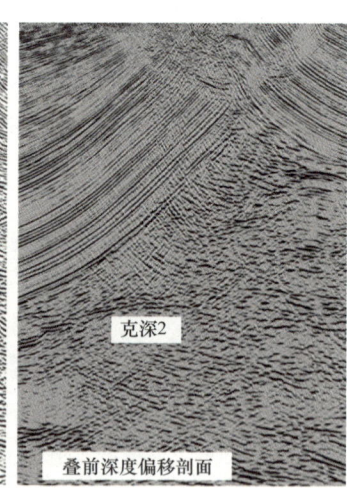

图 2-34　二维静校正技术与宽线静校正技术对比图

"宽线+大组合"剖面信噪比提高明显，波场相对简单，偏移归位更准确，成像效果得到大幅度改善（图2-35）。地震攻关成效显著，擦亮了"地质家的眼睛"。

经过二维"宽线+大组合"攻关，形成了"宽线+大组合"的配套技术，包括表层结构数据的建库和应用技术、基于模型正演分析的采集设计技术、高精度卫星遥感数据选点选线技术、"宽线+大组合"的质量控制方法应用、"宽线+大组合"配套地震资料处理技术。

"宽线+大组合"地震技术在持续攻关过程中日趋成熟,资料品质不断提高。2006—2007年在库车山地部署宽线、"宽线+大组合"测线63条、工作量1992km(图2-36),精细的处理解释,发现了一批有利圈闭。

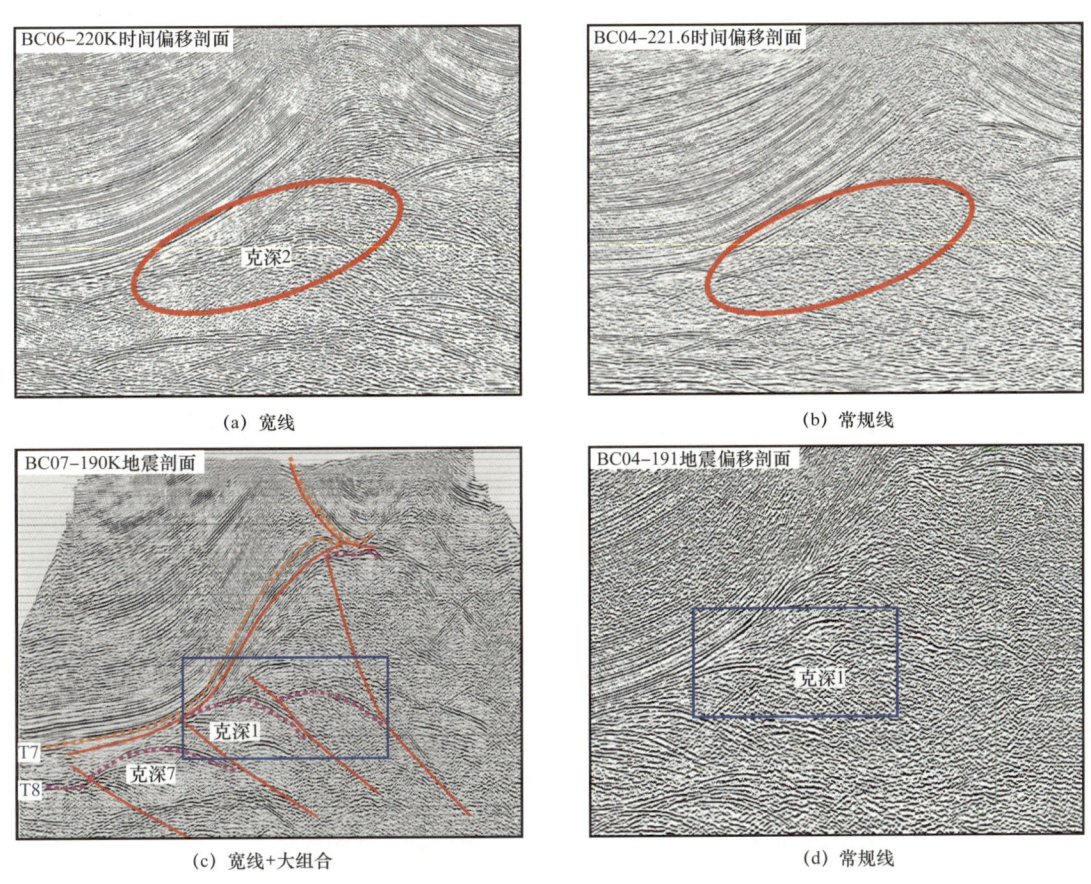

图2-35 宽线与大组合攻关地震资料对比图

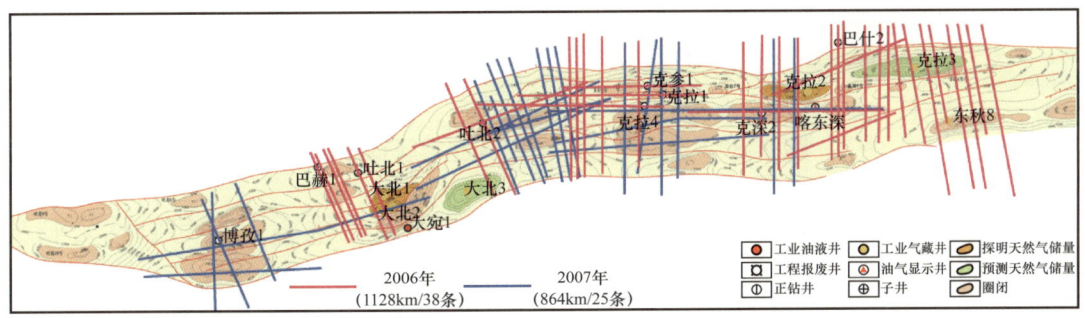

图2-36 克拉苏构造带2006—2007年地震勘探部署图

三、风险勘探坚定信心，战略突破盐下深层

应用新采集的"宽线+大组合"资料，结合直测线初步解释，勘探工作者在克拉苏深层发现了一批有利圈闭。其中克深1、克深2号构造轮廓最清楚、圈闭规模最大（图2-37）。

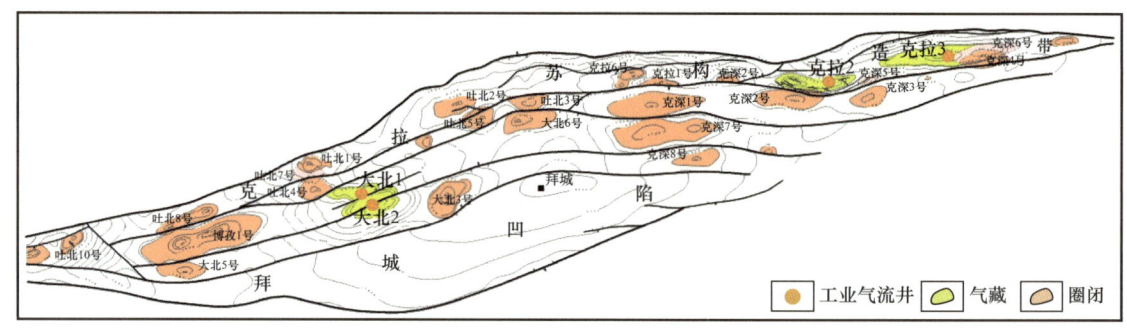

图 2-37 克拉苏构造带2007年勘探成果图

为了进一步厘清目标，勘探工作者利用4条南北向一级品测线建立区域格架（图2-38），再次对全区进行地震建模与解释，并采用三种技术方法联合开展二维地震解释与变速成图。

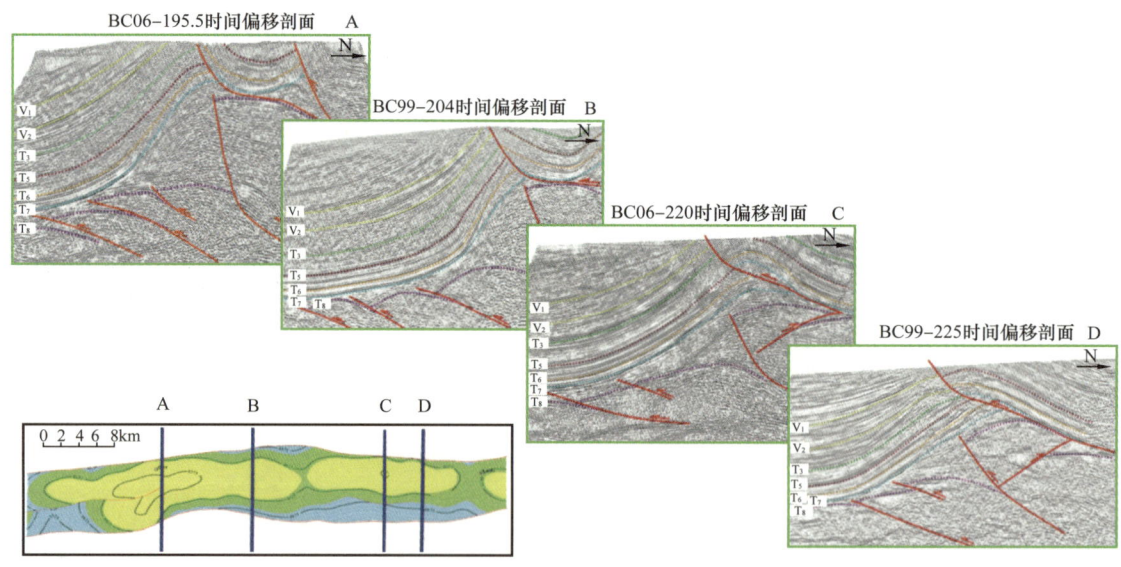

图 2-38 克深2号构造格架地震解释剖面图

第一种技术方法：在新的构造地质模型指导下，以二维叠后时间偏移资料为基础，进行全区、全层位地震解释，建立三维空间地质模型；通过模型层析层位控制法建立空间速度场，得到目的层平面速度场，完成变速成图（图2-39）。

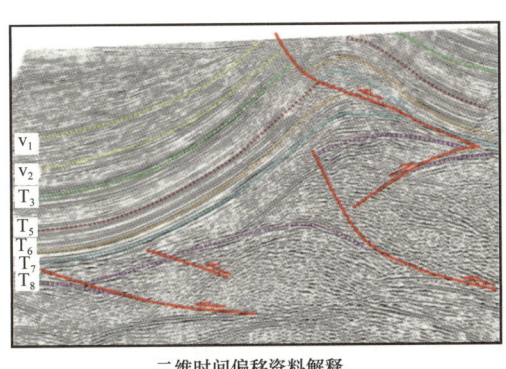
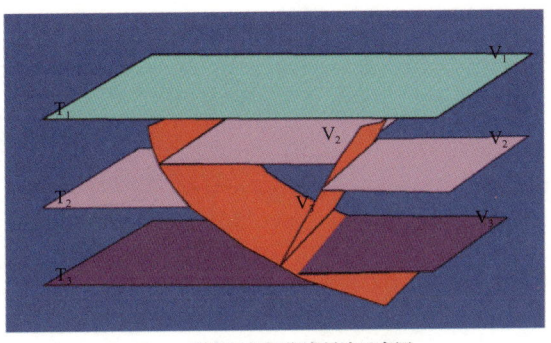

二维时间偏移资料解释　　　　　　　　模型层析层位控制法示意图

图 2-39　第一种技术方法关键技术或方法

第二种技术方法：由于二维叠加时间域资料品质相对较高，着手探索基于三维射线追踪的叠加时间域图偏方法成图。先利用二维时间叠加剖面成图，再采用模型层析法和成像射线法图偏两种方法，得到最终构造图（图 2-40）。

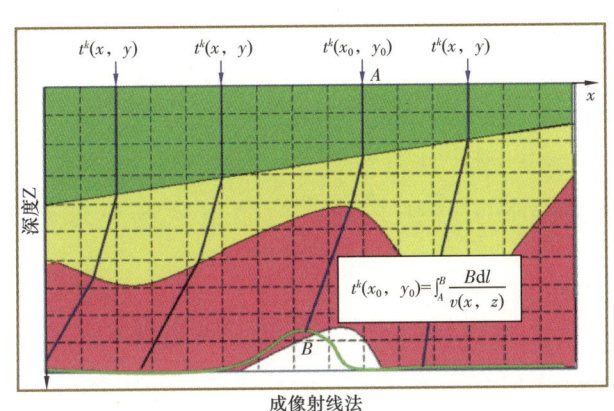
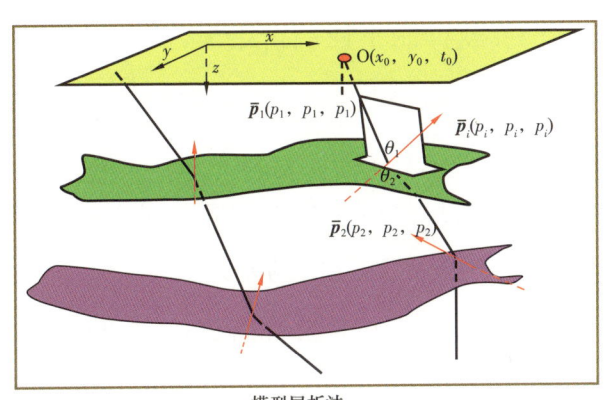

成像射线法　　　　　　　　　　　　　模型层析法

图 2-40　第二种技术方法关键技术或方法

第三种技术方法：品质较好的宽线叠前深度偏移处理攻关，验证构造合理性。证实时间域变速成图结果合理，克深 2 构造存在，高点向南偏移 1km（图 2-41）。

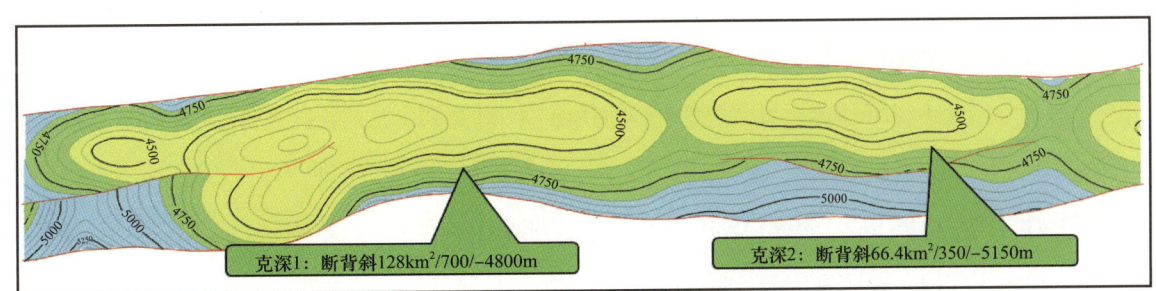

图 2-41　克深 1、克深 2 号构造白垩系顶面构造图

三种技术方法相互验证，最终在南距克拉2井5km的下盘深层落实了克深2构造，锁定了风险目标（图2-42）。

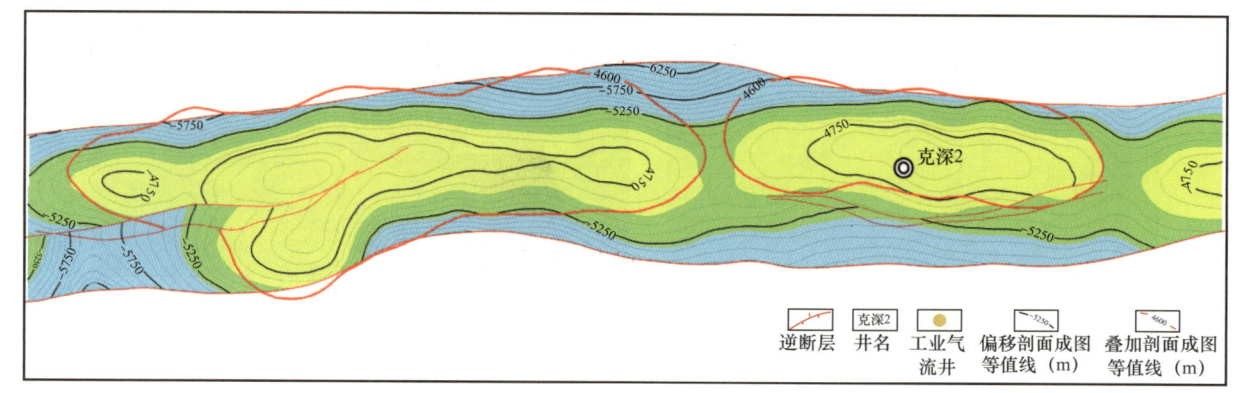

图2-42　2007年克深1、克深2号构造白垩系顶面构造图（偏移）

2007年3月28日，中国石油在召开了克深2号风险探井井位专题讨论会。基于高品质的二维地震资料和前期扎实的评价工作，在井位汇报到一半之时，勘探与生产分公司主管领导就抑制不住兴奋之情，与专家们展开热烈讨论，认为已经看到了大气田的曙光。会议评议，在场专家们极为难得的一致同意井位上钻。会议结束之后，与会的勘探家们都纷纷感觉眼前一个大气田的雏形已初见端倪，库车坳陷重新找到大油气田胜利在望，当天晚上大家抑制不住激动的心情，自发组织美美喝了一顿大酒，把酒言欢畅想未来直至深夜，预祝大油气田的发现。

克深2井作为中国石油2007年的风险勘探第一号目标，高度重视，强化现场生产组织，成立了现场钻井工作组。同时为确保完成地质目的，强化工程方案设计，首次采用非标（塔标Ⅱ）五层套管结构（图2-43），在原来四层套管基础上增加一层套管增强应对井下复杂的能力。

克深2井于2007年6月19日开钻，设计目的层古近系底部砂砾岩段、白垩系巴什基奇克组，于2008年6月21日完钻，揭开目的层210m，发现气层122m。2008年8月28日，克深2井6500m之下获得高产气流（图2-44），对6573~6697m酸化后求产，用8mm油嘴求产，油压45MPa，日产气$46 \times 10^4 m^3$（图2-45）。至此克拉苏构造带深层盐下天然气勘探取得了战略性突破，标志着克拉苏深层大气田的发现。

克深2井上钻的同时，针对克拉苏深层又部署上钻了克深5号风险探井，获得了成功（图2-46），并且探索了超深层压裂技术工艺，从而拉开了克拉苏深层规模勘探的序幕（图2-47）。

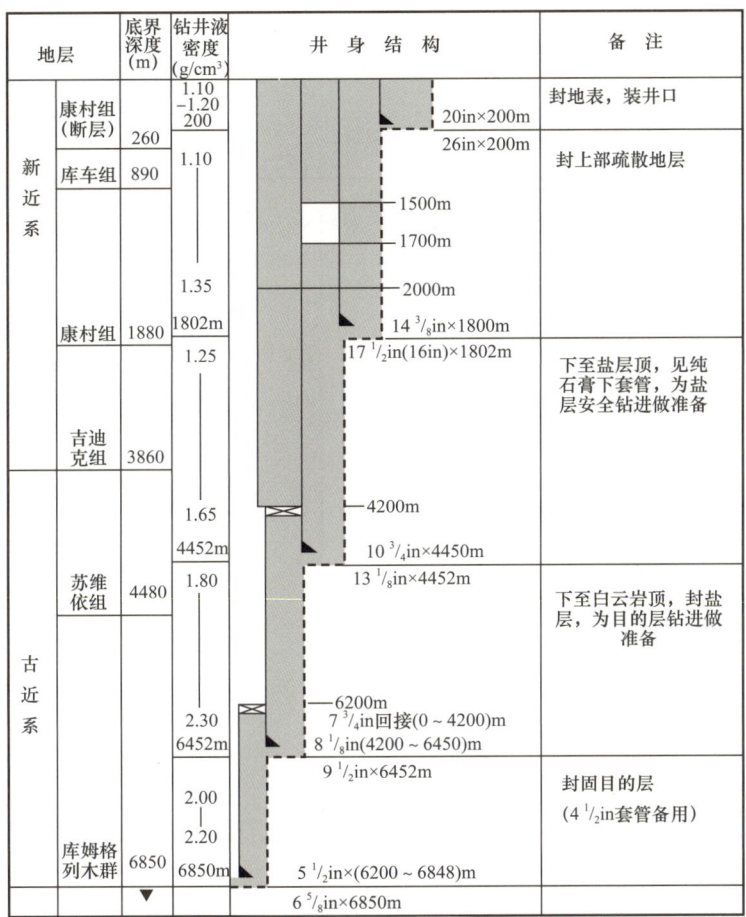

图 2-43 克深 2 井身结构示意图

图 2-44 2008 年 8 月 28 日克深 2 井获得高产气流（放喷点火照片）

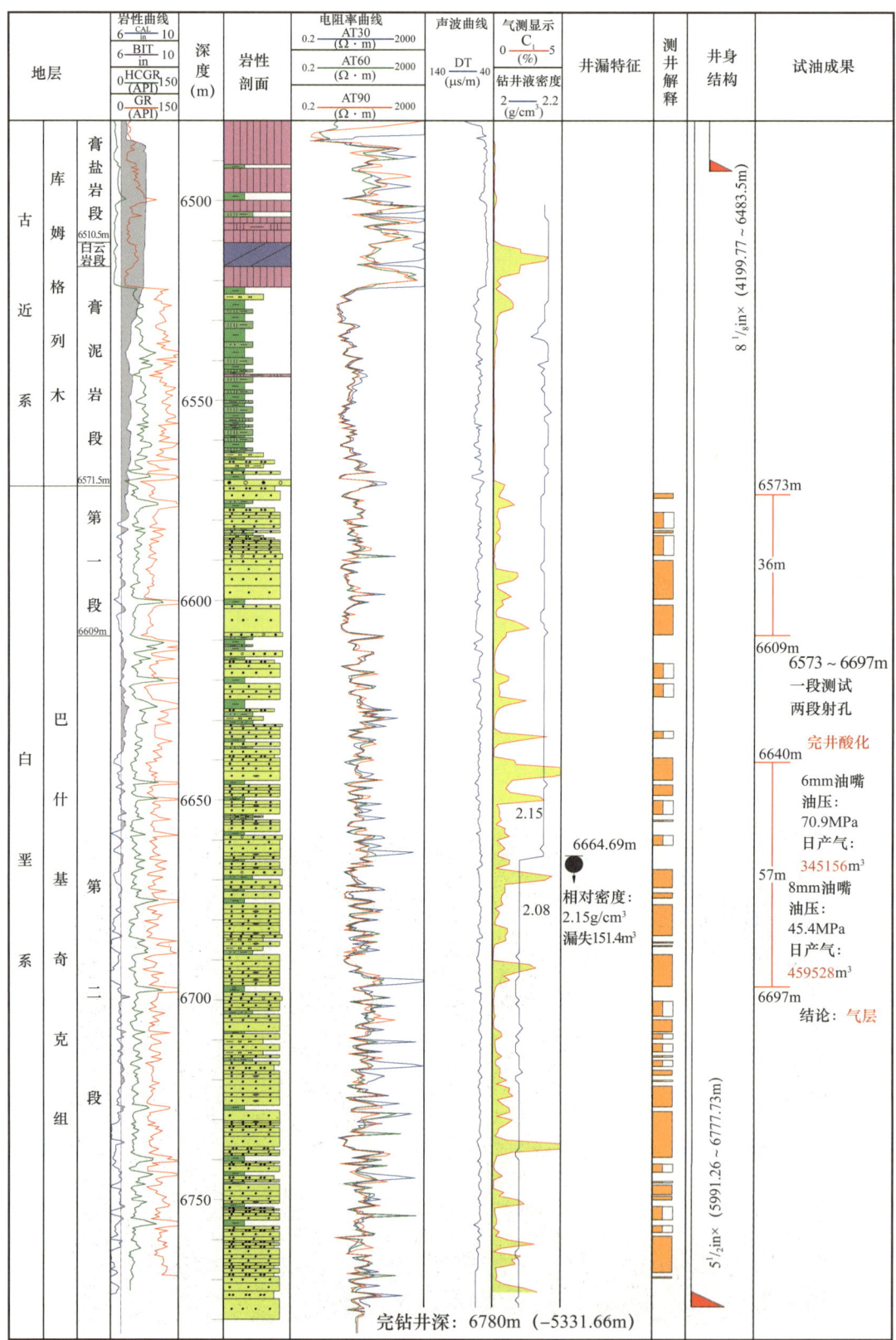

图 2-45 克深 2 井白垩系综合柱状图

第二章 塔里木盆地克拉苏超深层特大气田的发现

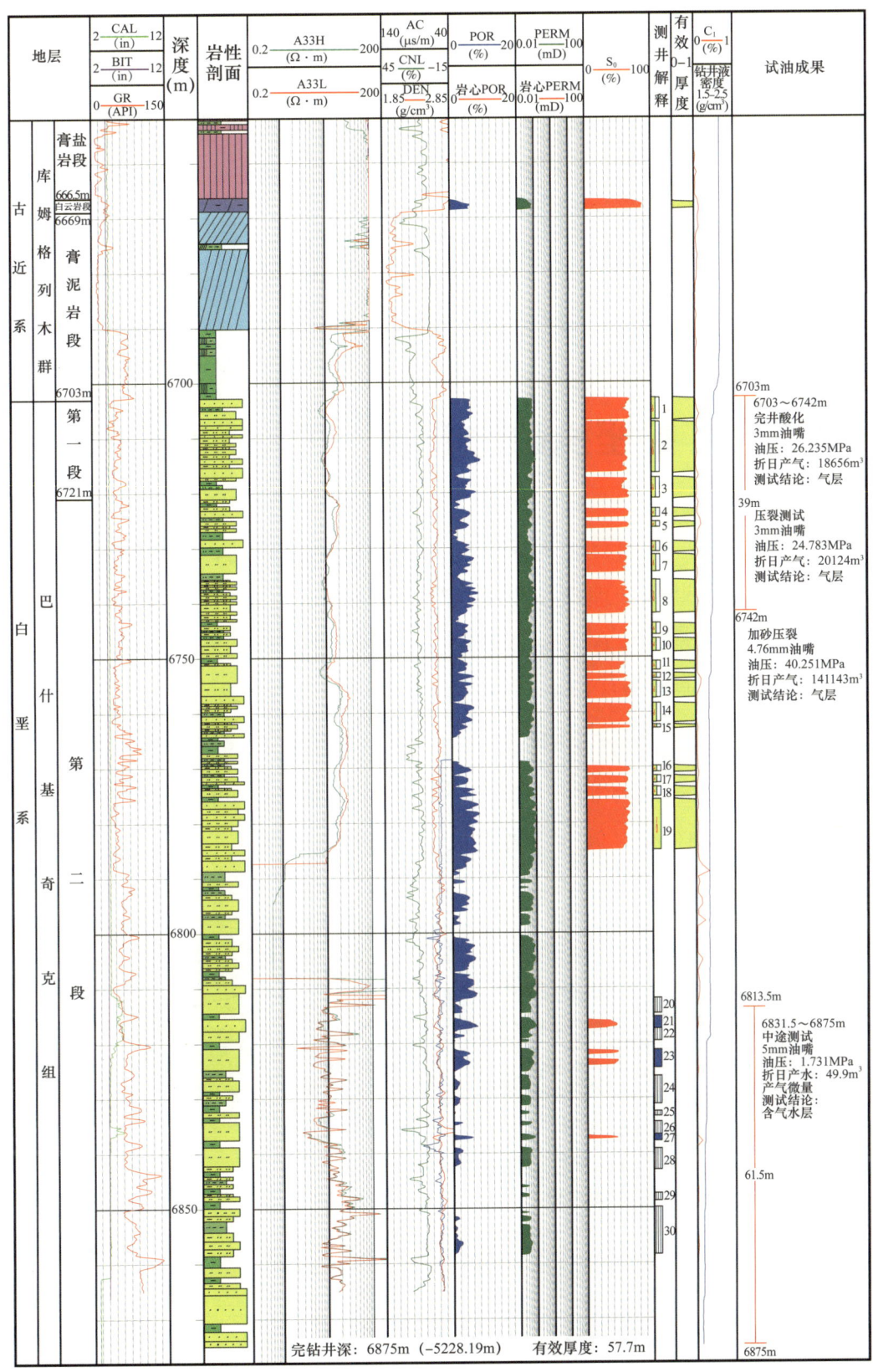

图 2-46 克深 5 井白垩系综合柱状图

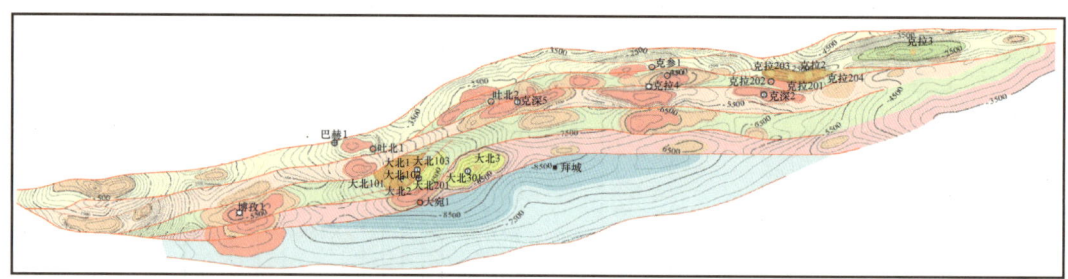

图 2-47　2007 年克拉苏构造带白垩系顶面构造图

第三节　披坚执锐攻极限　三大战役迎辉煌

克深 2 井突破之后，中国石油将克深大气田作为战略要地，决策整体部署大面积山地三维地震，实施规模勘探，理论技术持续创新，推动油气勘探高潮迭起。盐相关构造建模技术指导克深南带整体发现，叠前深度偏移处理技术攻关实现克深北带逆掩叠置气藏规模突破，构造转换带地质认识推动克深西部雁列式气藏持续取得发现（图 2-48）。截至 2017 年，已发现气藏 19 个，探明天然气地质储量 $8300 \times 10^8 m^3$，待探明天然气地质储量近 $6000 \times 10^8 m^3$，万亿立方米储量规模的大气区基本落实，同时储备圈闭 27 个，天然气总资源量达到 $7000 \times 10^8 m^3$，创造了塔里木盆地天然气勘探的十年辉煌。

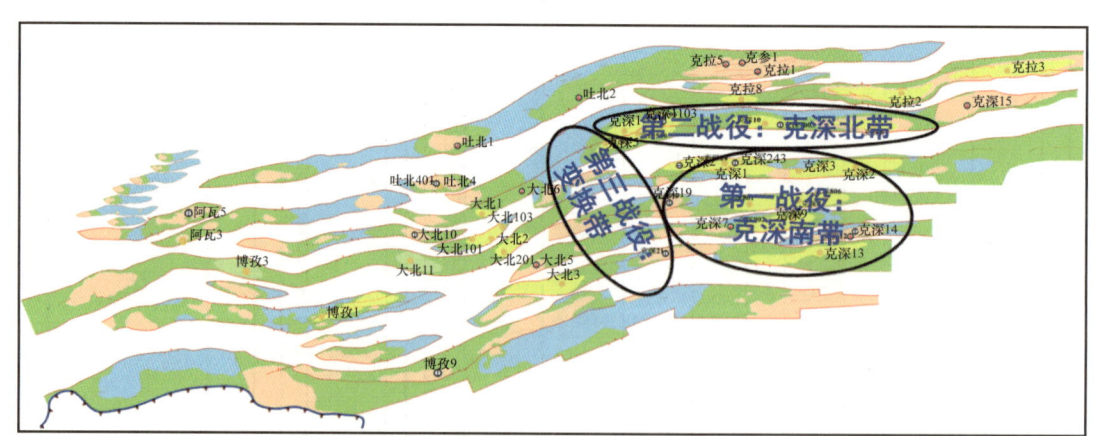

图 2-48　2017 年克拉苏构造带白垩系顶面构造图（拉开显示）

一、创新思路构造建模，克深南带整体发现

克深 2 井发现后，勘探家们分析认为，克拉苏深层整体含气，资源丰度高，成藏条件好，

同时认识到"宽线+大组合"的二维地震可以发现盐下深层大构造,但满足不了复杂山地盐下深层的规模勘探和快速建产的需求。为此,基于对大气田成藏条件及攻关背景的认识,2008年中国石油果断决策,投资四亿元,在克深1-2地区一次性部署实施了高精度山地三维地震达1000km²(图2-49),是当时全国面积最大的复杂山地三维地震勘探项目。在随后的几年时间,克拉苏构造带实现三维地震大面积连片,从而为克拉苏深层整体发现奠定了坚实的基础。

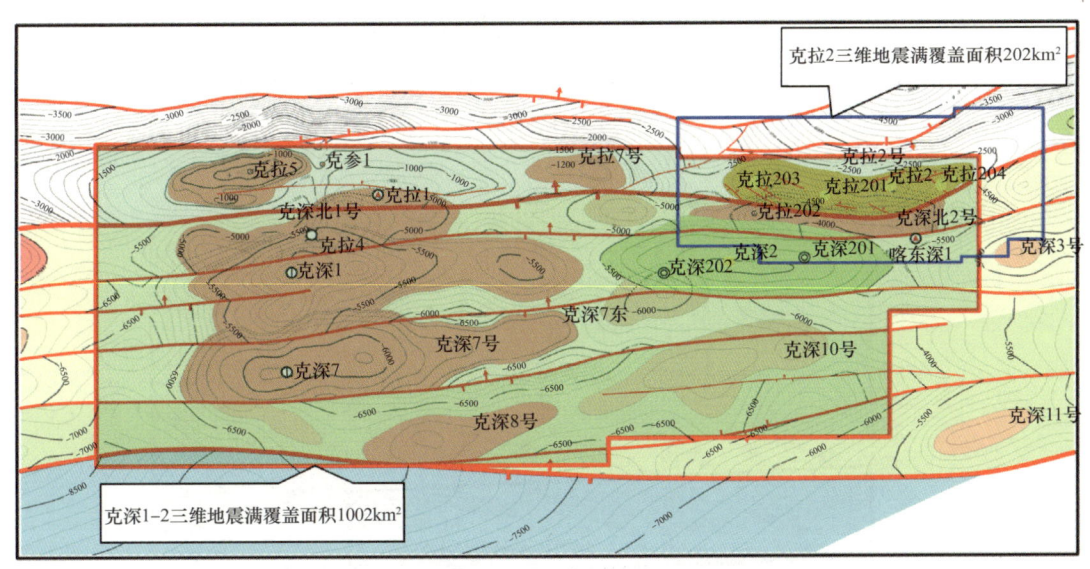

图2-49 2008年克深区块三维地震采集部署图

在采集方面,针对具有长轴—线性的构造圈闭特征,采用15m×30m采集面元,覆盖次数120次,较克拉2三维地震翻一倍。首次在三维地震采集中实施了4串×40个检波器"X"形组合的大组合接收方式(图2-50)。三维叠后时间偏移资料相对于二维地震资料,反射波组特征更真实、自然,波场相对简单,接触关系、构造形态更清晰,归位更合理,更符合地质规律,能够较清楚刻画地质结构特征。

在处理方面,首次开展叠前深度偏移处理,地震资料成像质量更好、构造位置更准确(图2-51):偏移归位更合理,解决了盐上高陡层、目的层偏移量问题;成像质量好于时间域,断片信噪比更高,接触关系更清楚。在山前复杂构造区首次实现了叠前深度偏移资料信噪比,成像质量明显优于叠后时间资料,从此确定叠前深度偏移为库车地区极为的处理手段。

在解释方面,应用盐上、盐中、盐下"三位一体"的思路建立构造解释模型,指导地震资料解释、圈闭落实,深化了克深结构认识:克深区带由克拉苏断裂与拜城断裂夹持的楔状逆冲叠瓦断块组成,断层在南部沿基底滑脱,北部断穿基底。通过三维地震规模勘探,发现7排构造9个圈闭(图2-52),圈闭总面积达560km²。

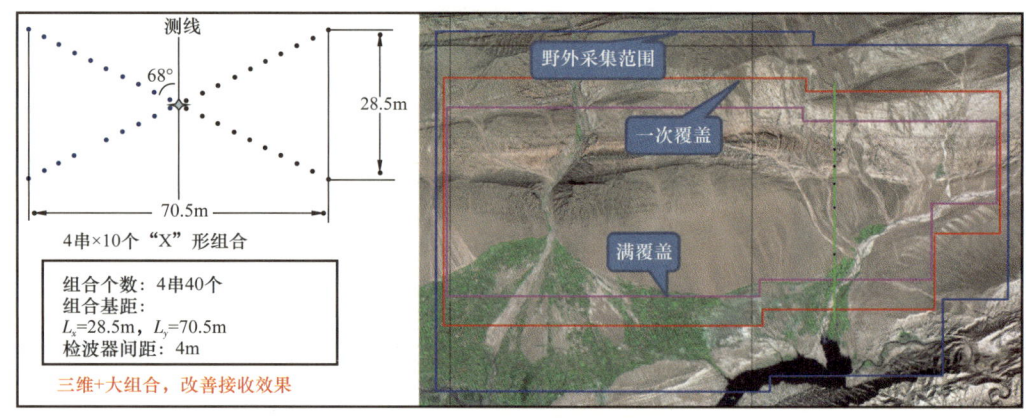

图 2-50 "X"形组合的大组合接收方式

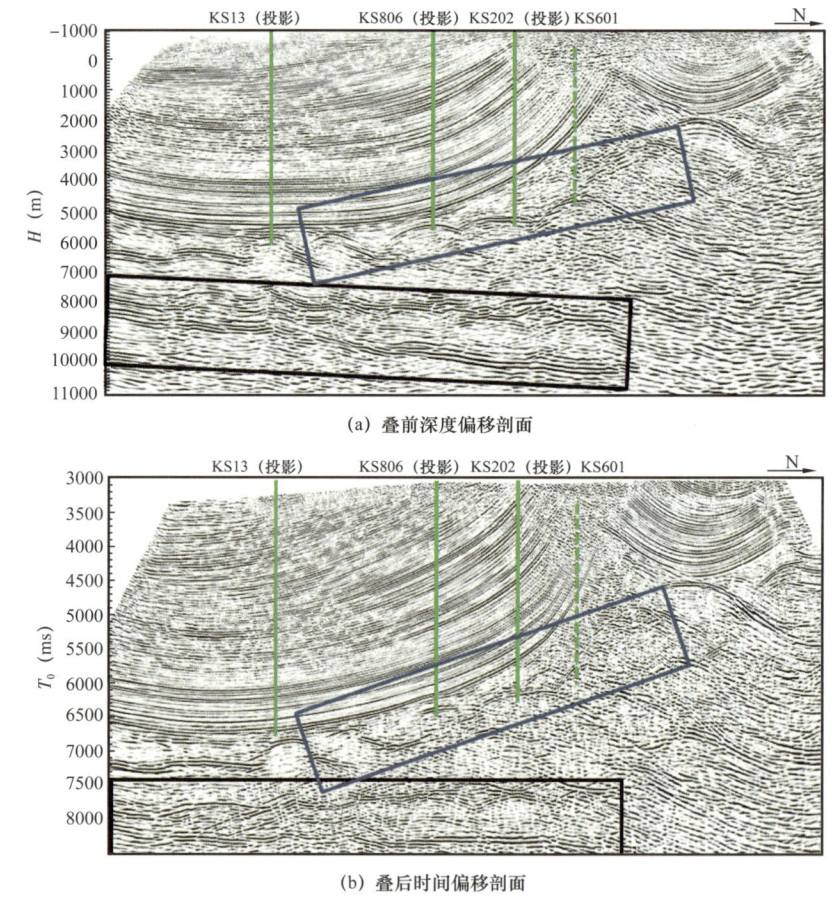

图 2-51 过克深13—克深806—克深202—克深601井叠前深度偏移剖面与叠后时间偏移剖面对比图

综合评价认为,克深2以南的南带虽然超深,但结构相对简单、成排成带性好,北带目的层埋藏浅,但地震资料品质差、构造叠置程度高、解释多解性强,确定优先在南带展开规模勘探的思路(图2-53)。

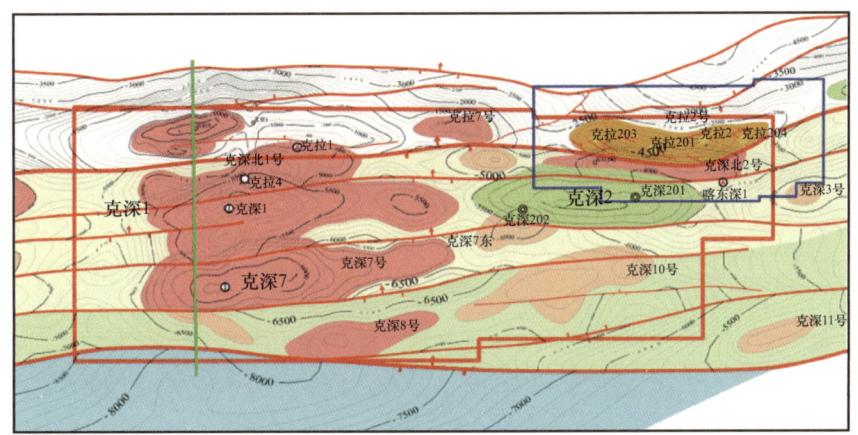

(a) 二维地震构造图（2008年）

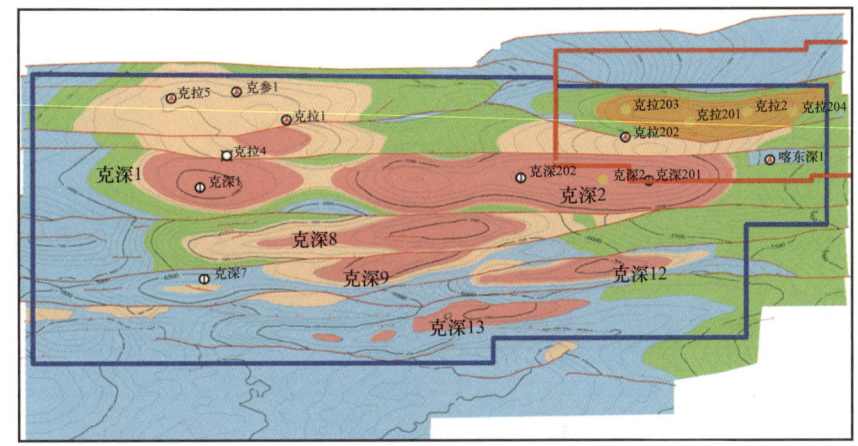

(b) 三维地震构造图（2010年）

图 2-52　克深地区 2008 年二维地震资料解释构造与 2010 年三维地震资料解释构造对比图

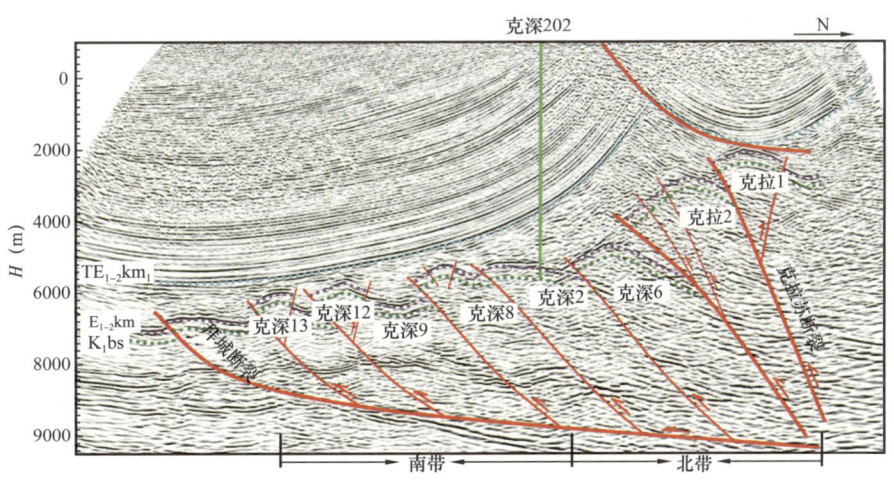

图 2-53　克深区带南带和北带地质结构剖面图

2013 年克深 2 气藏上交了天然气探明地质储量 $1542×10^8m^3$（图 2-54），这是继 2000 年探明克拉 2 气田时隔 12 年后又发现的一个千亿立方米气藏，也是克拉苏盐下超深层第一块千亿立方米级气藏。

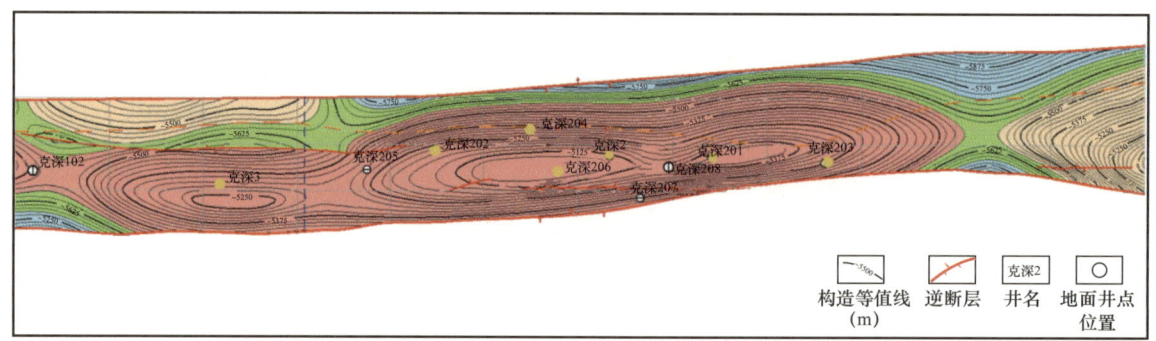

图 2-54　克深 2 气藏白垩系巴什基奇克组顶面构造图（2013 年上交克深 2 区块探明储量构造图）

2013—2015 年在克深 2 号构造中西部先后部署上钻克深 301、克深 101、克深 102、克深 105 等评价井，发现克深 1、克深 2、克深 3 气藏整体连片，再新增探明天然气地质储量 $569 \times 10^8 m^3$（图 2-55 和图 2-56）。

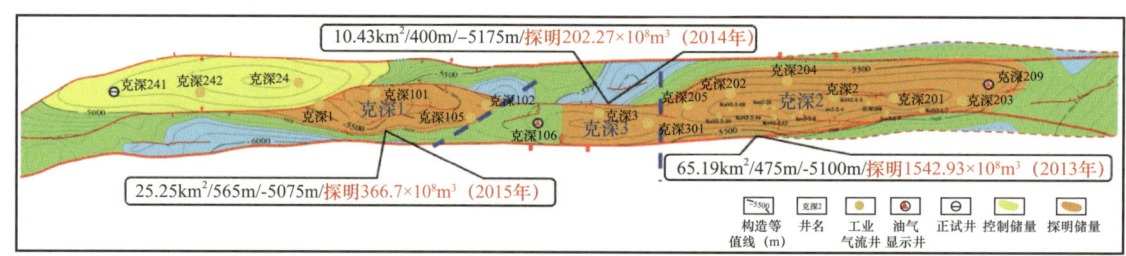

图 2-55　克深 1-2 气藏白垩系巴什基奇克组顶面构造图（2015 年）

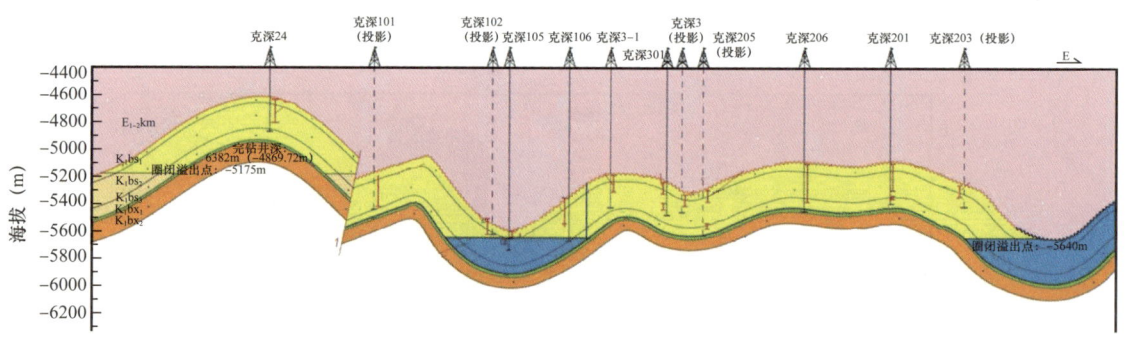

图 2-56　克深 1-2 气藏东西向气藏剖面图（2015 年）

通过对克深 2 气藏持续评价开发、建产，截至目前克深 2 气藏累计生产天然气 $80 \times 10^8 m^3$，建成天然气产能 $11 \times 10^8 m^3/$ 年。

在整体评价克深 2 气藏的同时，克深 2 下盘甩开上钻的克深 8 井，获得突破。该井于 2011 年 7 月 17 日开钻，2012 年 9 月 2 日完钻，钻揭目的层埋深 6717m，厚度 205m，气层 122m，在 6717～6903m 井段完井常规测试，用 8mm 油嘴求产，油压 90MPa，日产天然气 $73 \times 10^4 m^3$（图 2-57）。勘探家们通过当时的三维地震资料及钻井误差分析，对克深 8 号构造

第二章 塔里木盆地克拉苏超深层特大气田的发现

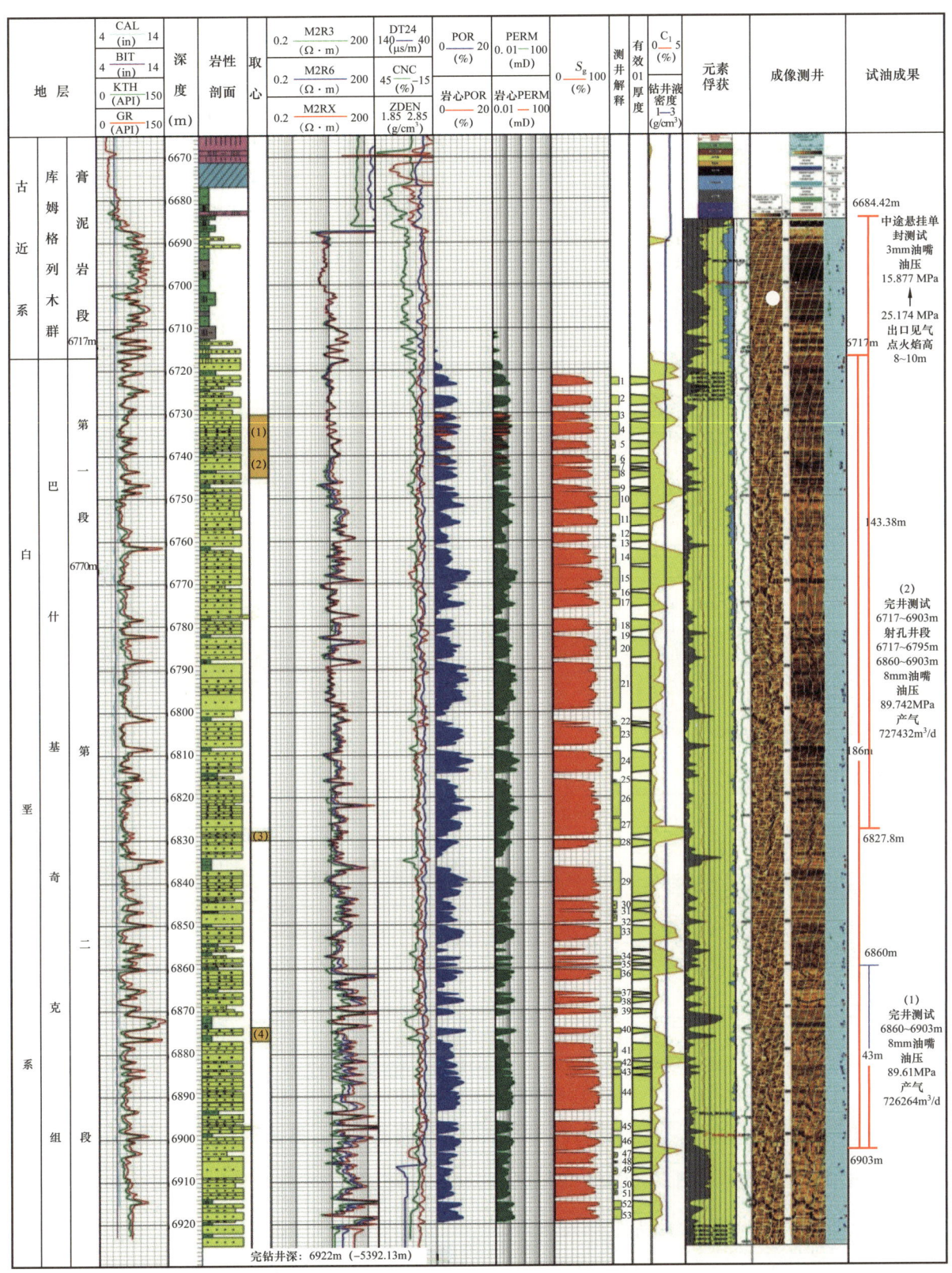

图 2-57 克深 8 井白垩系巴什基奇克组四性关系图

圈闭落实程度充满信心。为加快勘探开发步伐，当克深 8 井尚未揭开目的层时，就提前规划了气藏的评价开发；当克深 8 井揭开目的层见到较好气测显示后，就开始准备评价井的部署工作；当克深 8 井获得突破后，就第一时间部署了第一轮 2 口评价井、2 口开发井，这在塔里木油田复杂山地的勘探中属于首次！埋深超过 6500m 的克深 8 气藏仅用了 2 年时间，便实现了整体探明并提前建产，创造了历史纪录。2014 年，克深 8 气藏上交天然气探明地质储量 $1584 \times 10^8 m^3$。随后在西部甩开钻探的克深 8-11 开发井测试证实气层底界海拔又下延了 50m（图 2-58），仍未见到气水界面，进一步证实了该气藏的储量规模。

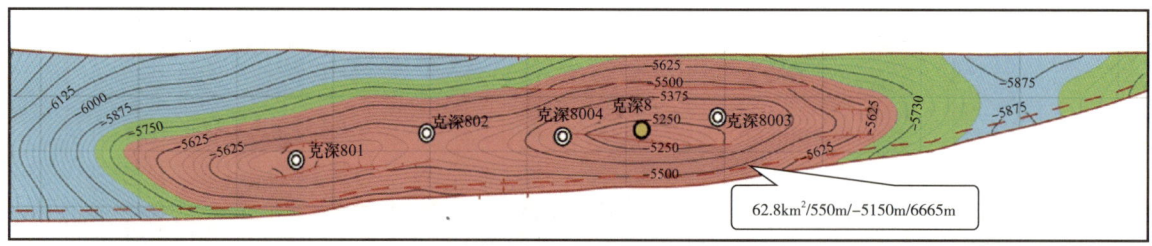
(a) 克深 8 构造白垩系巴什基奇克组顶面构造图（2012年）

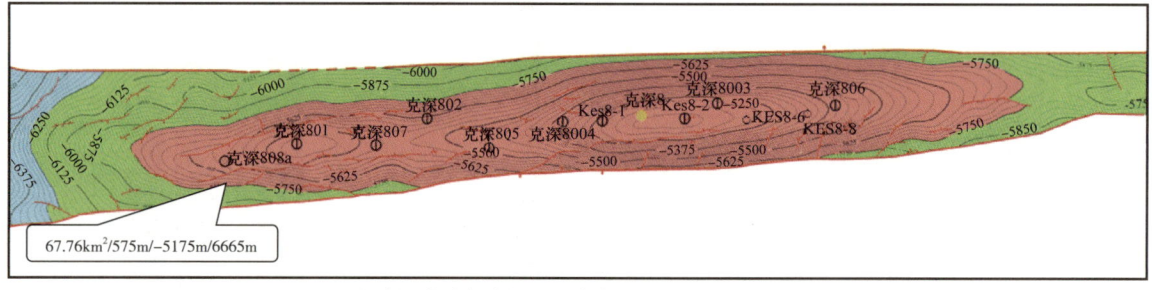
(b) 克深 8 构造白垩系巴什基奇克组顶面构造图（2013年）

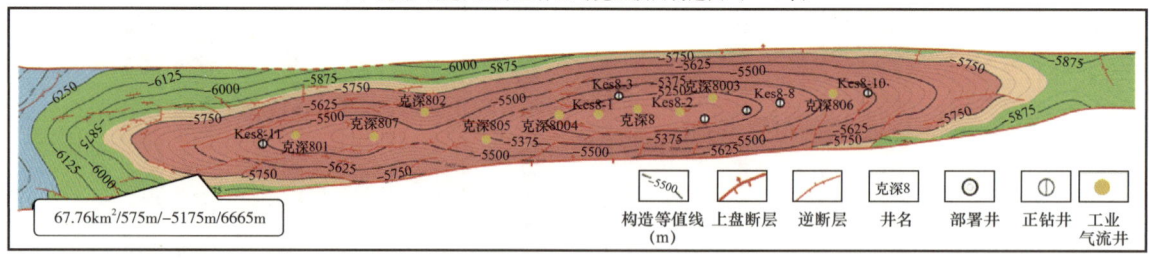
(c) 克深 8 构造白垩系巴什基奇克组顶面构造图（2014年）

图 2-58　克深 8 气藏白垩系巴什基奇克组顶面构造对比图（2012—2014 年）

在气藏评价及开发过程中，克深 8 气藏口口井产量超百万立方米，单井平均日产气 $107 \times 10^4 m^3$（图 2-59 和图 2-60）。截至 2017 年底建成天然气产能 $30 \times 10^8 m^3$，累计生产天然气 $108 \times 10^8 m^3$，实现了高效开发。

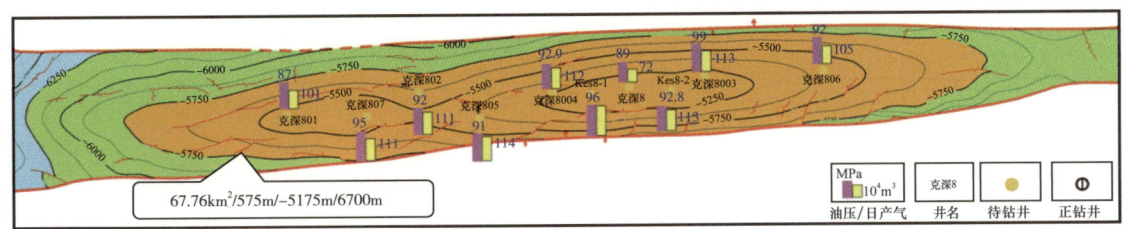

图 2-59　克深 8 气藏白垩系巴什基奇克组顶面构造图（2014 年上交探明储量构造图）

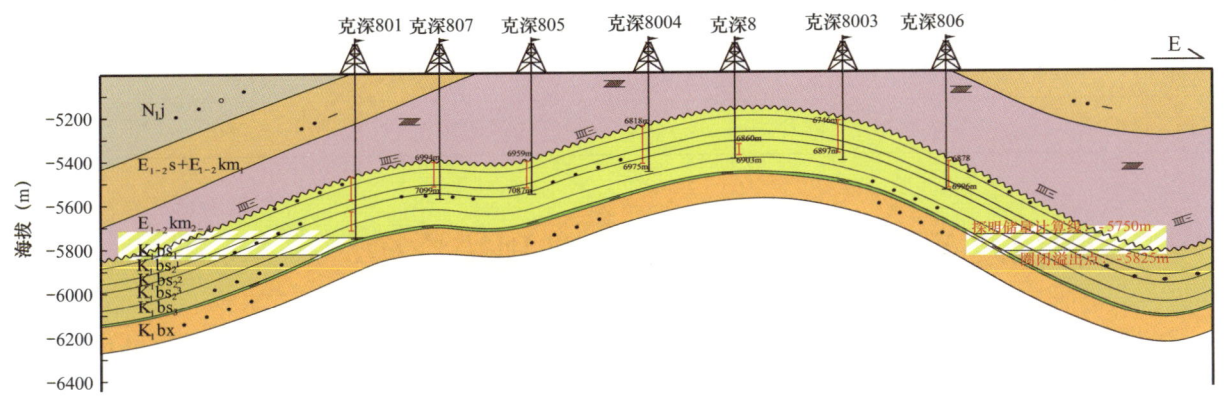

图 2-60　克深 8 气藏过克深 801–克深 807–克深 805–克深 8–克深 806 井东西向气藏剖面图

继克深 2、克深 8 气藏发现后，在克深南部先后部署上钻了克深 9、克深 13 井，陆续获得发现，且相继整体探明，克深南部构造带实现了整体突破、规模勘探（图 2-61）。截至 2017 年，克深南带共发现气藏 4 个（表 2-1），上交探明天然气地质储量 $4805 \times 10^8 m^3$，建成天然气 $48.02 \times 10^8 m^3$ 产能规模，是克深目前最主要的建产区，带动了克深区带的整体勘探向纵深进展。

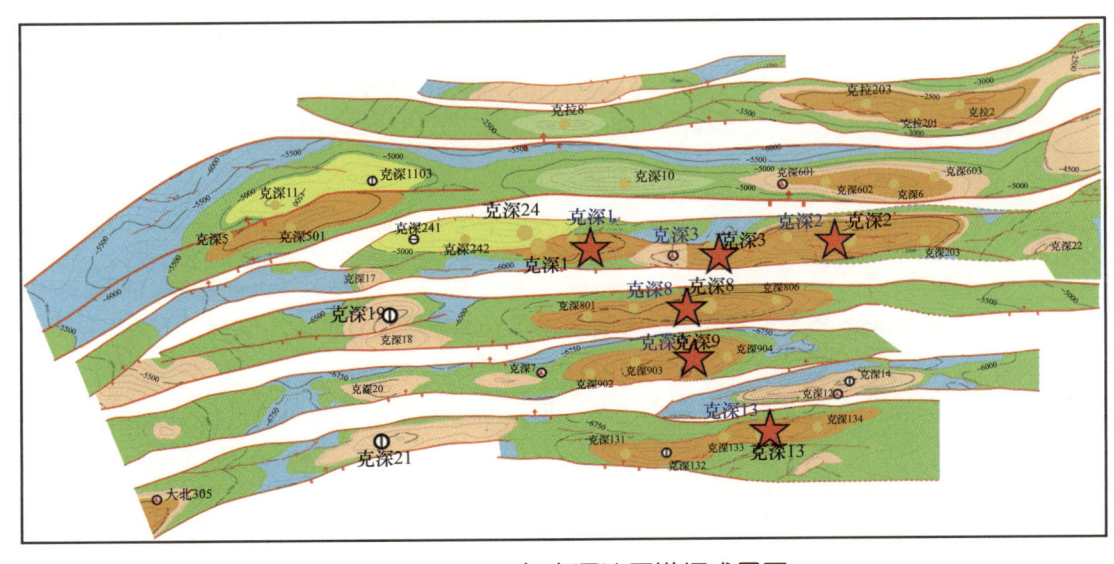

图 2-61　2017 年克深地区勘探成果图

表 2-1　2017 年克深南带气藏发现及储量上交情况

气藏名称	发现井	发现时间	气层厚度（m）	日产气量（$10^4 m^3$）	探明储量上交情况		
					探明时间	探明储量（$10^8 m^3$）	储量丰度
克深 1-2	克深 2 井	2008 年 8 月	122	46	2013 年	2111	20.9
克深 8	克深 8 井	2012 年 11 月	122	72	2014 年	1584	23.4
克深 9	克深 9 井	2013 年 10 月	70	45	2016 年	548	10.6
克深 13	克深 13 井	2015 年 8 月	99	34	2017 年	562	11.3
合计						4805	

二、物探攻关再立新功，克深北带规模突破

在规模勘探南部的同时，克深北部逆掩叠置带的勘探也全面展开，但却呈现出好事多磨的发展态势。

2012—2014 年先后上钻了克深 4、克拉 8、克深 6、克深 15、克深 16 井，结果喜忧参半，遭遇地质及工程双重复杂的局面（图 2-62）。克深 4 井钻揭断层破碎带导致该井工程报废；克拉 8 井虽然获得发现，却是一个仅有 $100 \times 10^8 m^3$ 规模的残余气藏；克深 6 井初获高产，按照大气藏认识进行评价部署，评价后的气藏规模大打折扣；克深 15、克深 16 井在克拉 3 下盘，均告失利，克深北部逆掩叠置区的勘探遭遇困难。

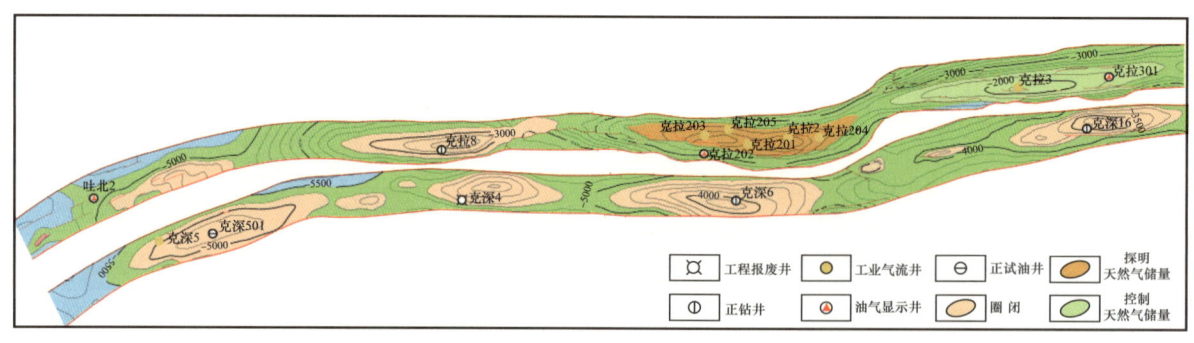

图 2-62　克深区带北部逆掩叠置带白垩系顶面构造图（2014 年）

2014 年 7 月，克深 6 井测试获得高产工业气流，克深北部逆掩带取得重大发现，同年上交天然气预测储量 $1722 \times 10^8 m^3$，随后按照克深 8 气藏的评价经验，实施勘探开发一体化，部署了四口井，结果两口井钻到了气水界面以下，仅探明天然气地质储量 $441 \times 10^8 m^3$（图 2-63）。

第二章 塔里木盆地克拉苏超深层特大气田的发现

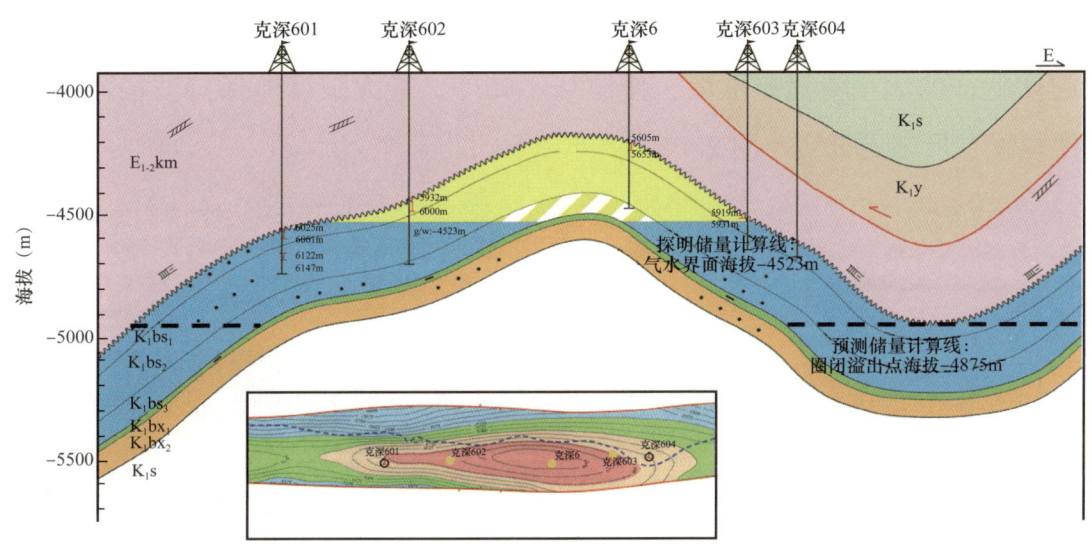

图2-63 克深6气藏东西向气藏剖面图

一次次失利，带来一次次深刻反思。经过认真研究思索，勘探工作者重新审视克深北部逆掩叠置带地质结构的复杂性，分析认为克深6气藏东西两翼的两口评价井，因受北边上盘断裂的影响，逆掩推覆盐岩流动，侧向封盖条件较差，导致失利。

通过对现有叠前深度偏移资料品质进行分析，勘探工作者认为导致深度偏移成像较差、偏移归位不够准确的主要原因是处理技术问题，要想突出困境，必须深入开展地震资料处理攻关。在以往大平滑面各向同性叠前深度偏移基础上，开展三维重磁电约束的起伏地表小平滑面TTI各向异性叠前深度偏移处理攻关，来提高地震资料信噪比、成像质量和归位准确程度（图2-64）。同时确定"打一轮井，处理攻关一次"的研究思路，从大连片处理到有针对性的目标处理，并且逐渐围绕解决工程问题展开攻关。

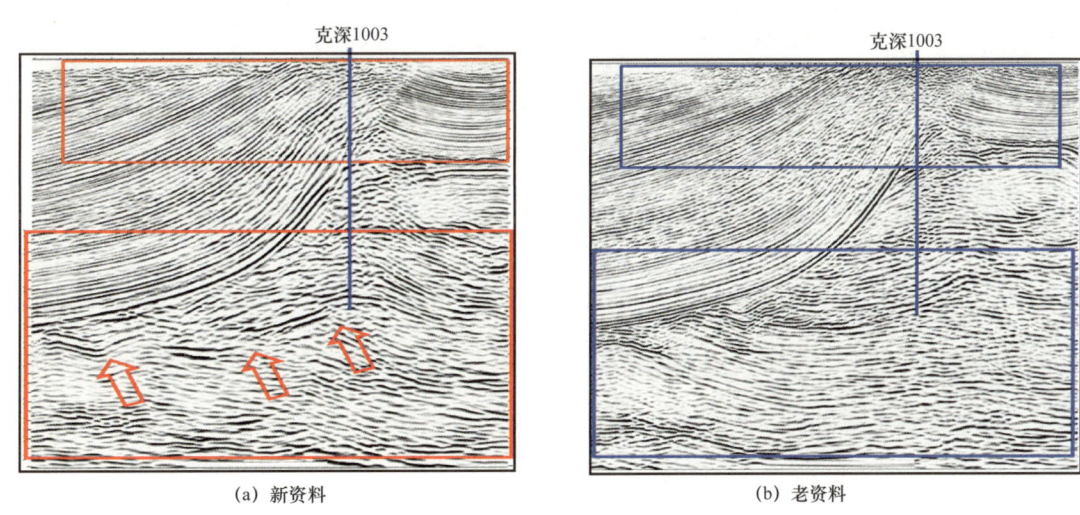

图2-64 过克深1003井南北向新、老地震剖面资料对比图

在叠前深度偏移基准面选择方面，以更接近地表真实形态的小平滑基准面取代缓和了地表起伏特征的大平滑面基准面，使波场不畸变，最大限度地保持波场原始特征，使地下成像位置、形态更真实（图2-65）。

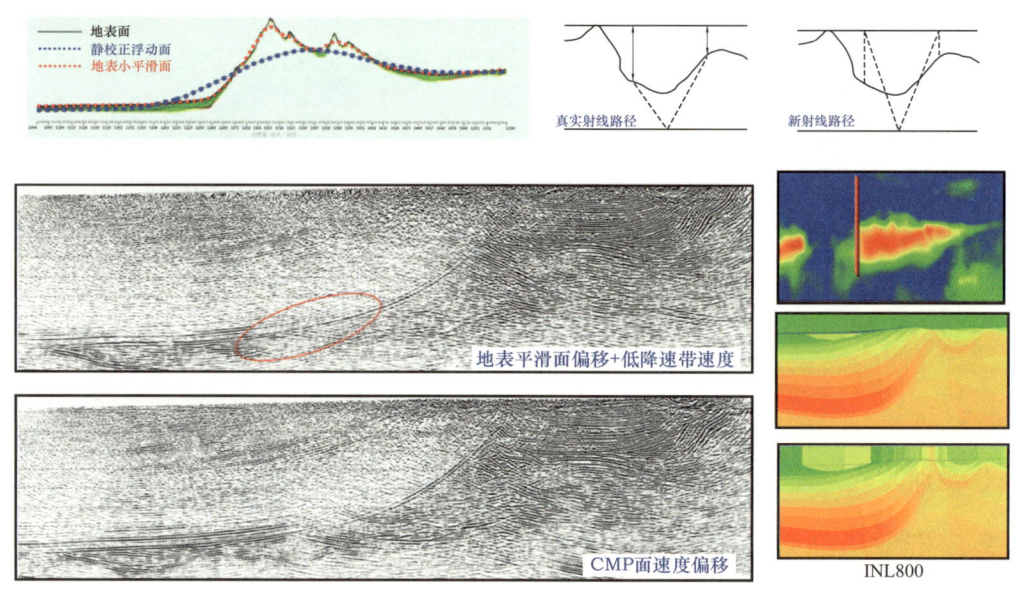

图2-65 地表平滑面偏移+低降速带速度与CMP面速度偏移对比图

以TTI各向异性取代各向同性叠前深度偏移，通过引入地层倾角等各向异性参数，地震资料偏移归位更准确，成像效果更好（图2-66）。

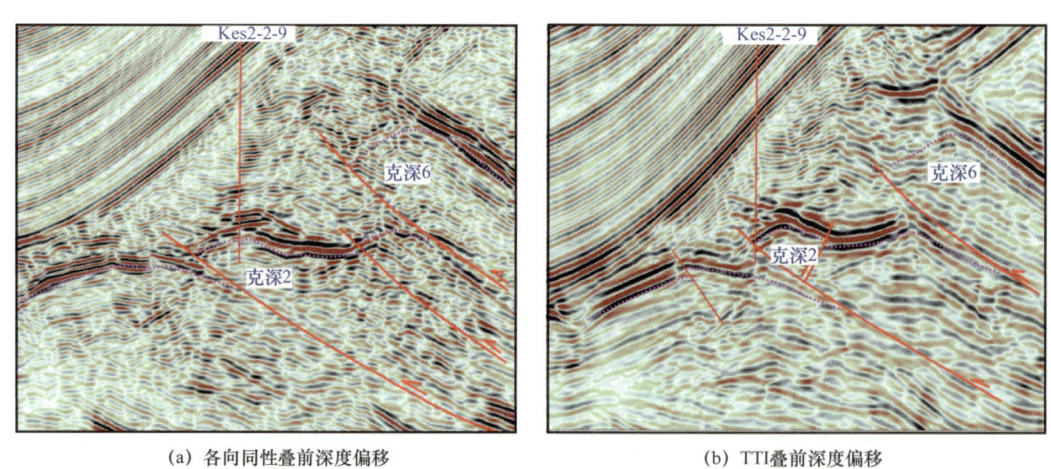

(a) 各向同性叠前深度偏移　　　　　　　　(b) TTI叠前深度偏移

图2-66 过克深2-2-9井南北向各向同性叠前深度偏移与TTI叠前深度偏移地震剖面对比图

综合利用地质、钻井、测井、非地震资料等信息约束，逐步提高叠前深度偏移速度建模精度，为地震资料成像质量提高奠定基础（图2-67）。

失败是成功之母。经受失利的阵痛后，勘探工作者不断改进工作方法，创新工作思路，应用新技术、新工艺，推动克深勘探不断取得成功。

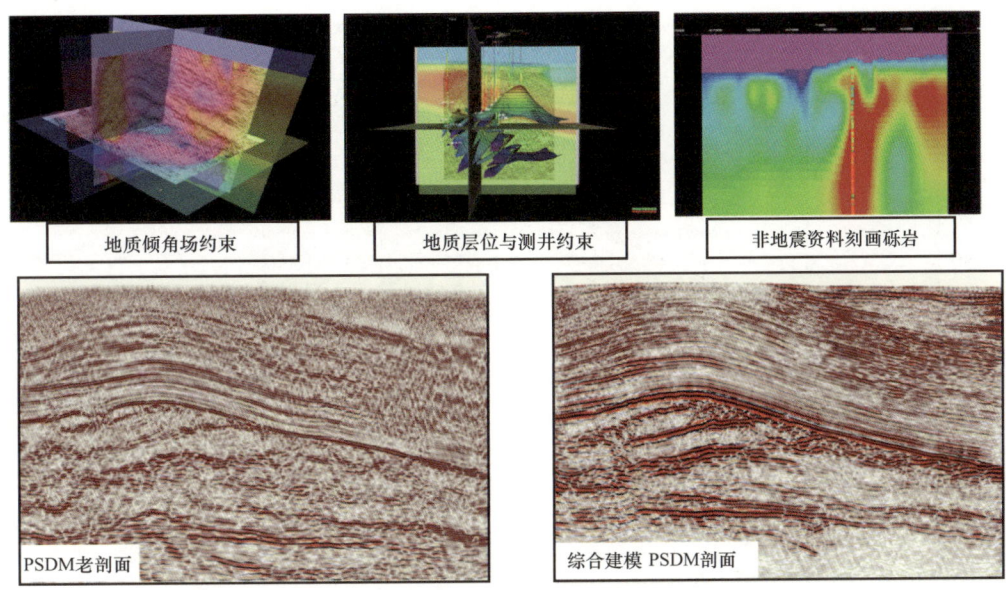

图 2-67 PSDM 老剖面与综合建模 PSDM 剖面对比图

首先，通过新资料的综合解释，发现克深 5 井处于构造低部位，高点向东偏移 8km，这也是克深 5 井低产的原因。基于这一认识，2011—2013 年部署的评价井接连获得重要发现。2015 年克深 5 气藏整体探明天然气地质储量 $703×10^8m^3$（图 2-68 和图 2-69）。截至 2017 年底，克深 5 气藏已累计产天然气 $12×10^8m^3$，建成天然气年产能 $5.6×10^8m^3$。

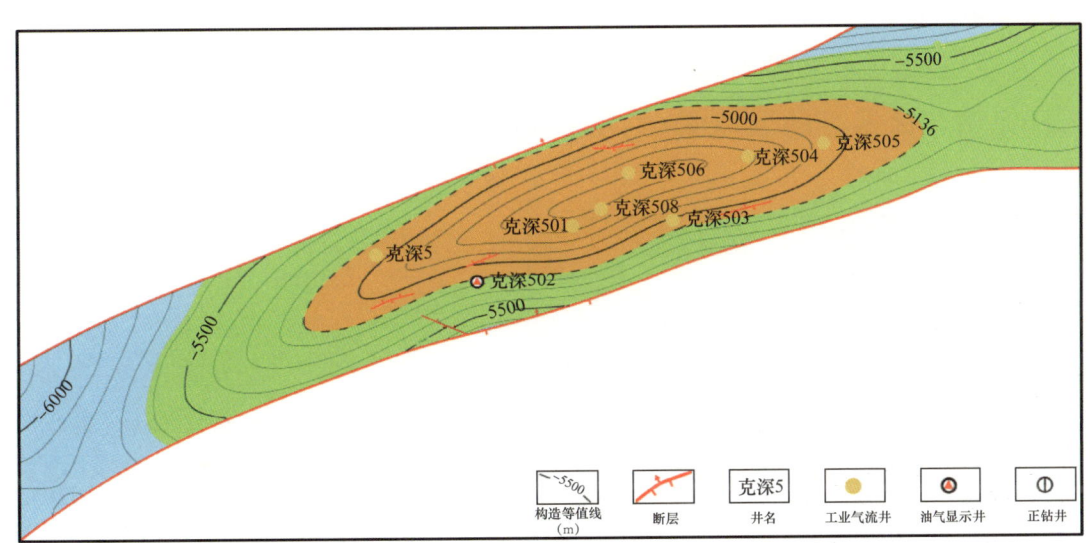

图 2-68 克深 5 号构造白垩系巴什基奇克组顶面构造图

其次，在克深 10 圈闭的钻探上（图 2-70），成功避开逆掩叠置上盘构造，上钻了克深 10 井并获得成功。钻揭气层 119m，在 6180～6365m 井段完井酸压测试，用 6mm 油嘴求产，油压 34MPa，折日产气 $21×10^4m^3$。克深 10 圈闭天然气规模储量超过 $812×10^8m^3$。

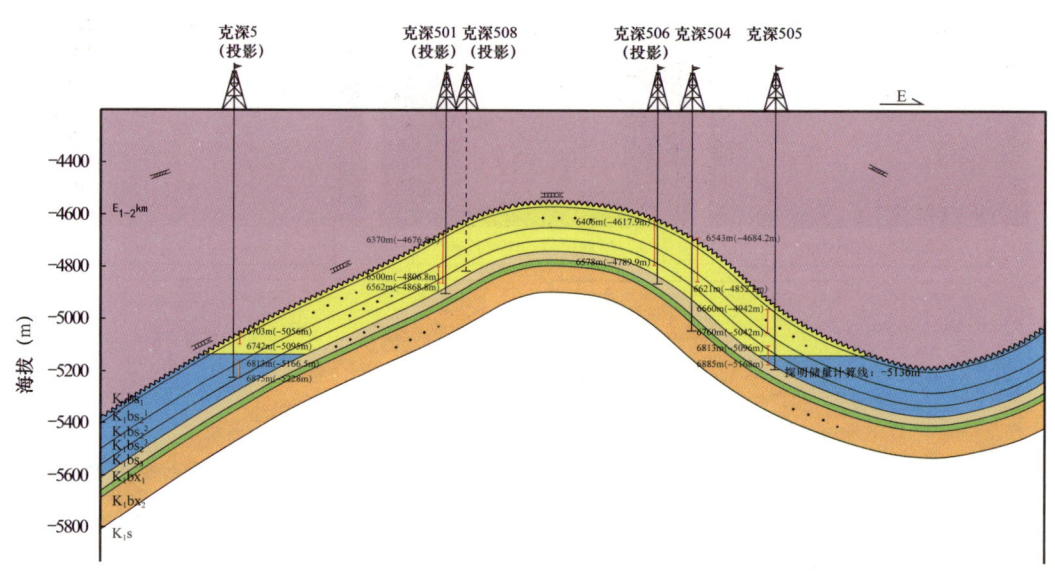

图 2-69　过克深 5—克深 501—克深 508—克深 506—克深 504—克深 505 井气藏剖面图

最后，部署在克深 5 上盘克深 11 构造上的克深 11 井也获得成功，钻揭气层 62m，在对 6257～6345m 井段完井酸压测试时，用 8mm 油嘴求产，油压 80.5MPa，日产气 $69×10^4m^3$。克深 11 气藏控制天然气地质储量超过 $383×10^8m^3$。

2015 年为进一步探索克深 1 构造西部的气藏规模，在其西部部署上钻克深 24 井（图 2-71），获得发现。随后部署上钻克深 241、克深 242 两口评价井，均获高产，克深 24 圈闭控制天然气地质储量超 $875×10^8m^3$。克深 24 井于 2016 年 3 月 16 日开钻，2016 年 10 月 13 日完钻，钻揭目的层埋深 6141m，测井解释气层 125m，在 6141～6270m 井段完井常规测试，用 7mm 油嘴求产，油压 72MPa，日产天然气超 $52×10^4m^3$（图 2-72）。

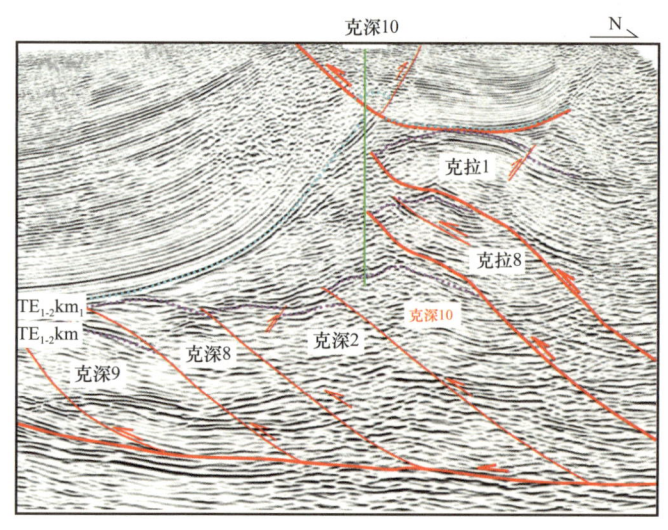

图 2-70　过克深 10 井南北向叠前深度偏移剖面 Line25740（钻后）

接连的胜利拉开了克深大气田整体发现的帷幕。截至 2017 年，克深北部逆掩叠置带先后发现了克深 5、克深 6、克深 10、克深 11、克深 24 气藏（图 2-73、表 2-2），新增天然气地质储量 $3214×10^8m^3$，至 2017 年底已建成产能 $7.1×10^8m^3$，是"十三五"期间克深气田实现整体开发的重要建产区。

第二章 塔里木盆地克拉苏超深层特大气田的发现

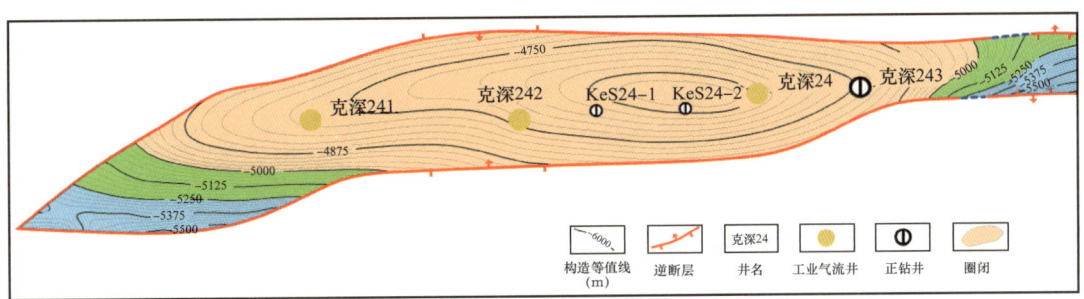

图 2-71 克深 24 构造白垩系顶面构造图

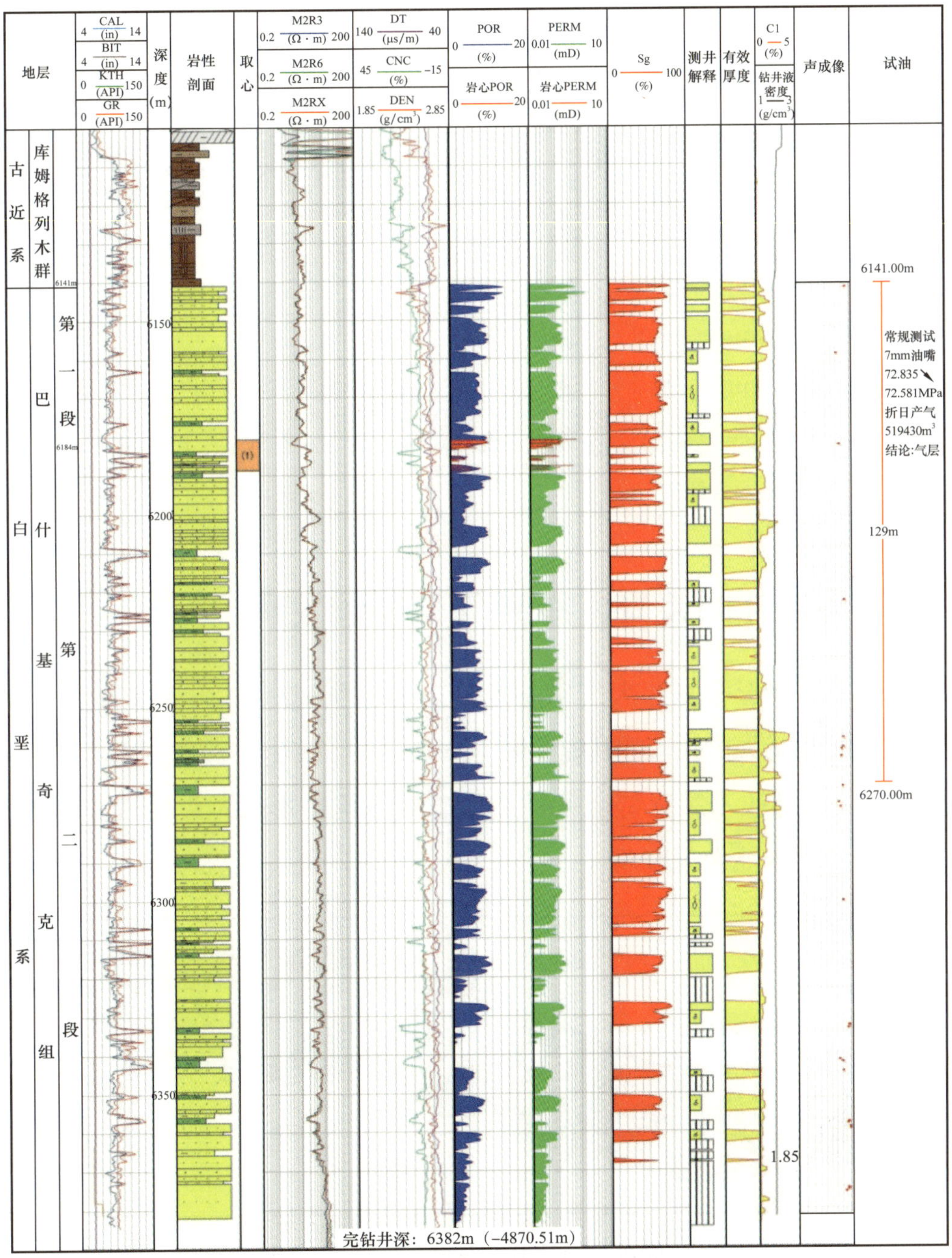

图 2-72 克深 24 井白垩系巴什基奇克组四性关系图

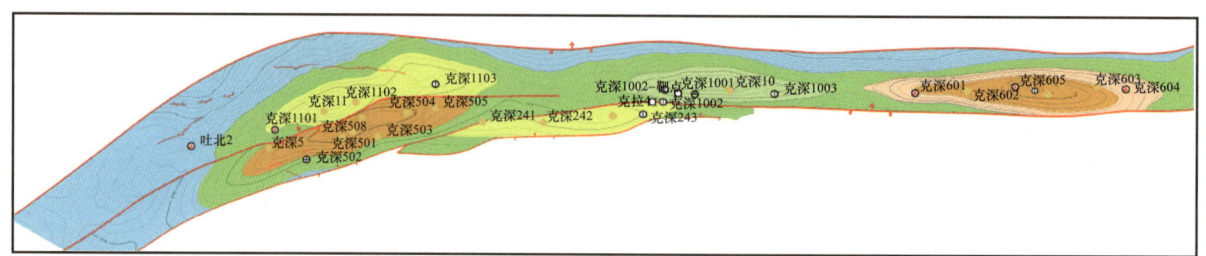

图 2-73 克深北部逆掩叠置带勘探成果图

表 2-2　2017 年克深北带气藏发现及储量上交情况

气藏名称	发现井	发现时间	气层厚度（m）	日产气量（$10^4 m^3$）	三级储量上交情况		
					探明储量（$10^8 m^3$）	控制储量（$10^8 m^3$）	预测储量（$10^8 m^3$）
克深 5	克深 5 井	2010 年 4 月	58	13	703	—	—
克深 6	克深 6 井	2014 年 8 月	131	91	441	—	—
克深 10	克深 10 井	2016 年 3 月	119	21	—	—	812
克深 11	克深 11 井	2016 年 7 月	62	69	—	383	—
克深 24	克深 24 井	2016 年 12 月	125	52	—	875	—
合计					1144	1258	812

三、认识突破开阔视野，雁列气藏持续发现

如果用一波三折来形容克深大气田的发现着实不为过。2012 年博孜 1 气藏发现后，勘探人员发现克拉苏构造带四个圈闭集中区（图 2-74），其中克深气田发育东西向断裂组合，构造较为简单。博孜—阿瓦特地区构造较破碎，构造形态难以准确刻画，在三维地震区 622km² 的面积内未能发现圈闭。

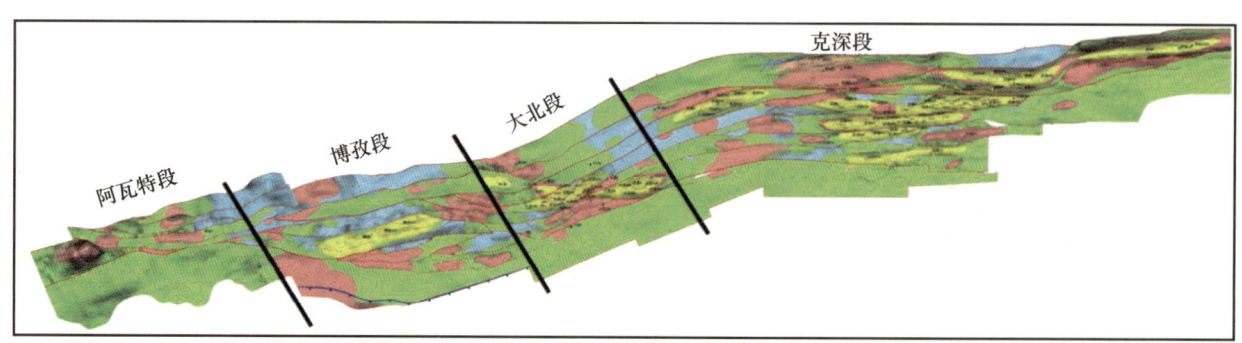

图 2-74　2015 年克拉苏构造带三维地震区构造拼图

为什么博孜—阿瓦特圈闭研究无法拓展？为什么在博孜—阿瓦特三维地震区圈闭发现率这么低？制约圈闭发现的主要矛盾是什么？针对这些问题，科研人员创新认识，转变思路，经过数年科研攻关，科研人员通过对评价井的钻井压力及地震资料的精细解释，发现博孜1构造呈雁列式断裂组合样式（图2-75和图2-76），构造破碎复杂，大北—博孜地区的构造样式与克深区块具有显著的区别。

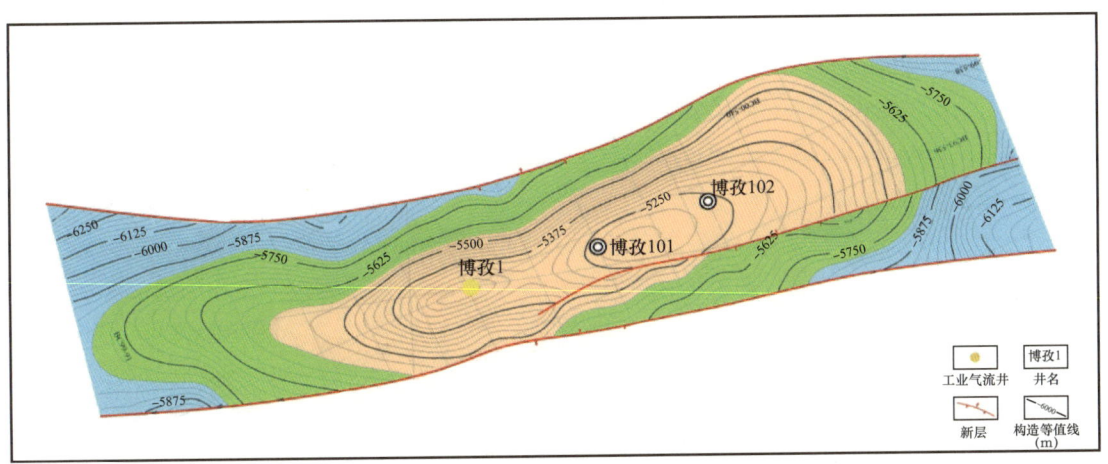

图 2-75　2012 年博孜 1 号构造白垩系顶面构造图

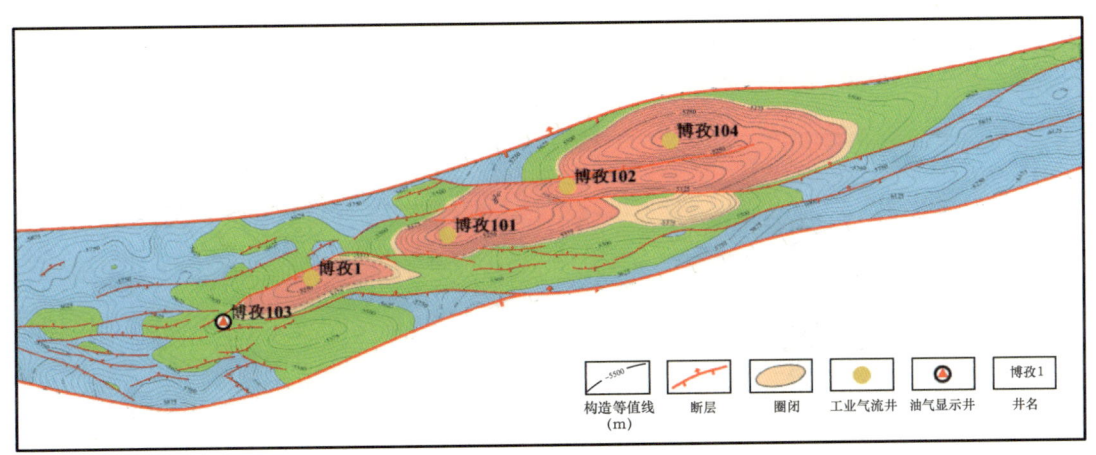

图 2-76　2017 年博孜 1 号构造白垩系顶面构造图

通过库车前陆盆地地质结构与演化新一轮研究创新认识认为：以古近系盐膏层、二叠系为界，垂向上分为三大构造层，克拉苏构造带是盆山结合部，以其为界南北分为两个构造体系，温宿—西秋—牙哈前中生代古隆起是陆缘隆起带的枢纽线。尤其是受差异造山挤压、南部基底古隆起阻挡、燕山期古构造与膏盐岩分布三大因素影响，在喜马拉雅晚期构造变形过程中发生侧向走滑、调节，这里形成了构造转换带（图 2-77 至图 2-79）。

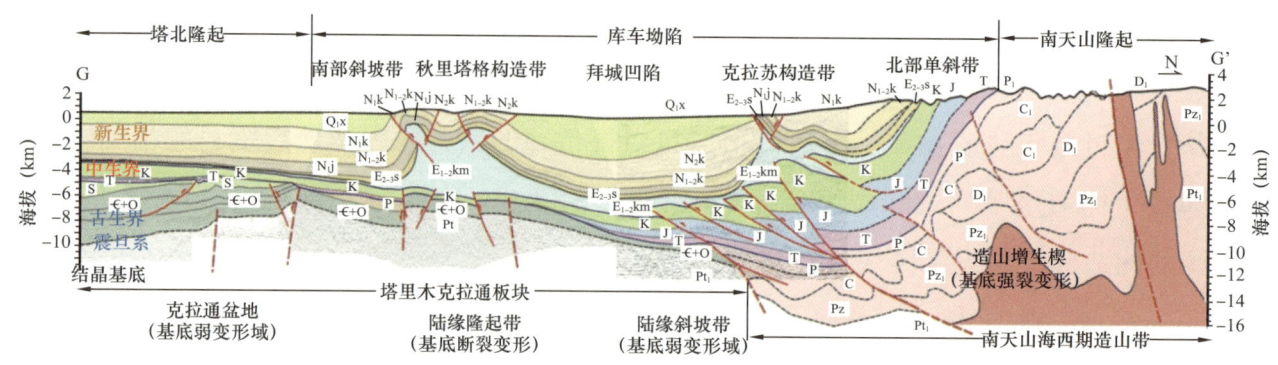

图 2-77　库车前陆盆地地质结构剖面图

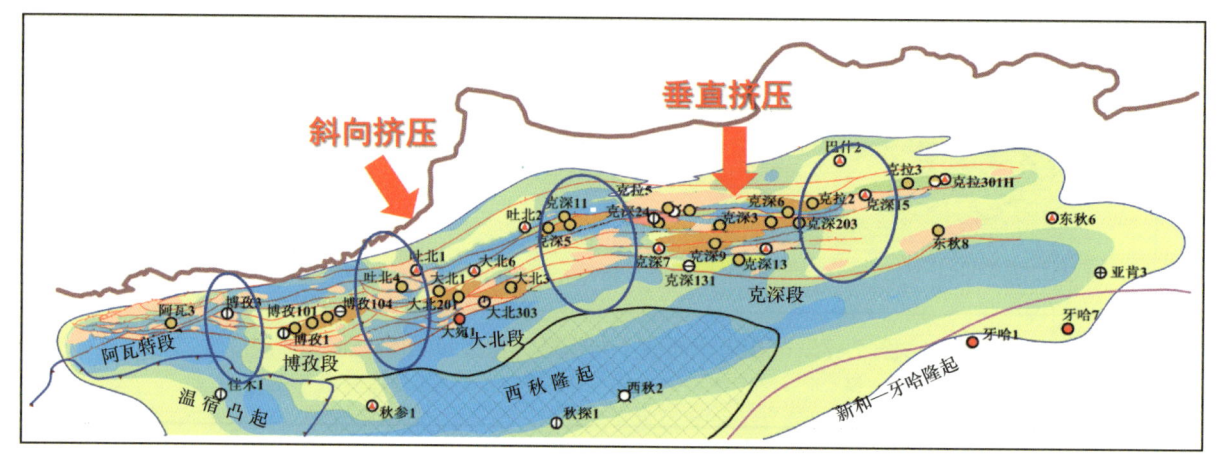

图 2-78　库车坳陷古隆起、古近系盐岩、白垩系构造顶面叠合图

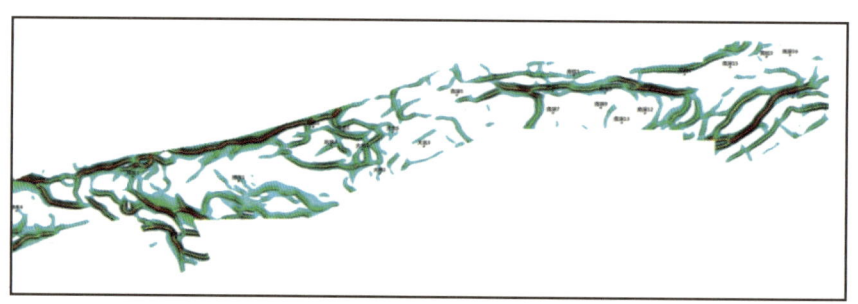

图 2-79　克拉苏构造带重力异常图

为了证实地质认识，为在实践中寻找"构造转换带"的位置，勘探人员开展新一轮三维地震拼接部位进行连片拼接处理，处理成果面目一新（图2-80），为构造转换带认识提出提供资料基础。

通过三维空间解释、断裂重新梳理组合，构造图面目焕然一新，明确显示克拉苏构造带自西向东主要发育博孜—阿瓦特变换带、大北—博孜变换带、克深—大北变换带和克深—东秋变换带四个构造转换带（图2-81），目前储备的圈闭就集中在四个构造转换带上。

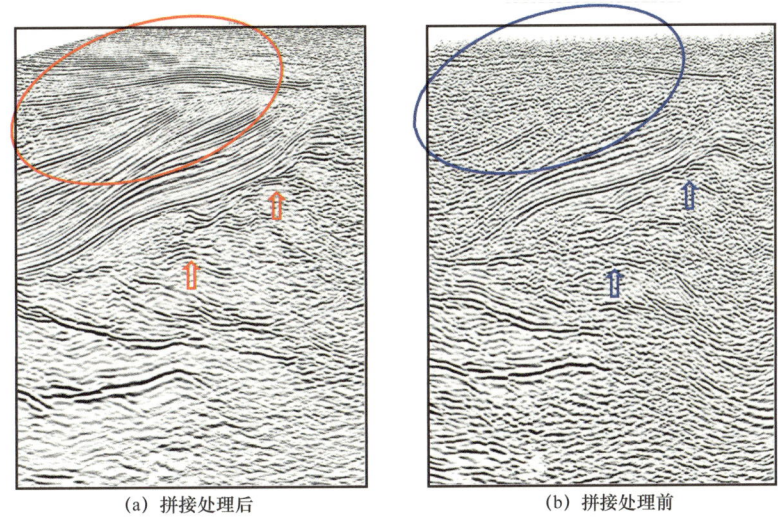

(a) 拼接处理后　　　　　　　(b) 拼接处理前

图 2-80　连片拼接处理前后对比图

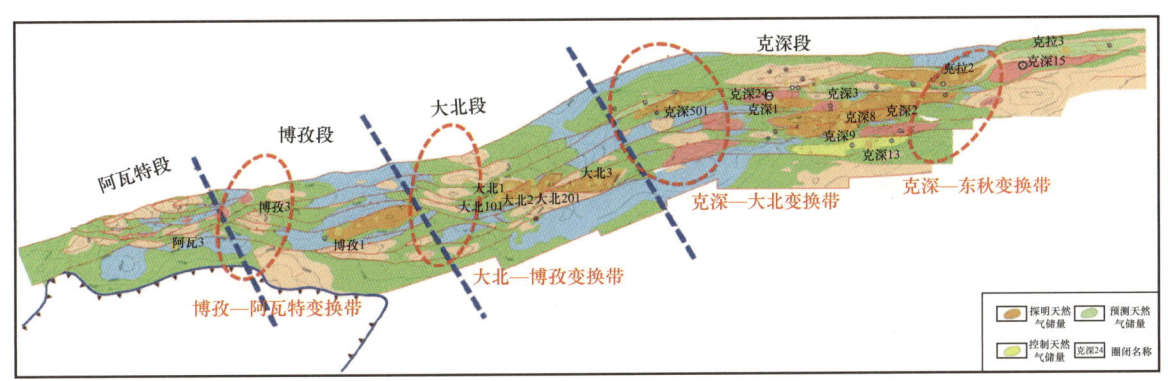

图 2-81　2016 年克拉苏构造带白垩系顶面构造图

有了清晰的目标，井位部署迅速跟进。首先，在博孜—阿瓦特变换带和博孜—大北变换带分别初探博孜 3、大北 11、大北 12 三个圈闭均获得成功（表 2-3），证实了克拉苏构造带发育变换带构造样式。截至目前，在四个变换带共有中秋 1、克深 19、克深 21、大北 8、大北 10、大北 14、阿瓦 5 井 7 口正钻井，共有克深 22、大北 9、大北 17、博孜 15、博孜 12、博孜 2、博孜 7 井等 7 口钻井。

表 2-3　2017 年阿瓦特—大北构造转换带气藏发现及储量上交情况

气藏名称	发现井	发现时间	气层厚度（m）	油嘴（mm）	油压（MPa）	日产气量（$10^4 m^3$）	资源量（$10^8 m^3$）
博孜 1	博孜 1 井	2014 年 10 月	28	5	67	25	400
博孜 3	博孜 3 井	2017 年 10 月	34	6	82	34	213
大北 11	大北 11 井	2017 年 10 月	57	5	23	8	437
大北 12	吐北 401 井	2018 年 3 月	71	6	58	29	487
合计							1537

2017年7月18日，博孜3井钻至6100m完钻，钻揭气层34m。2017年10月6日对5971.5～5985.5m井段进行酸化压裂测试，6mm油嘴求产，油压82MPa，折日产气$33\times10^4m^3$，折日产油$46m^3$，由此发现了博孜3气藏。

2017年10月8日，大北11井钻至5747.42m完钻，钻揭气层57m。2017年10月19日对5632～5716m井段进行完井酸化测试，5mm油嘴求产，油压23MPa，折日产气$8\times10^4m^3$，折日产油$4m^3$，由此发现了大北11气藏。

2017年12月21日，位于大北12构造高点上的吐北401井钻至5469m，钻揭气层71m。2018年3月13日对5328～5408m井段进行完井酸化测试，6mm油嘴放喷求产，油压58MPa，折日产气$29\times10^4m^3$，折日产油$5m^3$，由此发现了大北12气藏（图2-82）。

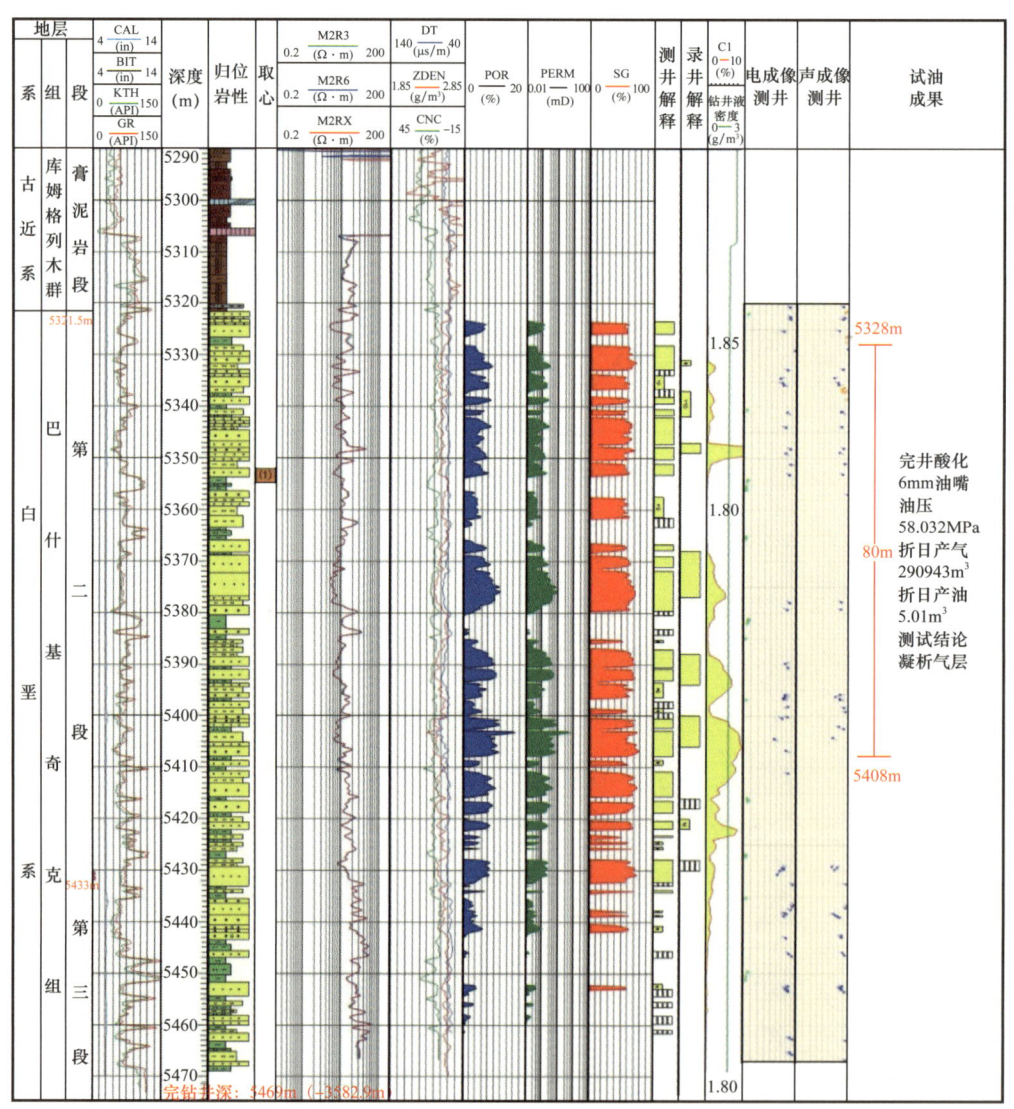

图2-82 吐北401井白垩系巴什基奇克组四性关系图

从 2008 年克深 2 风险探井获得油气突破至今的十年以来,克拉苏构造带盐下深层钻探成功率超过 70%,共发现气藏 19 个(图 2-83),累计新增探明天然气地质储量 $8300 \times 10^8 m^3$,三级地质储量超过 $1.4 \times 10^{12} m^3$,储备圈闭的天然气总资源量达到 $7000 \times 10^8 m^3$。至此,克拉苏构造带上的天然气储量呈现出"万亿方在握、两万亿方在望"的良好勘探开发前景。

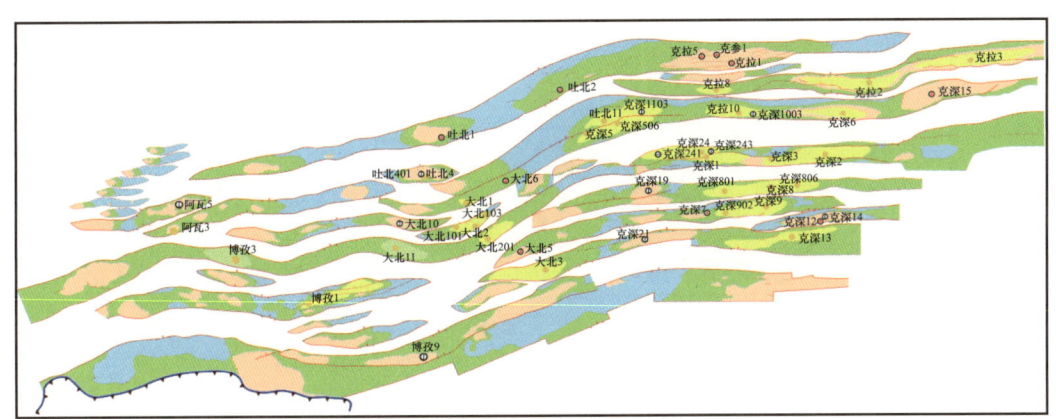

图 2-83 克拉苏构造带白垩系顶面构造图(拉开显示)

第四节 深层气田发现史 理论技术创新史

从 1958 年发现依奇克里克油田到 1998 年发现克拉 2 大气田,再到克深大气田的发现,回顾库车山前的油气勘探开发史,克深大气田的发现本身就是一部认识的创新史、技术的进步史。没有三维地震勘探技术的创新,就没有地质结构特征及圈闭的准确刻画;没有盐相关构造地质建模理论认识的创新,就没有"盐上顶篷构造、盐下冲断叠瓦"构造模型的建立及盐下深层大型楔形冲断体主攻勘探领域的确定;没有复杂山地圈闭落实技术的创新,就没有深层区带圈闭钻探成功率的提高;没有山前复合地层钻井及改造技术的不断创新,就没有山前钻井钻速的提升及测试产量的显著提高。

勘探认识的不断深化,推动了勘探技术的不断进步,三维地震勘探技术使勘探家们对地下地质结构从"看不见"到"看得见"再到"看得清、看得细";超深复合地层钻井及配套技术使复杂山地钻井从"打不成"到"打得成"再到"打得快、打得好",实现了天然气勘探大突破、大发现,助推天然气规模建产、高效开发。

一、地震攻关采集处理，应对挑战改善成像

库车复杂山地表现为地表和地下构造双重复杂，导致地震资料存在低信噪比问题、成像问题和构造落实精度问题。勘探技术的不断创新与进步是克深大气田油气勘探不断取得突破的关键，通过创新物探采集、处理技术，地震资料品质大幅提高，大批有利目标得以落实。

库车山前地震资料采集技术的发展经历了四个阶段（图2-84、表2-4）。

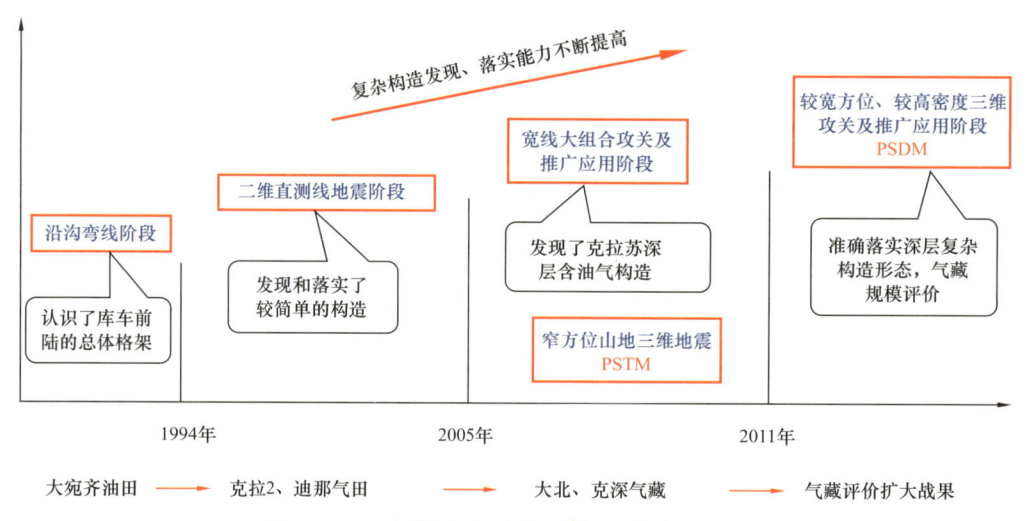

图 2-84　克深地区地震采集技术发展历程

表 2-4　克深地区地震采集攻关历程表

采集阶段	采集时间	解决的难题与效果	待解决的问题
二维弯线	1983—1994年	侦查库车前陆冲断带基本地质结构发挥了重要作用，也发现了一些构造显示	反映的地下构造往往畸变
二维直测线	1995—2005年	提高了库车山地埋藏相对浅、构造相对简单地震资料的信噪比，发现了一批古近系盐下背斜（断背斜）圈闭	构造相对复杂、埋藏深区块，盐下目的层地震资料信噪比低，地震波场复杂，部分区块甚至为空白反射
宽线+大组合	2006—2011年	宽线通过大幅度提高覆盖次数，从而大大提高了地震剖面的信噪比；大组合通过压制侧面散射干扰，有效提高单炮资料品质	宽线主要用于发现目标，地下三维地震目标的准确描述还是要通过三维地震勘探技术解决
宽方位较高密度山地三维	2012—2017年	宽方位三维显著提高了复杂构造区成像质量，复杂断裂、断块发育特征更清晰	不能满足复杂构造区精细勘探及气藏评价需要

第一个阶段为沿沟弯线阶段，从1983年至1994年。该阶段为侦查库车前陆冲断带基本地质结构发挥了重要作用，也发现了一些构造显示；但存在的问题是反映的地下构造往往畸变。

第二个阶段为二维直测线地震阶段，从1995年至2005年。该阶段提高了库车山地埋藏

相对浅、构造相对简单地震资料的信噪比,发现了一批古近系盐下背斜(断背斜)圈闭;但存在的问题是构造相对复杂、埋藏深区块,盐下目的层地震资料信噪比低,地震波场复杂,部分区块甚至为空白反射。

第三个阶段为"宽线+大组合"攻关及推广应用阶段,从2006年至2011年。该阶段宽线通过大幅度提高覆盖次数,从而大大提高了地震剖面的信噪比;大组合通过压制侧面散射干扰,有效提高单炮资料品质,助推了勘探突破;但存在的问题是宽线主要用于发现目标,地下三维地震目标的准确描述还是要通过三维地震勘探技术解决。

第四个阶段为较宽方位、较高密度三维攻关及推广应用阶段,从2012年至2017年。该阶段宽方位三维地震显著提高了复杂构造区成像质量,复杂断裂、断块发育特征更清晰。从二维地震采集阶段的无圈闭可钻到三维地震采集后发现了一批圈闭,上钻了克深2、克深8、克深9、克深13、克深6、克深10等圈闭,均获得发现,落实储量超万亿立方米。

三维地震资料的处理攻关经历了三个阶段(图2-85、表2-5),从叠后时间偏移处理(2008—2010年),到各向同性叠前深度偏移处理(2011—2013年),再到TTI各向异性叠前深度偏移处理(2014—2017年)。从地震叠加速度谱到三维重磁电约束建立特殊岩性体速度再到Walkway-VSP准确刻画速度的技术攻关,逐渐形成了前陆区三维地震叠前深度偏移处理解释配套技术。地震资料信噪比、成像质量、归位准确程度逐步提高,断片间接触关系更清楚,对地质结构特征及圈闭的刻画也越来越准确,为克深的勘探发现与评价提供了重要支撑。叠前深度偏移解决了圈闭实质问题,叠前深度偏移相对于叠后时间偏移构造轴线、高点和断裂位置南移1~1.8km,东移10~15km,若用时间偏移资料(构造图)定井,克深8、克深9等优质气藏将可能不能或推后发现。

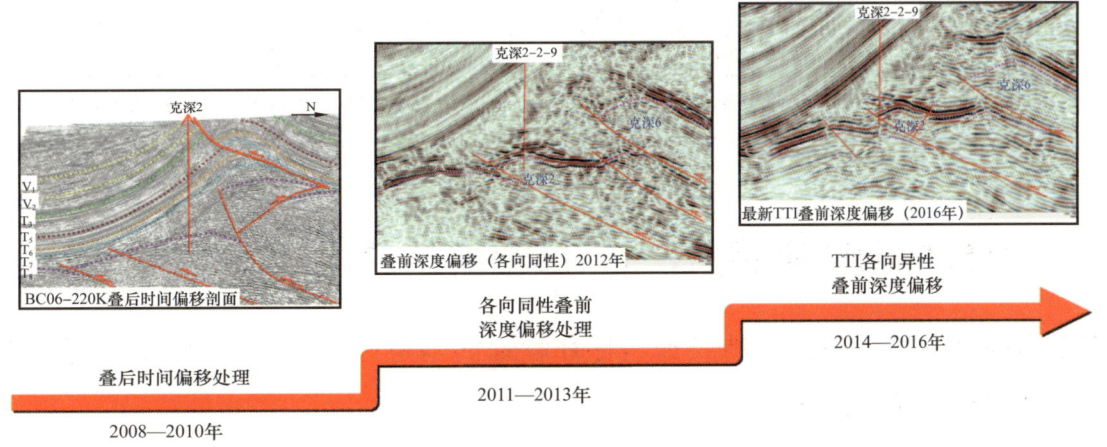

图2-85 三维地震资料处理攻关历程

表 2-5 克深地区地震处理攻关历程表

处理阶段	处理时间	关键技术	解决的难题与效果
叠后时间偏移处理	2008—2010 年	地震叠加速度谱	地震资料信噪比、成像质量提高
各向同性叠前深度偏移处理	2011—2013 年	三维重磁电约束建立特殊岩性体速度	地震资料归位准确程度逐步提高
TTI 各向异性叠前深度偏移处理	2014—2017 年	Walkway-VSP 准确刻画速度	地震资料断片间接触关系更清楚，对地质结构特征及圈闭的刻画也越来越准确

从直测线到"宽线＋大组合"，再到山地三维地震采集，地震资料信噪比不断提高；从常规处理到各向同性叠前深度偏移处理，再到 TTI 各向异性叠前深度偏移处理，地震资料成像质量逐步改善，实现了从二维地震勘探无圈闭可钻，到三维地震勘探持续油气发现，前陆冲断带复杂构造的研究能力也不断加强（图 2-86）。

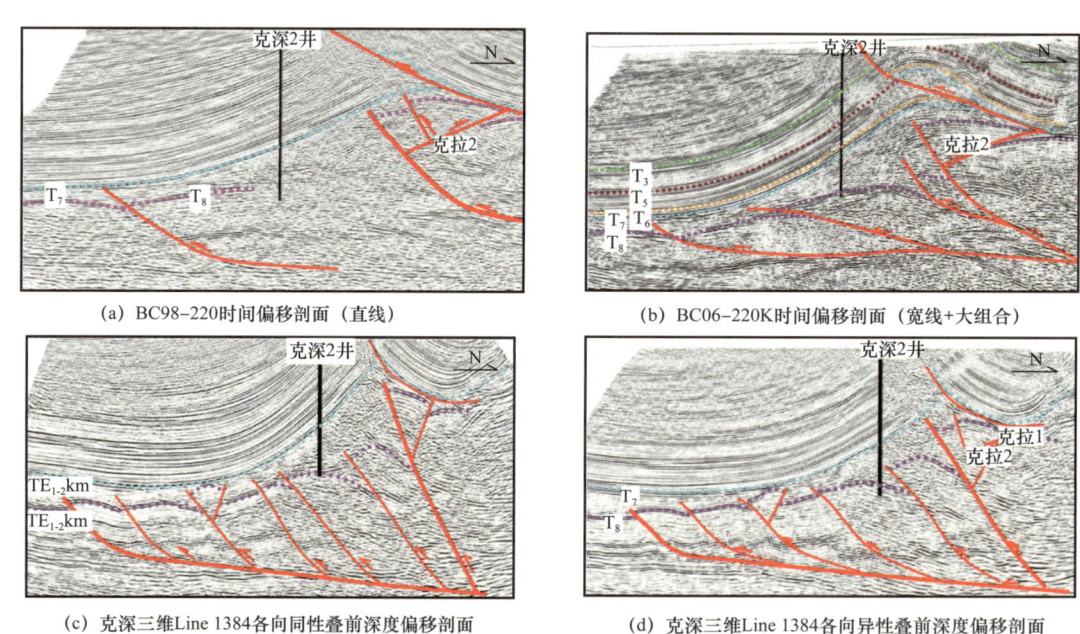

(a) BC98-220时间偏移剖面（直线）　　(b) BC06-220K时间偏移剖面（宽线＋大组合）

(c) 克深三维Line 1384各向同性叠前深度偏移剖面　　(d) 克深三维Line 1384各向异性叠前深度偏移剖面

图 2-86 不同方法三维地震资料处理剖面对比图

二、含盐构造地质建模，"三位一体"锁定目标

库车山前地质结构复杂，地震资料存在较强的多解性，地质模型的建立能有效指导地震资料的解释及圈闭的落实。

库车山前地质结构建模研究经历了三个阶段（图 2-87、表 2-6）。

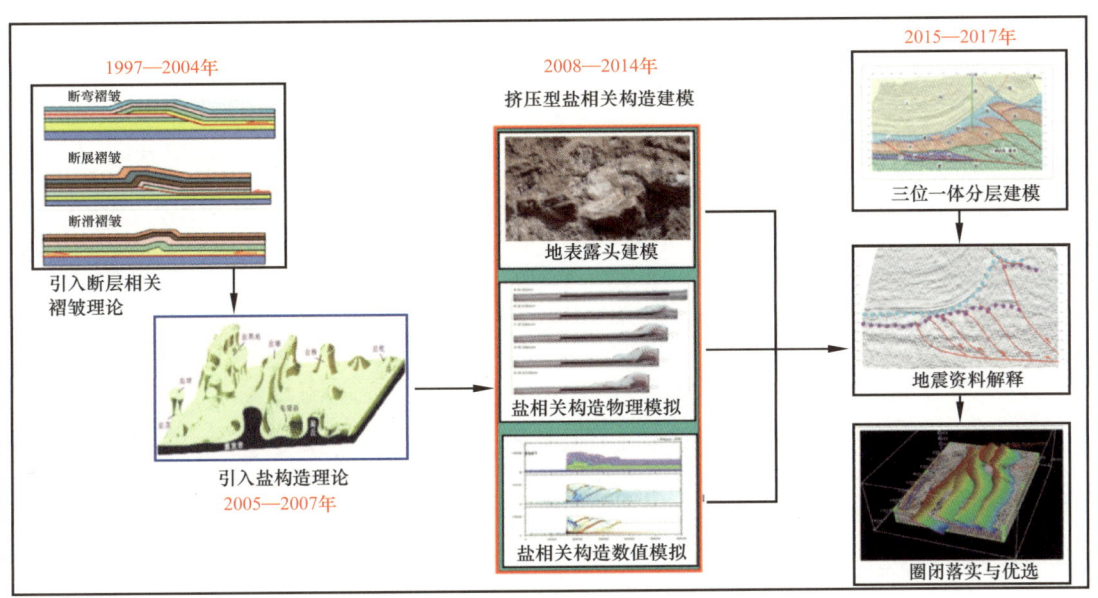

图 2-87 库车山前地质建模历程图

表 2-6 库车山前地质建模历程表

地质建模阶段	建模时间	地质认识	解决问题及效果	还存在的问题
冲断带理论模型	1997 年以前	发育于古生界地台北缘之上的中新生代复合叠合盆地；盆地构造变形复杂，以冲断褶皱变形为主	建立了以断层转折褶皱、断层传播褶皱和断层滑脱褶皱为端元的主要构造叠加方式	盐层内部与基底滑脱变形特征不清
断层相关褶皱理论	1997—2004 年	建立了推垛构造模型，认为克拉苏地区发育多排冲断褶皱叠加的双重构造	解决了整体脆性变形、滑脱层厚度有限、中小尺度变形构造建模问题	对于盐发育区、多层联动及脆塑性耦合变形、基底参与的中大尺度变形构造体难以建立有效的模型
挤压型盐相关构造建模	2005—2017 年	立足于构造变形系统，以前陆盆地作为框架，盆山一体，重新构建研究思路，盐相关构造理论用于大中型尺度的宏观构造变形，盐上、盐下的构造变形仍沿用断层相关褶皱理论	解决了发育于多种构造背景、多层联动、脆塑性耦合变形，滑脱层厚度变化快，基底参与变形的中大尺度变形构造建模问题	不能实现三维空间整体变形构造建模和平衡恢复、应变测量及恢复以及塑性层位移恢复

第一阶段为 1997 年之前，这个时期由于地震勘探技术水平不高，地震成像和资料品质仅能满足浅层解释，并根据地表露头建模建立浅层构造地质模型，但深层缺乏更深入的认识。

第二阶段为 1997—2004 年，引入断层相关褶皱理论，解决了多发育于挤压背景之下、整体脆性变形、滑脱层厚度有限、中小尺度变形构造建模问题，指导了克拉苏构造带浅埋气藏的构造地质建模，但对于盐发育区、多层联动及脆塑性耦合变形、基底参与的中大尺度变形构造体难以建立有效的模型。

第三阶段为 2005—2017 年，认识到断层相关褶皱理论的局限性，引入并发展挤压型盐相关构造建模理论。2008—2012 年，与中国石油大学、浙江大学、法国里尔大学合作，开展构造物理模拟实验，探索挤压型盐相关构造样式与差异变形机理，并应用于库车前陆冲断带的构造地质建模。2015—2017 年，以盐上、盐层、盐下分层建模的构造地质建模思路，建立了库车坳陷"三位一体"挤压型盐相关构造模型，有效指导地震的精细解释。纵向上分为三套滑脱层、四套构造层，横向上表现垂直隆升、斜向挤压及分层水平收缩三类变形模式。建立了"盐上顶篷构造、盐下冲断叠瓦"的构造样式组合，锁定了克拉苏盐下深层大型楔形冲断体作为主攻勘探领域，聚焦成排成带冲断叠瓦构造为勘探目标。截至目前，随着认识的不断深化，思路的不断转变，不断提出新认识和新模型，探索建立了逆掩叠置带构造模型，并创新提出构造转换带认识，指导了近年来新圈闭的发现和突破。

三、三相融合速度建场，圈闭落实精准高效

回首库车山前艰难的油气勘探历程不难发现，库车山前构造钻探失利主要原因是圈闭不落实。为了破解圈闭不落实的难题，勘探工作者经过研究分析，认为影响圈闭落实的主要因素包括三个大要素和六个小要素，即"三大六小"（图 2-88）：资料因素（偏移归位、层位识别）、速度因素（变速方法、膏盐层、砾岩相关）、构造因素（构造模型）。其中资料因素与构造因素通过地震资料采集处理及构造建模理论解决，速度因素通过复杂山地圈闭落实技术来解决。

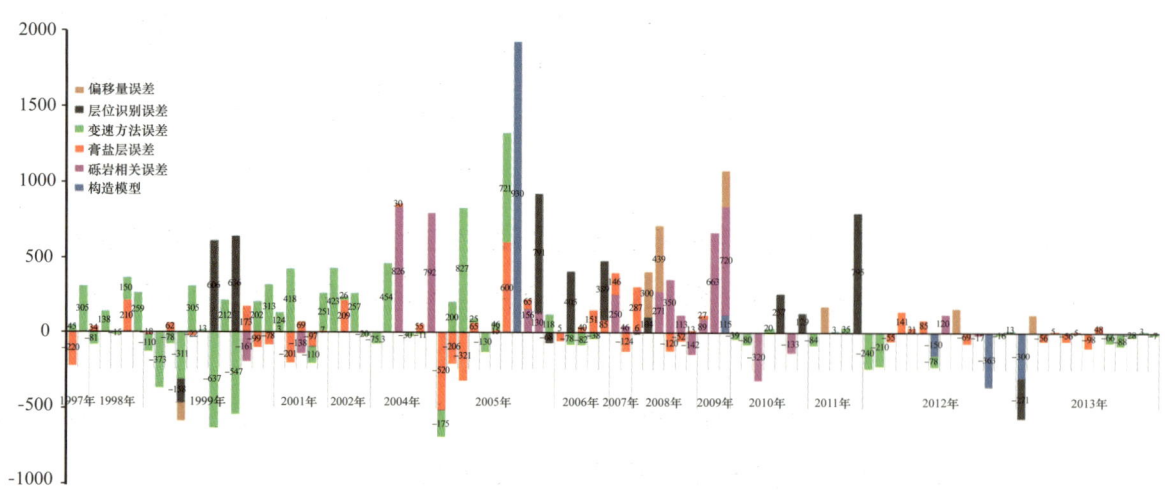

图 2-88　库车地区 1997 年以来已完钻井误差原因分析图

速度建场技术攻关经历了三个阶段（图2-89、表2-7）：第一阶段为2002年之前，速度建场方法主要为平滑平均速度法；第二阶段为2002—2009年，运用的层位控制法、量板法、层速度充填法；第三阶段为2010—2017年，结合叠前深度偏移，建立岩相、地震相、应力相三相融合相控速度建场技术（图2-90），同时形成了"深时域交互转换＋相控变速成图（砾岩、膏盐岩）"核心技术（图2-91）。圈闭建模和成图技术的应用使得圈闭落实程度不断提高，从早期埋深3500~4000m的克拉2气藏，到现今埋深6500~8000m的克深气藏，创新增量与应用效果显著。

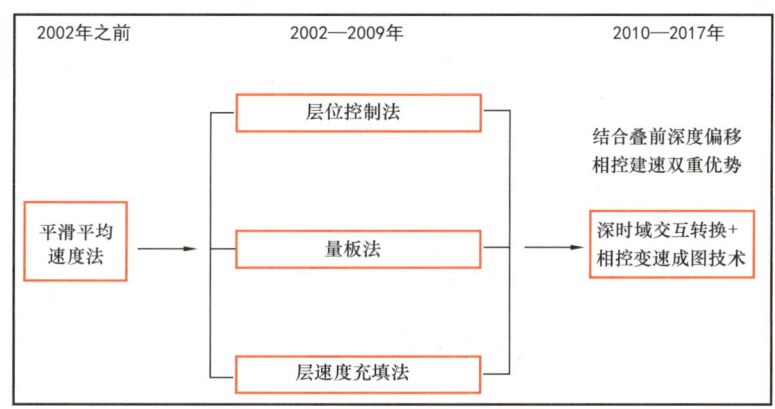

图2-89 速度建场攻关历程图

表2-7 库车山前速度建场攻关历程表

速度建场阶段	时间	解决问题及效果	还存在的问题
平滑平均速度法	2002年之前	成图效率高；速度变化基本符合地质规律	只适用于地表和地下情况相对简单的地区或大面积区域构造成图
层位控制法、量板法、层速度充填法	2002—2009年	解释模型进行约束，考虑了层速度横向连续变化、在层内进行速度平滑的基础上用井资料约束建场或者层速度替换，提高建场精度，可以解决成层性较好、地层倾角不大、无逆掩地区的变速成图问题	只能用平滑方法处理断层上、下盘，不能解决陡倾地层高点偏移和逆掩断层成图问题
深时域交互转换＋相控变速成图技术	2010—2017年	继承了深度偏移归位准确以及时间域资料变速成图技术较成熟、修正及时的优势，提供空间模型和速度场精度，提高了工作效率和成图精度	岩、膏岩两大特殊岩性精细刻画精度；PSDM的速度和深度误差都会导致转换时间模型存在误差

该技术的全面推广，使塔里木前陆区的圈闭落实质量明显提升，层位预测误差减小到2%以下，探井成功保持在70%的高位。尤其是自2012年以来，克深区带探井成功率平均71%，2016年底达到80%，目的层深度误差逐年降低，平均深度误差减小到1.5%以内（图2-92、图2-93）。

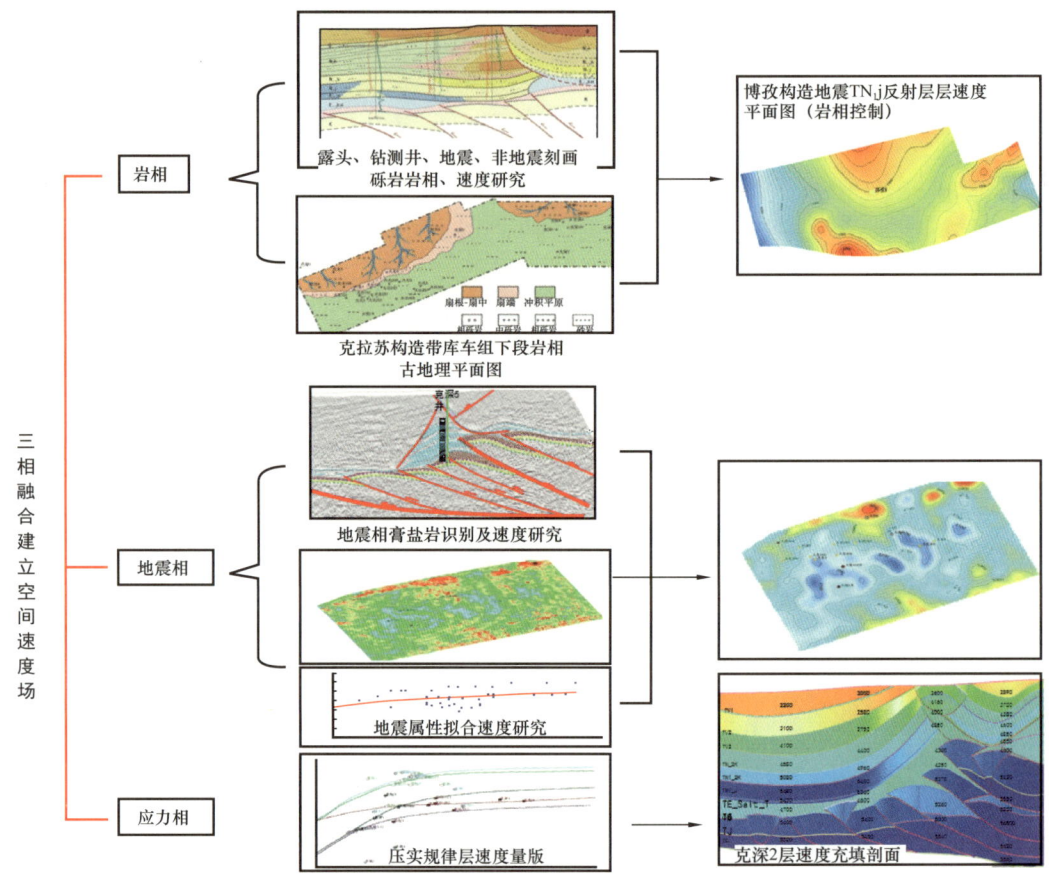

图 2-90 岩相、地震相、应力相三相融合相控速度建场技术

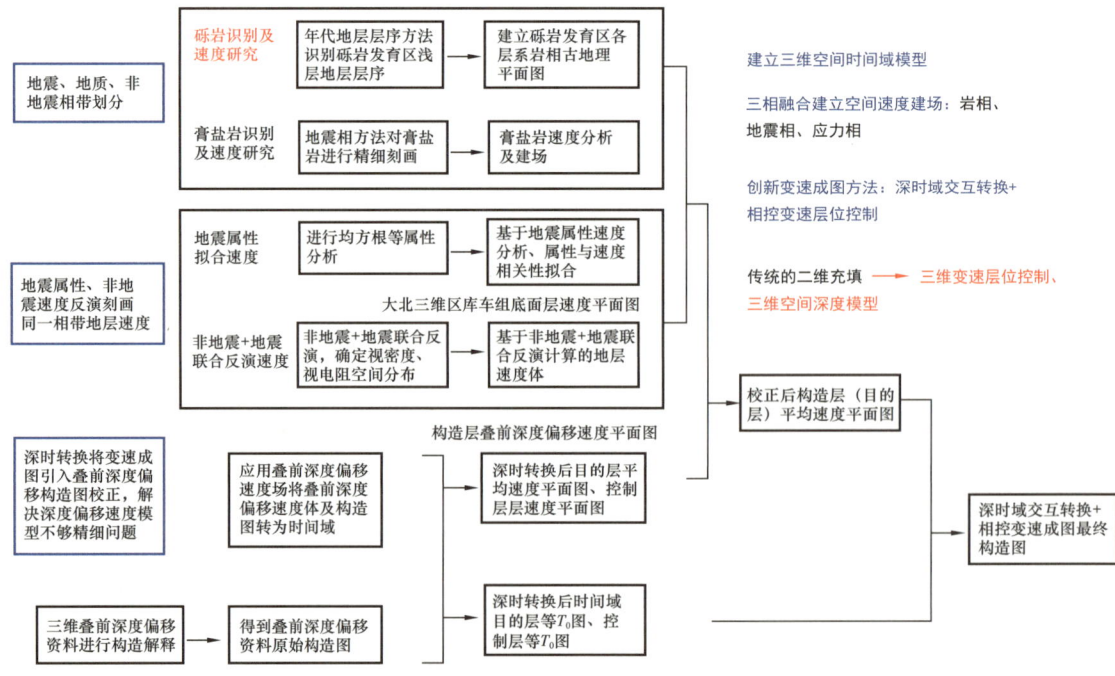

图 2-91 深时域交互转换 + 相控变速成图流程图

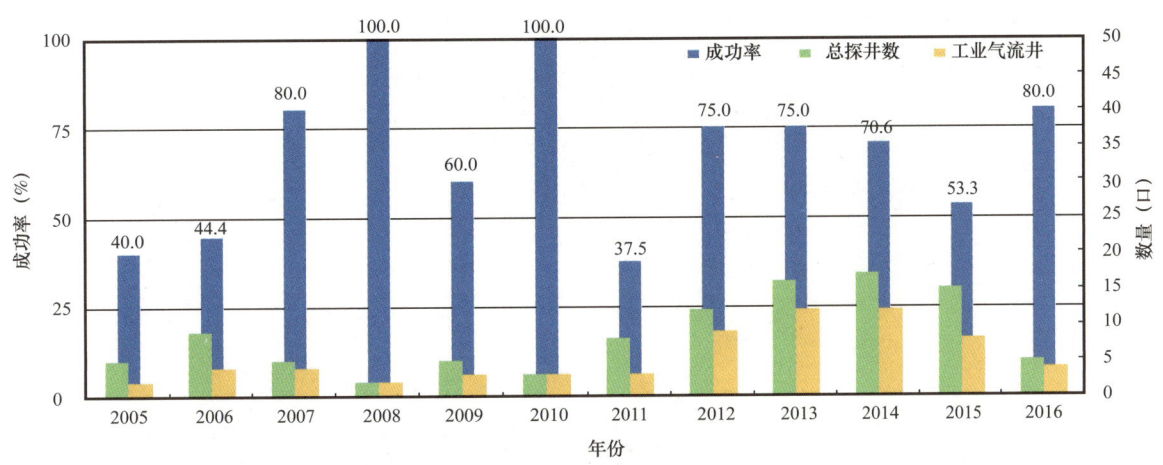

图 2-92 钻井成功率统计直方图

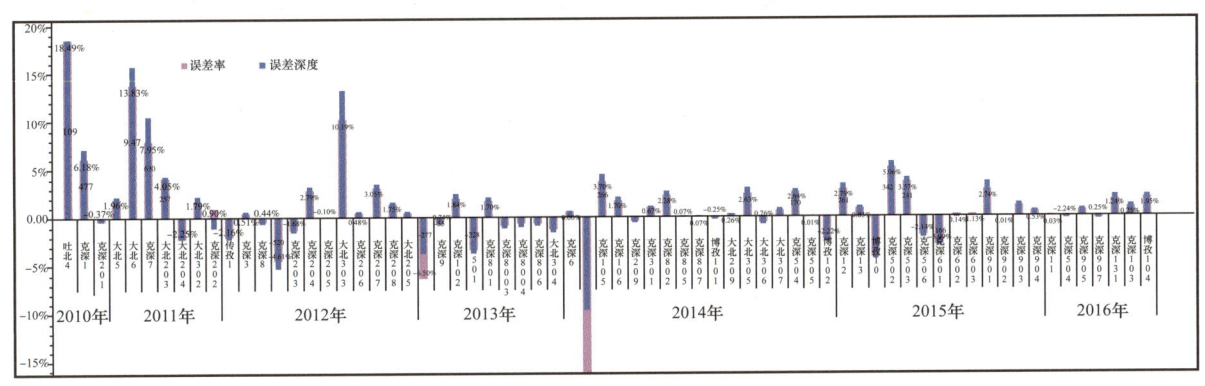

图 2-93 库车山前 2010—2016 年探井目的层预测误差率直方图

四、工程技术不断创新,突破瓶颈助推发现

识别出构造、寻找到圈闭,只是完成油气勘探开发长征路上的第一步,要想发现埋藏在地层深处的油气并开采出来,离不开钻井、完井技术的突破,所谓"钻头不到、油气不报"。

特别是面对库车山前复杂的地质条件,没有钻井工程的技术攻关显然达不到最终的勘探开发目的。库车山前具有盐上巨厚砾石层,盐内塑性盐膏层复合地层,盐下超深层、超高温、超高压裂缝性低孔砂岩储层等特点(图 2-94 和图 2-95),伴随着钻井液类型多样、高陡构造、挤压应力等复杂难题,给这里的钻井工程也提出了一个个具有世界级的难题。

为了保障安全、高效而又准确命中目标,伴随着地质认识的进步,中国石油在库车山前的钻完井工程及配套技术也走出一条不断发展进步的非凡之路,有效地保障了克深大气田的发现和开发。

钻井技术配套提升实现快速规模建产 针对库车山前复杂的钻井难题,中国石油不断强化钻井及配套技术的提升,不仅满足了将井打下去的基本要求,而且从"打得成"到"打得快、打得好",实现了克深大气田的快速规模建产。

图 2-94 库车山前复合地层发育模式图

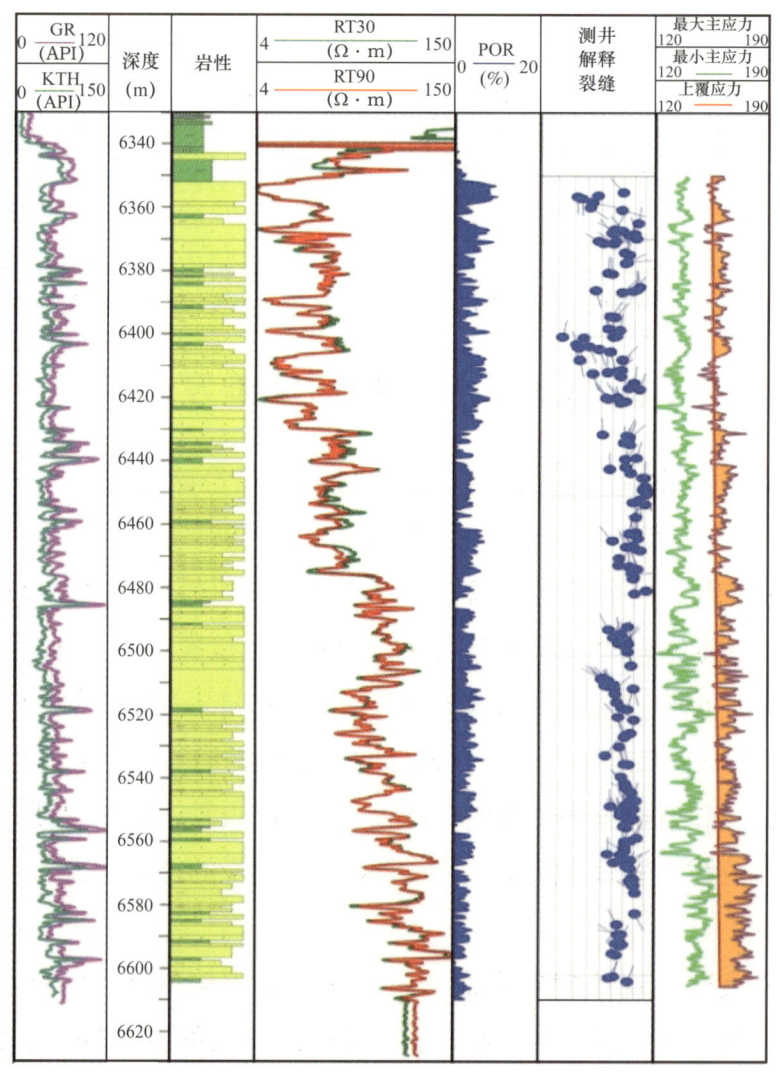

图 2-95 克深 501 井物性、裂缝、地应力综合柱状图

经过多年技术攻关,在克深大气田的勘探开发进程中,建立了超深井井身结构设计理论。提出超深井井身结构设计方法,自主研发了塔标Ⅱ系列适合库车前陆冲断带超深井井身结构(图2-96),并实现了钻机、钻具、套管配套,提升了应对超深复杂地层的能力,解决了塔里木油田超深井长裸眼段高低压共存、压力窗口窄、现有井身结构不能满足钻探需求的难题。

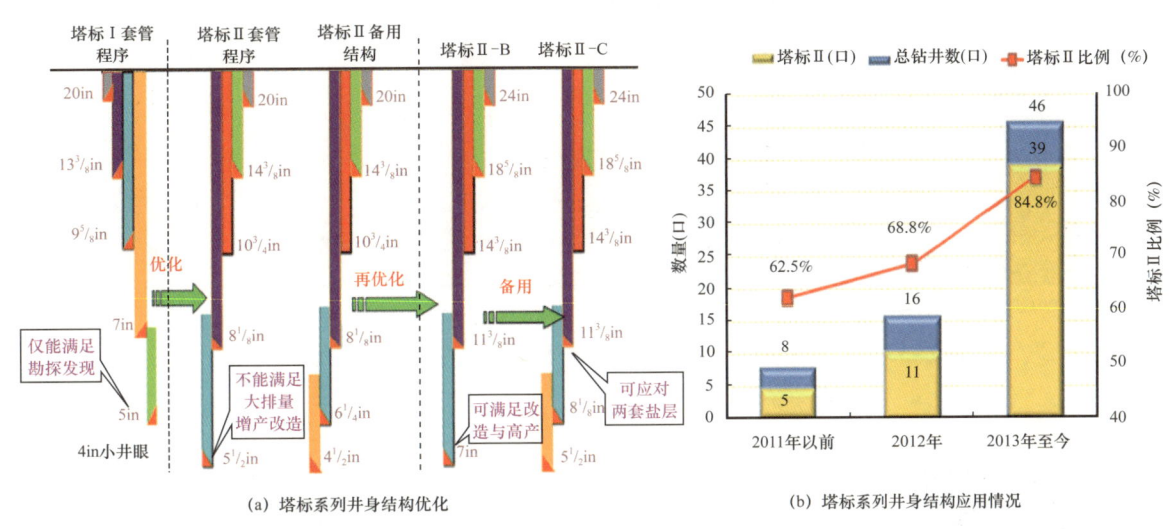

图2-96 塔标系列井身结构优化及应用情况图

集成创新了垂直钻井技术和高效PDC钻头技术。通过强化钻井参数,形成了以个性化PDC钻头和垂直钻井系统技术为核心的复杂砾石层钻井提速技术,解决了制约山前高陡构造提速与防斜的瓶颈,实现了钻井提速重大突破。

成功研制了强化井壁围岩稳定的"三高"钻井液技术。创新发明了有机盐钻井液技术,引进、消化吸收再创新了油基钻井液技术,解决了复杂深层探井安全钻井与油气发现的矛盾。通过复杂山地复合盐层超深井钻探技术的规模化推广应用,有效缩短了钻井周期,减少了气藏评价周期,实现快速建产,克深—博孜完钻周期已由"十二五"初期的560天缩短至现在的249天(图2-97)。

测井采集评价技术实现储层精准识别　针对库车山前复杂的钻井难题,中国石油还不断强化测井采集及评价技术的提升,不仅解决了复杂井筒测井难的问题,而且从"测得成"到"测得好、测得准",实现储层精细评价、流体精准识别。

在此研究期间,发明了以防遇阻扶正导向器(导向扶正器保障测井采集仪器下得去、测得成)、顶驱打捞工具(顶驱打捞工具保障快速解除采集复杂情况)等(图2-98)为核心的超深高温高压小井眼安全高效测井采集工艺技术,解决库车地区超深小井眼测井采集及顶驱钻机打捞等难题。

建立了化学元素能谱测井解谱及氧闭合处理技术，利用最优化岩石矿物组分定量计算方法，实现库车深层复杂岩屑砂岩储层岩性精细描述与变骨架参数基质孔隙度的计算（图2-99）。

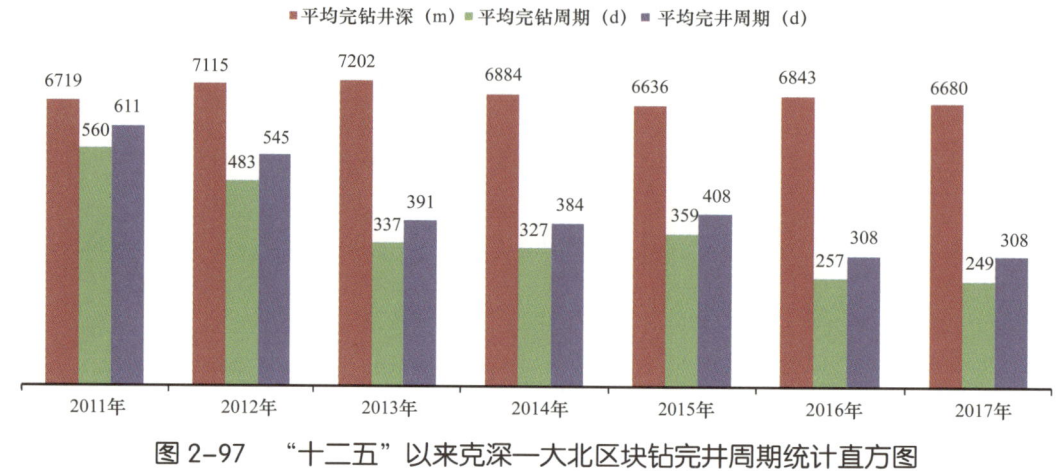

图2-97 "十二五"以来克深—大北区块钻完井周期统计直方图

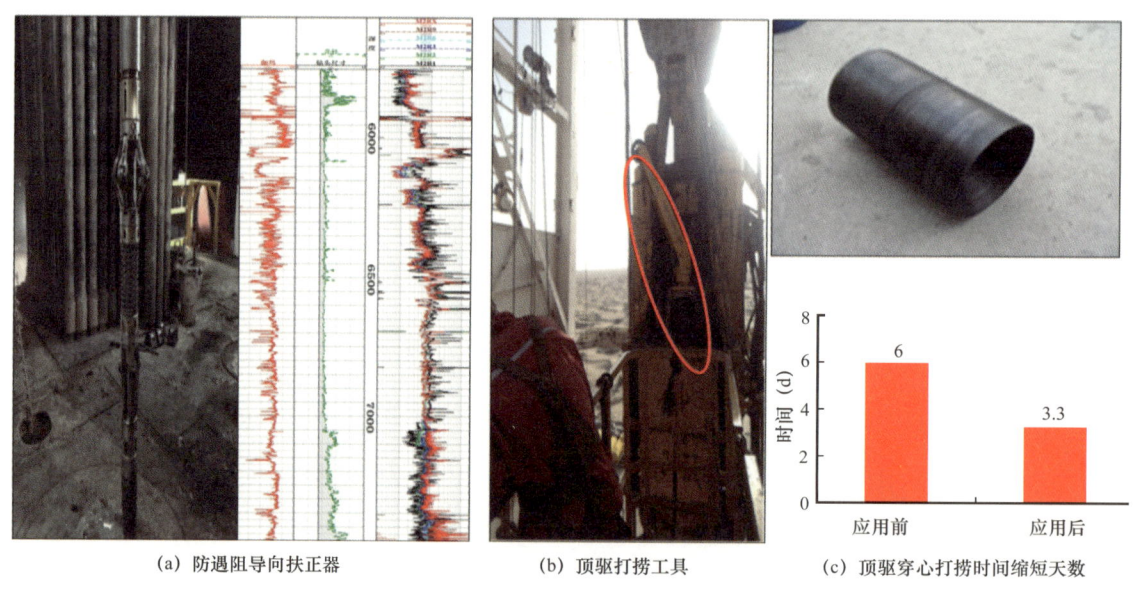

(a) 防遇阻导向扶正器　　(b) 顶驱打捞工具　　(c) 顶驱穿心打捞时间缩短天数

图2-98 防遇阻导向扶正器和顶驱打捞工具照片

同时，针对库车不同钻井液条件下裂缝的识别及有效性评价，建立相应的成像测井识别图版（图2-100），实现电成像测井裂缝精细识别，利用声电成像测井资料相结合评价裂缝的有效性。

通过厘定影响流体性质评价的主控因素，开展高陡构造地层与强水平挤压应力条件下电阻率实验与数值模拟，建立电阻率校正与流体性质识别方法（图2-101），提高测井解释符合率。

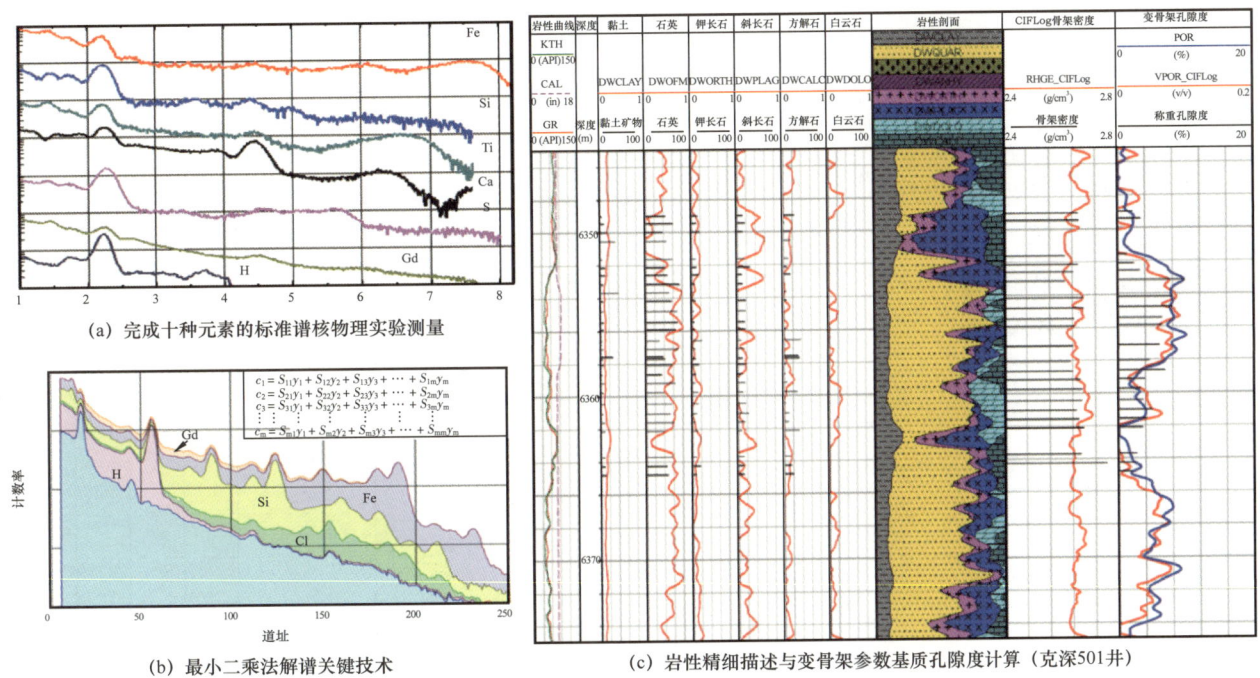

图 2-99 岩性精细描述与变骨架参数基质孔隙度计算图

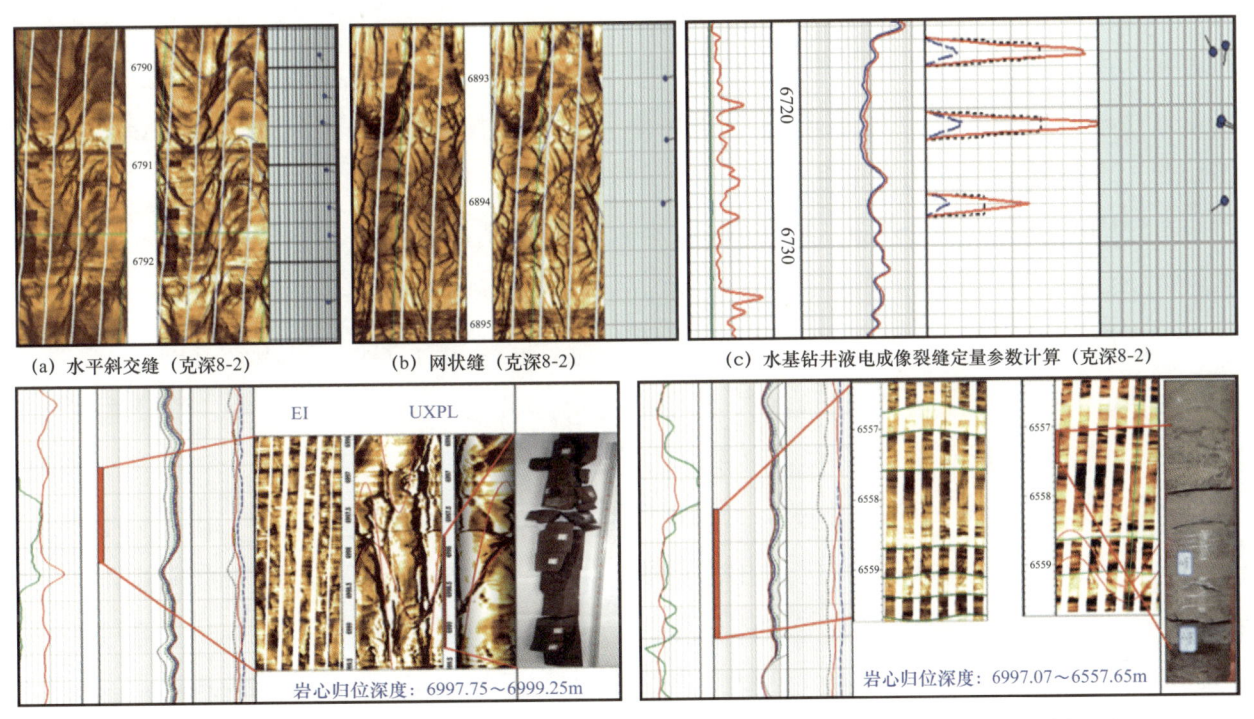

图 2-100 成像测井识别图版

测井采集及评价技术为库车山前高温高压小井眼复杂钻井保驾护航，实现储层、流体精准评价，及时发现油气层，有效缩短完井周期，降低试油成本。

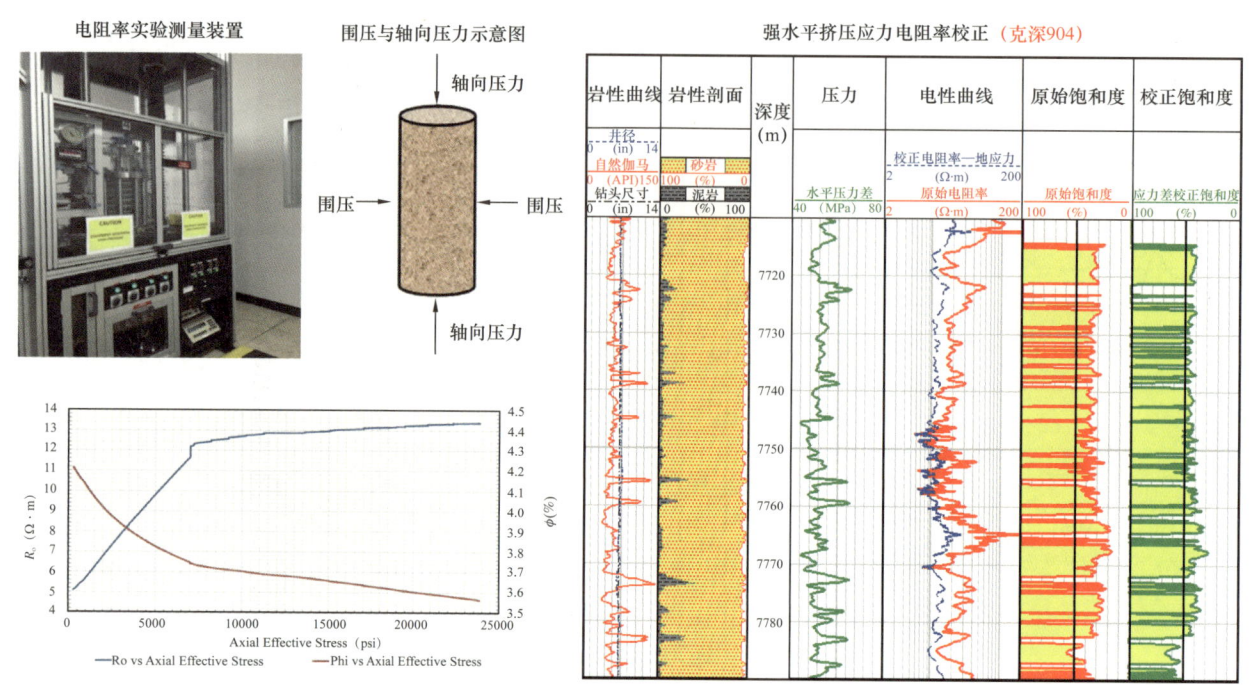

图 2-101 强水平挤压应力电阻率校正方法

三超储层完井技术　助力开发高效提产　针对库车山前储层埋藏超深（最深的钻井克深 902 井，储层埋深达 8038m），且具有超高温和超高压的特点，为了更好地解放储层，提高油气藏开发效益，中国石油还不断强化完井改造技术，实现了"三超"储层规模缝网压裂、体积改造，助力高效提产。

经过持续攻关，建立了可压裂性预测技术（图 2-102），这是一种针对超深、高应力、裂缝性储层的可压裂性定量评价技术。新可压裂性模型考虑了岩石本身的脆性和韧性特征，又综合考虑了岩石所处的应力场及天然裂缝对储层可压裂性的影响，具有分辨率高、针对性强的特点。新可压裂性预测技术在优选提产方案、定量射孔层段、优化泵主程序等方面作用突出，近年在塔里木油田库车山前单井提产中应用效果较好。

应用了 SRV 缝网体积改造技术，实现了高温高压高地应力储层高产稳产。开展大物模实验，依据尺度相似准则、机理相似准则，将库车裂缝性相似地质体为实验体，实现从储层改造理论模拟到在相似实验体上实施改造施工，进一步明确体积改造可行性。创新应用地质力学五要素，形成巨厚储层改造分级、分簇射孔技术。创新应用库伦摩尔理论，优化施工压力，激活更多天然裂缝，提高改造效果。在超深（＞6000m）巨厚盐下储层首次应用裂缝实时监测技术，证明转向体积改造的适用性。形成了超深层高温高压低孔砂岩储层缝网体积酸压和 SRV 体积压裂配套技术，成功实现了规模改造提产。

建立了超深层高温高压低孔砂岩改造提产技术，自主研发了加重压裂液体系，增加液柱压力,为 7000m 深储层加砂压裂提供支撑。应用"三超"气井管柱力学校核方法,结合不同改造模式,基本配套定型了 3 套超深井管柱配置组合,优化方案设计,有效指导现场施工(图 2-103)。

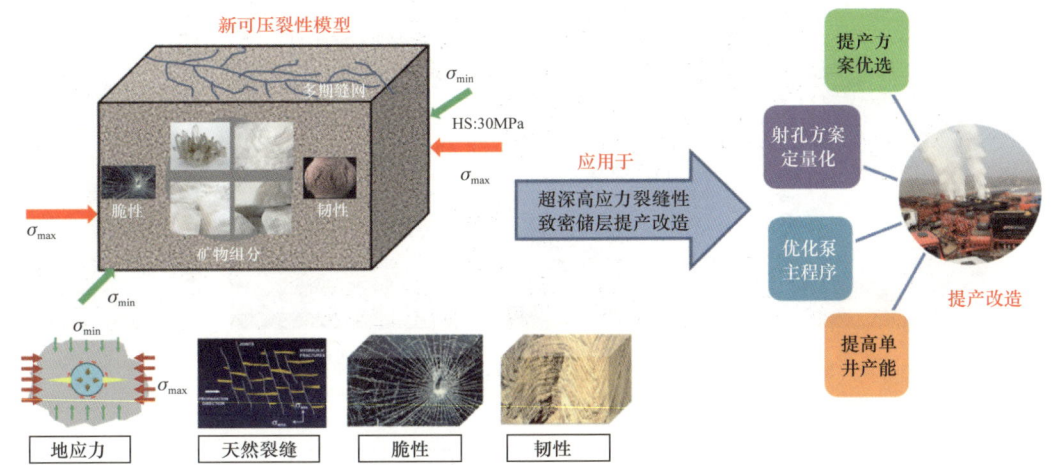

图 2-102　超深、高应力、裂缝性储层的可压裂性定量评价技术

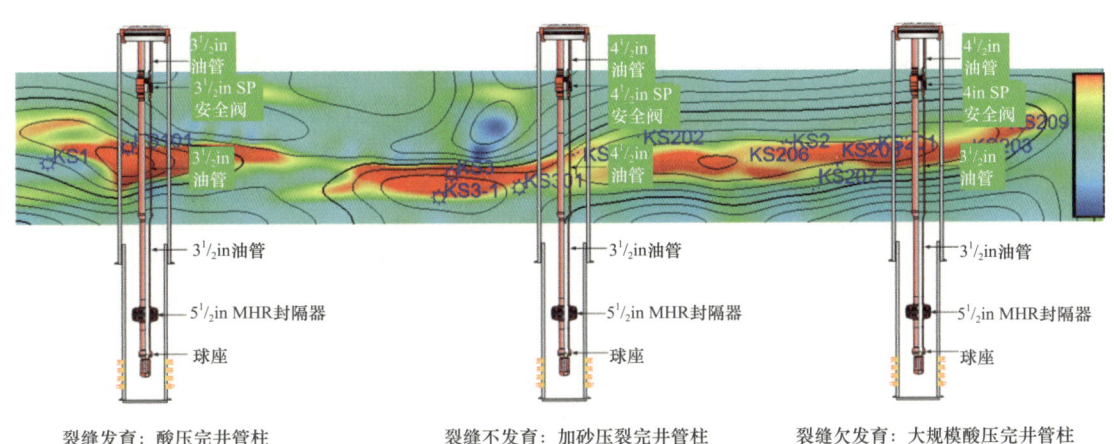

图 2-103　克深气田 $K_1bs_2^2$ 小层顶面构造最大曲率预测成果图

完善配套了 140MPa 超高压压裂车组(图 2-104),大幅提高了设备作业能力,为实施改造提供了保障(四大系统:供液系统、供砂系统、高压泵注系统、仪表系统);高压能力:18 台 140MPa 压裂车组(36000 水马力),施工压力 138MPa 下排量 8.4m³/min;五大特点:快速配液、两级供液、液位实时监测、视频监控、超压保护)。有效应用于克深 9、克深 13 "三超"气藏储层压裂改造提产(克深 9 气藏埋深超 7600m,地层温度 183℃,地层压力 128MPa;克深 13 气藏埋深超 7400m,地层温度 185℃,地层压力 137MPa,其中,克深 132 井测试油压超过 100MPa)。

应用实例:克深 5 井区初步尝试提产明显,油压明显提高,改造效果明显(图 2-105)。

图 2-104　超高压压裂车组照片

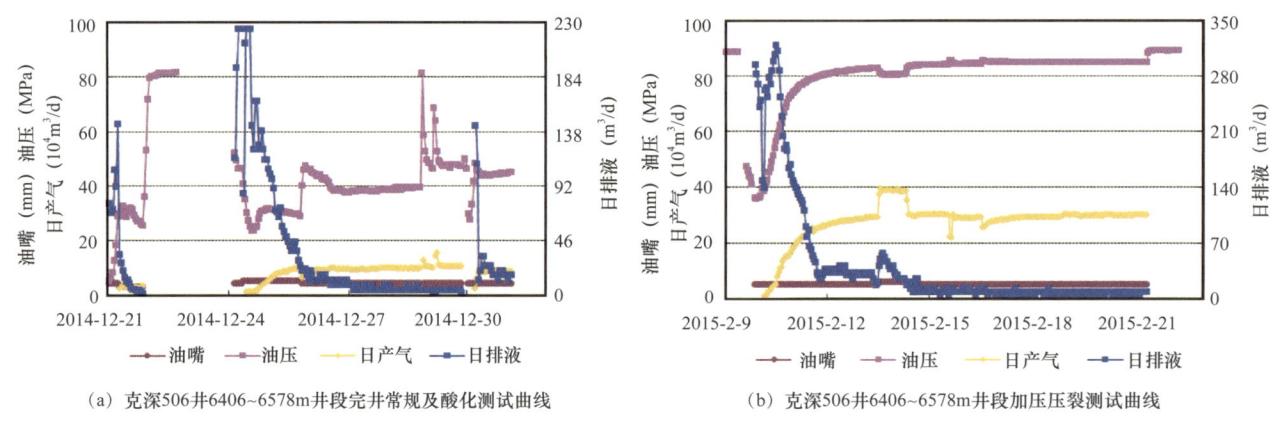

(a) 克深506井6406~6578m井段完井常规及酸化测试曲线　　(b) 克深506井6406~6578m井段加压压裂测试曲线

克深506井测试成果统计表

层位	测试层段(m)	测试类型	测试时长(h)	油嘴(mm)	油压(MPa)	折日产气量($10^4m^3/d$)	折日产液量(m^3/d)	累计产气量(10^4m^3)	累计产液量(m^3)
K_1bs	6406~6578	完井	6	4	28	0	93.12	0	23.28
			15	3	25	3.21	10.38	1.69	29.77
		酸化	35	5	28	9.89	99.48	7.94	172.97
			124	4	47	10.05	11.27	82.66	272.28
		加砂压裂	20	6	80	38.36	36.79	104.48	148.65
			169	5	84	29.73	8.11	309.03	230.76

图 2-105　克深 506 井酸化压裂改造效果

克深大气田的发现有几点重要勘探启示：坚定信心，不懈探索，是盐下深层突破的基石；技术的创新与进步，是盐下深层突破的关键（创新地震采集技术与方法，擦亮地质家的"眼睛"；引入盐构造理论，进行"三位一体"构造建模；重磁电震相结合，深化速度场研究，准确落实圈闭；钻井技术的与时俱进，使勘探家的构想得以实现）；科学决策，协同攻关，是勘探突破的法宝。

克拉苏盐下深层大气区的勘探历程，就是一部塔里木的科技攻关史。虽然一路坎坷，几经波折，但是经过不断努力，地质理论认识不断深化，工程技术不断突破瓶颈，大中型天然气藏不断发现，油气勘探范围不断扩大，新的油气藏类型不断出现。从克拉苏南部深层到北部逆掩叠置再到构造转换带，中国石油人在盐下深层油气勘探的波峰浪谷中坚守实现大突破的信念，再度构思新的万亿立方米领域，不断探索克拉苏富油气区带新类型新层系，寻找更加激动人心的油气大场面。库车油气勘探的明天将更加美好！

第三章 准噶尔盆地玛湖砾岩特大油气田的发现

地质储量为十亿吨级的玛湖凹陷区，是世界上最大的整装特大型砾岩油田，位于准噶尔盆地西北缘断裂带的东南方。而西北缘断裂带有一个响亮的名字——克拉玛依油田。

克拉玛依油田是中华人民共和国成立以来发现的第一个大油田，是共和国石油长子。当黑油山1号井1955年10月29日喷出原油短短4年之后，就建成了年产172.8×10^4t的大油田，占当时全国原油年产量的40%，在大庆油田全面开发之前，撑起了祖国社会主义建设能源需求的半壁江山，否定了20世纪30年代以来国际社会"中国贫油"的论断，为新生的共和国打破帝国主义的经济封锁，自力更生建设社会主义提供了宝贵的发展动力（图3-1）。60年来，每当新疆石油人唱起"我为祖国献石油"时，心中一直涌动着特有的豪迈之情。一个甲子之后，在我国原油对外依存度逼近70%的时候，新疆油田再次用实际行动向祖国交出了第二份世纪答卷——中国特色社会主义刚刚进入新时代，地质储量为十亿吨级的玛湖大油区诞生，它被国内外媒体一致誉为"第二个克拉玛依油田"！

图3-1 克拉玛依油田的发现为新中国献礼

20世纪80年代中期,克拉玛依油田经过30年的规模开发,作为产能建设主体的西北缘断裂带面临后备资源不足的困境。80年代末,新疆油田勘探工作者将目光转到与之相邻的、勘探程度极低的玛湖凹陷,但因凹陷区砾岩勘探不仅面临着斜坡区正向构造欠发育、储层低渗透和因缺乏针对砾岩配套技术而难以有效开发等客观问题,同时还存在着凹陷区砾岩储层不发育、源上砾岩难以规模成藏等认识误区,因此,在1993年发现玛北油田、1994年发现玛6井区油藏后,历时十余载,久攻不克。2005年以来,在中国石油天然气股份有限公司的大力支持和正确指导下,勘探工作者创新地质理论和配套勘探技术,由源边断裂带构造勘探逐步转到源内凹陷区大规模岩性勘探,风险勘探引领,勘探开发一体化快速推进了玛湖凹陷整体突破和快速建产。

截至目前,在玛湖凹陷先后形成了北、南两个大油区,已发现七大岩性油藏群。北部大油区以三叠系百口泉组轻质油为主,有利勘探面积4200km²,南部大油区以二叠系上乌尔禾组中质油为主,有利勘探面积2600km²。新增三级储量12.4×10⁸t,其中探明5.2×10⁸t(图3-2)。储层以低孔低渗砾岩为主,非均质性强;油藏类型以岩性油气藏为主,单体油藏规模大,规模一般大于3000×10⁴t;油气分布不受构造控制,无统一的油

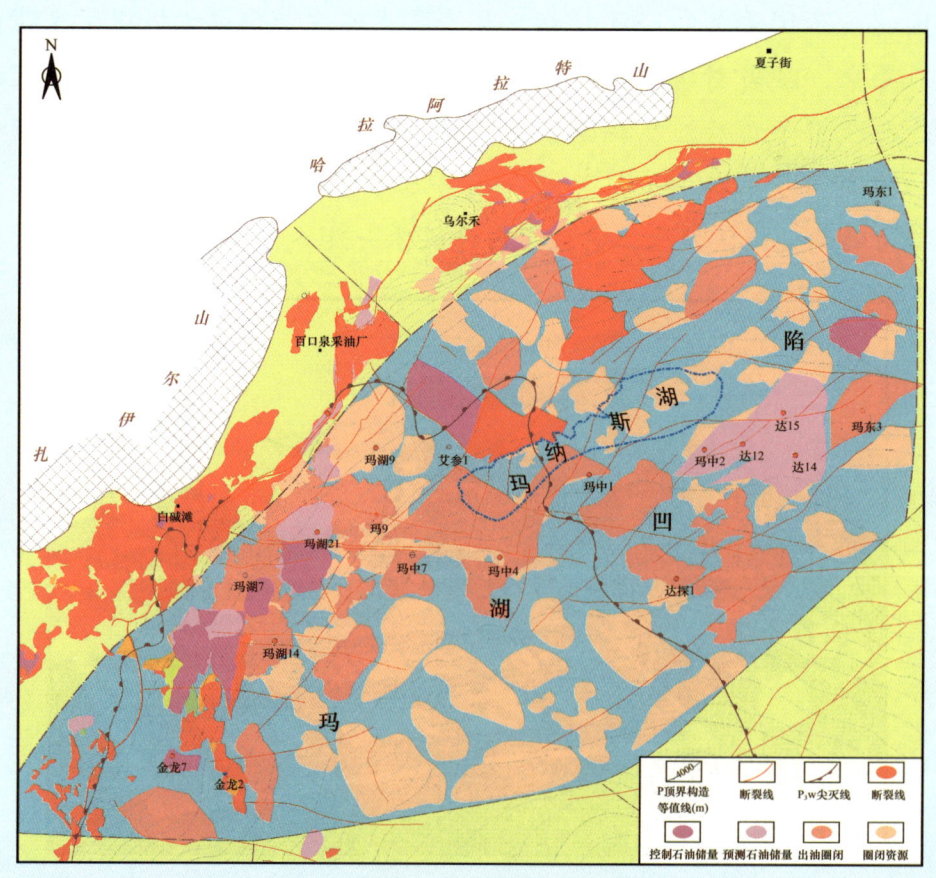

图3-2 玛湖凹陷砾岩油田勘探成果图(2018年)

水界面，内部油水关系复杂；油藏纵向上相互叠置，横向连片分布，属大型低丰度岩性油气藏群。已形成继西北缘断裂带之后又一个十亿吨级大油气田，奠定了全球最大整装砾岩油田的地位。目前，规模增储与产能建设一体化快速推进，玛湖大油区产能建设已全面展开，已成为国内原油生产新的增长极。

到"十三五"末，玛湖凹陷将累计建成产能超过 1000×10^4t，实现年产量 500×10^4t 以上，为中国石油"新疆大庆"的建设提供重要的资源保障和产量支撑。

玛湖大油区的发现：

理念上，发端于20世纪80年代末期提出的"跳出断裂带，走向斜坡区"的重大勘探方向的转移。

战略上，坚定于20世纪90年代中期开辟的"胸怀大气度，敢冒大风险，立足大凹陷，寻找大油田"的宽广视野。

认识上，得益于"砾岩满凹沉积、碱湖双峰式高效生油、源上扇控大面积成藏"等三项地质认识的创新。

技术上，突破于常规砂岩勘探技术，集成创新了"核磁测井定量评价、双参数地震预测、细分切割绕砾压裂"三项砾岩勘探配套技术。

第一节　初战玛湖当头棒　爱恨砾岩更痴狂

新疆油田的发现源于准噶尔盆地的砾岩。新疆石油人对砾岩的情感，就如同蒙古人对狼的情感：一方面，砾岩给了新疆油田在偏远的戈壁沙漠中为祖国奉献能源的巨大平台，是新疆石油人在科学意义上的家；另一方面，砾岩油藏本身复杂的地质特性又让地质勘探工作者"为伊消得人憔悴"。但是，新疆石油人为了砾岩"衣带渐宽终不悔"的最大动力，是储存于砾岩中的环烷基原油。它是世界范围内原油中的稀缺资源，产量仅占全球原油产量的3%；以环烷基原油为原料炼制独有的大比重煤油、超低温润滑油，用于我国长征系列火箭、主战坦克，打破了国外长期垄断的局面。

一、跳出断裂带，走向斜坡区

时光荏苒，从1955年新疆油田把勘探开发环烷基原油的大本营扎在西北缘断裂带之后，经过三十年的勘探开发，位于断裂带上的克拉玛依油田剩余可采储量不足，难以满足国防稀缺原油的持续供给，若勘探再无突破，就难以满足战略资源的持续供给。

20世纪80年代末，经过宏观地质研究，新疆油田创造性地提出了"跳出断裂带，走向斜坡区"的勘探思路。循着这个思路，1992年，在断裂带东南方向的玛湖凹陷按构造勘探思路发现了玛北油田，1994年又发现了玛6井区油藏。玛北油田探明石油地质储量4378×10^4t，含油面积59km^2，被石油工业部确认为1992年重大发现之一（图3-3）。

这一创新的勘探思路一实施就取得开门红，让地质勘探人员振奋的心情好似势如破竹般的舒畅。结合准噶尔盆地以彩南油田为代表的其他领域的大发现，新疆油田经过宏观而缜密的科学分析，提出了"胸怀大气度，敢冒大风险，立足大凹陷，寻找大油田"的勘探战略。

二、遭遇当头棒，斜坡似迷宫

也许是成果来得过于突然，地质勘探人员的目光主要被这个战略中"立足大凹陷，寻找大油田"吸引，有意无意地忽略了"敢冒大风险"的深刻内涵。以至于接下来"失去的十年"让大家在凹陷斜坡区继续找油的心被狠狠地重击。

玛湖凹陷接下来的勘探工作，就好像一万响的鞭炮刚刚点燃引信就被水打湿了一般——外甩玛7井、玛9井、玛11井相续失利，加之由于缺乏针对性的储层改造工艺，已发现的玛北油田直井单井产量低，无法连续生产，开发试验的平均日产油量不到2.5t，历时十年都无法得到有效动用。

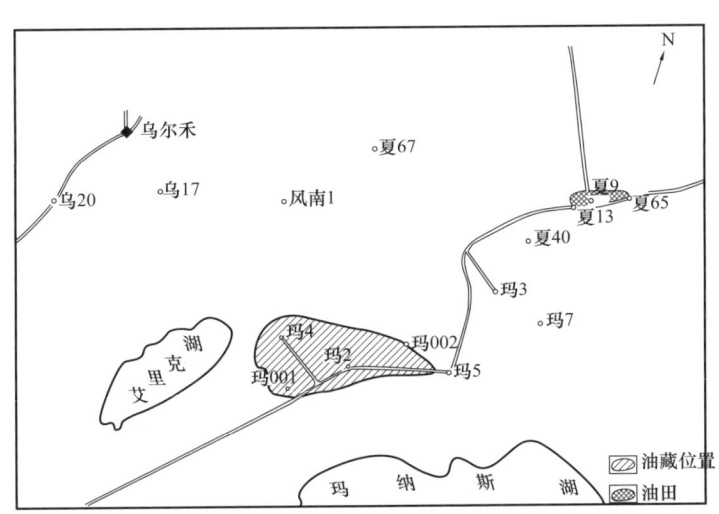

图3-3　玛北油田含油面积图（1993年）

1998—2000年，准噶尔盆地腹部中浅层的侏罗系不断取得规模发现，新疆油田掀起了侏罗系勘探热潮，受此影响，玛湖凹陷斜坡区主攻层系也向上转为了侏罗系。受当时的地震资料和技术水平所限，2003年，以岩性异常体为目标相继钻探的玛8井、玛10井和玛12井等专层探井，但均未见到良好的油气显示，斜坡区侏罗系勘探无功而返。

2004年5月3日，夏72井二叠系风城组获日产油42.79t、日产气3230m^3的高产油气流之后，斜坡区勘探主攻目的层向下转为二叠系。针对二叠系风城组构造目标相继部署了夏7202井、风南4井等井，虽然路过三叠系百口泉组，见到了油气显示，但受当时地质认识所限，未针对该层试油，与发现擦肩而过。

这时再品味"敢冒大风险"这句话，其中的意味就渐渐渗了出来：凤夜在油而不得，乃至有可能终其一生为之奋斗而没有收获的感觉，就如同辛劳耕种一年的庄稼眼看丰收在望却被一场冰雹毁掉的心情，这就是勘探家们最不愿面对的"大风险"。

三、主、客观分析，六只拦路虎

玛湖凹陷，真如它的名字那样难以雄起吗？玛湖凹陷斜坡区，真如它的"后缀"那样注定需要艰难登攀吗？

沉默，也许是为了灿烂的爆发。

新疆油田的勘探家们沉静了下来，他们冷静地分析初战玛湖失利的原因，是存在"凹陷区砾岩储层不发育、源上砾岩难以规模成藏"等地质认识误区，以及缺乏针对砾岩油藏的勘探开发配套技术等客观问题，是技术水平的桎梏所致。

把这些原因分解开来，可以简称为"三大地质误区"和"三大技术桎梏"。

误区一 前期以构造勘探的思路认为斜坡区构造相对简单，为一平缓的单斜构造，正向构造不发育，断裂不发育，断块目标缺乏（图3-4），因此广大斜坡区构造油藏勘探潜力不大。

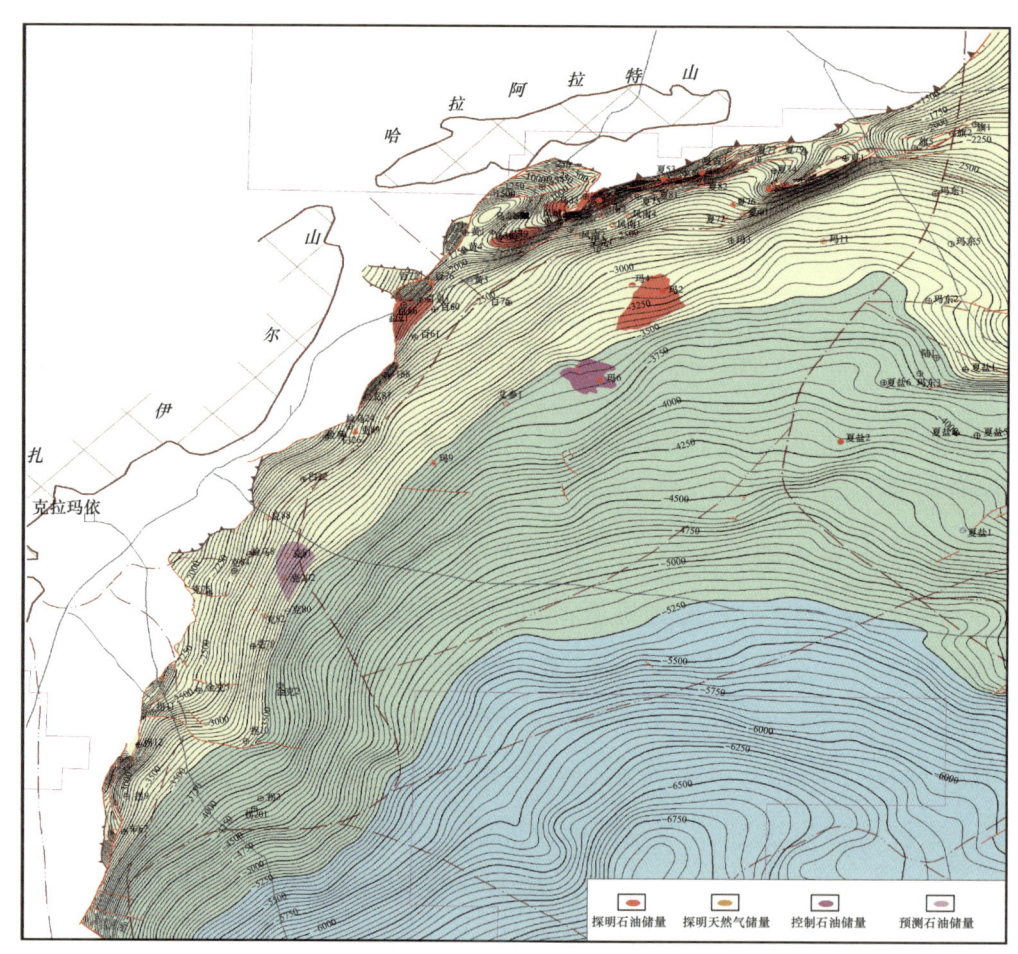

图3-4 准噶尔盆地玛湖凹陷斜坡区勘探成果图（2005年）

误区二 传统认为三叠系百口泉组为冲积扇沉积，大小混杂，非均质性极强，因此"名声不好"，是"低产低效"的代名词。经典沉积学认为扇体只沿盆缘断裂带分布，有利储层局限分布于扇中附近，广大斜坡区以湖泊细粒沉积为主（图3-5a）。当时研究认为砾岩储层有效埋深在3500m的"死亡线"以浅，但广大凹陷区大部分埋深大于3500m，即使有砾岩，也无储集能力（图3-5b）。

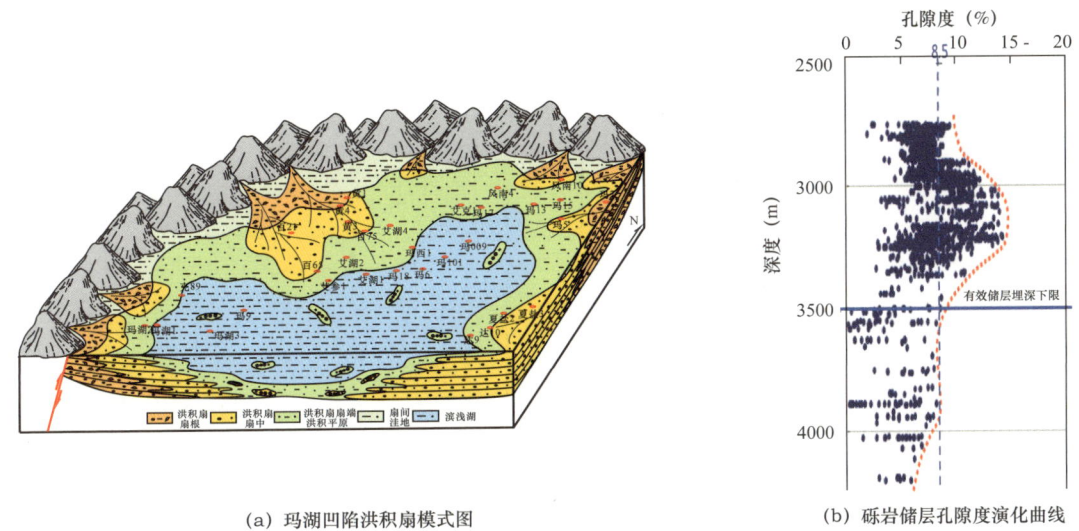

(a) 玛湖凹陷洪积扇模式图   (b) 砾岩储层孔隙度演化曲线

图 3-5　玛湖凹陷三叠系百口泉组沉积模式与孔隙演化特征

误区三　理论上认为大面积成藏多为源储一体或近源成藏。但玛湖凹陷主要目的层——百口泉组和上乌尔禾组纵向上距二叠系风城组主力烃源岩跨度达 2000～4000m（图 3-6），在缺乏断裂沟通的条件下，其上的目的层难以大面积成藏，不具备规模勘探的条件。

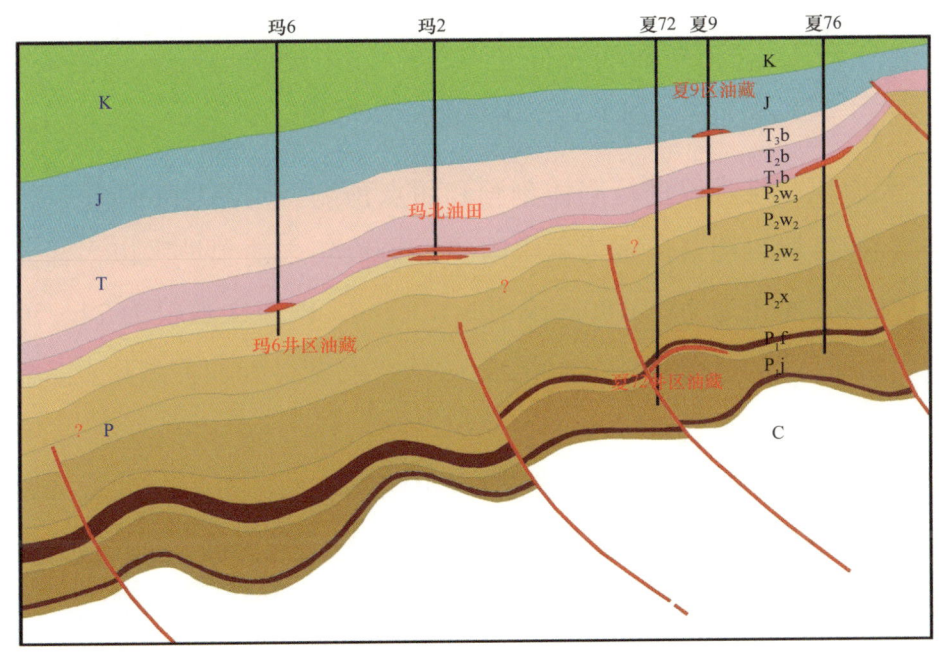

图 3-6　玛 6 井区—玛北油田—夏 72 井区—夏 9 井区成藏示意图

桎梏一　常规测井储层及含油气评价难度大。以玛 612 井和艾湖 013 井为例，两井电性、物性相当，常规测井评价含油饱和度较高的玛 612 井试油却是油水同层，而解释饱和度较低和储层更为致密的艾湖013井却为纯油气层（图3-7），因此常规测井难以对低渗透砾岩储层评价和油气层识别。

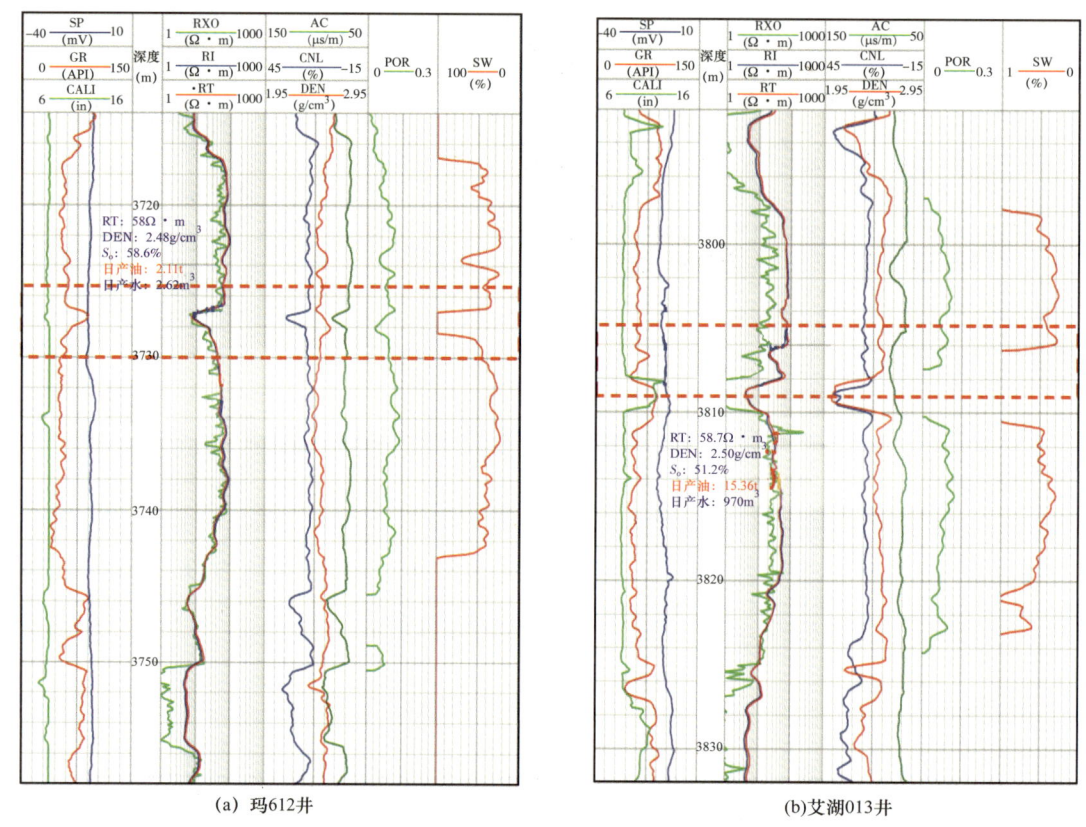

(a) 玛612井　　　　(b) 艾湖013井

图3-7　测井综合解释成果图

桎梏二　大面积三维难以进行扇体刻画和甜点预测。玛湖环带地震资料以断裂带为主要目标区，勘探目标以构造油藏为主。因此，2000年之前斜坡区以大面元三维和二维地震为主，三维地震面元为40m×80m或50m×100m，覆盖次数仅为24～50次、主频只有20Hz左右、信噪比低、分辨率低，不能有效落实勘探目标和预测甜点，导致探井成功率较低。

桎梏三　常规砂岩储层压裂技术增产效果不明显，低渗透砾岩油藏难以实现有效开发。以玛北油田玛2820井为例，1998年5月投产，初期日产油4.3t，第一年平均日产油2.4t。2000年11月转抽，转抽前日产油1.4t，转抽初期日产油4.8t，两年后降至1t以下。不能长期连续生产，4年累计产量仅为3341t，不能实现有效动用（图3-8）。

这"三大认识误区"和"三大技术桎梏"，读起来条条都让人愁眉紧锁。但是，这些被逐渐认清的认识误区和准备破解的技术桎梏在地质家眼中，却是越拉越满的弓弦，那支捏在手中的鸣镝早晚会击发出去。

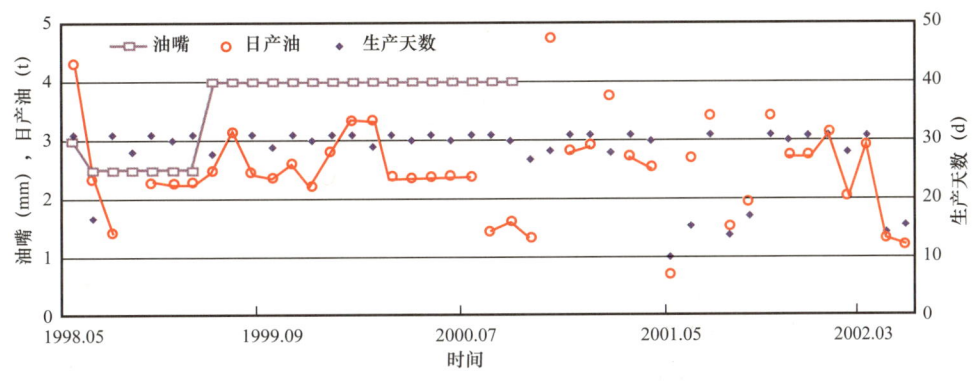

图 3-8　玛 2820 井 P_2w 生产曲线

第二节　再战玛湖换思路　夏子街上响春雷

2005 年，准噶尔盆地西北缘地区精细勘探之后，新疆油田地质勘探工作者普遍认为，勘探程度极高的断裂带不是预探工作的久留之地，预探面临着主攻战场的转移，下一个主攻领域在何处？勘探家再次将目光聚焦到与断裂带相邻、勘探程度极低的玛湖生烃凹陷（图 3-9）。

一、认识三大潜力，树立再战信心

2009 年，中国石油针对玛湖凹陷斜坡区"三大认识误区""三大技术桎梏"，组织了新一轮的整体研究工作。综合研判宏观成藏地质条件后，认为玛湖凹陷具备资源、储层、增产三大潜力，这三大潜力成为玛湖凹陷具备规模勘探的三大有利条件。这些科学的分析结果表明，再上玛湖凹陷斜坡区的时机已经成熟，中国石油由此做出了由断裂带走向凹陷区重大战略转移的决策。

重新认识资源潜力　通过对玛湖凹陷资源潜力进行重新认识和评价，认为凹陷区具备规模勘探的资源条件。玛湖凹陷为典型的富烃凹陷，风城组发育碱湖优质烃源岩，其生烃能力两倍于传统湖相砾岩，生油模式有别于经典 Tissot 单峰生油模式，表现为成熟到高熟两期高效生油。源边断裂带仅聚集了 $14×10^8 t$ 的早期成熟油，源内凹陷区以晚期高熟轻质油为主，其资源不应小于聚集于断裂带早期成熟油，油质轻对储层物性要求相对较低，只要有砾岩储层，就可大规模聚集成藏，目前凹陷区仅发现玛北油田，预测剩余资源量巨大。

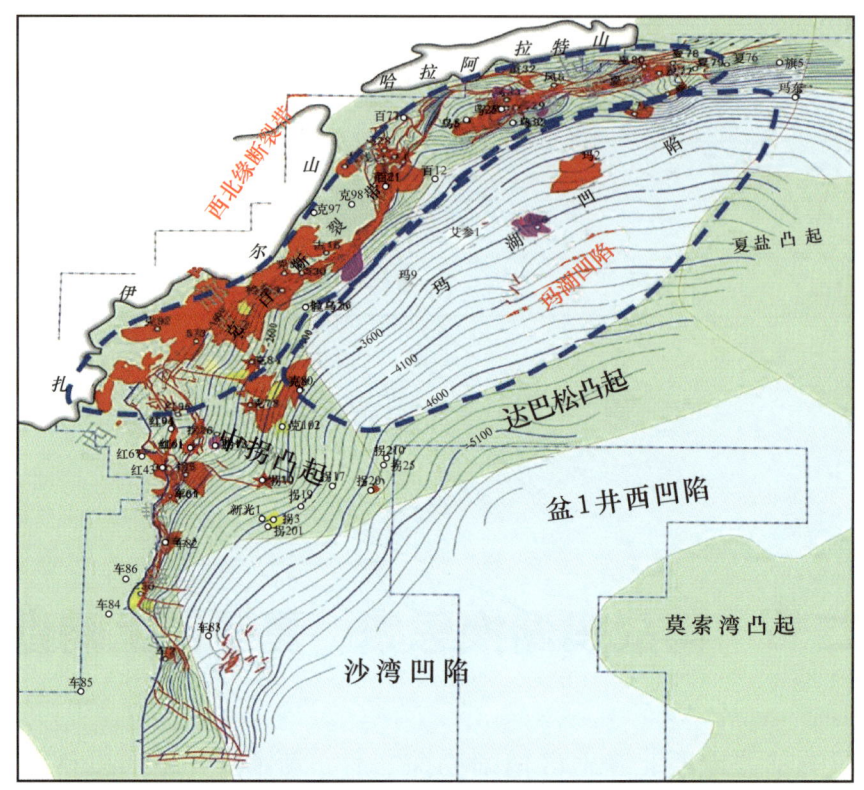

图 3-9　准噶尔盆地西北缘勘探成果图（2005 年）

重新认识目标潜力　通过对玛北油田的解剖和周围老井的复查，发现玛北百口泉组油藏是构造背景下的岩性油藏，南部边界受岩性而非构造控制，其含油性受岩相控制。水下扇三角洲前缘相灰色、灰绿色砂砾岩物性、含油性较好，孔隙度为 7.5%～16%，渗透率为 0.05～83.9mD；而水上褐色平原相泥质含量高，物性、含油性差（图 3-10）。推测广大斜坡区目标类型为岩性油气藏。

重新评估增产潜力　2000 年之后，储层改造技术跨越式进步，针对类似低渗透储层通过大规模储层改造和水平井普遍使用，可大幅提产。压裂规模已可从千方液、百方砂提高至万方液、千方砂，较以往规模提高十余倍，同时工艺技术不断进步，可适用于不同类型的储层增产改造（表 3-1）。分析认为玛北油田前期压裂规模较小，按现有的改造技术提产潜力较大。

表 3-1　玛北斜坡储层特征及改造工艺对照表

玛北油田储层特征	针对性技术
砂泥岩互层	分层压裂
低渗透砂砾岩	二次加砂压裂
储层致密	水平井 / 缝网压裂

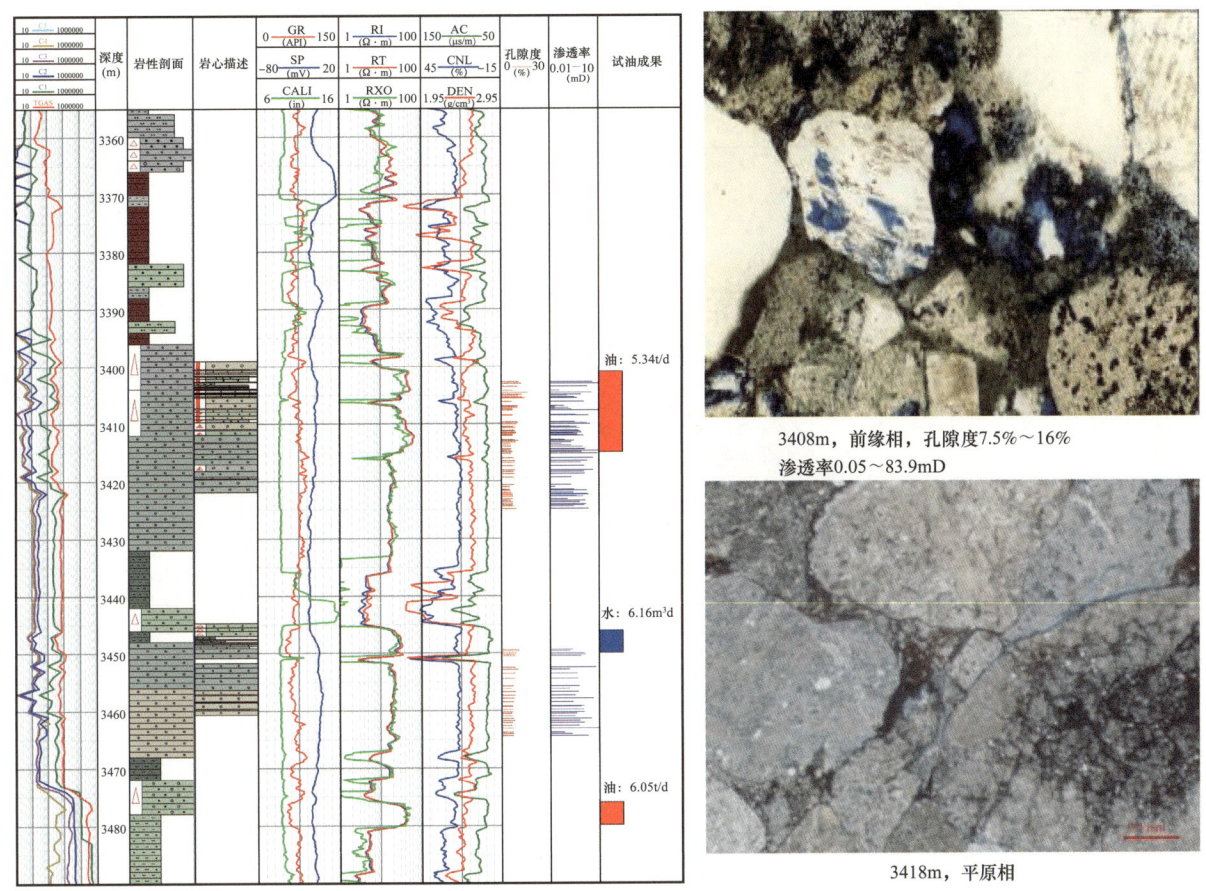

图 3-10　玛北油田玛 006 井测井综合柱状图及薄片

二、破茧夏子街，工艺破迷雾

面对 6800km² 的广大凹陷区，战略突破口选在哪里？勘探家们将目标聚焦到玛北斜坡夏子街鼻凸上，其长期继承性发育，是油气运聚有利指向区；上倾北部夏 9 井区为背斜油藏，下倾南部为玛北油田，推测两者之间的斜坡带是油气必经之地，成藏有利，故优选夏子街鼻凸玛 2 井北断层岩性圈闭为突破口（图 3-11）。

首先对主要目标层进行确认：三叠系百口泉组位于区域不整合面之上，白碱滩组区域盖层覆盖其上，储盖组合有利。通过老井复查，发现乌夏断裂带之下的斜坡区发育水下前缘相灰色及灰绿色砾岩储层，且过路井夏 72、夏 7202 等井与玛北油田相似，在百口泉组见到良好油气显示，故首选百口泉组为斜坡区勘探突破的目的层（图 3-12）。

其次对突破口进行选择：位于夏子街鼻凸上的玛 2 井北断层岩性圈闭埋藏浅、构造岩相匹配，2010 年 9 月首选其为再上玛湖凹陷战略突破口，为此部署上钻玛 13 井（图 3-13）。玛 13 井三叠系百口泉组见荧光显示 38m，有效孔隙度 8.9%～13.8%，渗透率

0.05~4.11mD；测井解释油层 3 层 8.1m，含油层 1 层 9.1m，油层厚度大（图 3-14），进一步验证了玛北油田上倾斜坡带扇三角洲前缘相带的存在和勘探潜力。

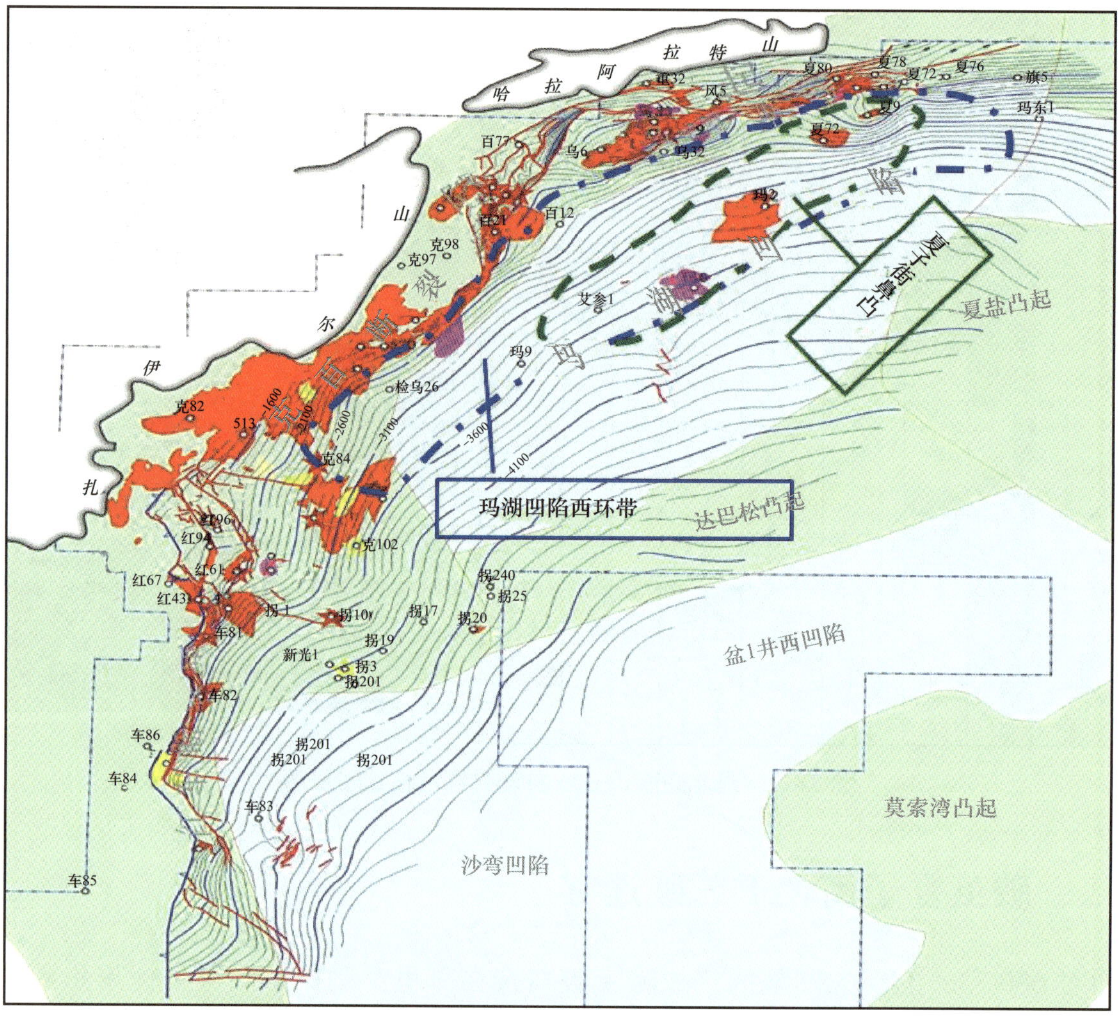

图 3-11 玛湖凹陷西环带及夏子街鼻凸位置示意图

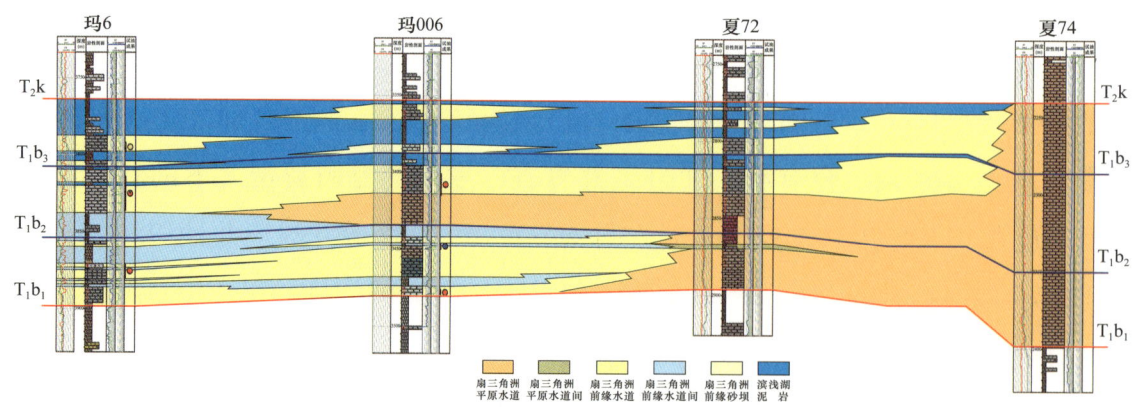

图 3-12 玛6—玛006—夏72—夏74 井百口泉组沉积相对比剖面

第三章 准噶尔盆地玛湖砾岩特大油气田的发现

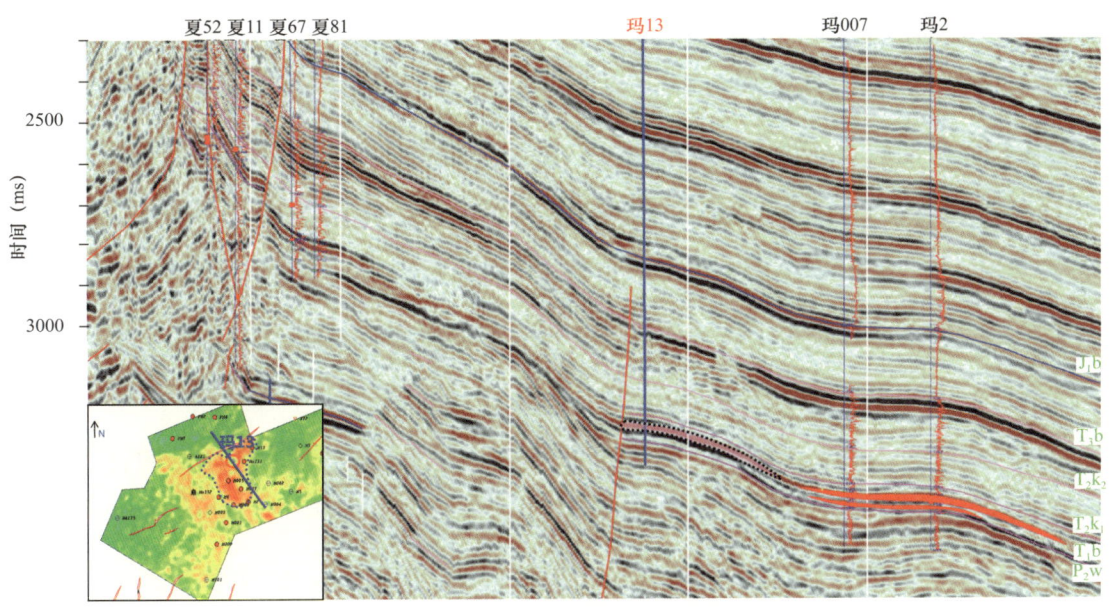

图 3-13 过玛 2 井北断层岩性圈闭地震地质解释剖面

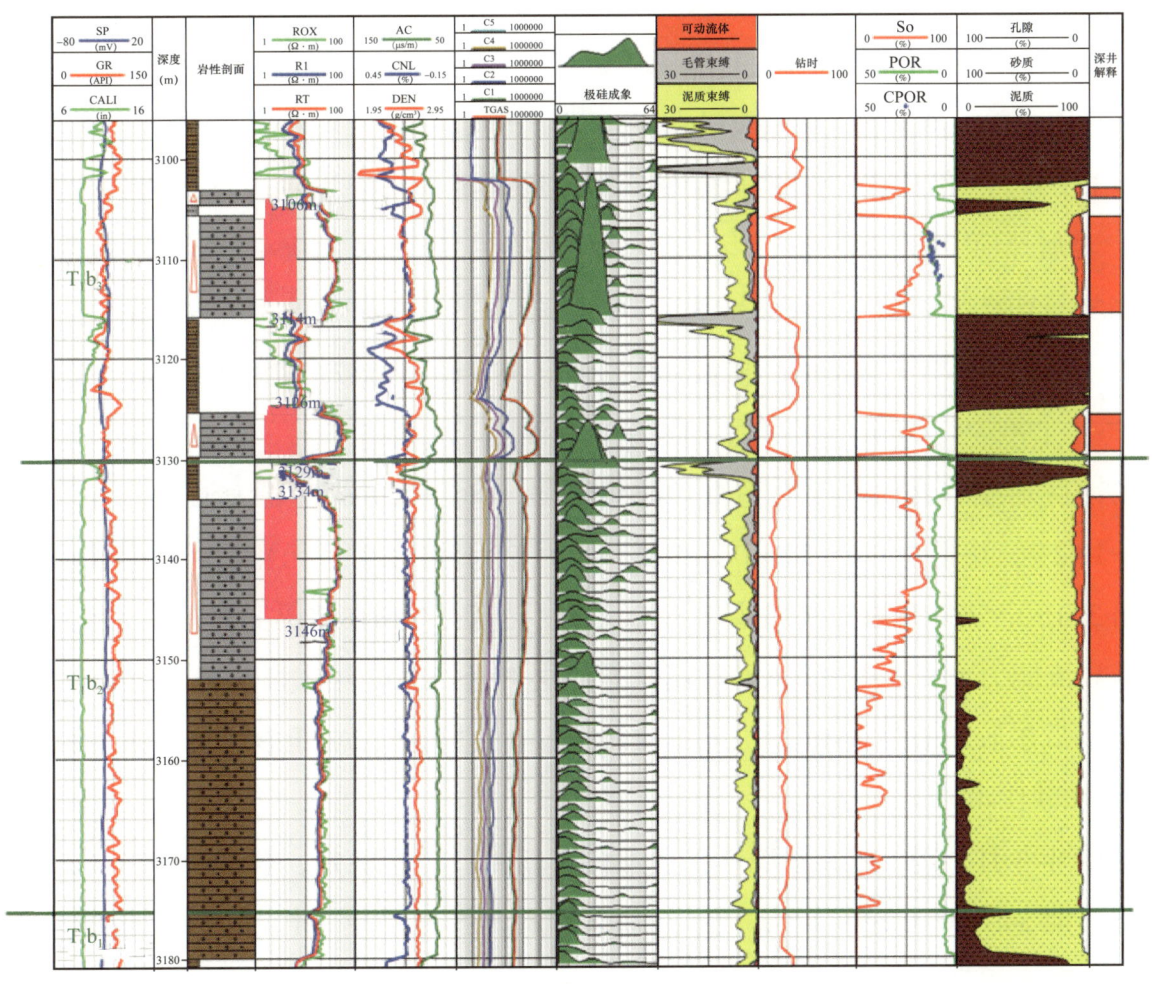

图 3-14 玛 13 井测井综合解释成果图

但是，试油作业的结果却与地质认识差距较大。通过按砂岩常规工艺进行改造，仅试获日产油 1.24～6.29m³、日产气 2010～8640m³ 的低产油气流。

本来，玛 13 井是作为 2011 年的"春雷井"来部署的，成功的把握相当大。春雷一响，能为新疆油田全年的勘探工作振奋精神。但是，玛 13 井变成了"哑炮"，这就尴尬了——难道是第二个"玛北油田"？玛湖凹陷斜坡区的勘探工作该何去何从？

围绕"玛湖勘探能不能再干下去了"这个战略性选择，在新疆油田的勘探家之间有两种主流观点，一种观点认为需要及时收手，另谋场面；另一种观点主张坚持下去，必有收获。勘探领导小组决定，要开展更为全面、细致的研究工作，尤其要加强地质工程一体化研究。为此，玛湖勘探团队进行了历时 8 个月的 7 次全面论证。最终认为，部署玛 13 井在地质认识上是正确的，之所以没有获得预期效果，是因为针对这类低渗透砾岩油藏缺乏适应性的增产改造技术，只要压裂工艺对路，就能大幅提产，玛湖勘探值得继续探索。

通过地质工程一体化综合研究及对长庆油田低渗储层改造工艺调研后认为，百口泉组应具有较大的提产空间。因此时隔一年之后，在玛 13 井下倾部位有利相带部署玛 131 井，并采用二次加砂工艺，终获突破。

玛 131 井于 2011 年 8 月 16 日开钻，2011 年 10 月 20 日完钻。钻至百口泉组二段时，岩屑干照荧光 2%～5%，乳黄色，中发光，系列对比 9～11 级，乳黄色。在井段 3186.33～3192.76m 取心，获 6.43m 油斑级岩心，在 3183.00～3208.00m 钻进过程中出口钻井液 1.26↓1.25g/cm³、黏度 48↑54s、电导率 76.87↓75.30mS/cm，气测全烃 0.0228%↑1.9054%，组分出至 nC_5；气测解释为油层。

完钻后地质综合解释三叠系百口泉组二段 3186～3200m 砾岩为油层，有效孔隙度 6.9%～10.2%，渗透率 0.6～5.8mD。2012 年 2 月 29 日射孔射后无显示。针对储层结构特点（图 3-15），决定采取二次加砂新工艺，通过提高支撑剂在储层上部有效支撑、增加缝宽提高导流能力（图 3-16），从而提高砾岩储层产量。2012 年 3 月 5 日进行第一次压裂，总用水基瓜尔胶压裂液 351m³，加砂比 13%。随后进行第二次压裂，总用瓜尔胶压裂液 363m³，加砂比 14.3%。

2012 年 3 月，玛 131 井获稳产工业油流。压力、产量稳定，日产油 11.1m³，试油期间累计产油 590.4m³（图 3-17），成了一口名副其实的春雷井，由此拉开了玛湖凹陷斜坡区大规模岩性油藏勘探的序幕。

第三章 准噶尔盆地玛湖砾岩特大油气田的发现

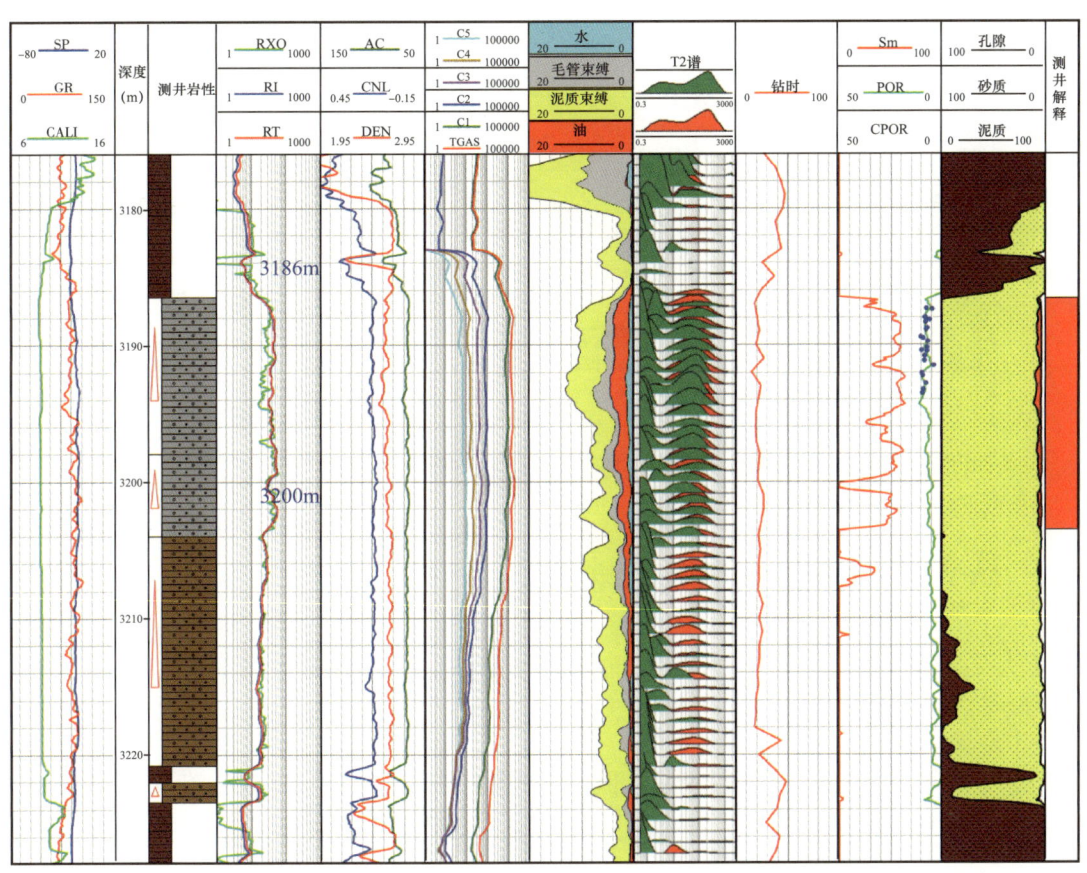

图 3-15 玛 131 井百口泉组二段测井综合解释成果图

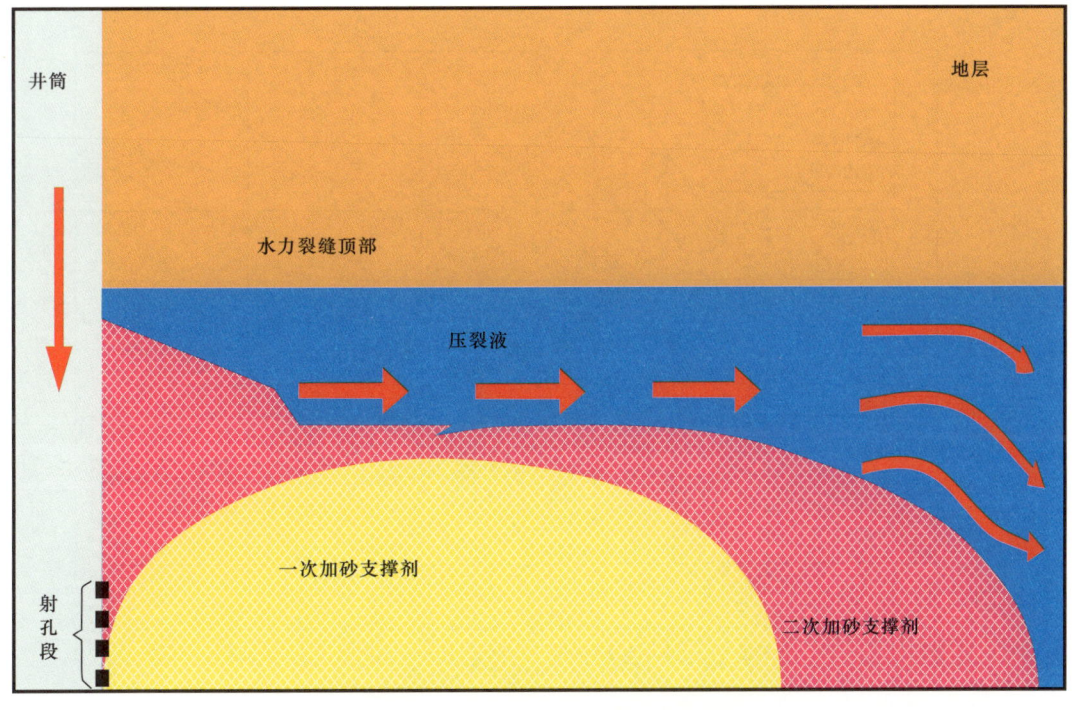

图 3-16 二次加砂工艺原理示意图

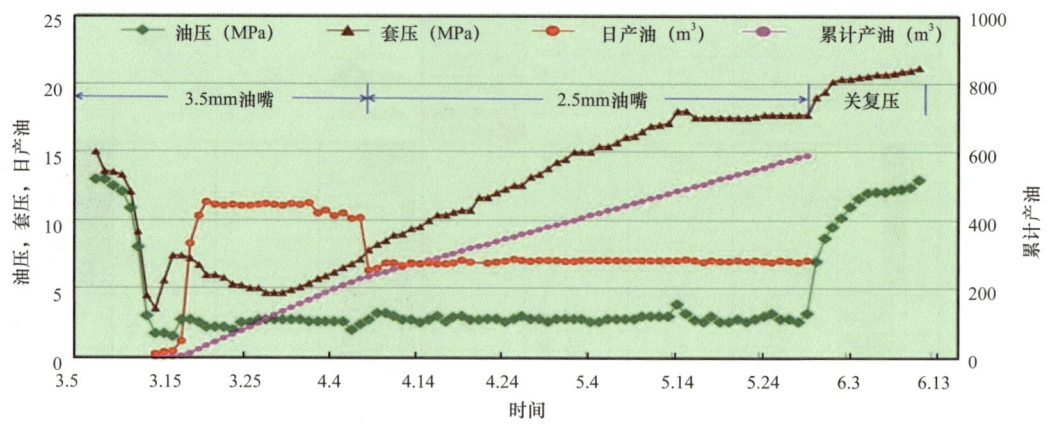

图 3-17　玛 131 井三叠系百口泉组二段试产曲线

三、认识大飞跃，自此天地宽

回过头来评价玛 131 井对玛湖大油区发现的意义，不亚于黑油山 1 号井对克拉玛依油田的意义。

玛 131 井突破后，其井电阻率明显低于原玛北油田建立的油层标准（图 3-18），于是重新厘定百口泉组油层标准，开展大面积老井复查工作，13 口老井重新测井解释，均解释出油层。优选具备试油条件风南 4 井和夏 7202 井老井恢复试油，均获工艺油流，同时甩开部署新井 4 口，均见良好油气显示（图 3-19）。

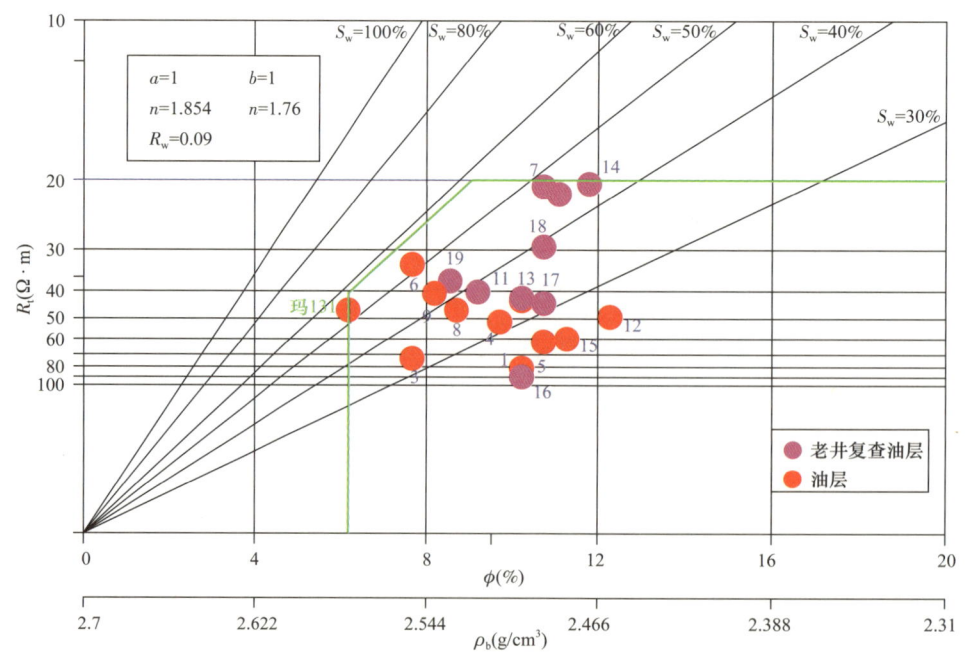

图 3-18　玛 131 井区油层图版

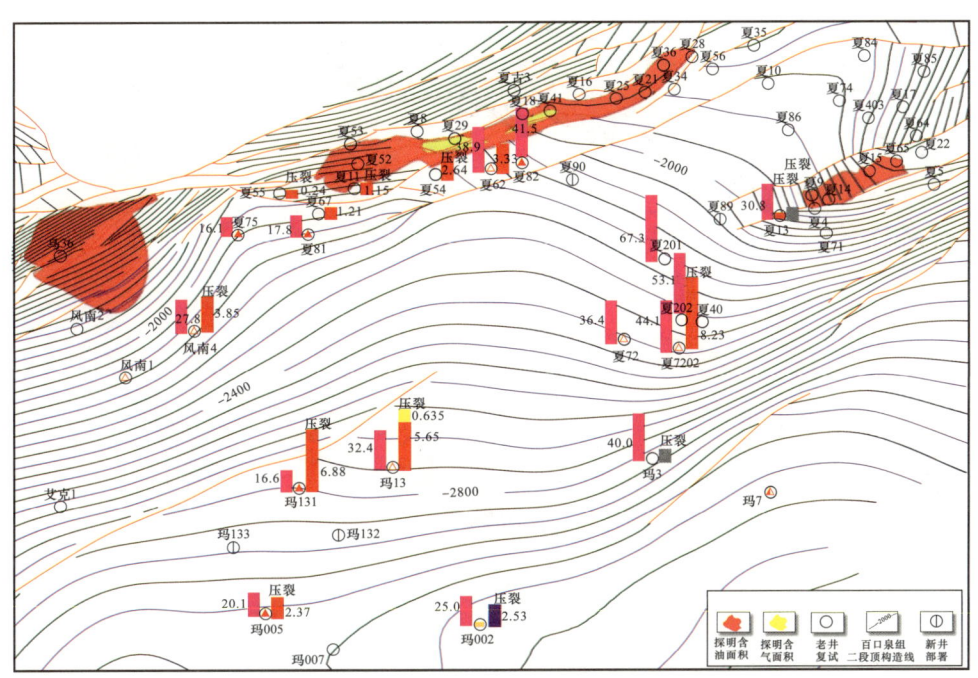

图 3-19　玛北斜坡三叠系百口泉组老井复试与新井部署图

以玛 131 井试获稳产工业油流为契机，老井复试多井见油，新井均钻遇油层。如此大面积的含油特征，大大超出了按照单个岩性圈闭进行勘探的初衷。那么，夏子街扇西翼难道是一种新模式——并非单个岩性圈闭，而是大面积成藏？

如果真是如此，那么，这将是地质认识的质变式的飞跃。于是，勘探家开始大胆构想大面积成藏新模式。

通过深入研究，认为具备大面积成藏三大条件：三面遮挡、良好顶底板、构造平缓且储层低渗透。形成这种认识具备了两个条件。一是三面遮挡：东侧以致密砂砾岩遮挡，西侧以泥岩分隔带遮挡，北侧断裂遮挡（图 3-20）；二是良好的顶底板：早期沉积的平原相褐色致密砂砾岩物性差，碎屑颗粒大小混杂，分选差，泥质杂基含量较高，孔隙度为 4.2%，渗透率为 0.208mD，构成良好底板；晚期百三段湖相泥岩广泛分布，且向凹陷区增厚，为良好顶板（图 3-21）。在这种认识基础上，提出了夏子街扇西翼可形成受扇体控制的大面积岩性油气藏。

2012 年 8 月，中国石油勘探与生产公司组织了乌鲁木齐召开了吉木萨尔致密油整体推进会，会上新疆油田汇报了玛湖凹陷夏子街扇体的勘探进展情况。勘探与生产公司主管领导认为，玛湖凹陷北斜坡具备大油气区形成的四大要素，油气区域性聚集、油气藏集群式叠置连片大面积分布，具备整体勘探的地质条件。按照大油气区整体勘探的思路，会议确定了整体部署方案：

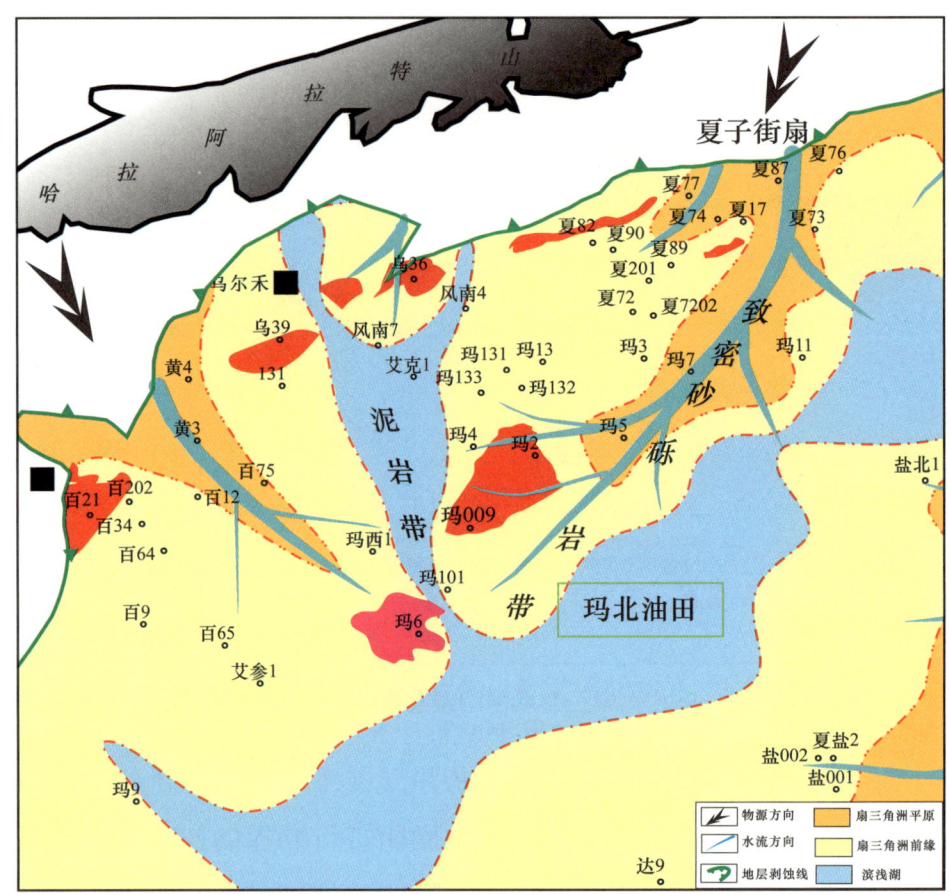

图 3-20 玛湖凹陷西—北斜坡百口泉组二段沉积体系分布图

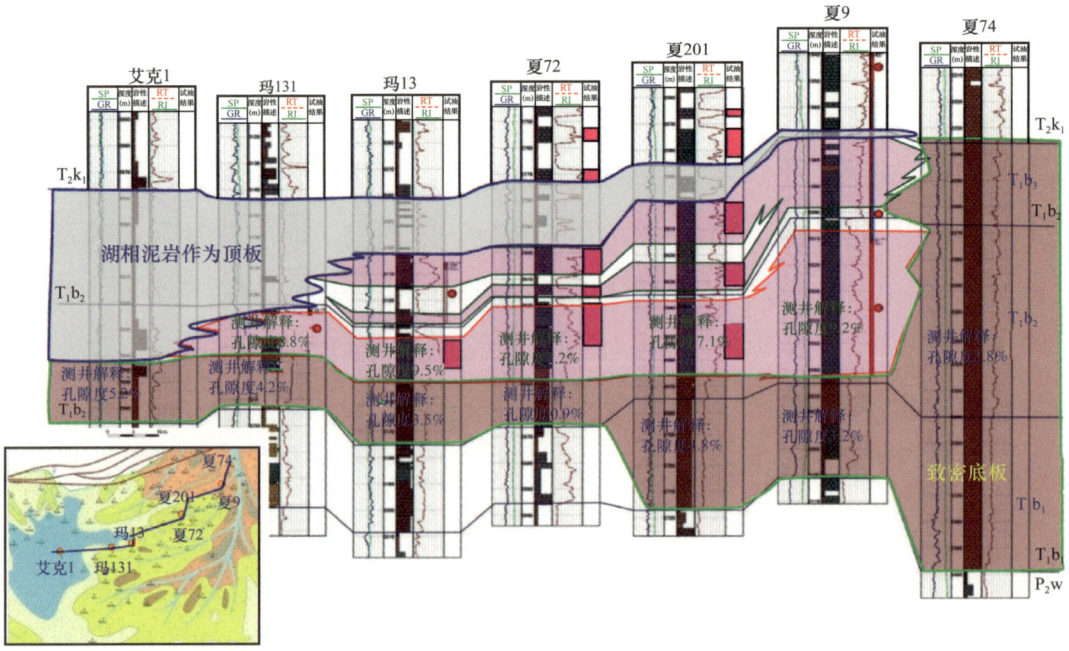

图 3-21 玛湖凹陷北斜坡三叠系百口泉组储盖组合连井对比图

（1）实施两块高精度三维地震800km²，优先实施玛131井区三维，为夏子街扇整体油藏评价及储量探明提供资料基础；（2）"直井控面，水平井提产"，一次性部署预探井8口，其中直井5口快速落实含油面积，并超前部署3口水平井，努力提高井产量，为储量有效开发提供依据。

2012年按整体含油申报预测储量$10567×10^4$t，但限于当时油藏中部井控程度不够，且三维属性显示含油性差，主管部门审查后，扣除中部含油面积，原本的亿吨级场面最终只提交了预测储量$7567×10^4$t。按照大面积含油模式，并借助二维地震资料分析，三维显示较差区域主要为受地表影响，非地下真实情况反映，由此推测中部应发育前缘相，且物性与含油气性更好，为此在三维弱振幅区部署玛15井（图3-22）。

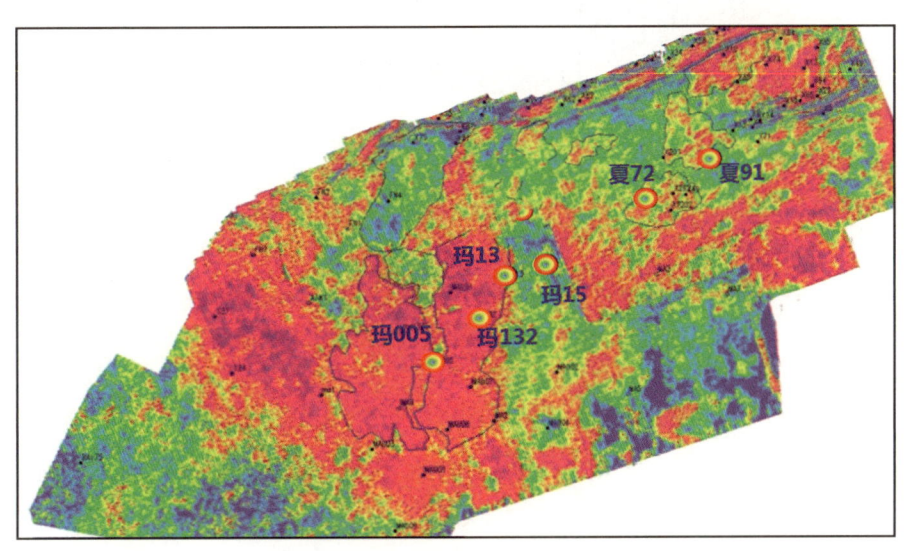

图3-22 玛北斜坡三叠系百口泉组二段振幅属性平面图

2013年初，玛15井打响了新疆油田的第一声春雷，这是继2012年玛131井以来再战玛湖取得的第二个重要进展。玛15井获稳产工业油气流，日产油22.23m³，日产气2280m³，不仅实现了夏子街扇油藏南、北连片，而且进一步验证了大面积成藏认识，坚定了科研人员在玛湖凹陷斜坡区寻找大油气藏的信心。

在玛131井区整体探明的同时，上倾方向风南4井区按照前缘相大面积成藏认识整体布控，预探评价一体化拓展顺利，截至2014年，玛北斜坡整体落实探明石油地质储量$8013.03×10^4$t（图3-23）。

为加快储量整体落实的同时，在预探阶段就超前准备有效开发技术。相邻的玛北油田之所以二十多年一直未能有效动用，其中一个重要原因就是这类埋藏深度大、储层低渗透、非均质极强的油藏，用直井开发的方式难有效益可言。

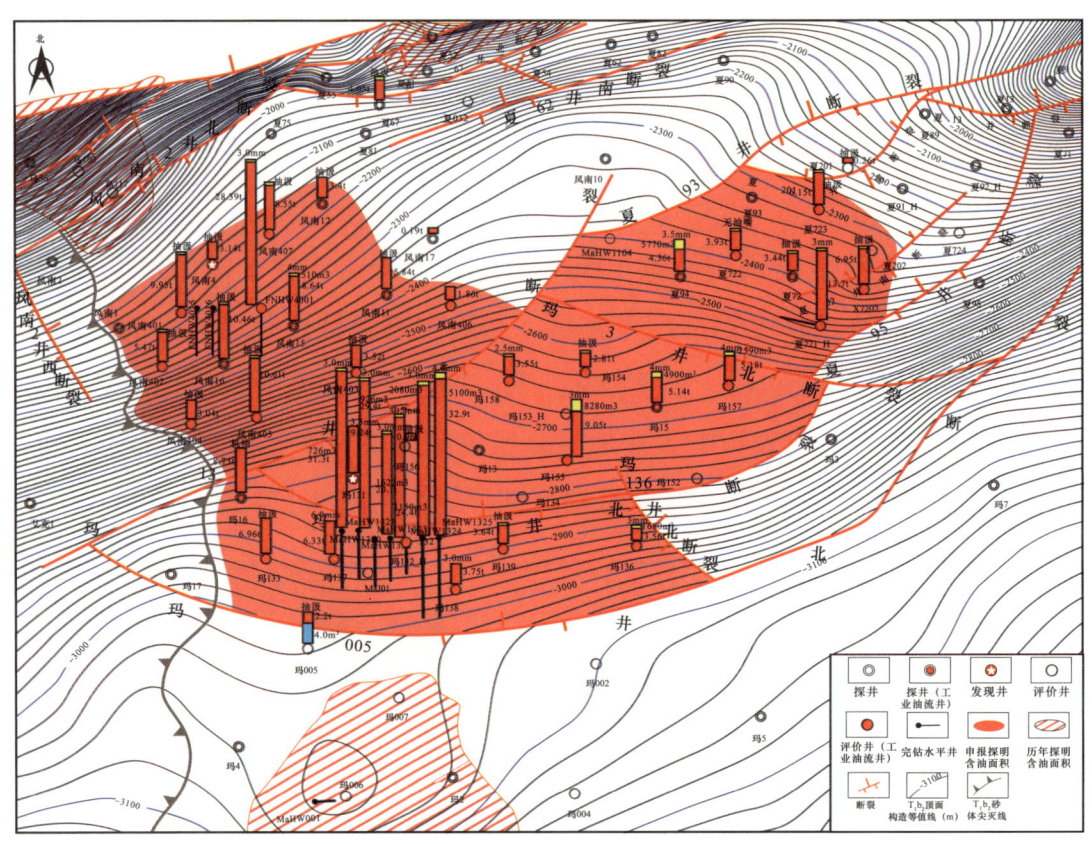

图 3-23 玛北斜坡三叠系百口泉组勘探成果图

因此，玛 131 井区的开发要借鉴致密油开发的理念，按照"水平井提产"的思路，超前部署玛 132_H、夏 91_H、夏 92_H 等三口水平井（图 3-24），提高单井产量，落实低渗砾岩油藏的开发潜力和有效动用方式。

这 3 口水平井通过分段压裂提产均获成功，不仅突破了工业油流关，而且实现了相对高产和持续稳产。以玛 132_H 为例：该井于 2012 年 8 月 9 日开钻，2013 年 3 月 29 日完钻，完钻井深 4333m。钻井过程中在目的层 T_1b_2 见良好油气显示，共取心 3 筒，最高含油级别均达到油斑级。其中第二筒岩心为灰色油斑砂砾岩，岩心表断面见褐色原油，油气味淡，油质中，油脂感弱，微染手，含油面积 10%～40%，含油不饱满，呈斑块状不均匀分布，滴水缓渗－不渗。3257～3264m、3266～3286m 气测异常，气测、电测解释均为油层。

2013 年 9 月采用二次加砂＋高黏液体系＋纤维携砂，水平井长度 788m，12 段压裂总用液 5659.2m³，加陶粒 672.9m³，3.5mm 油嘴试油，最高日产油 40.5m³；截至 2017 年，3.5mm 油嘴试油，平均日产油 15.8m³，油压 3.5MPa，累计产油 13872t，目前该井仍在自喷（图 3-25）。

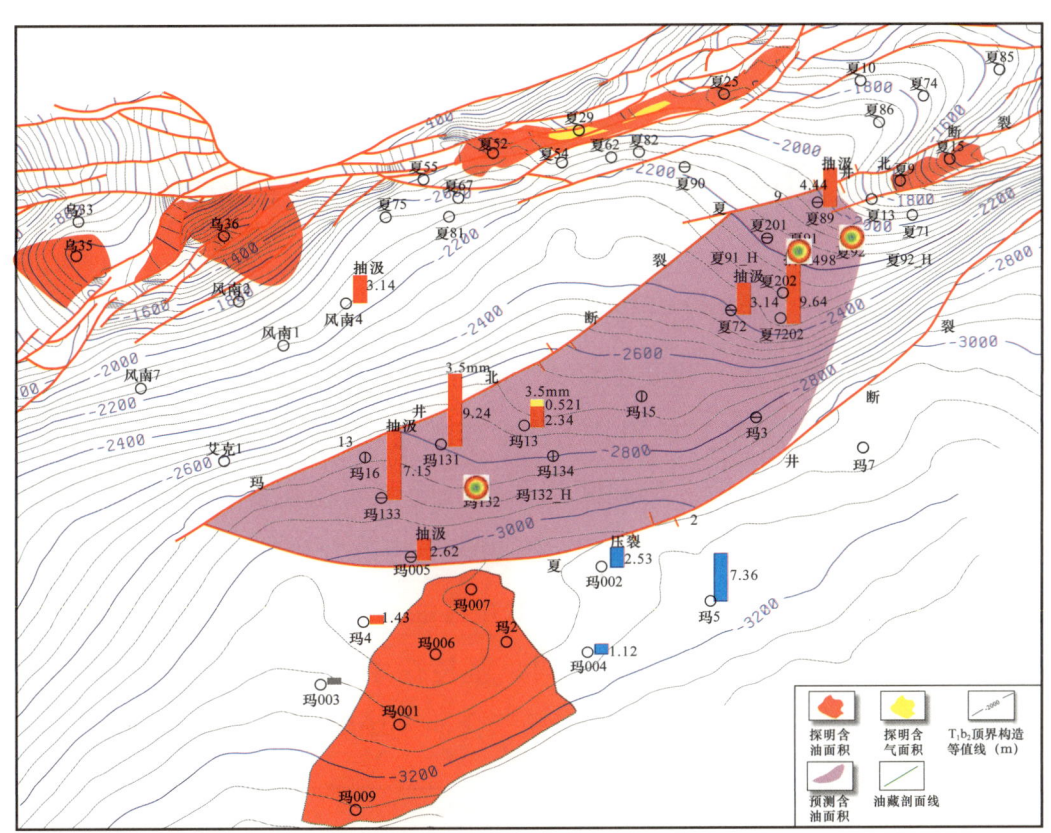

图 3-24　玛北斜坡三叠系百口泉组二段勘探成果图

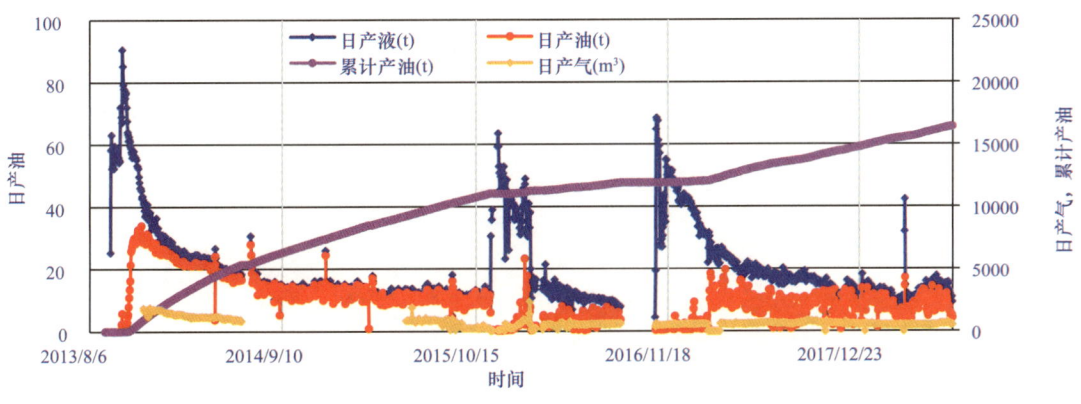

图 3-25　玛 132_H 井水平井试采曲线

自此，玛北斜坡成为了玛湖凹陷斜坡区的第一个亿吨级规模储量区，突破夏子街扇，也成为了再战玛湖的第一次战役——首战告捷的战役。

回过头来对照"三大认识误区"和"三大技术桎梏"，玛北斜坡之战，首先解决了目标和方向的问题，即从构造到岩性；第二，凹陷区也可发育规模砾岩储集体；第三，源、储分离可以规模成藏，此类低渗透砾岩油藏也具备有效开发的潜力。

接下来，地质勘探人员将开辟更为广阔的战场，力图全面揭开玛湖的真面目。

第三节 乘胜追击频报捷 北部喜现满凹油

尽管在玛北斜坡的夏子街扇干得非常漂亮,但一想起十几年前初次征战玛湖初战告捷时就泛起的势如破竹的错觉,地质勘探人员谁都不敢过于乐观。看来,我国科技工作者沉稳严谨的作风,是在求真务实的科技工作中养成的。

玛北斜坡夏子街扇突破之后,玛湖凹陷西斜坡的黄羊泉扇和克拉玛依扇成为了下一步甩开拓展的重要领域。从2012年到2016年期间,相继发现黄羊泉扇玛18井区高效储量、艾湖2井区规模储量、克拉玛依扇玛湖1井区油藏,与玛北斜坡夏子街扇油藏共同构成玛湖凹陷西斜坡百里新油区。与此同时,坚持探索玛东斜坡、甩开探索玛中平台,均获重大突破,玛湖凹陷北部百口泉组展现满凹含油大场面(图3-26)。

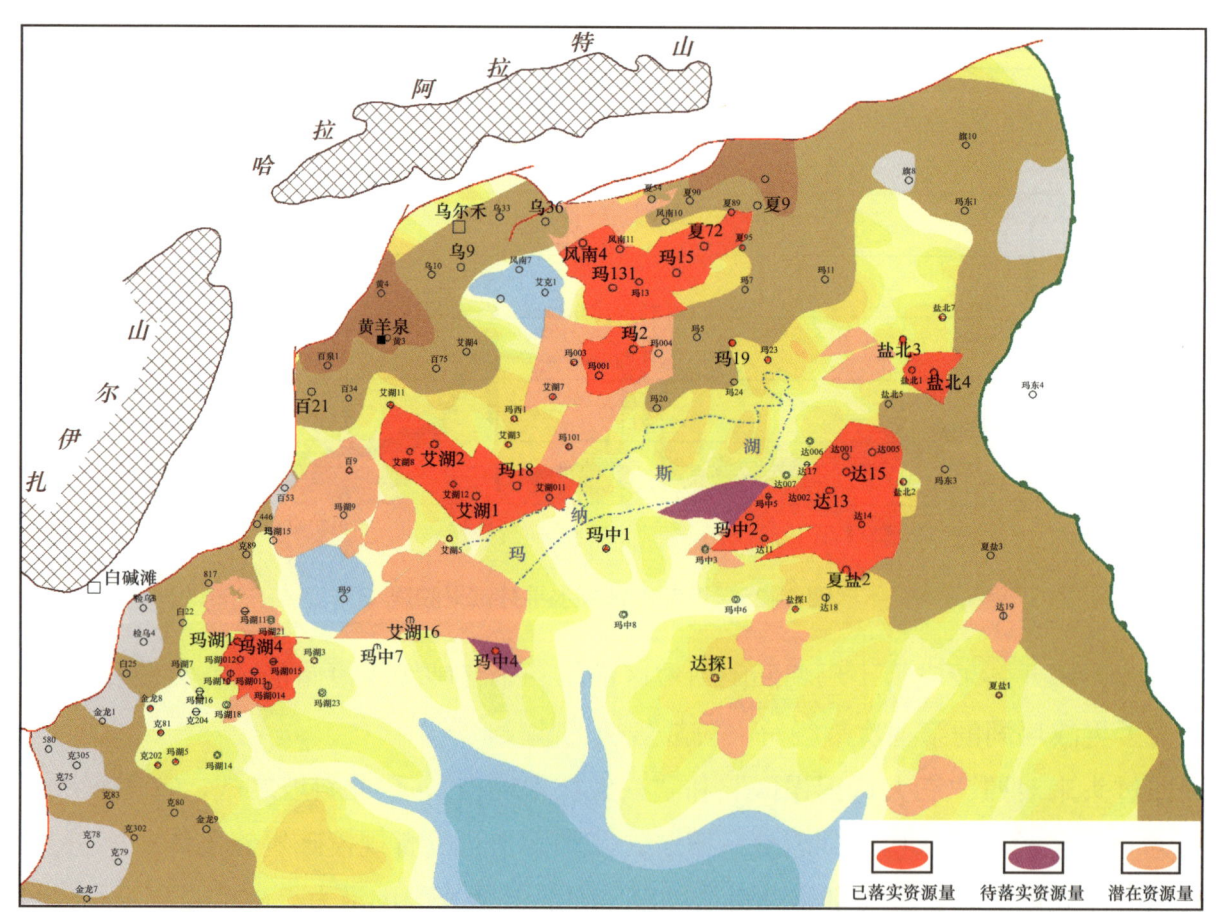

图3-26 玛湖凹陷三叠系百口泉组勘探成果图(2018年)

一、玛西斩双新，斜坡藏"肥肉"

从1956年克拉玛依油田呱呱落地之时，"撒大网，捞大鱼"的十条大剖面基本整体解剖了西北缘断裂带。但是，这个"基本"所蕴含的意思是：在黄羊泉地区是一个空白，这导致断裂带在这里其实是"断裂"的。玛西斜坡区黄羊泉扇自1957年百口泉油田发现以来，历经半个世纪都没有实质性突破。2012年借鉴玛北斜坡区前缘相大面积含油地质认识，重新解剖黄羊泉扇，认为其具备与玛北相似的"三面遮挡"成藏背景（图3-27），其久攻不克的原因是当时以构造勘探的思路，探井主要部署于百口泉鼻隆的轴部，构造岩相不匹配，所有探井均处于主槽的泥石流致密遮挡带，而前缘相带有利区近600km²无井钻探，勘探潜力巨大。

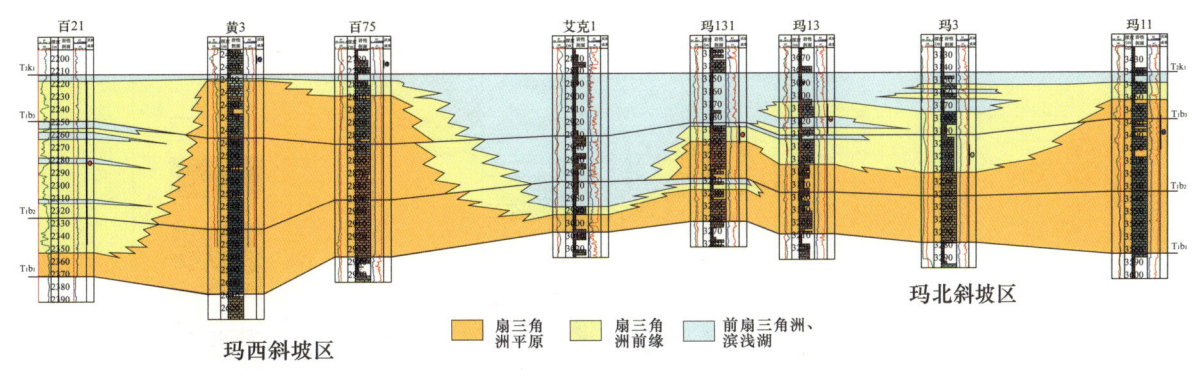

图3-27　玛西—玛北斜坡区三叠系百口泉组沉积相对比图

在这种认识的指导下，2012年在黄羊泉扇南翼前缘相带部署玛西1风险探井，主探三叠系百口泉组。因需兼顾乌尔禾组四段地层尖灭圈闭，将井点上移至尖灭线附近，致使该井三叠系百口泉组未钻遇前缘有利相带，虽然油气显示活跃，但主要目的层位于过渡相，物性差，有效孔隙度3.1%～9.4%，渗透率0.02～2.9mD。虽然仅获0.27t的低产油流，但证实了该区成藏不存在问题，只要钻遇有利相带优质储层，就一定能够得手！

2012年11月8日，新疆油田通过玛西1井岩相和地震相分析，重新刻画相带边界，优选坡折带之下平台区前缘相带有利区又部署了一口探井。这一天恰逢党的十八大隆重开幕，为了庆祝党的十八大胜利召开，将原定的"玛西2"的井号改为了玛18井（图3-28）。

玛18井百口泉组测井解释油层9层，累计厚度33.2m，差油层5层，累计厚度17.7m，油层平均孔隙度13.5%，平均渗透率6.2mD（图3-29）。

2013年10月，勘探家寄予厚望的玛18井传来喜讯，三叠系百口泉组压裂最高日产油58.3m³。玛西斜坡首个高产高效油藏由此诞生。

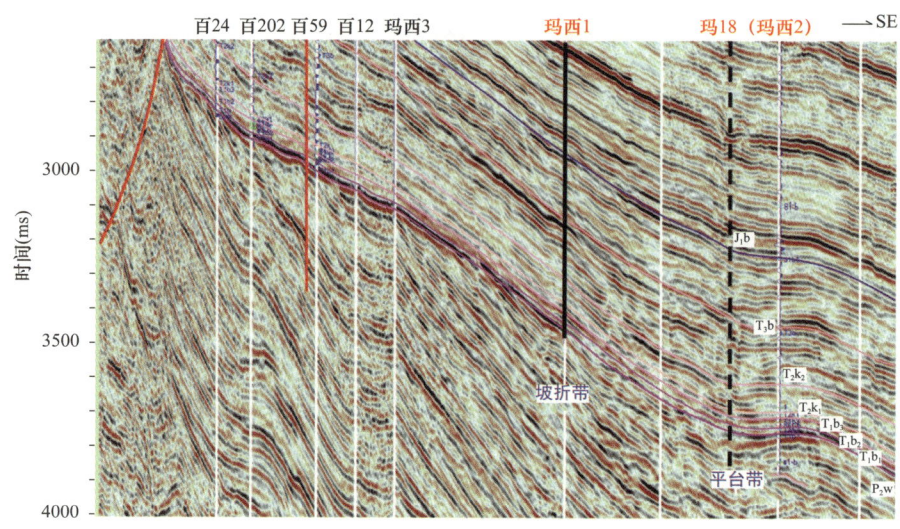

图 3-28 过玛 18 井地震地质解释剖面

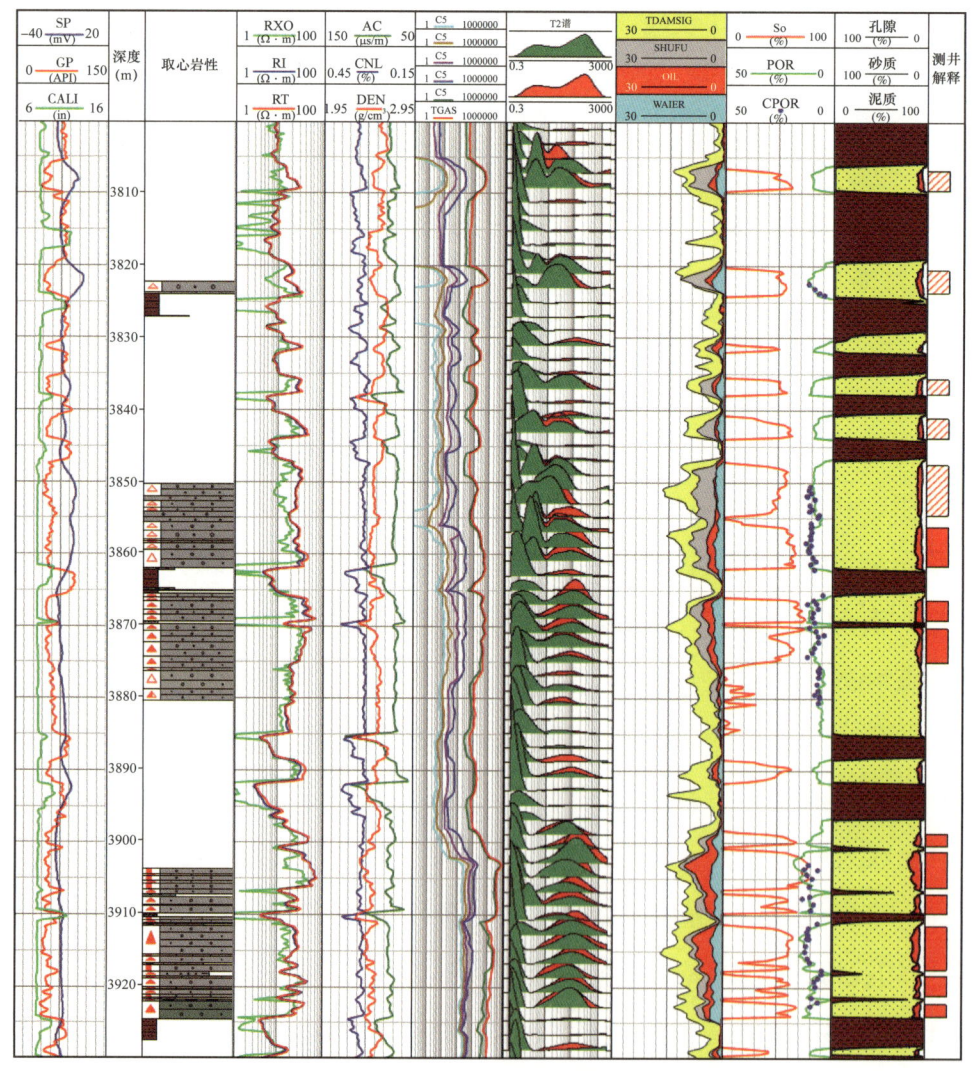

图 3-29 玛 18 井测井综合解释成果图

玛18井在3898～3920m试获高产工业油流，突破了前期认为砾岩储层有效埋深在3500m以浅的认识，证实了三叠系百口泉组贫泥砾岩发育深埋优质储层。随后的酸溶模拟实验，发现在深埋条件下由于地温升高，贫泥砾岩中的长石可大量溶蚀，泥质含量对溶蚀孔发育有明显控制作用（图3-30）。由于玛湖凹陷斜坡区主体埋深均大于3500m，储层"死亡线"的认识突破，在横向和纵向上都极大拓展了玛湖凹陷的有利勘探空间，凹陷区贫泥前缘相带挣脱了有效埋深的桎梏，由此"满凹含油"的构想开始萌发。

玛18井突破之后，为控制坡下玛18井区高压高效油藏、探索坡上常压规模领域，快速整体落实规模高效储量，勘探评价一体化整体部署14口井（图3-31）。其中，坡下10口井，坡上4口井，实现效益储量区整体快速控制，加快规模储量区建产步伐。

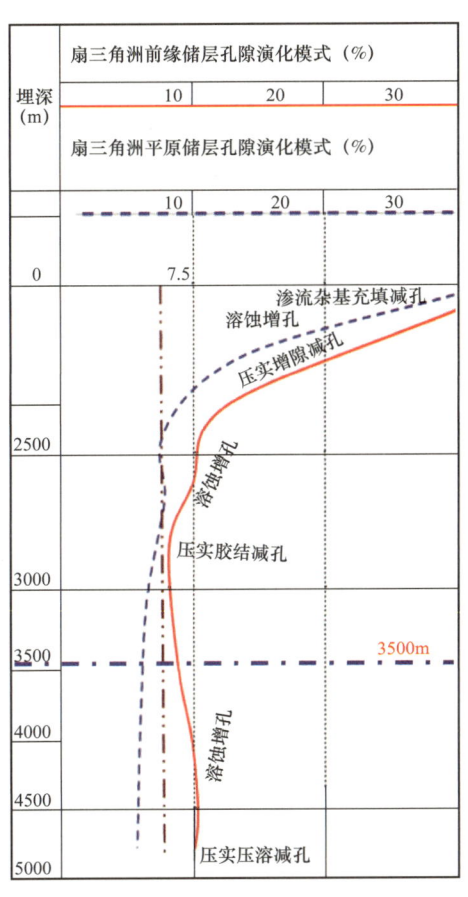

图3-30 玛湖凹陷不同相带砾岩储层演化模式对比图

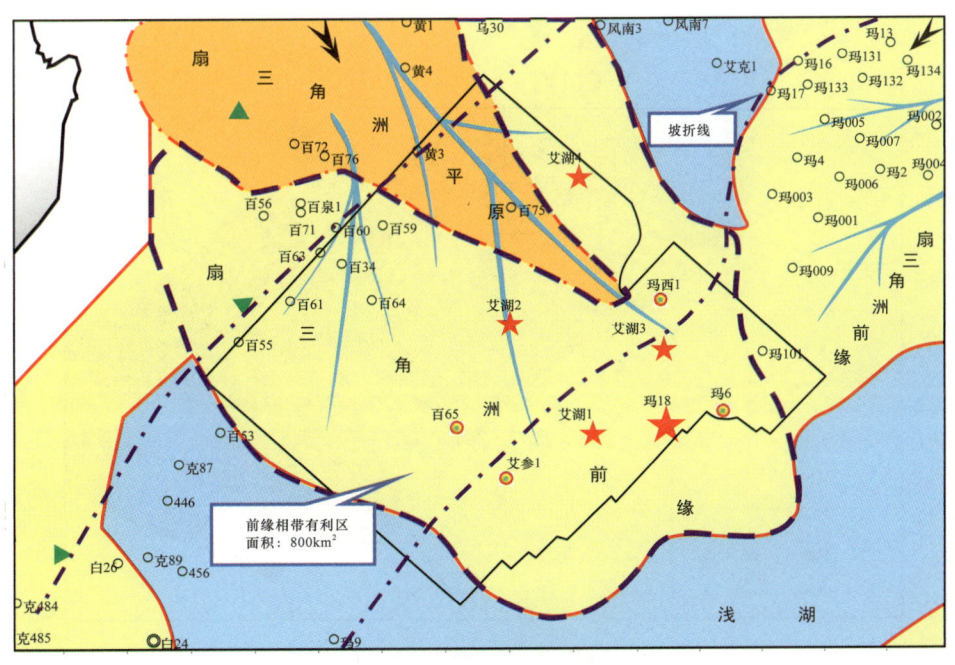

图3-31 玛西斜坡区勘探整体部署图（2014年）

2014年10月，坡下玛18井区获工业油流7井9层，未经预测直接上交控制储量$8477×10^4$t，含油面积99.8km²；2015年12月，上交探明储量$5947×10^4$t，含油面积82.04km²（图3-32a）；2016年坡上艾湖2井区获工业油流5井5层，上交控制储量$3128×10^4$t，含油面积82.6km²（图3-32b）；累计落实艾湖油田亿吨级规模储量。

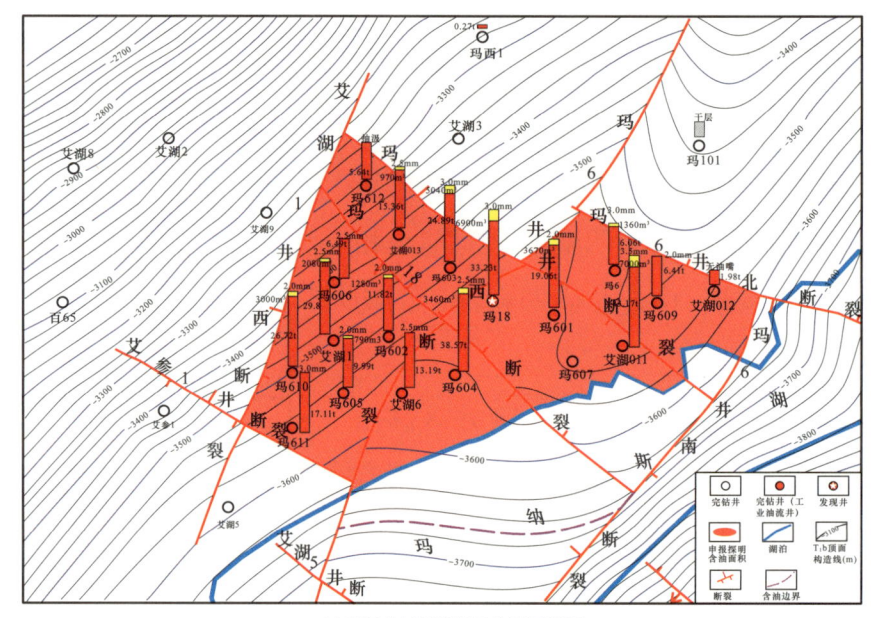

(a) 玛18井区探明储量含油面积图

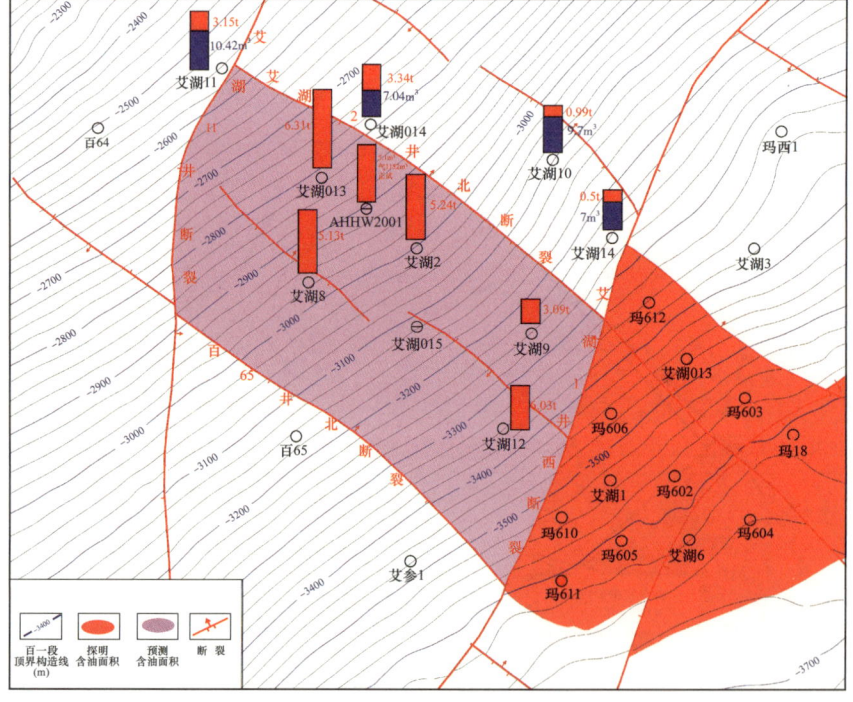

(b) 艾湖2井区控制储量含油面积图

图3-32 玛18井区与艾湖2井区含油面积图

艾湖油田是玛湖凹陷斜坡区第一块整装高效油藏，物性相对较好，孔隙度7%～15.3%；油层厚度最大达33m，且分布稳定；油藏压力高，压力系数1.55～1.72；单井产量最高，试油期间最高单井平均日产43.2t。截至2017年底，艾湖油田共部署开发水平井94口，新建产能75.87×10^{4}t。

二、尝蟹探玛南，新坊酿新酒

位于南部的克拉玛依扇，在其上倾部位的西北缘断裂带已发现八区亿吨级油藏，斜坡区多口井探索均未获成功，成为多年久攻不克的地区（图3-33）。

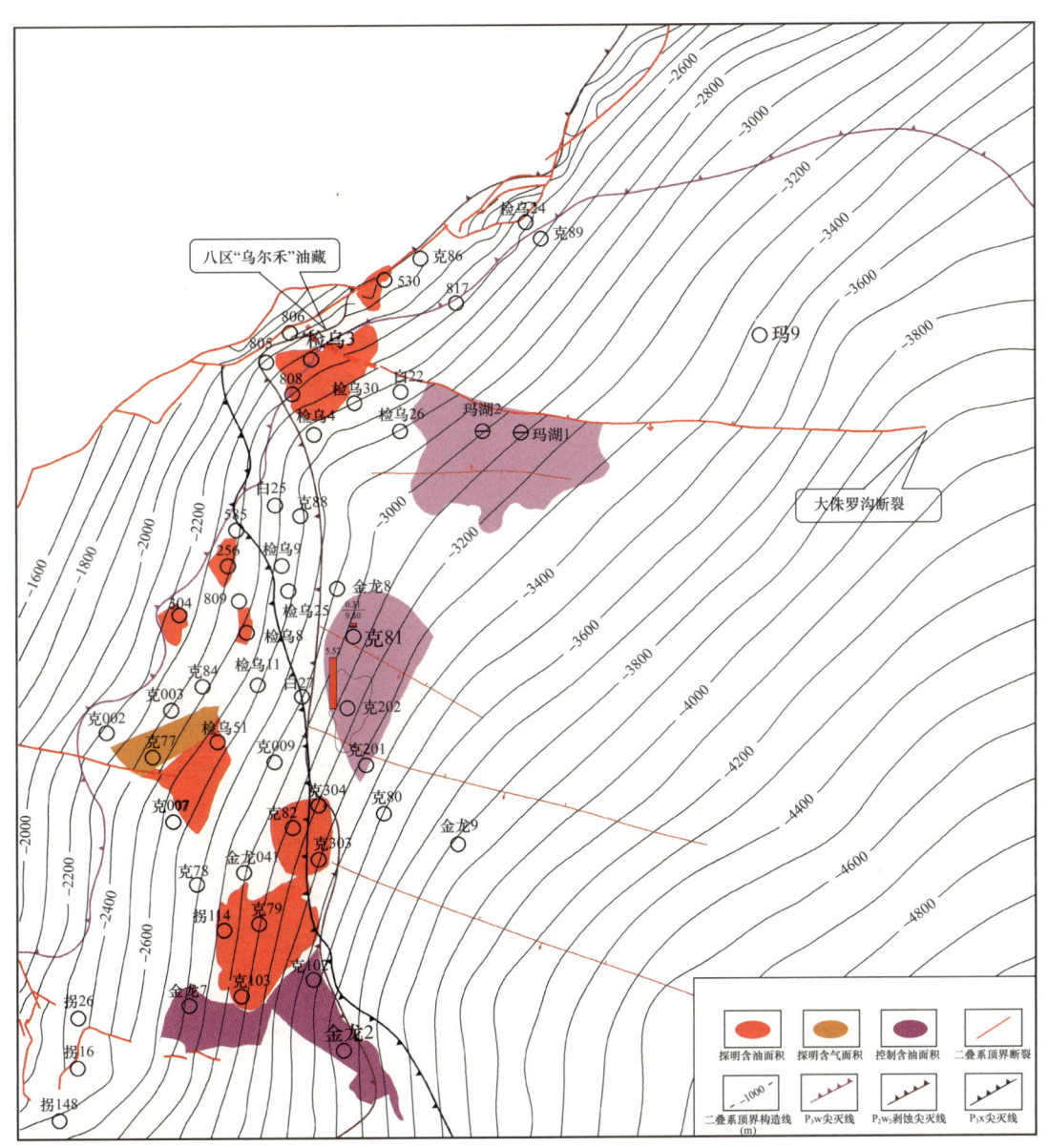

图3-33 玛湖南斜坡中上二叠统勘探成果图

长期以来,以岩性异常体为目标,在玛南地区的多口探索井均失利。此次通过深入系统研究,确定"二台阶"之下二叠系、三叠系同样发育与八区相似的大型地层超削带,并且存在东西向大侏罗沟走滑断裂,与南北向超削尖灭线形成系列断层地层圈闭,勘探潜力巨大。新疆油田组织相关单位开展缜密的研究工作,中国石油勘探与生产分公司组织专家进行了多次论证,最终2012年优选玛南斜坡区沿大侏罗沟断裂二台阶之下地层岩性目标部署风险井——玛湖1井(图3-34)。

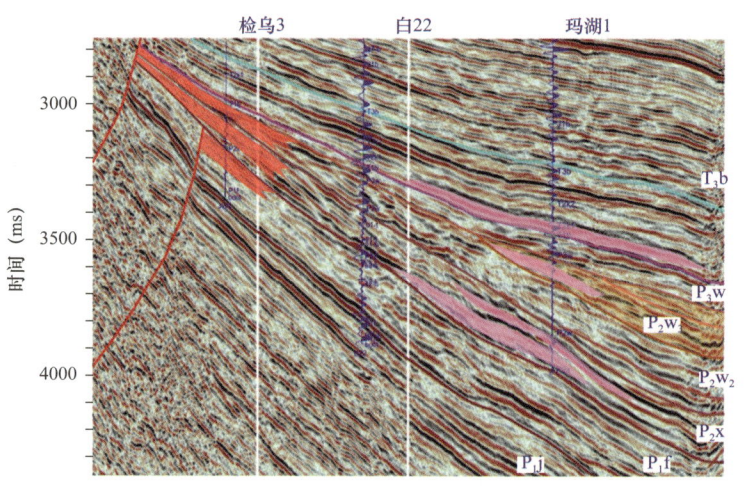

图3-34 过玛湖1井地震地质解释剖面

2013年4月玛湖1井百口泉组射孔,未经压裂即获日产 $38.64 \sim 58.59 m^3$、日产气 $0.205 \times 10^4 m^3$ 的高产工业油气流,成为斜坡区自然产量最高的直井。

虽然玛湖1井取得了重大突破,但是根据裂缝型储层的认识,大侏罗沟断裂带控藏控储,按断层-岩性目标,在玛湖1井地震显示同一砂体的上倾方向部署的玛湖2却井油水同出(图3-35),拓展勘探受挫;大面元地震资料难以反映砂体和油藏间关系。

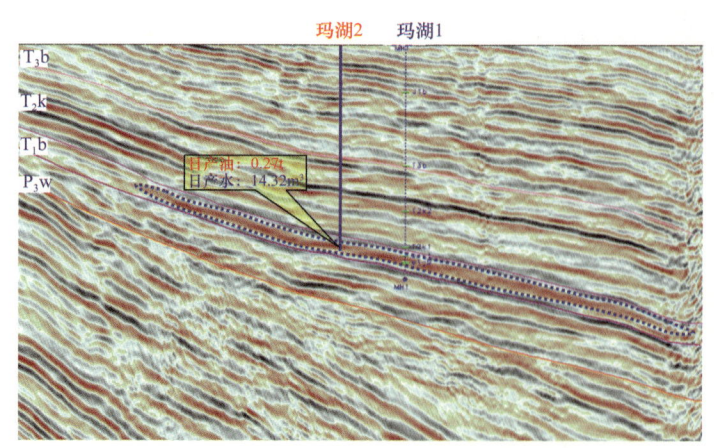

图3-35 过玛湖2-玛湖1井地震地质解释剖面

根据五大扇体大面积成藏及砾岩非均质性强的特点，为精细刻画扇体边界、岩性目标及落实走滑断裂，整体大面积部署高密度三维地震（图3-36）。

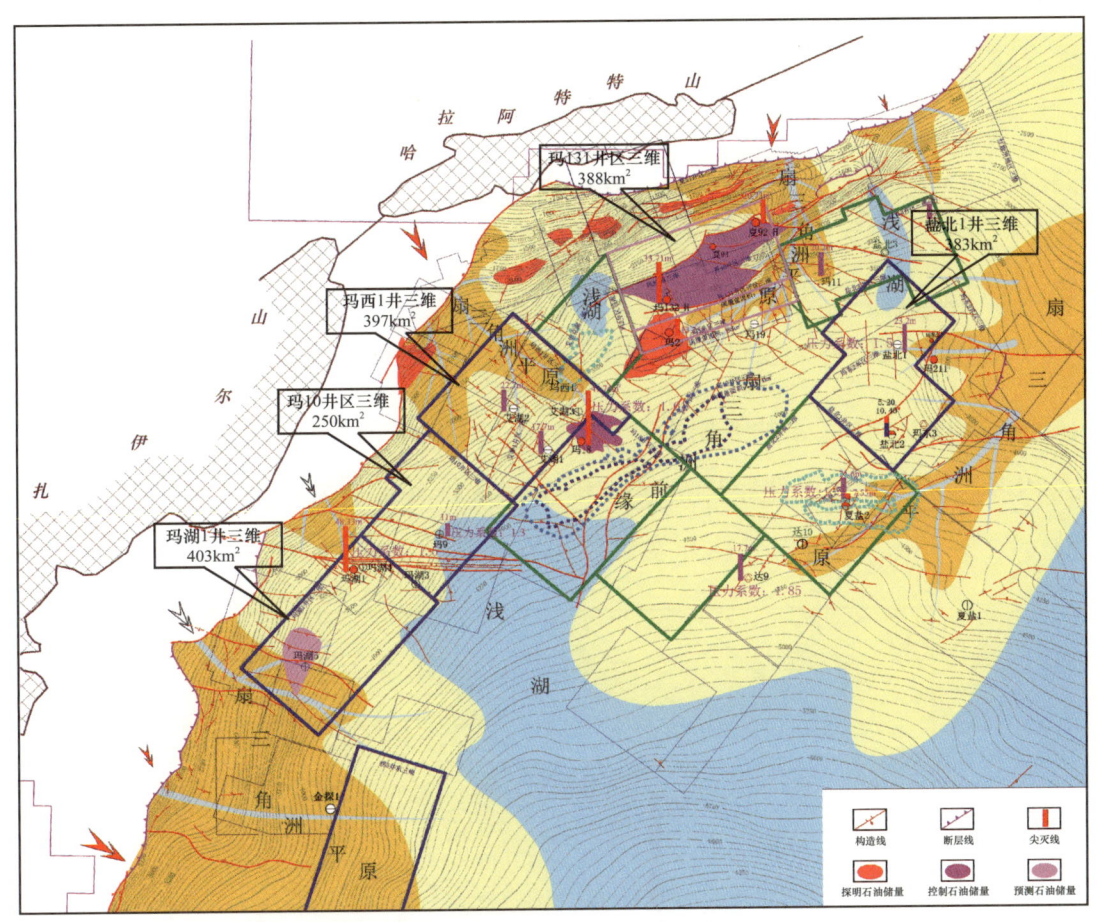

图3-36 玛湖凹陷高密度三维整体部署图（2013年）

按照"整体部署，分步实施"的原则，先后实施7块高密度三维，面积1821km^2，密度都大于170万道/km^2，玛131井三维首次突破800万道/km^2。

在高密度三维资料支撑下，重新认识油藏，发现克拉玛依扇前缘相多期砂体叠置连片，呈"一砂一藏"特征，非断块裂缝型油藏；跳出大侏罗沟走滑断裂，在玛湖1井下倾部位按照多期砂体控藏的思路部署玛湖012井（图3-37）。

2016年，按照前缘相多期砂体叠置岩性控藏模式所部署的玛湖012井获重要发现，3mm油嘴试油日产油16.5m^3，累计产油455.8m^3，油压、产量稳定，钻探证实了玛南斜坡区储层受相带控制，而非受裂缝控制。玛湖012井基质孔发育，核磁有效孔隙9.5%，渗透率10.17mD。在此认识的指导下，玛南斜坡区的勘探从围绕大侏罗沟断裂的裂缝型储层断块目标拓展至广大前缘相带控制下的"一砂一藏"叠置连片的岩性油藏规模勘探。

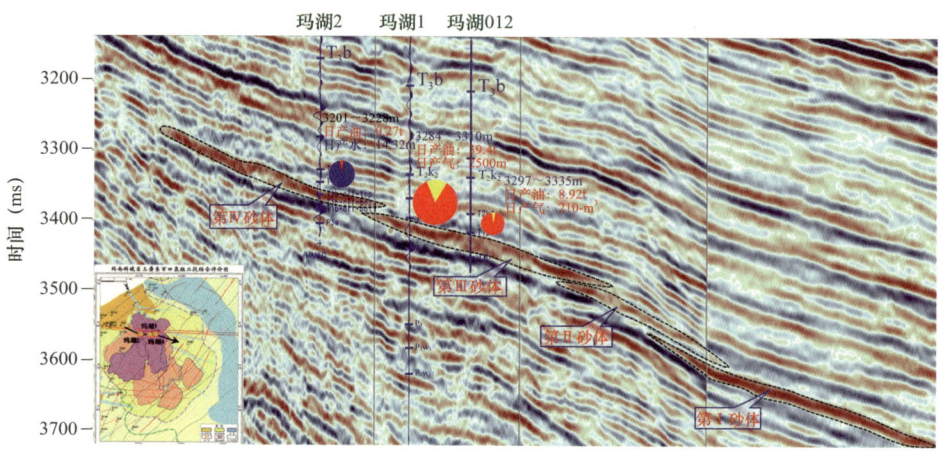

图 3-37　过玛湖 2—玛湖 1—玛湖 012 井地震地质解释剖面

2016年，玛湖1井区4井5层获工业油流；2017年预探评价一体化，按照"一砂一藏"模式和多层立体勘探思路整体部署，预探、评价各部署3口井，快速落实 3000×10^4 t 储量规模（图3-38），同时先导性开发试验也在紧锣密鼓的进行。

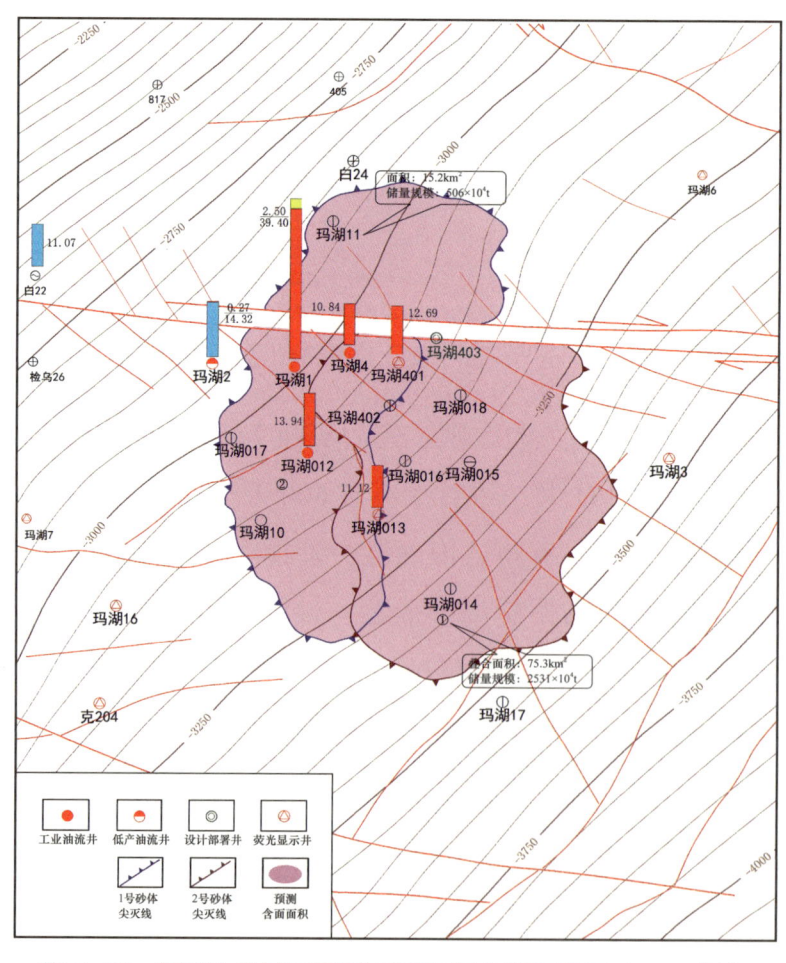

图 3-38　玛湖 1 井区三叠系百口泉组含油面积图（2017 年）

三、玛东异军起，比翼大场面

就在玛西斜坡百里油区逐步拓展与巩固的同时，玛东斜坡经过5年持续探索，2016年以扇控大面积成藏认识为指导，南部达巴松扇达13井首获重大突破，随后北部夏盐扇盐北4井又获工业油流，落实三级储量1.4×10^8t，又一百里新油区初步展现（图3-39）。

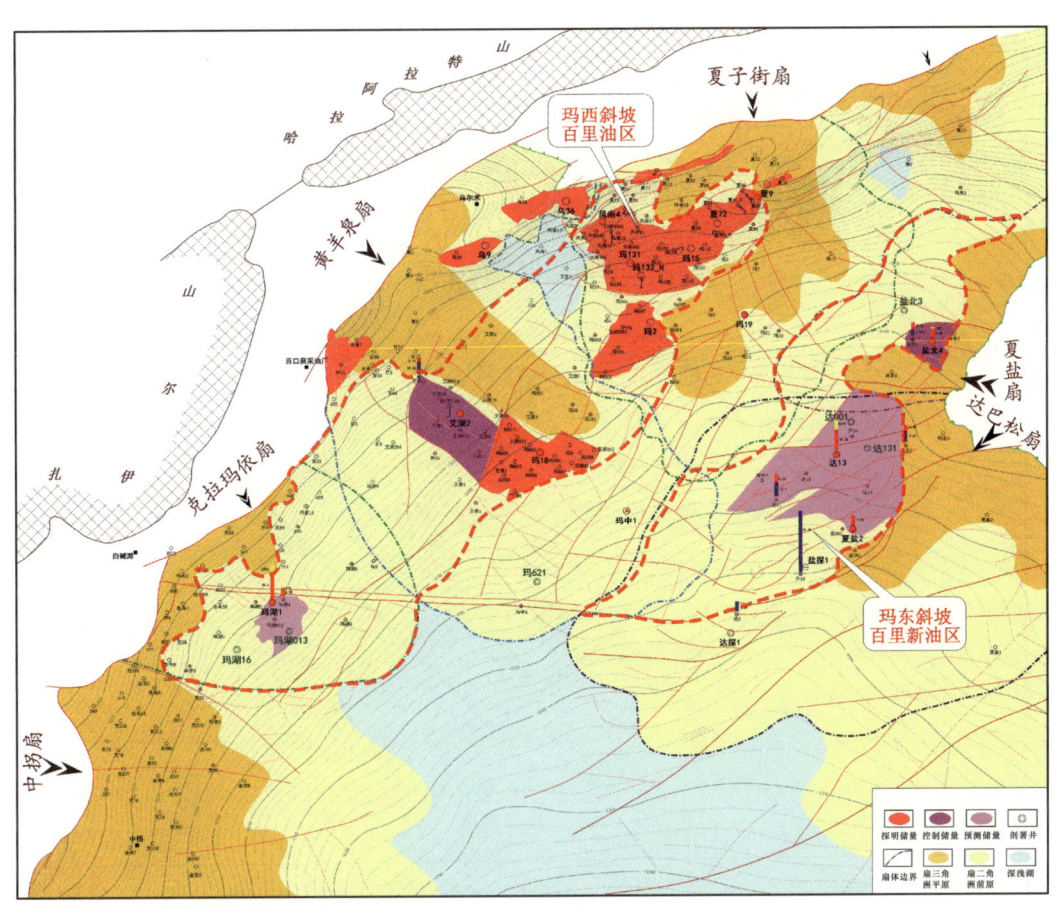

图3-39 玛湖凹陷三叠系百口泉组勘探成果图（2017年）

玛东斜坡区一直是勘探饱受争议的地区，特别是玛东2井发现之后，二十余年未获突破。针对该区的油气地质条件，一直存在两种观点。一种观点认为，玛东斜坡远离主力生烃区，油源条件不足，加至埋藏较深对其勘探潜力不可与玛西斜坡同日而语。另一种观点认为，玛东斜坡区长期位于油气运聚优势指向区，成藏条件优越，只要明确成藏主控因素，就能取得重大突破。

2012年，在中国石油股份有限公司主管领导关心下，新疆油田通过整体研究，重新认识，玛东斜坡区本身存在风城组烃源岩，发育大型地层超削带，为此，优选二叠系乌尔禾组地层超削带及玛东2鼻凸部署盐北1风险探井（图3-40）。

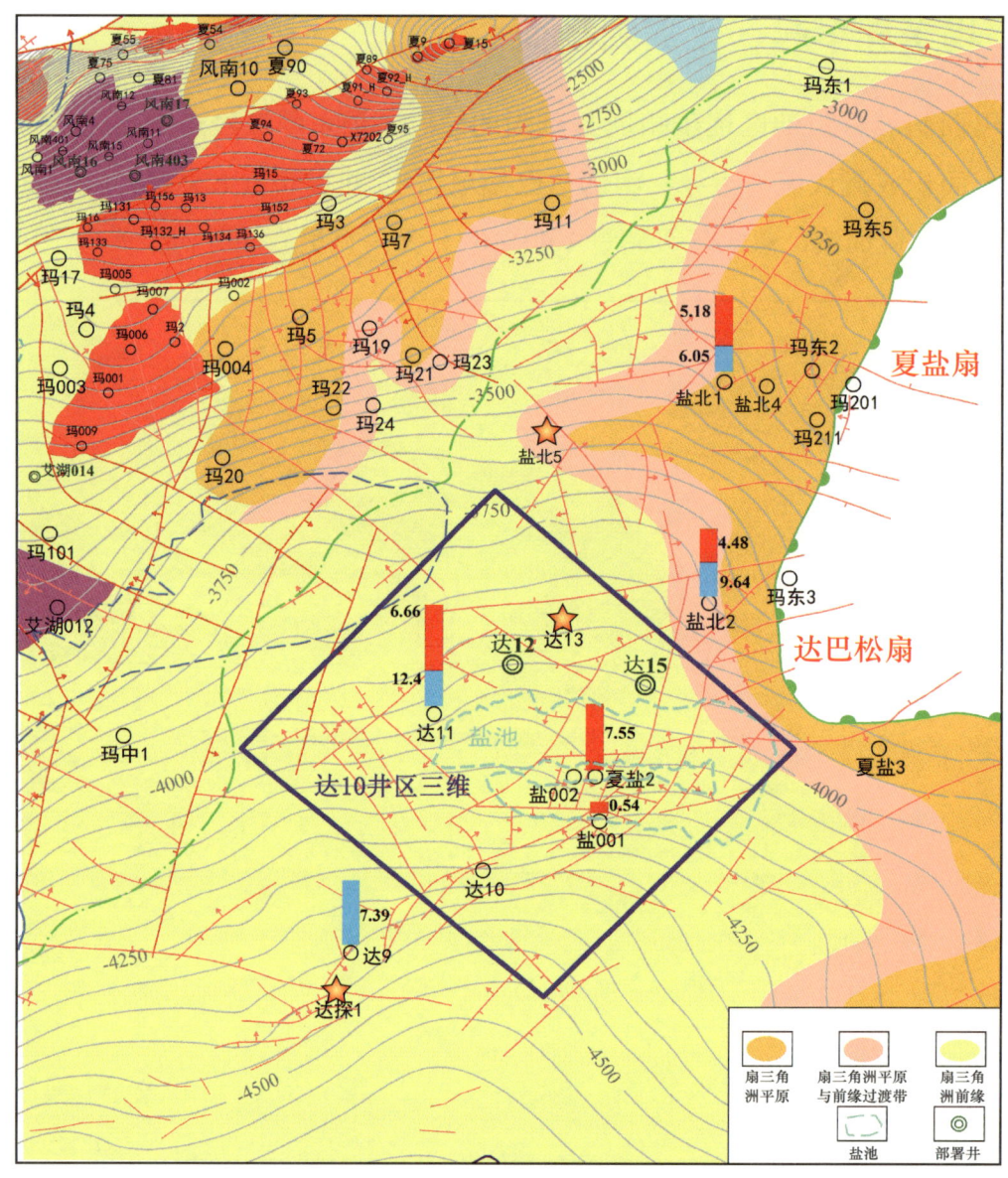

图 3-40 达 10 井区三维部署图

2013 年,盐北 1 井在乌尔禾组见良好油气显示的同时,百口泉组又见良好油气显示,但因处于过渡相带,储层物性较差,孔隙度 5.5%～10.2%,渗透率 0.1～1.2mD,试油为油水同层,压裂后日产油 5.18t。

随后围绕着预测前缘相带有利区相继钻探了达 9、达 10 和达 11 井。但受大面元资料所限,均未钻遇有利相带,先后失利。

进一步落实有利相带空间展布范围,按照玛西斜坡部署思路,2014 年在致密遮挡带南翼前缘相有利区部署达 10 井区高密度三维,落实多个钻探目标(图 3-40)。

2015 年优选达 1 井背斜圈闭,主探中下组合、兼探百口泉组部署风险探井达探 1 井

(图3-41），该井在石炭系、二叠系、三叠系和侏罗系均见良好油气显示，达探1井百口泉组钻遇有利相带，发现新油层，解决长期悬而未决了玛东斜坡是否是有利的油气运移指向区，同时也证实相带控制储层物性与含油气性，指明了相带精细刻画是下部玛东斜坡勘探研究的重点。

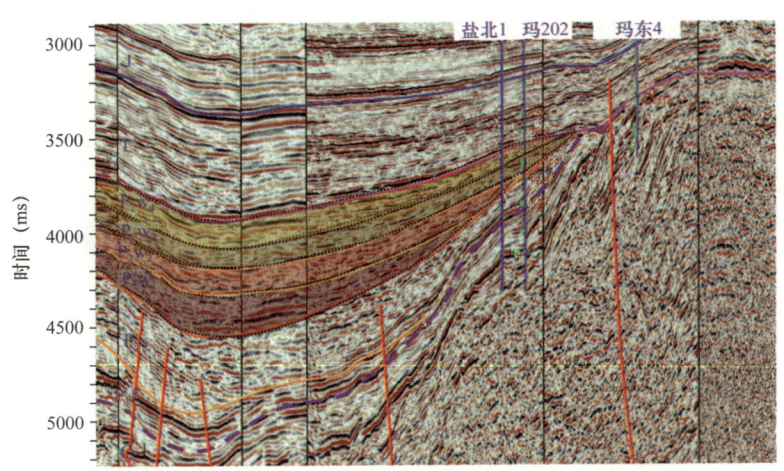

图3-41 过盐北1-玛202-玛东4地震地质解释剖面

在风险勘探的引领下，新疆油田公司于2015年7月在玛东斜坡北部前缘相带有利区部署了盐北4井，主探二叠系下乌尔禾组四段断层岩性圈闭，兼探三叠系百口泉组。该井在钻至三叠系百口泉组二段时见良好油气显示，密闭取心1筒，获油迹级岩心3.27m，密闭取心分析孔隙度8.6%～10.8%，平均9.3%，校正后含油饱和度平均32.7%。地质综合解释百口泉组二段油层5层20.5m。2016年5月针对百口泉组二段3691～3714m压裂试产，获日产5.68t的稳定产能，玛东斜坡区三叠系百口泉组迎来了第一缕曙光。

2016年，又针对下乌尔禾组岩性目标上钻盐北5井。

盐北5井全井段没有任何油气显示，但是科研人员却喜出望外。这是为什么呢？

因为通过盐北5井钻揭了百口泉组60米褐色块状富泥砾岩，证实玛东斜坡区与玛西斜坡相似，存在沿主槽分布的平原相致密岩性遮挡带（图3-42），具备三面遮挡大面积成藏条件，指明了在玛东斜坡区寻找大面积岩性油藏的方向和有利区。

2016年，玛东斜坡区新部署的达13井在三叠系百口泉组钻遇砂砾岩储层，有效孔隙度9.4%～14.1%，渗透率0.2～6.26mD。射孔后抽汲日产油3.5～7m³，压裂后2mm油嘴获稳定日产油15.06t，日产气3070m³的高产工业油流，最高日产油40.55m³。玛东斜坡几经波折，终于迎来重大突破。

达13井突破后，按照致密平原相遮挡、前缘相大面积成藏的勘探思路开展整体部署,达002、达17等井连获工业油流,北部百二段预计储量规模$5000×10^4t$,南部百一段储量规模$5000×10^4t$,展现新的亿吨级场面(图3-43)。

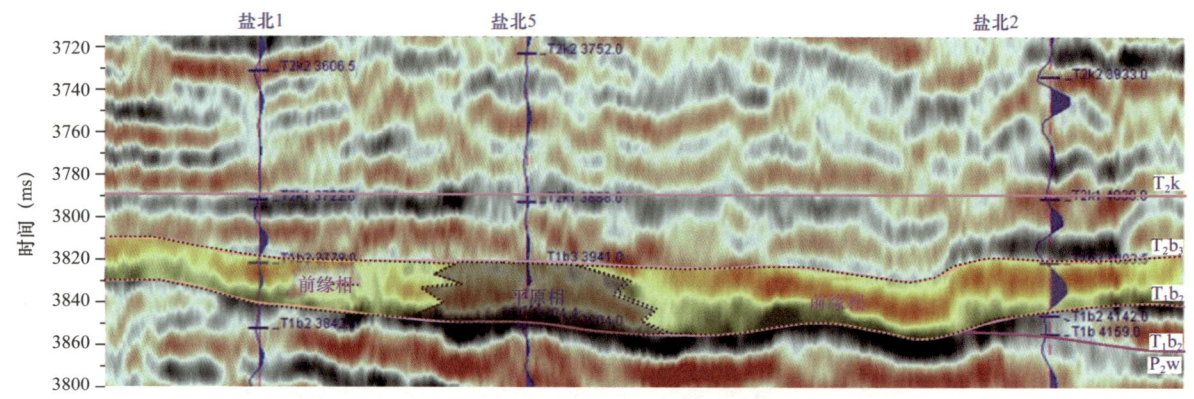

图3-42 过盐北1—盐北5—盐北2井地震地质解释剖面(百口泉组顶界拉平)

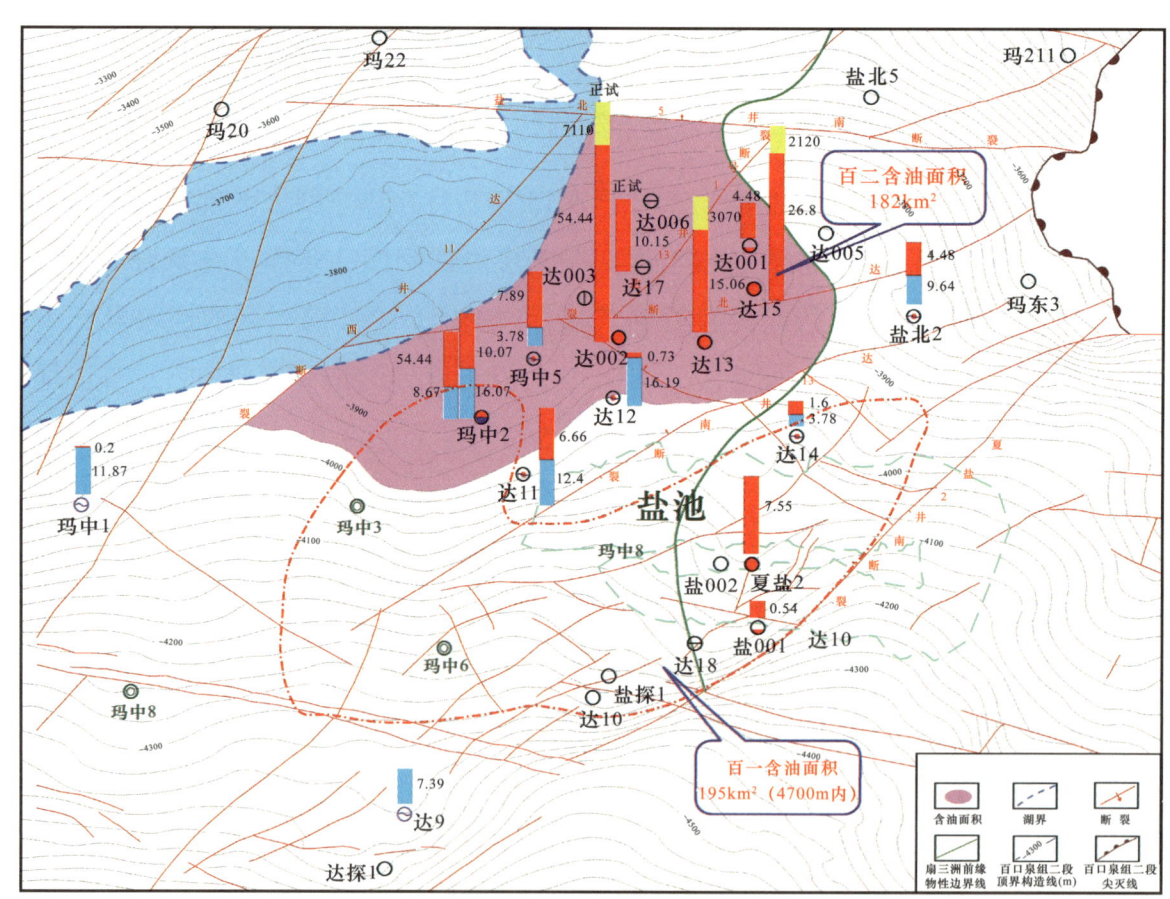

图3-43 达13井区三叠系百口泉组含油面积图

勇于探索是实现勘探新区勘探大突破的关键,对于宏观成藏条件认识清楚但目标落实程度低,储层存在风险的低勘探新区,坚定地下有油的信念,以宏观成藏地质理论为指导，在强化区域成藏背景的基础上，构建不同类型的成藏模式，选准突破口，通过风险井部署验证地质认识，带动预探部署，推动技术进步。

四、玛中织连理，北部满凹油

自从2005年再战玛湖之始，中国石油就是把玛湖凹陷斜坡区当作一整盘棋在谋划——不是强调战术风格和招招见血的象棋，而是更注重通盘布局、重点突破、子子呼应、协同作战的围棋。

通过五六年的布局、起势、博弈，玛西百里新油区和玛东百里新油区已成"黑方大势"，若从空中鸟瞰，"金角银边"已占大半江山。不过，"草肚皮"仍是一片白区。

玛中地区果真是空空如也的"草肚皮"吗？

2016年，突破砾岩沿盆缘分布的经典沉积学理论，依照满凹含砾和满凹含油整体构想，南北甩开部署玛中2井、玛中4井（图3-44），两口井均在百口泉组试获工业油流，同时在二叠系下乌尔禾组和三叠系白碱滩组发现新油层，展现出玛湖凹陷多层系立体成藏、满凹含油大场面。

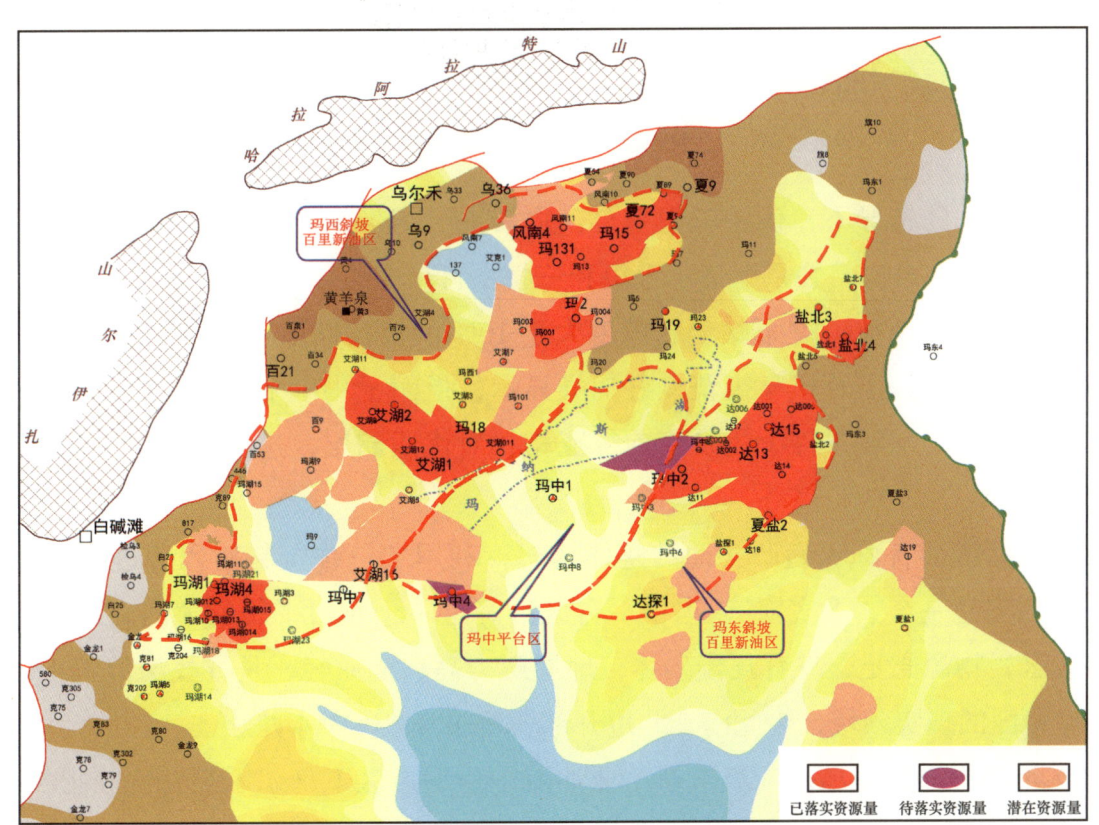

图3-44　玛湖凹陷三叠系百口泉组勘探成果图（2017年）

以玛中2井为例，玛中2井于2016年11月6日开钻，2016年12月1日完钻，完钻层位为二叠系下乌尔禾组。该井钻进过程中在三叠系百口泉组见明显气测异常，最高TG 4693mg/L，组分出至C_5。4207.8m测后效，TG 1375↑18969mg/L，槽面见星点状优化，占槽面的1%。百口泉组二段岩心出筒时油气味浓，柱面见斑块状浅褐色轻质油外渗，断面含油面积20%~40%。百口泉组一段岩心出筒时油气味浓，柱面见斑块状浅褐色轻质原油外渗，断面含油面积30%~40%，滴水缓渗—不渗。玛中2井地质综合解释百二段油水同层2层4.8m，百一段油水同层2层11.6m。玛中2井首次钻揭玛中鼻凸即见良好油气显示。

在玛湖凹陷东、西斜坡百里新油区逐步拓展与巩固的同时，深入分析已钻井，深化地质认识，突破湖盆中心为细粒沉积的传统认识，建立退覆式扇三角洲沉积新模式，在湖侵背景下扇三角洲前缘砾岩岩体由湖盆中心向物源方向多期搭接连片（图3-45），玛中地区是寻找早期低位砂体最重要领域。

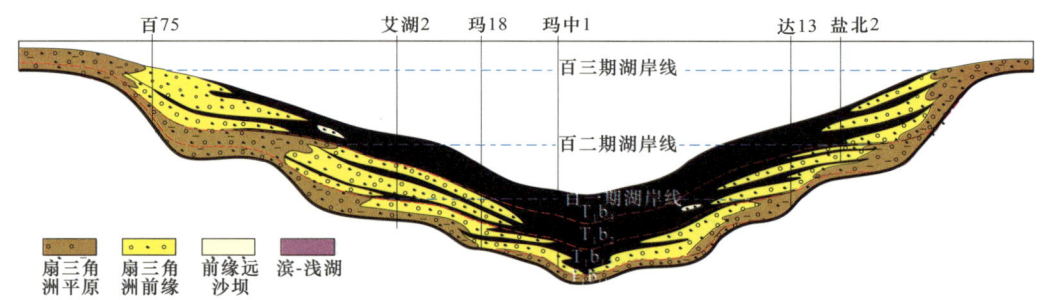

图3-45 玛湖凹陷百口泉组多期坡折—湖侵体系有利储集体发育模式图

在上述认识的指导下，优选玛中平台，重新进行相带精细刻画，在主探石炭系下组合大构造的同时，兼探二叠系下乌尔禾组和三叠系百口泉组，部署风险井盐探1，该井在二叠系下乌尔禾组5000m之下钻遇孔隙度大于10%的有效储层（图3-46），试油未压裂即获工业油流，兼探层百口泉组获良好油气显示，指明了玛中平台区百口泉组勘探潜力巨大；同时验证了深埋条件下仍发育前缘亚相相对优质储层，进一步坚定了玛湖中下组合勘探的信心。

同时依据满凹含砾和满凹含油的整体构想，利用二三维资料对玛中进行整体解剖，发现玛湖凹陷是一个"平底锅"，玛中平台区恰好是一个相对平缓的"锅底"，正是五大扇体卸载区，物源充足，发育规模砂体，地层压力高，油质轻，是寻找类似玛18井区高效规模储量区的现实领域，为此南、北甩开部署玛中2、玛中4井。

2017年玛中2井下乌尔禾组试获工业油流，为斜坡区下乌尔禾组首次获得突破；随后玛中2井和玛中4井的三叠系百口泉组均试获工业油流。该两井的突破，实现了"东西两大百里油区连片，北部满凹含油"的大场面初步得到证实。

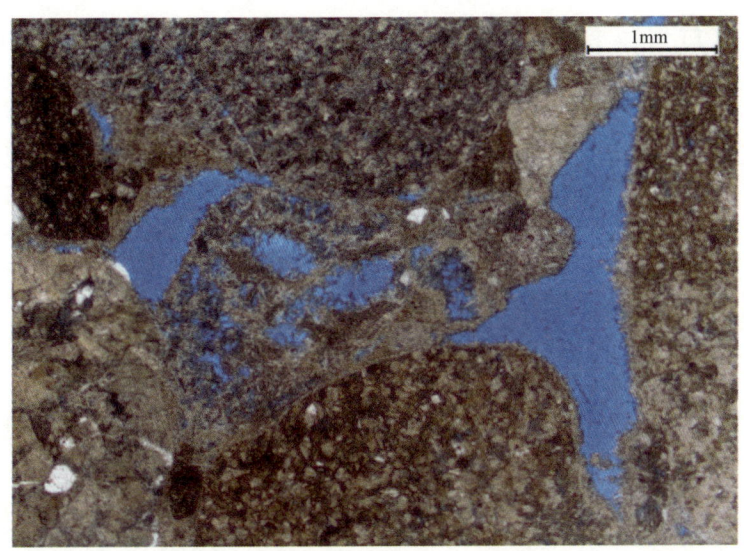

图 3-46　盐探 1 井 5154.4m 粒间溶孔照片（孔隙度 12.6%，渗透率 0.74mD）

五、新油区逐步形成，凹陷北部整体突破

2012 年起，在扇控大面积成藏认识指导下，围绕玛湖地区北部五大扇体前缘相带，发现六个油藏群，形成两个百里新油区（参见图 3-44）。部署上由单个圈闭转向整个有利相带，直井控面，水平井提产，勘探开发一体化快速推进玛湖北部整体突破。

这时的玛湖，已经成为国内石油勘探领域的焦点，成为了新疆油田未来的希望所在。

十年来，玛湖凹陷斜坡区勘探工作三次获得中国石油天然气股份有限公司油气重大发现一等奖，一次获得特等奖，快速落实了 5.8×10^8t 的规模储量。

5.8×10^8t，不小。但还没有达到让人瞠目结舌的程度。不过，玛湖还在长大，至于它有多大？虽不敢奢望，但人人在期待……

第四节　类比升华启新征　南部油区轮廓清

玛湖油田，非常像一座巨型体育场：四周的斜坡是看台，中间是运动场地。现在，北、西、东看台和运动场地都找到了巨量的原油。这些原油全部来自三叠系百口泉组，因为在这三个区域，块头儿更大的二叠系上乌尔禾组是缺失的。

南边那一长溜看台有没有搞头呢？有肯定是有，因为南边也有百口泉组。不过更让人憧憬的是：南边还有紧贴不整合面之上、厚度更大的上乌尔禾组！

一、类比三叠系，南北有呼应

玛湖凹陷南部上乌尔禾组已累计探明石油 $6083×10^4$t。有剩余出油点 21 井 27 层，但多井为油水同出，按构造油藏勘探的思路，均处于油水边界附近，难以有效展开（图 3-47）。

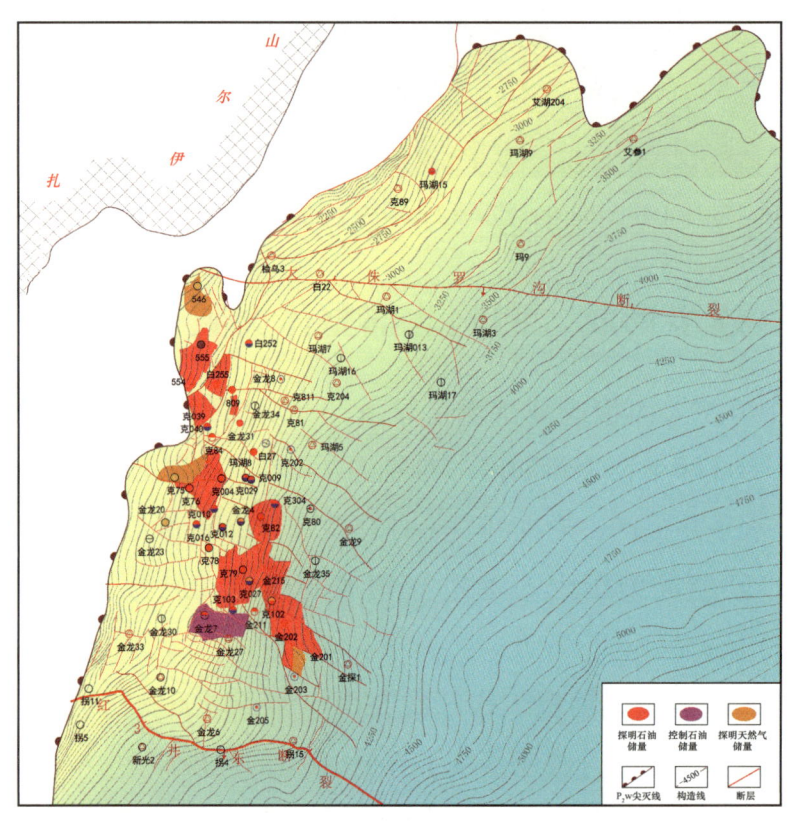

图 3-47 玛湖凹陷南部及中拐凸起二叠系上乌尔禾组勘探成果图（2015 年）

2015 年以来，通过重新认识两个重要现象：（1）所有井均见显示，试油井均见油流；（2）探明油藏间有大量出油井。类比北部百口泉组，重新解剖已开发油藏，提出南部大油区整体含油新设想，通过勘探验证，地质认识逐渐升华、储量呈高峰式增长。

玛湖北部百口泉组大油区发现之后，下个类似的大油区在何处？类比北部三叠系百口泉组宏观成藏背景，逐步认为南部上乌尔禾组具备形成大油区的三大地质条件。一是部上乌尔禾组与北部百口泉组相似，超覆于下二叠统大型不整合面之上，地层平缓，易于大面积成藏；二是与百口泉组类似，上乌尔禾组在东西两大隆起夹持的作用下，盆地西北部玛湖地区形成浅水湖盆区，湖盆内发育广覆式扇三角洲沉积体系，发育 4 大扇体，前缘相带面积 2600km², 具备形成大油区的储集条件; 三是南北两层组均发育大型退积型扇三角洲, 晚期湖泛泥岩与早期厚层砂砾岩良好配置, 为大油区的形成创造了良好的封盖条件(图 3-48)。

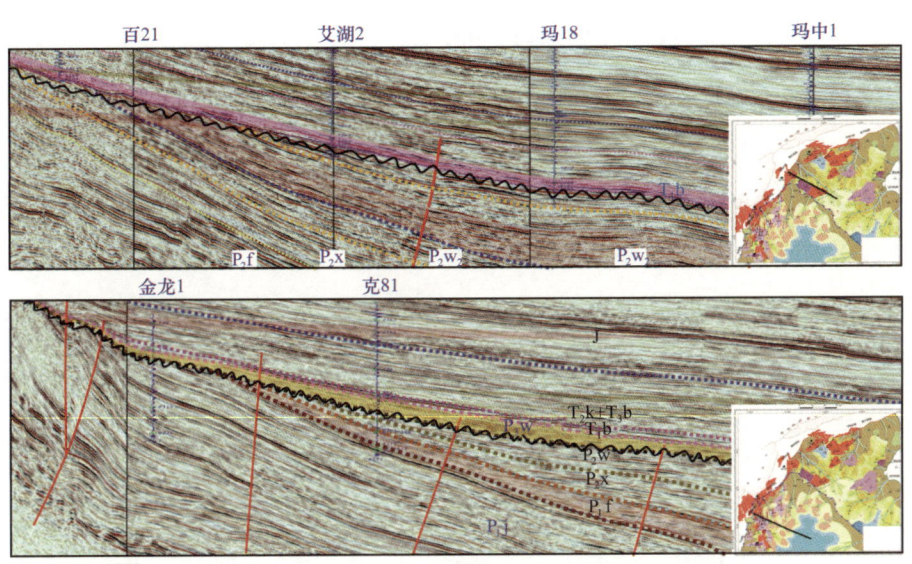

图 3-48 玛湖凹陷北部、南部典型地震特征剖面对比图

以往对二叠系上乌尔禾组的认识为"砂体连通, 构造控藏", 有利区位于上倾方向, 构造低部位潜力不大。重新解剖已知油藏后, 构建地层背景下退积砂体纵向叠置、横向连片大面积成藏新模式, 低部位不同期次砂体具备形成岩性油气藏群的潜力。

上乌尔禾组退积式大面积成藏模式内涵:(1)大型地层尖灭带形成上倾方向遮挡;(2)退积型多期砂体叠置连片;(3)不整合侧向输导, 断裂垂向调整;(4)两期湖泛泥岩与扇间泥岩立体封堵, 前缘相砂砾岩大面积成藏(图 3-49)。

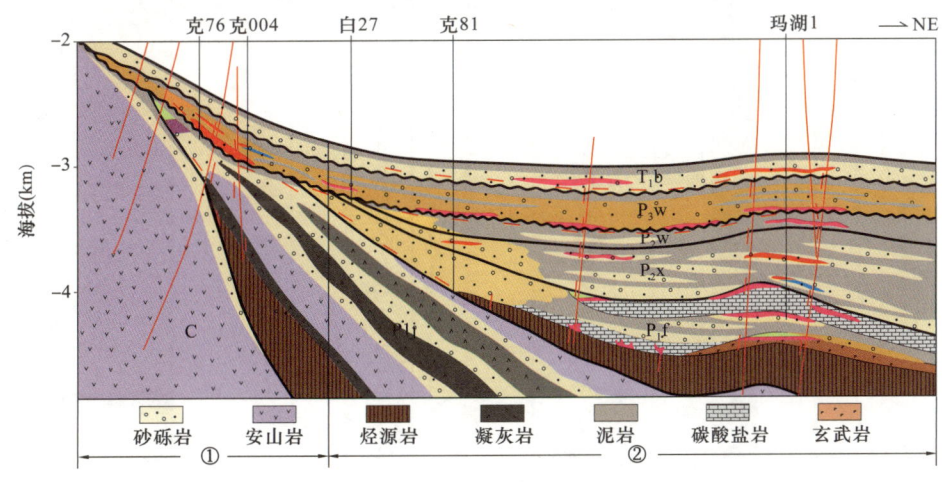

图 3-49 二叠系上乌尔禾组成藏模式图

根据油藏特点和南、北勘探程度差异，提出了新老井结合分两个层次快速推进勘探部署：（1）南部老区新探，高勘探程度区新老井结合实现油藏连片和拓展；（2）新区外甩，探索北部低勘探程度区，开辟勘探新领域。

二、"水区"找油田，储量亿吨级

根据上乌尔禾组大面积成藏新认识，对前期认为的"水区"内油藏进行了重新分析，认为储层厚度大，油气充注度低，由于储层低渗透和隔夹层的存在（图3-50），油水分异不明显，导致油层饱和低，而非以往认为的"油水界面"。以克009井为例，累计生产4625d，平均日产油2.83t，累计生产油13290t，平均日产水2.26m³，累计产水12526m³。

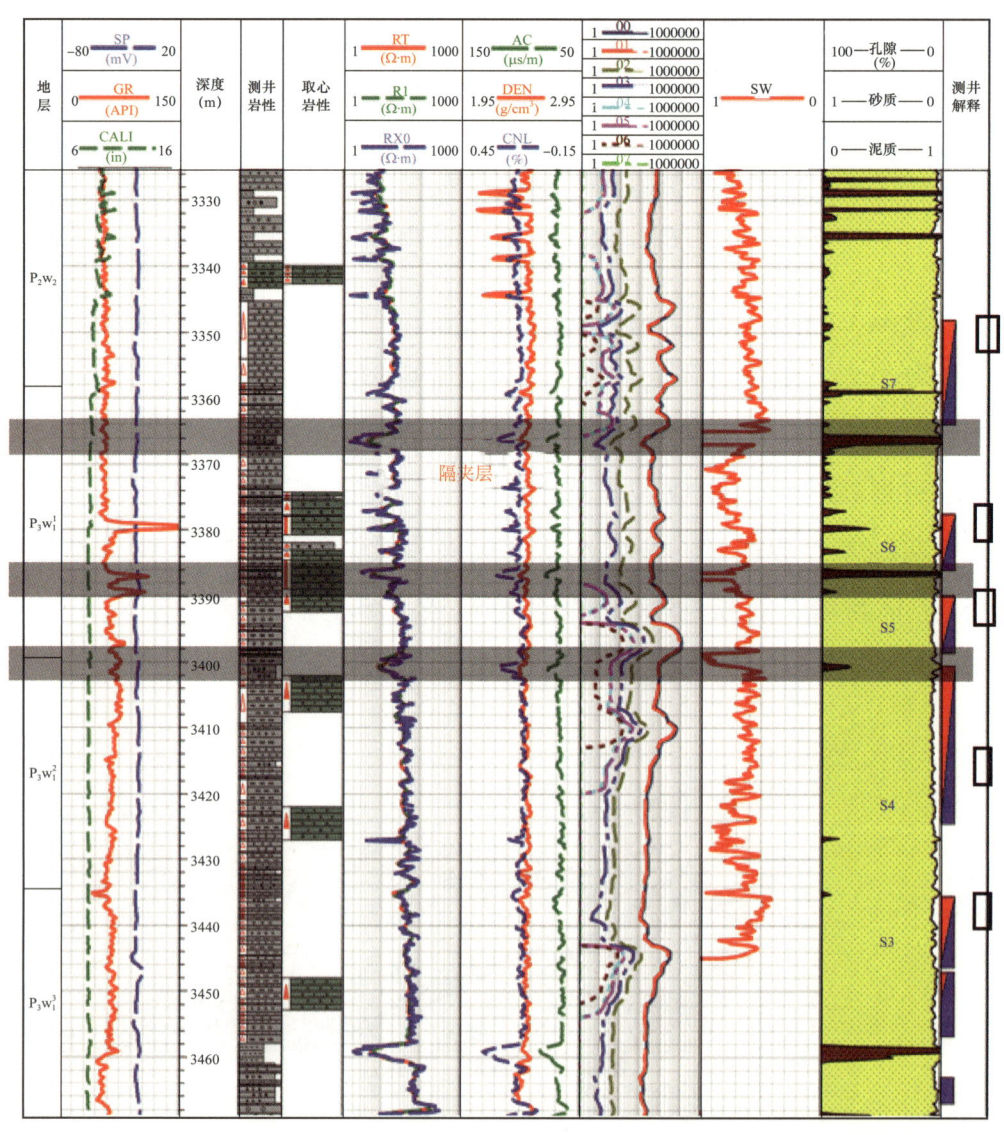

图3-50　克009井上乌尔禾组测井综合解释成果图

新老井结合,实现油藏连片。2016年,在原来认为的"水区"内部署的玛湖8井试油,获得日产油11.8m³、日产气0.745×10⁴m³、日产水10.36m³的工业油气流(图3-51),证实了此类油藏的存在。

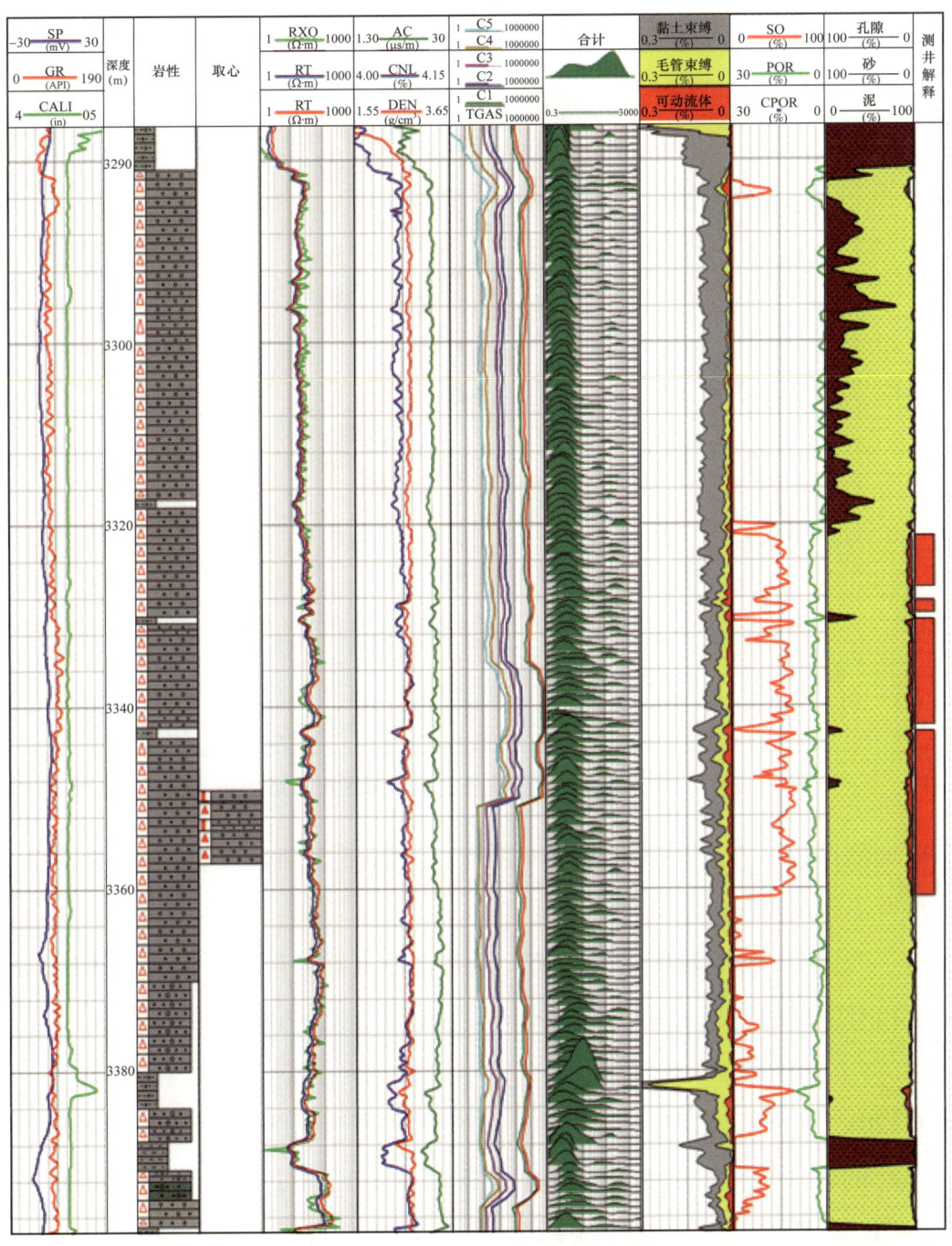

图3-51 玛湖8井综合解释成果图

按低饱和油层新认识,重新开展新一轮领域性老井复查,重新解释复查油层10井层,针对性老井复试8井8层均获工业油流(图3-52)。

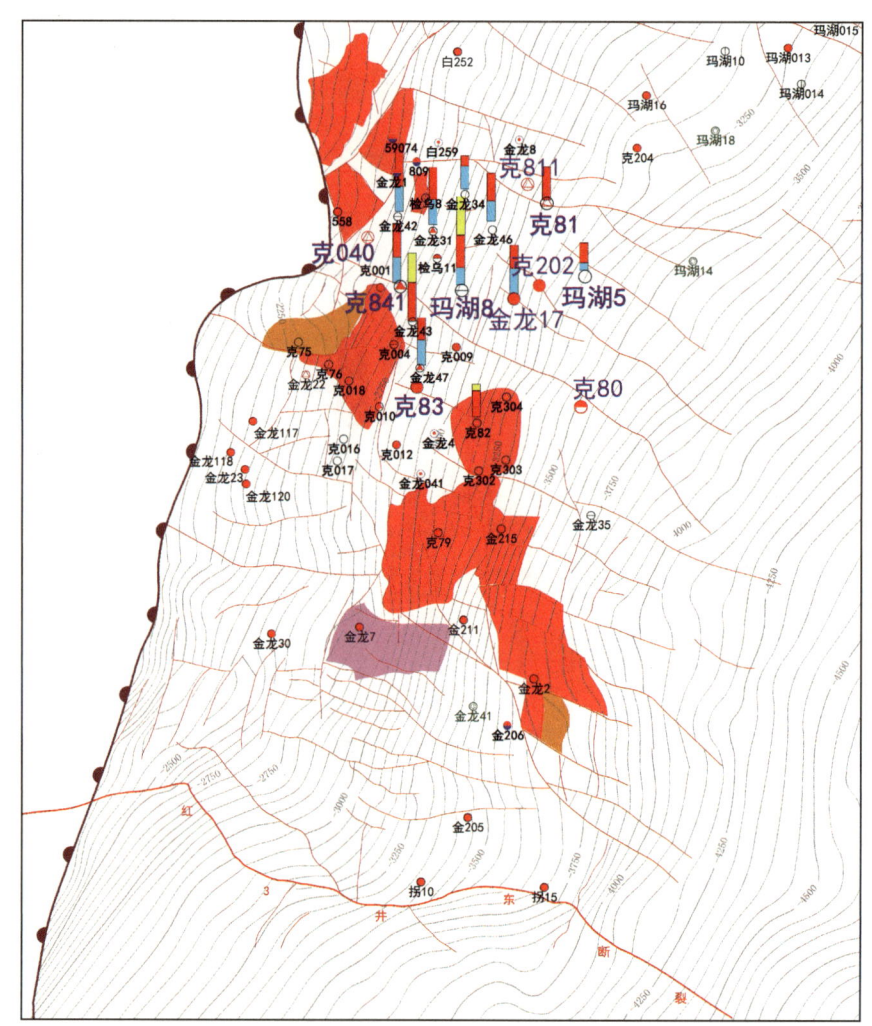

图 3-52 玛南斜坡二叠系上乌尔禾组勘探成果图

为实现油藏连片，在已发现油藏之间勘探程度较低区新部署金龙 42 井、金龙 43 井，相继获得高产工业油流。

2017 年，"水区"找油勘探成果显著，老井复试 8 井 8 层、新井 4 井 4 层均获商业油流，饱和度相对较高的玛湖 8 井区上交控制石油地质储量 5616×10^4 t（图 3-53）。

前期上乌尔禾组勘探主要集中在乌一段，仅在金龙 2 井区发现乌二段储量 1114×10^4 t，2017 年重新认识乌二段低电阻率成因，发现对于砾岩而言，电阻率高低往往不能反映地层的含油气性，而是砾岩粗细和砾岩成分。由于乌二段砾岩较细，导致电阻率偏低，但乌二段物性好，含油饱和度高，为此在低电阻率乌二段复查油层 10 井层，目前实施的 4 口复试井均获高产工业油气流，且不含水。老区新探，新发现乌二段纯油藏。

2017 年落实控制石油地质储 3988×10^4 t。这样一来，在传统认识的"水区"中又找到一个亿吨级的储量区。

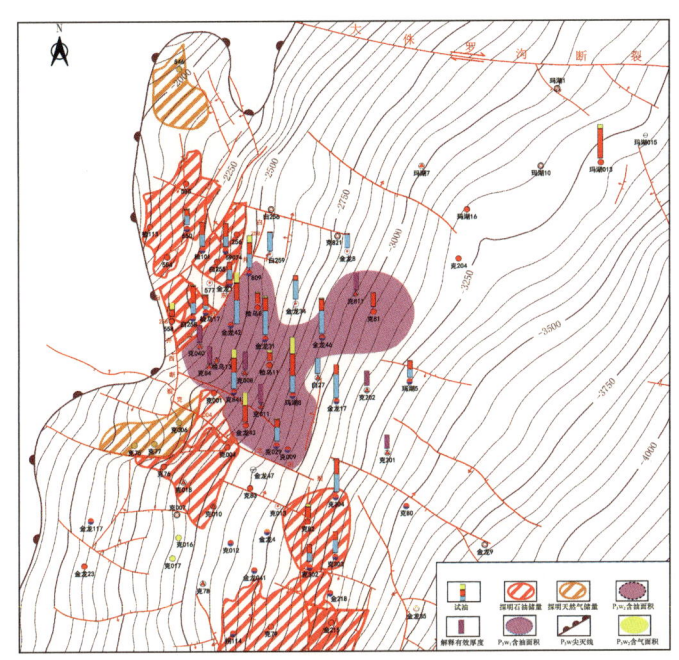

图 3-53 玛湖 8 井区上乌尔禾组新增控制储量含油面积图

三、外甩连斩获，高效收囊中

20 世纪 90 年代以来，在二叠系上乌尔禾组北部低勘探程度区相续钻探克 89、白 22、玛湖 9 井等 5 口井，油气显示较差，久攻不克。以前缘相大面积成藏模式重新认识，已钻井均位于平原相带。通过重新刻画相带，预测有利区近 1000km² （图 3-54），发现位于前缘相带的玛湖 1 井钻遇油层，老井复试获成功。

玛湖 1 井老井复试获得成功之后，按照前缘相带整体含油思路，在白碱滩扇西翼整体部署探井 8 口，完钻井均解释出厚油层，玛湖 013 井获百吨高产油气流，4.5mm 油嘴最高日产油 120.3m³，累计产油 663.82t。通过系统取芯发现了一类新型高产储层——支撑砾岩，其特征为几乎不含胶结物，砾石磨圆较好的中砾岩为主，取芯出筒后呈分散状，在 FMI 上其分布表现为高阻同级颗粒支撑，往往分布于冲刷面附近。因其水平渗透率极高，可构成高渗网络。随后的玛湖 014、玛湖 8、玛湖 11 等井连获高产，证实了此类储层在前缘相可大面积分布。

2017 年新区外甩，在白碱滩扇前缘相发现新近千平方公里高产高效油气富集带，老井复试 1 井 1 层、新井 3 井 3 层均获工业油流，提交预测储量 10843×10⁴t。获得中国石油 2017 年油气重大发现一等奖。2018 年又有 16 井钻遇油层，进一步扩大其含油面积，令人可喜的是，区域外甩白碱滩扇东翼的玛湖 23 井钻遇高压油气层，展现近 1500km² 的有利区。

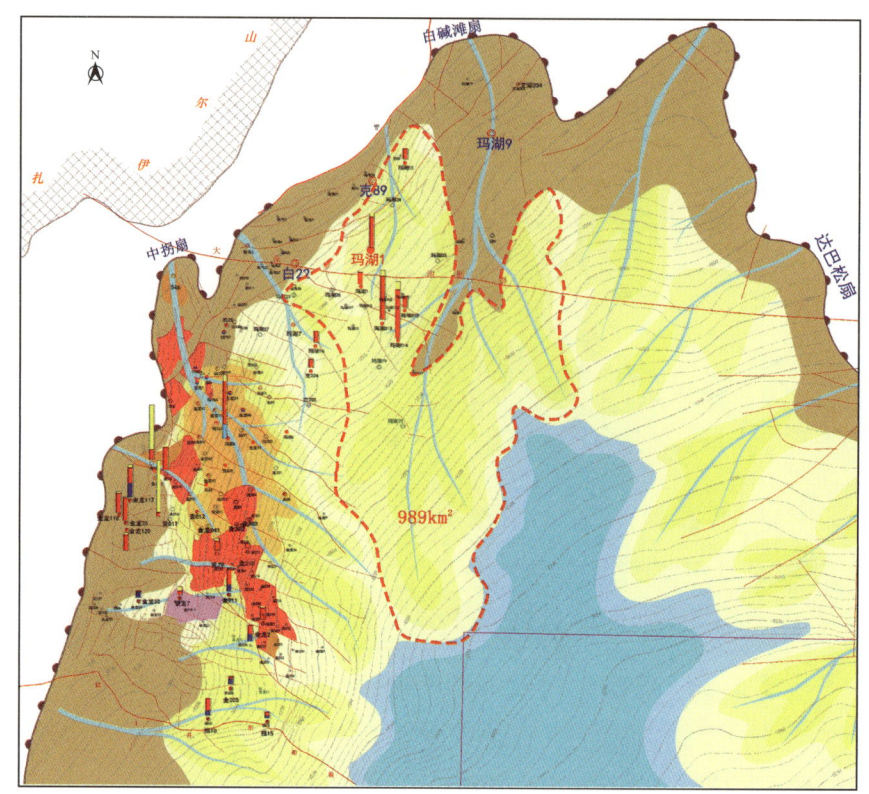

图 3-54　玛南斜坡二叠系上乌尔禾组勘探成果图

自此，继玛湖百口泉组之后的又一大油区基本形成。环玛湖地区以上乌尔禾组尖灭线为界，形成南、北两个大油区。北部大油区主体为三叠系百口泉组轻质油，已落实三级储量 $5.8\times10^8 t$，建产工作稳步推进；南部大油区主体为二叠系上乌尔禾组中质油，$6.4\times10^8 t$ 储量逐步落实（图3-55）。

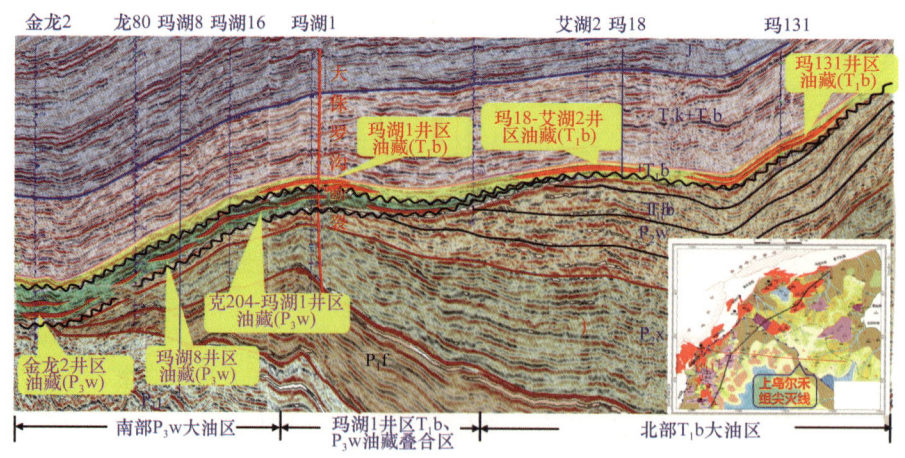

图 3-55　玛湖凹陷南北大油区成藏模式示意图

玛南地区为2007年以来再战玛湖压了大轴，满凹含油的局面到此基本形成。

第五节　认识技术双突破　玛湖蓝图沥胆成

通过对玛湖地区的整体研究与钻探验证，勘探方向逐步明朗，富集规律逐步清晰，主攻领域更加明确，油气发现表现为点多面广、整体突破的态势，形成了规模与效益并重、中深层与浅层并举、上产与增储并行的良性循环局面，为油田稳健发展奠定了扎实资源基础。

回顾玛湖大油区发现之旅，总结和分析在此历程中的一个个经典战例，感悟找油思路变化，把握勘探发现规律，可以发现不断解放思想、创新地质理论认识是勘探获得新发现的源泉，勇于探索成为实现新区勘探大突破的关键，突破技术瓶颈是实现战略发现的保障，勘探—评价—开发和地质工程一体化是实现效益勘探的必由之路。

玛湖大油区的发现，开辟了凹陷区砾岩油藏这一全新勘探领域，标志着准噶尔盆地已进入富烃凹陷中下组合规模勘探的新阶段，为盆地相邻富烃凹陷、国内类似盆地勘探提供了理论和技术基础，同时也为世界资源潜力巨大的凹陷区砾岩勘探提供了中国理论和中国技术。

一、单峰变双峰，资源成倍翻

玛湖凹陷风城组烃源岩长期以来一直认为是典型的咸水湖相优质烃源岩，也有专家提出过沉积环境可能是陆源近海湖，但本质也还是属于咸水环境。依此认识，根据咸水湖单峰生油模式，评价整个玛湖凹陷资源量约 30.5×10^8 t。2010后，随着西北缘精细勘探的全面推进，油气发现层出不穷，勘探家们发现资源量和储量严重不协调，这说明过去关于烃源岩生烃能力的认识被大大低估了，玛湖凹陷风城组或许可能属于一类全新类型的烃源岩，不在我们的教科书和传统理念中，给科学家们提出了问题。

据此假设，勘探家们和科学家们开始强强联合，大胆挑战传统观点，进行实证检验。首先在钻遇风城组钻井取心过程中，有个奇特现象，岩心出筒后岩心直径明显缩小一截，且表面呈蜂窝状，难道此类岩石矿物能溶解吗？随后的实验分析，结果令人大吃一惊，许多前期肉眼判断为石膏为主的盐类矿物实际上是独特的碱类矿物，如苏打石、小苏打石、氯化镁钠石和碳酸钠钙石等，此类矿物遇水可溶解，指示风城组烃源岩属独特的碱湖沉积环境。全球同类实例仅数个，展示出极重要的科学与勘探研究价值。以此为切入点开展了全面、详细的深入研究，首先从岩石矿物学、有机地球化学、无机地球化学等多角度证实了风城组属碱湖沉积。第二步是建模，通过烃源岩人工剖面、自然剖面，对比油气标定，建立了独特的成熟－高熟双峰生烃演化模式，并查明其生油机制。第三步是应用，即应用新模式重新评估资源，为重上玛湖凹陷规模勘探提供资源科学依据。

结果表明，风城组特殊的碱性沉积环境，使其在岩石学、生烃母质和地球化学特征等方面均具有独特性，因此若依传统的湖相烃源岩评价标准，质量均不能说特别优质，与勘探事实不符，说明评价标准需要重新建立。首先在岩石学方面，风城组为独特的云质混积岩，岩性组合复杂，主要由陆源碎屑、碳酸盐、火山物质三个端元组分以不同比例混积而成，相较传统湖相烃源岩，黏土组分含量低以及碳酸盐组分含量高，特别是发育特殊的钠碳酸盐类矿物。其次在生烃母质方面，碱湖烃源岩的独特性主要表现在两大方面：其一，风城组烃源岩生烃母质以嗜碱藻菌类为主，高等植物丰度低；其二，风城组沉积过程中，微生物的活动/含量与沉积环境的碱性呈正比，随碱性增强，微生物活动性增强，结构藻类体含量降低，无定形体含量升高；其三，在有机地球化学特征方面，风城组碱湖烃源岩总体达到中等—好质量：有机质丰度中等－高（TOC 均值在 2.0% 左右）；有机质类型偏腐泥（Ⅰ-Ⅱ型），以生油为主；有机质成熟度差异演化（低成熟—高成熟），凹陷区达到成熟—高成熟。据此评价风城组烃源岩具备良好的生烃潜力，但与传统湖相烃源岩相比，并未表现出特别优势。究其原因可分为三个方面：一是碱湖属于一种特殊类型的盐湖，盐湖相烃源岩通常会因环境因子对有机质的保护与抑制作用而使得测得的有机地球化学参数偏低；二是烃源岩有机地球化学分析主要体现烃源岩中剩余有机质特征，由于碱湖烃源岩生排烃效率较高，生排烃效率较高时，剩余有机质无法完全反映原始有机质特征；三是目前取得的烃源岩样品多来自断裂带周围的构造相对高部位，凹陷中心碱湖中心区的烃源岩特征并不很清楚，仍有待进一步确认。因此，风城组的真实生烃潜力可能远比现在从指标参数上看到的要好，对碱湖烃源岩的质量评价，仍需建立一套基于但有别于国内已有咸化湖盆烃源岩评价标准的新体系，即碱湖烃源岩评价需要重新建立标准。

在成烃演化方面，风城组烃源岩更是独具特色，主要表现为油多气少、转化率高、连续生烃、多期高峰、生油窗长、油质轻。建立了碱湖云质混积岩独特的"两段式"生烃模式，勘探实践发现油有两期，模拟实验发现生油有两个峰。其生烃机理主要包括有机和无机两方面。有机方面，以嗜碱藻菌类为特色的生烃母质，特别是细菌及改造的无定形体有利于早期生油、长期生油。无机方面，火山矿物催化早期生烃，碱类矿物和超压延滞生烃，因而生油表现为"两段式"。据此建立了玛湖碱湖烃源岩成熟—高熟双峰式高效生油模式，重新评价石油资源量从 $30.5 \times 10^8 t$ 提高到 $46.7 \times 10^8 t$，重新评价玛湖凹陷区剩余资源量由 $4.3 \times 10^8 t$ 增加到 $27.3 \times 10^8 t$；凹陷区油质轻，对储层要求低，易于成藏；液态窗宽，深层下组合也可找大油田，而不是传统认识的气田。

总之,玛湖凹陷风城组烃源岩属于碱湖沉积,在基本特征、生烃模式和机理方面均有别于常见淡水湖相和(硫酸盐)盐湖相烃源岩(图3-56),是陆相生油新的端元类型,填补了空白,推动了理论向前发展,对其研究具有重要的科学与勘探应用指示意义。

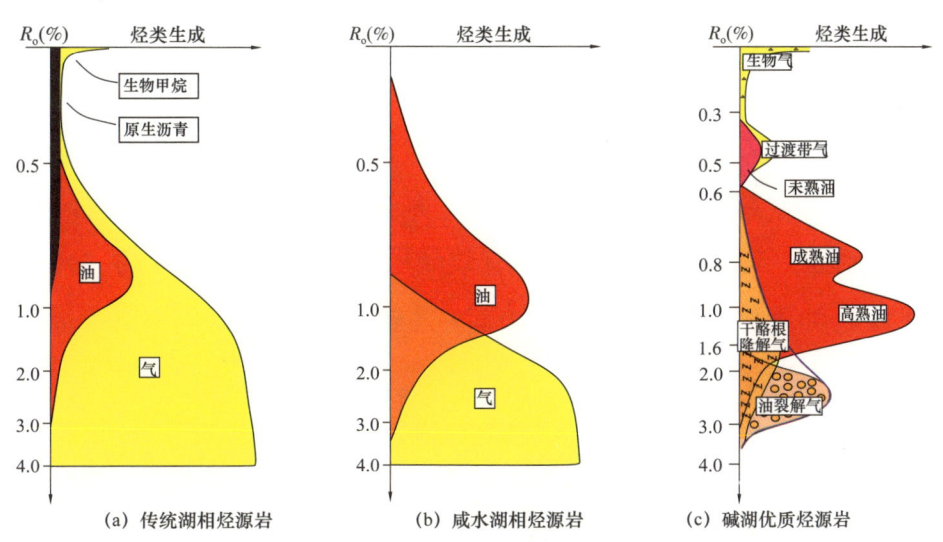

图3-56 玛湖凹陷生烃模式认识进步对比图

二、溜边变"走心",金匙启凹陷

突破砾岩沿盆缘断裂带分布的传统观念,建立凹陷区大型退覆式浅水扇三角洲砾岩沉积模式,开辟有效勘探面积6800km²,有效地指导了油气勘探部署。

1. 首次发现了凹陷区可发育大型退覆式浅水扇三角洲砾岩沉积

早期认识为盆缘冲积扇模式,扇体发育在盆缘断裂带,相带窄、规模小,重力流沉积为主。开展多学科攻关,包括野外露头和室内岩心观测,以及测井和地震沉积学研究,首次发现湖盆凹陷内可发育大型退覆式浅水扇三角洲,扇体呈长轴状分布,以泥石流、高密度洪流、牵引流三种形式搬运,主槽充填泥石流,两侧发育牵引流朵叶体。在持续湖侵的背景下,凹陷内多期扇体由凹陷向老山方向搭接连片逐渐退覆,分布面积可达上千平方公里,有别于传统断陷湖盆扇三角洲沉积模式,勘探领域由盆缘拓展到凹陷区。

2. 揭示了凹陷湖盆砾岩大面积沉积的动力学机制

在古地理背景分析的基础上,通过大型水槽模拟实验,揭示了凹陷湖盆砾岩大面积沉积的动力学机制:断坳转换时期山高源足势能大,粗粒沉积物可直达湖盆中心;固定山口形成稳定水系,扇体可持续建造,多期叠置;水浅坡缓的有利于扇体远距离搬运、大面积分布;持续湖侵背景下扇体由湖盆中心向物源方向退覆式搭接连片,满凹分布。物源、山口、坡降、水深、坡折五大因素控制了走向、形态、规模、岸线分布和相带展布,建立了大型退覆式浅水扇三角洲沉积新模式,开辟了扇三角洲前缘大面积砾岩勘探新领域。

3. 揭示了扇三角洲前缘贫泥砾岩发育深埋优质储层的成因机理

前人认为,砾岩储层埋深超过3500m,则由于压实作用储层致密化,丧失储集能力。通过工业CT表征和酸溶模拟实验等技术,结合孔渗和压汞测试分析,发现扇三角洲前缘牵引流搬运的贫泥砾岩为规模优质储层,局部发育的支撑砾岩为高产储层。黏土含量控制储层物性和含油性,贫泥砾岩抗压能力强,原生孔隙能有效保存,有利于晚期流体交换,长石溶蚀作用强,5000m以下仍发育有效储层。突破了3500m的"死亡线",指导勘探领域从中浅层延伸到中深层,开辟勘探面积6800m^2,3倍于克拉玛依老油田面积(图3–57)。

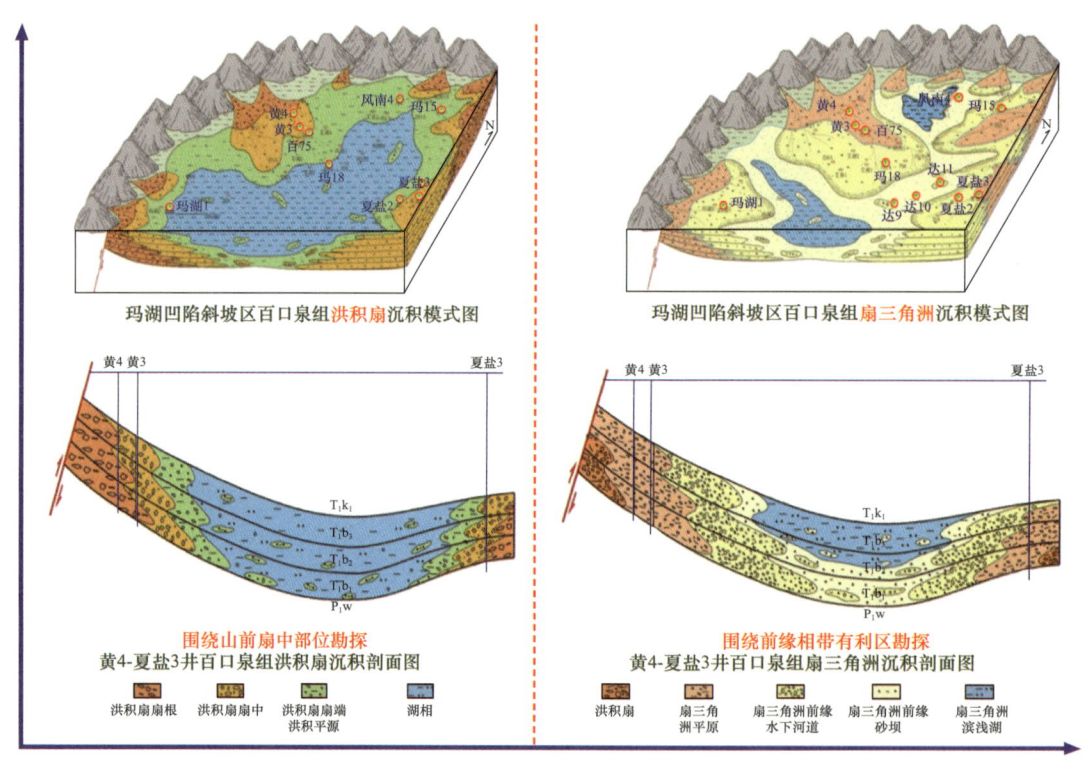

图3–57 玛湖凹陷洪积扇沉积模式与缓坡浅水扇三角洲沉积模式对比图

三、认识拓领域,模式定目标

突破源储一体大面积成藏常规认识,创立了源上砾岩大油区形成模式,指导了玛湖凹陷7大油藏群的发现。

成藏认识进步史经历着从跳出断裂带构造油气藏勘探到斜坡区岩性油气藏勘探,从单个岩性圈闭勘探→扇控大面积成藏（直井控面）→砾岩岩性油藏群大油区（整体布控）四个阶段，随着地质认识深化，勘探领域不断扩展，勘探连获新发现（图3-58）。

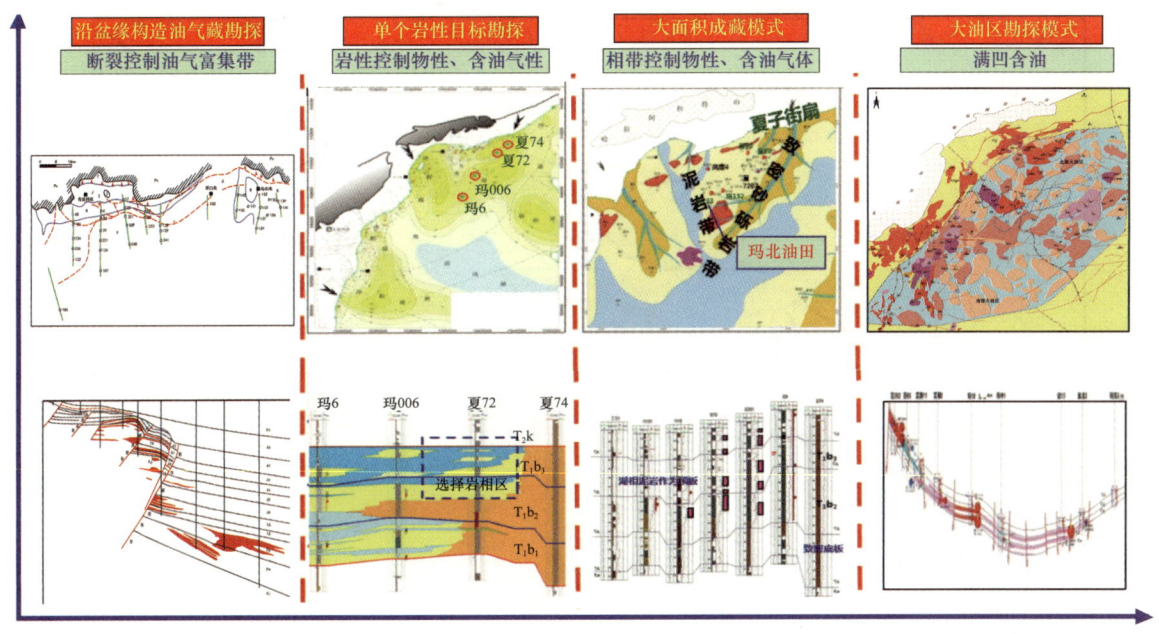

图3-58 玛湖凹陷成藏认识进步示意图

20世纪50年代，建立了断裂控藏模式，指导构造油气勘探。玛湖周缘油气勘探集中在西北缘断裂带，认为断裂带控制油气富集，建立了复式逆掩断裂带成藏模式（图3-59），发现了克拉玛依油田，建成了克-乌断裂带百里大油区。

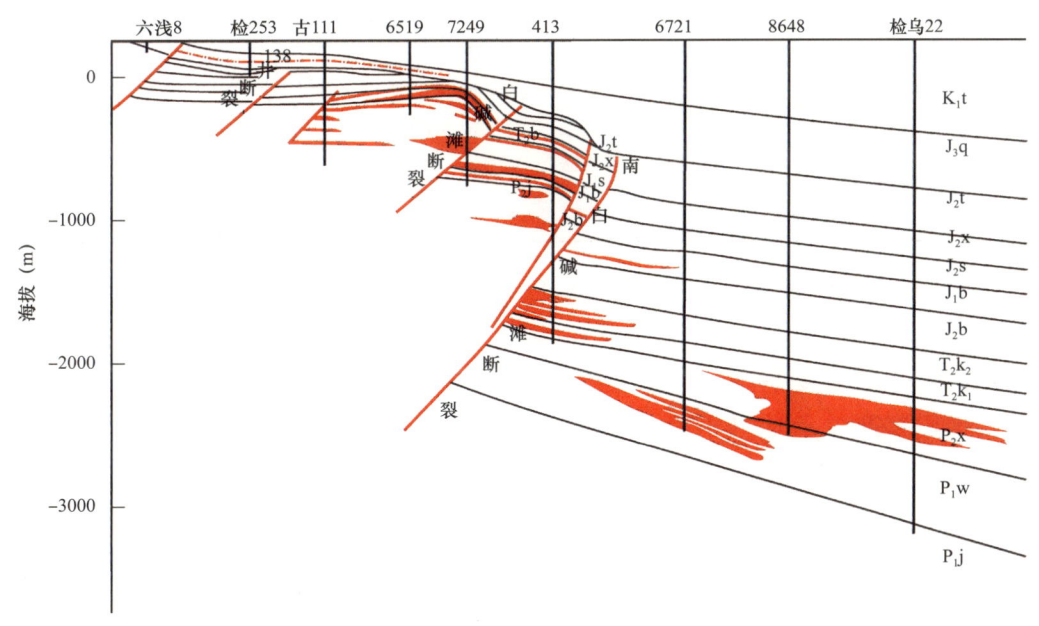

图3-59 西北缘断裂带成藏模式图

2010—2011年，重新解剖已知藏，建立岩性控藏模式，按照构造背景下寻找有利岩相带的勘探思路，按单个岩性圈闭部署，在玛北斜坡首获突破（图3-60）。

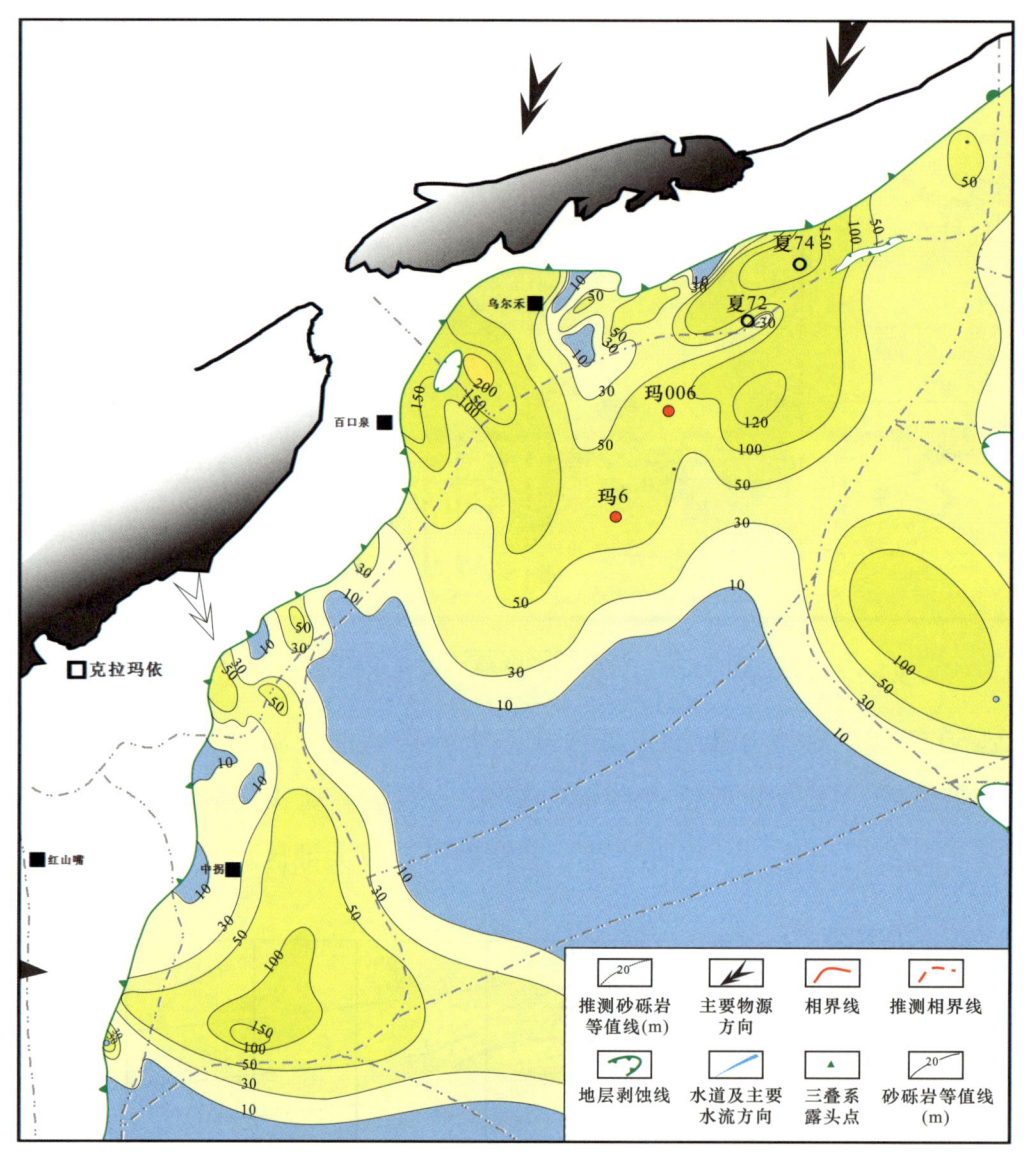

图3-60　准噶尔盆地玛西—玛北斜坡区沉积体系分布图（2011年）

2014年以来，建立了大面积成藏模式，指导玛湖凹陷北部三叠系整体突破。

在构造动力学研究的基础上，构建断裂发育模式，通过自主研发的高密度地震资料属性融合和正反演技术，首次发现凹陷区存在两组隐蔽性高角度压扭性断裂体系，与之伴生的诱导裂缝带直接沟通了垂向距离2000～4000m的碱湖烃源岩与砾岩储层，构成了源外跨层高效运移输导体系。成藏动力学模拟研究发现，碱湖烃源岩生烃体积膨胀力可高达235MPa以上，形成超压，是油气向上运移的主要动力，在此规模排烃动力作用下，油气沿高陡断裂运移至上覆砾岩储层中。

通过成岩动力学和孔隙演化史研究，发现退覆式扇三角洲平原亚相和主槽区砾岩因泥质含量高而抗压能力弱，逐步致密化，低于原油充注储层临界物性，形成上倾及侧向遮挡带，与顶底板湖泛泥岩为前缘亚相大面积成藏提供了三面遮挡立体封堵条件。前缘亚相砾岩在持续湖侵背景下由湖盆中心区向物源方向搭接连片，满凹含油，形成源上砾岩大油区。指导勘探部署由单个圈闭转向整个前缘相带，直井控面、水平井提产，探井成功率由35%提至63%，实现了储量跨越式增长。

玛北斜坡突破后，老井复查与新井外甩相结合，明确前缘相带控制储层物性与含油气性，构建扇控大面积成藏模式，以此模式为指导，直井控面，水平井提产，相继钻探黄羊泉扇、克拉玛依扇、夏盐扇、达巴松扇等扇体，北部获全面突破，展现百口泉组满凹含油场面（图3-61）。

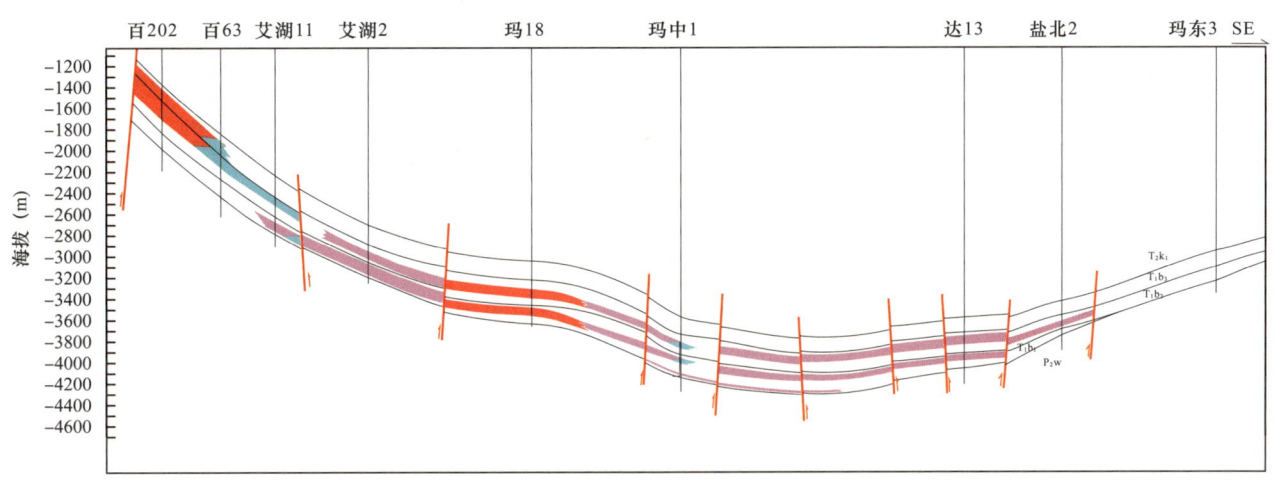

图3-61 玛湖凹陷满凹含油油藏剖面示意图

2016年之后，建立砾岩大油区成藏新模式，指导南部上乌尔禾组大场面快速形成。

北部三叠系百口泉组整体突破之后，为寻找下一个规模高效储量区，持续创新地质认识，构建"大油区"整体含油新模式，大油区是指同一构造、沉积背景下，以某一种油气藏为主，纵向上相互叠置、横向上复合连片的大型含油气区。通过北部三叠系百口泉组大油区形成的三大关键地质要素，沉积背景、储盖组合、封闭条件的类比研究，提出南部二叠系上乌尔禾组同样发育不受构造控制的扇控大面积岩性油气藏群，由多个成因相似油气藏群构成南部大油区，按大油区勘探理念通过近两年的持续探索，连获新发现，继北部三叠系百口泉组大油区发现之后，在南部发现二叠系上乌尔禾组大油区。

四、画靶再射箭，精准保发现

玛湖地区地质条件复杂、久攻不克，在勘探实践过程中，技术人员以地质目标为导向，以实用和适用为准则，在强化地质研究的基础上促进工程技术不断进步，为获得勘探持续突破保驾护航。

1. 扇体刻画技术的进步

从岩性勘探初期的"相面法"刻画亚相到"线、面、体"多技术综合分析，再到古地貌指导下的"四步法"朵叶体刻画技术（图3-62），相带预测符合率从50%提高到83%。

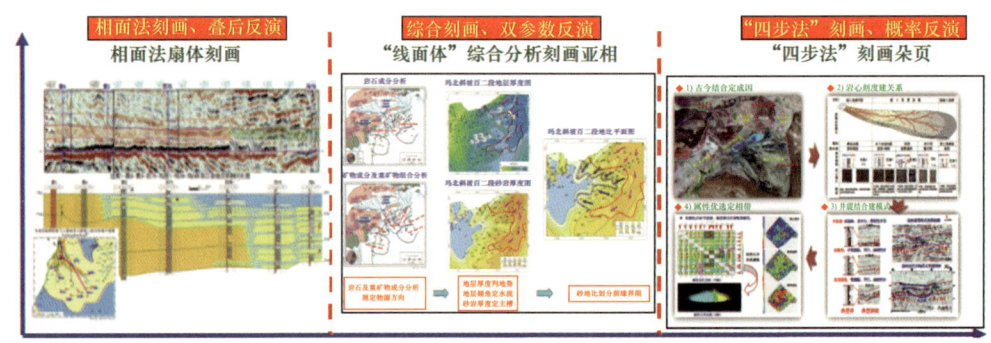

图 3-62　扇体刻画技术及储层预测技术进步示意图

（1）相面法刻画阶段：斜坡区岩性勘探之初，依靠单井沉积相特征标定及地震波组特征变化判断沉积相边界，称之为"相面法"（图3-63），预测符合率相对较低。

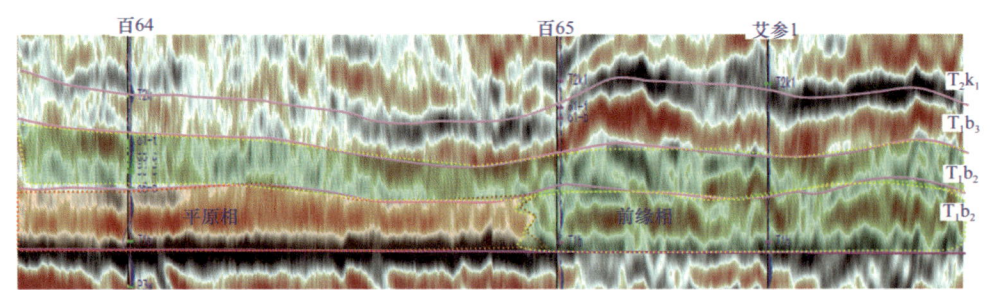

图 3-63　"相面法"刻画扇体示意图

（2）综合刻画阶段：通过正演与地震相分析、三维体显示等多种技术相结合，综合刻画沉积亚相，预测符合率较"相面法"有所提高，但仍未达到精细岩性勘探的要求。

（3）"四步法"刻画阶段：通过沉积模式指导，古地貌控制山口、主槽，重矿物确定物源方向，结合单井分析、测井层理及砂地比等因素，实现多元分级前缘相带朵叶体分布范围精细刻画（图3-64）。

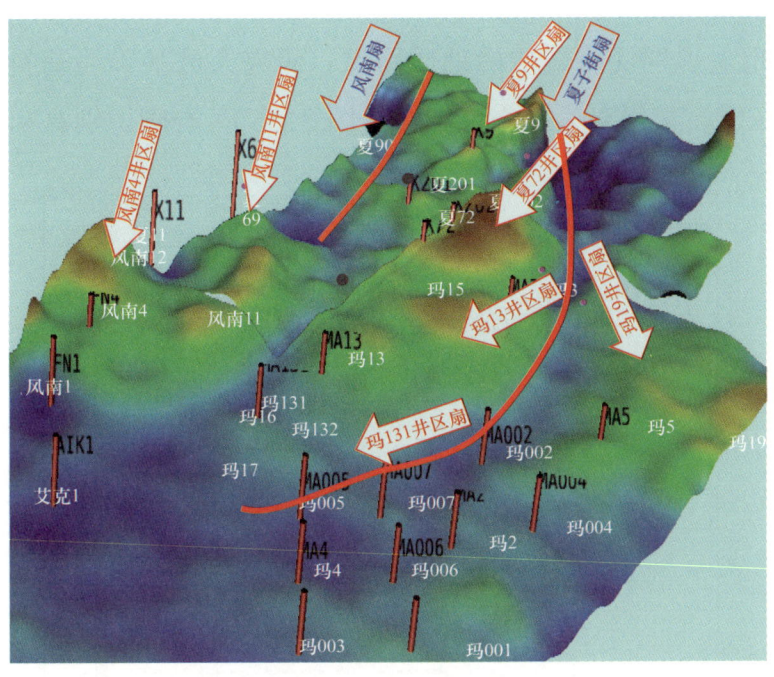

图 3-64 玛北地区百口泉组沉积末期二叠系顶界古地貌立体显示图

2. 储层预测技术的进步

从叠后落实块状砂体展布到叠前"甜点"半定量预测技术，再到叠前流体概率预测技术，探井成功率由 35% 提升至 63%，支撑了玛湖凹陷持续发现。

（1）叠后反演预测块状砂：在大面元三维资料条件下，采用叠后单参数反演，落实玛北斜坡三叠系百口泉组前缘相块状砂体空间展布特征（图 3-65）。

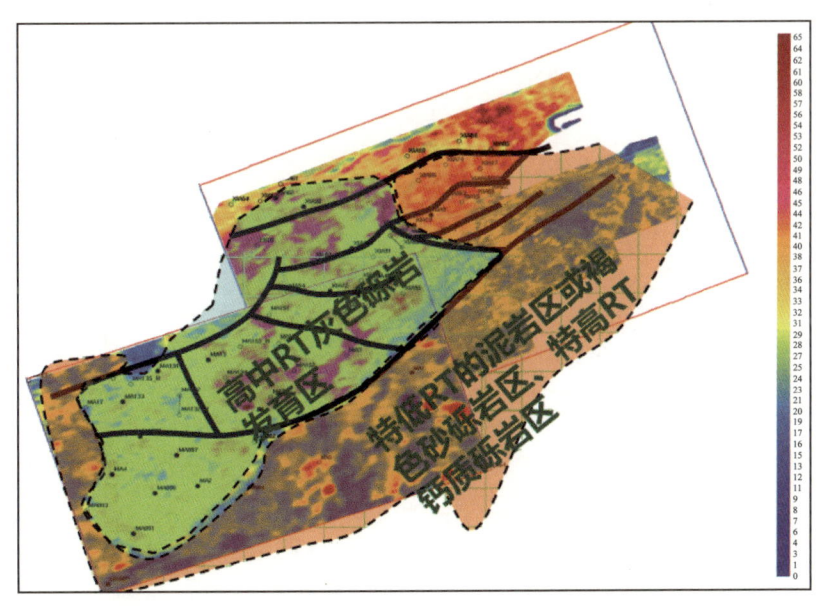

图 3-65 玛北地区三叠系百口泉组二段电阻率反演平面图

（2）叠前反演预测甜点：在玛西斜坡黄羊泉扇勘探过程中，大面元三维基础上的叠后反演不能满足半定量识别优质储层的地质需求，研究人员基于玛湖斜坡区首块高密度三维—玛西1井区三维，采用双参数交汇拟合（图3-66），准确识别有利岩相发育范围。

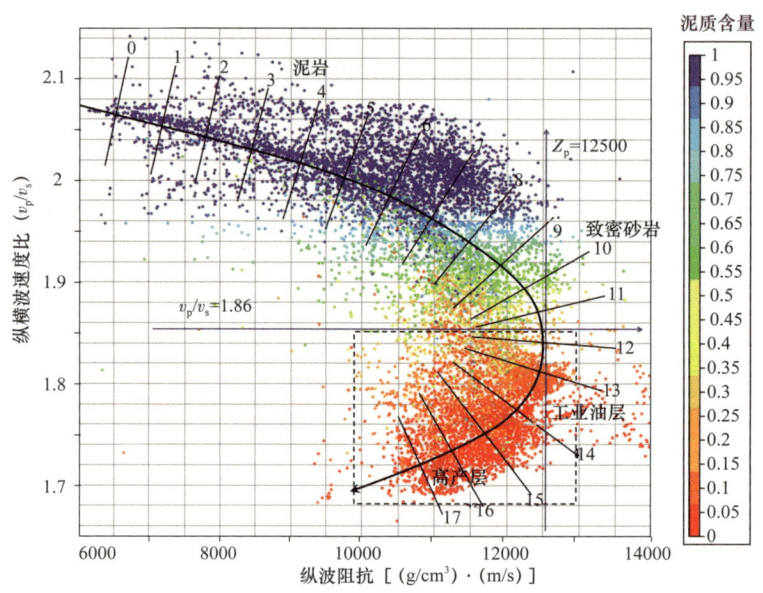

图3-66　黄羊泉扇百口泉组双参数交会图

（3）砂砾岩非线性甜点预测阶段：在横波准确预测基础之上，首次建立纵横波速度比（v_p/v_s）与纵波阻抗（Z_p）双参数五维储层识别图版（图3-67），可有效综合判识黏土含量、孔隙度、含油饱和度及流体性质。

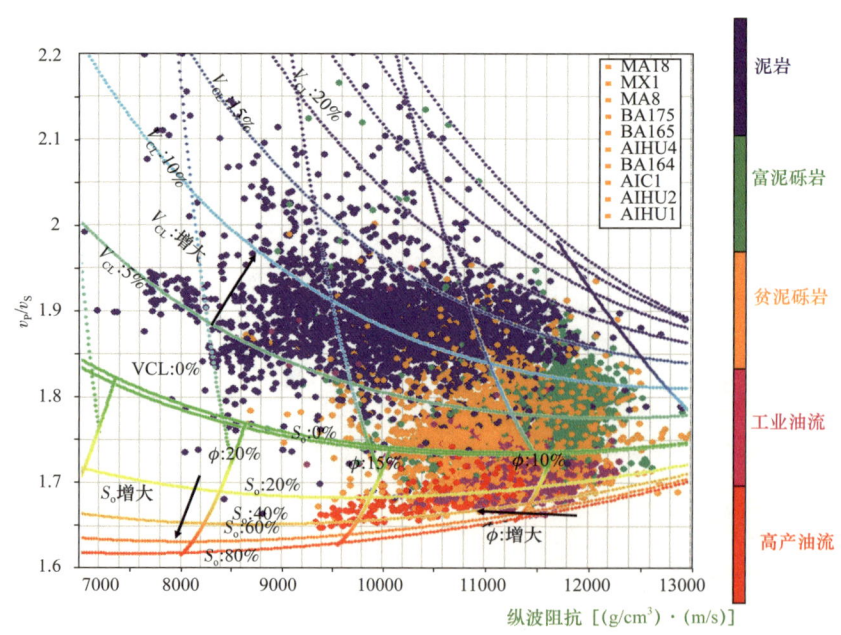

图3-67　玛湖凹陷斜坡区非线性甜点预测模板

五、工艺促发现，成我大油田

储层改造工艺的进步：从初期常规压裂到二次加砂压裂、套管分层压裂，突破了直井商业油流关；水平井从常规大段压裂到细分割体积压裂，实现了低渗砾岩油藏的规模有效建产（图3-68）。

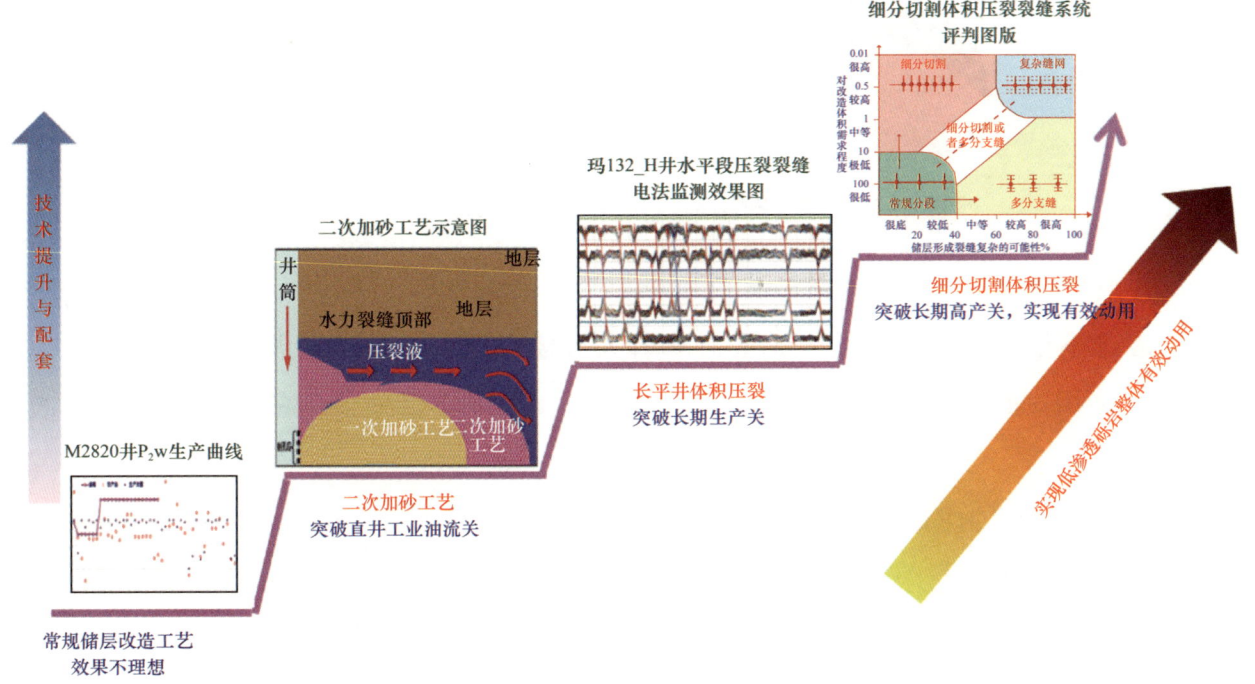

图3-68 储层改造工艺进步示意图

20世纪八九十年代，缺乏针对致密砾岩储层的改造技术，常规储层改造技术效果不理想，直井产量低，不能连续生产，导致玛北油田及玛6井区油藏发现后近20年未能有效开发动用。

2011年三上斜坡区之后，针对低渗透砾岩储层采用二次加砂工艺，提高支撑剂在储层上部有效支撑，增加缝宽提高裂缝导流能力，较常规直井单井产量提高了2~3倍，突破了工业油流关。

水平井大段压裂技术的应用，突破了低渗透砂砾岩油藏长期连续生产关，为有效动用指明了井型和方向。

水平井细分切割体积压裂突破了低渗砂砾岩油藏长期高产关，实现了有效开发动用（图3-69）。目前已建产137×10^4t，2018年计划新建产能110.64×10^4t，2018—2020年计划新建产能363.4×10^4t。玛湖地区已成为新疆油田产能建设的主力军。

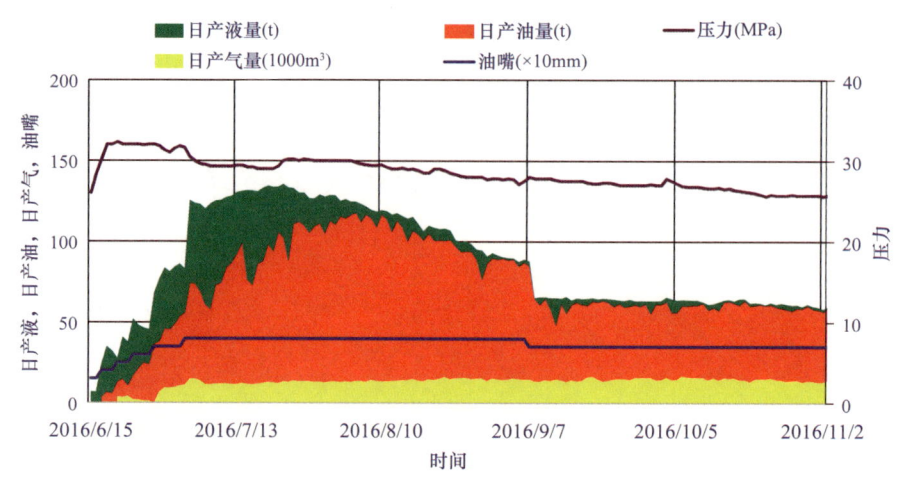

图 3-69 玛湖凹陷玛西斜坡区 MaHW6004 井生产曲线

怎样辩证地认识低渗透储层？

低渗透不仅意味着低产低效，也意味着大规模大面积，油气资源是客观存在的，而低产低效是相对的，是可以改变的。随着技术进步，原本低效低产的勘探禁区可以成为高效油田。

2018年6月，中国石油决定成立准噶尔盆地玛湖地区勘探开发建设现场指挥部，在中国石油天然气集团有限公司领导下总体规划玛湖油田的勘探开发和产能建设工作——十亿吨级的玛湖油田大规模开发工作已经开启！

半个多世纪之前，著名石油地质学家华莱士·E·普拉特在《找油的哲学》一文中发问"石油在哪里？"

回答这个问题，需要认清理论和实践之间的关系：

理论指导实践，实践验证理论。在玛湖勘探历程中，不但并非一蹴而就，而是进过误区，趟过泥水。但是，在创新理论，反复实践，不断修正的过程中，勘探将士们走上了一条螺旋式上升接近真相的道路。

玛湖勘探将士在寻找大油田的历程中坚定的是信念，改变的是思路；在变化中坚持，在坚持中变化；没有抓不住的油藏，只有放不开的思想。二十多年来的求索之旅做出鲜明的回答："石油在勘探地质家的脑子里——脑中若有油，心中必有藏！"

感悟

鏖战玛湖二十余载，得到的绝不仅仅是一个玛湖砾岩大油区。玛湖大发现深远而重大的意义，远远超越了石油地质勘探工作的本身。

玛湖是定心丸 它在中国原油对外依存度逼近70%的时候轰雷掣电般出现在祖国的西北边陲，成为世界第一大砾岩整装油田，将助力国内原油产量重回$2×10^8$t，为国家的经济、政治、外交、国防等领域的发展提供了重要的自信力，使这些领域的工作更加牢固地掌握了主动权。

玛湖是强身器 玛湖大油区产出的原油，全部是环烷基原油。可在克拉玛依石化公司炼制成航天煤油和低凝点煤油等军工用油。玛湖大油区的发现保障了此类稀缺油品的持续供给，目前用于长征系列火箭燃料油的大比重煤油产量全国第一，用于中国人民解放军主战坦克的超低温冷冻机油质量和产量全国第一。

玛湖是"中国范儿" 从宋末元初到中华人民共和国成立，近七百年的时间，中国的科技创新能力每况愈下，没有给世界科技发展做出与之相配的贡献。随着新中国从站起来、富起来到强起来的历史性飞跃，"中国创造"需要从星星之火燃成燎原之势。玛湖大油区的发现，不但实现了中国石油人再为祖国寻找大油田的历史夙愿，更为世界油气勘探提供了中国理论和中国创造。

玛湖是催化剂 玛湖大油区的发现，在科学上，发端于"跳出断裂带，走向斜坡区"的创新勘探思路；坚定于"胸怀大气度，敢冒大风险，立足大凹陷，寻找大油田"的勘探战略。如今，玛湖丰硕的成果标志着准噶尔盆地已进入富烃凹陷中下组合新时代，目前方兴未艾，尚具备再发现$10×10^8$t储量的资源条件。准噶尔盆地还存在着众多的富烃凹陷斜坡区，我国众多的沉积盆地蕴藏着更多的富烃凹陷斜坡区，放眼这些更加宽广的所在，必将激发起我国石油地质勘探将士的找油信心。

玛湖是磨刀石 玛湖大油区二十余年的勘探历程，是人类认识自然、改造自然的缩影。在这个艰苦的征途上，解放思想、实事求是、继往开来、承前启后是必须坚定的正确方向。坚定这个方向，需要勇于探索、重在实践的可贵品质。这种可贵品质的获得和秉承，非有艰苦的磨砺而不能。从这个意义上说，玛湖是一块磨砺锋刃的磨刀石。

玛湖是演兵场 玛湖勘探作为一个重要的平台，锻炼、培育了一大批适应新时代中国石油工业发展的地质勘探科技工作者。这些历经实战的科技人员，将成为新疆油田乃至我国石油勘探战线上的铁血将士。

这正是——

萦怀玛湖不言败，
求索登攀心澎湃。
立根凹陷终破岩，
再为祖国献油海。

第四章　柴达木盆地英西湖相碳酸盐岩油气大发现

英雄岭构造带，坐落在素有"聚宝盆"之称的柴达木盆地西部，喜马拉雅运动使其强烈隆升，形成盆内腹部隆起带的现今面貌，犹如破土出世的迷宫宝藏，呼唤着几代石油人前赴后继去揭开它神秘面纱。三十年前，老一辈石油人依托重磁电技术，在英西深层古近系渐新统（E_3^2）打出狮20和狮24两口高产油井，展现出巨大的勘探潜力，第一缕曙光令勘探工作者们倍感兴奋。然而刀片山似的地面地形、海绵似的地表低速带、碎盘似的地下构造，使得复杂山地地震勘探久攻不克；难以认识的湖相碳酸盐岩储层、错综繁乱的油水关系及高温高压的井下环境，犹如猛虎阻止勘探前行。三十年间几轮攻关、几番探索均无功而返，让人百思不得其解，诸多疑惑让石油人渐渐萌发了"在困难中找潜力、在复杂中找简单"的辩证思维，制定了"先易后难、先浅后深、整体部署、分步扩展"的战略战术。勘探对象转向构造带东段相对稳定的英东浅层，发现了高丰度的英东油田，同时复杂山地三维地震勘探技术的重大突破，坚定了再上英西深层的决心。

乘势而上，2013年青海油田在地面、地下条件更为复杂的英西地区实施三维地震201km^2，资料品质有了质的飞跃，经过三个阶段、六个轮次的处理解释一体化攻关，建立了深层盐岩之下叠瓦逆冲的构造样式，落实了构造细节和断裂展布；更为之振奋的是通过对各类资料的精细分析发现英西深层碳酸盐岩储层除裂缝、溶蚀孔发育以外，还存在大面积分布的灰云岩晶间孔。随后制定了"针对两类储层、整体解剖、全面展开"的部署思路，2014年针对基质孔隙为主的连续型油藏在构造主体部署狮41井；为寻找断裂控制的缝洞型高产油藏甩开部署狮42井，两口井大获成功，证实了灰云岩基质孔储层的有效性，解开了老井高产、稳产的谜团，改变了单一裂缝控藏的传统认识，揭开了深层油气勘探的新篇章。

乘胜追击，2015年开始按照"边研究、边部署、边扩展、边总结、边调整"的勘探思路，陆续发现了六个油气富集区，钻遇了中国陆上少有的9口日产千吨油气井。其中狮205井年产油气当量达10×10^4，狮210井170天累计产油超6×10^4，狮58井日产天然气

$200\times10^4m^3$。勘探的不断发现，推进了认识的不断升华，明确了英西为国内外罕见的咸化湖相碳酸盐岩多重介质储层类型的高压、高产构造—岩性油气藏。油藏受控于高效盐岩盖层、极强非均质性的孔—洞—缝型储层，具有整体含油，局部高产的特点，油藏埋深3000~5500m，地层温度100~160℃，地层压力60~80MPa。

近四年，通过实施勘探开发一体化持续攻关已在主体区提交三级油气地质储量1.38×10^8t，年产油量实现快速攀升，2016—2017年生产原油25×10^4t，预计"十三五"末建成产能$50\times10^4t/a$。同时甩开实施的狮58、狮60等井证实外围仍然具有巨大的勘探潜力。英西一举成为复杂构造区湖相碳酸盐岩领域勘探成功的典范。

第一节　初探英西获发现　艰苦探索遇坎坷

素有"聚宝盆"之称的柴达木盆地位于青藏高原北部（图4-1），是世界上油气地质条件最为复杂的盆地之一。"南昆仑、北祁连，山下瀚海八百里，八百里瀚海无人烟，天上无飞鸟、地上不长草、风吹石头跑、氧气吸不饱"是对盆地自然环境最真实的写照。60多年来，青海石油人用"爱国、创业、奉献、担当"的柴达木石油精神，在这片不毛之地创造了一个又一个让历史铭记的辉煌。

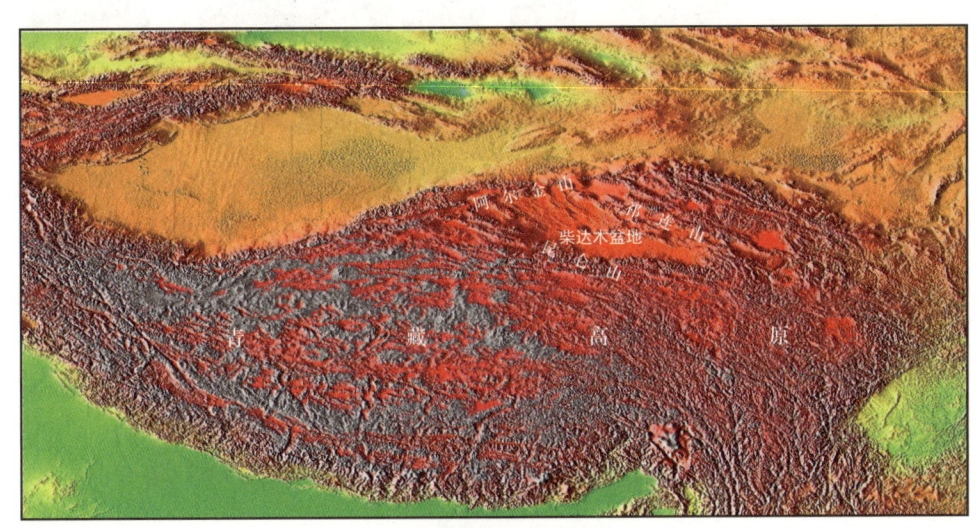

图4-1　青藏高原地形图

悠悠岁月、漫漫征途。早在中华人民共和国成立前的1947年，著名地质学家孙建初先生带领科考队历经艰辛，伴随着驼铃声声来到了英雄岭，并在油砂山地面发现了150m厚的油砂，开启了柴达木石油勘探的光辉篇章！1954年夏，新中国的第一批石油勘探拓荒者在阿吉老人的带领下再次挺进柴达木（图4-2），通过地面地质调查，落实了成排成带展布的地面构造140个，并在咸水泉、油泉子等多处发现油苗。围绕地面构造实施勘探，发现了一批浅层油气藏。

1955年12月12日，英雄岭构造带油泉子构造第一口探井泉1井喜获工业油流，开启了柴达木盆地油气勘探的"新纪元"。

1958年9月13日，一股巨大的油柱在冷湖五号构造地中四井冲天而起（图4-3），日喷油800m³，3天3夜喷势不减，由此诞生了青海油田，并使之一举成为全国四大油区之一，书写了柴达木盆地石油勘探的第一篇乐章。

图 4-2　阿吉老人带领第一批地质队员进入柴达木

图 4-3　地中四井喷油

1964年5月挥师东进,钻探北参3井发现了涩北千亿立方米的第四系生物气田(图4-4)。一系列重要勘探成果,为建国初期中国石油工业的发展起到了重要作用。

图 4-4　涩北气田北参三井

一、尕斯湖畔传喜讯,深层勘探启新篇

1965年以后,随着地面构造勘探领域逐渐减少,深层勘探又缺乏有效技术手段,盆地勘探工作陷入十年沉寂。为了探索深层,寻找纵向接替层系,引进了苏制CC-26-51型光点地震仪,在尕斯断陷发现了跃进一号潜伏构造。1977年10月3日尕斯库勒湖畔传来喜讯,跃进一号构造钻探的跃参1井日喷原油22.82m³,随后钻探的跃深1井在3251m中途测试折算日产油807m³(图4-5)。就此,亿吨级的尕斯库勒油田露出"庐山真面目",揭开了盆地古近系E_3^1碎屑岩油气藏勘探序幕。

1979年3月,石油工业部决定在柴达木盆地开展石油勘探开发会战。玉门油田、胜利油田等5个会战单位,21个地震队,27支钻井队,400多套装备,24000多名石油大军从祖国四面八方汇聚柴达木,以尕斯库勒油区为主战场,按照"广探柴西、解剖深层碎屑岩"的部署思路,开展联合攻关。1980年初,参加会战的青海石油管理局勘探处通过对油砂山以西168.75km和24.75km的中频折射剖面进行解释,发现了砂西构造,同年8月钻探的跃37井试油获得成功,在尕斯油田以西又发现了砂西E_3^1碎屑岩油藏。

图 4-5 跃深 1 井喷油

继跃进一号突破后,砂西构造锦上添花,E_3^1 碎屑岩被锁定为勘探的重点领域。结合区域沉积背景认识,地质家们推测:英雄岭深层受阿拉尔物源体系控制,应该广泛发育一套与尕斯地区相似的优质碎屑岩储层(图 4-6),分布面积广,有望成为盆地石油勘探的主战场,为英西(狮子沟)深层的勘探指明了方向。

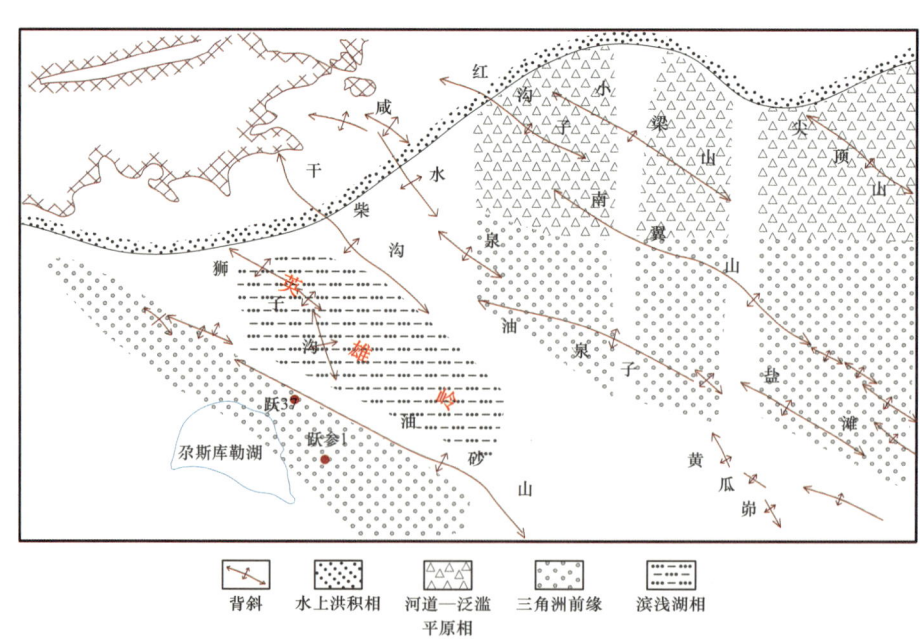

图 4-6 柴西地区沉积相平面图(1982 年)

二、四上英西难攻克,有井无田空留憾

英雄岭构造带是盆地内最早发现油气露头的地区(油砂山露头)。该区发育成排成带的地面构造,喜马拉雅晚期强烈的隆升运动使其地形特征极具特色,地面海拔3000~3900m,山高坡陡,沟壑纵横(图4-7),令人望而生畏,曾有勘探队员说过:能爬上去的都是英雄!英雄岭因此得名。英西位于英雄岭的西段,是英雄岭地面、地下条件最为复杂的地区之一,勘探面积500km²,从20世纪80年代初至21世纪初,英西深层勘探历经"四上四下"。

图4-7 英西地区地面地形图

一上英西:锁定目标探深层,歪打正着揭宝藏

依据地面细测和重磁电资料分析认为英雄岭构造带西段的狮子沟(英西)深层存在重力高(图4-8),1983年10月锁定目标,钻探了世界上海拔最高的狮20井(地面海拔3430.1m),设计井深5200m,目的层为E_3^1碎屑岩。

狮20井于1984年8月至11月钻至4136.62m、4184.48m、4564.58m,先后发生三次强烈井喷,日喷原油产量分别为246m³、464m³、459m³。钻杆完井后求产,最高日产油1138m³,日产天然气20×10^4m³(图4-9),试油13天累计产油10560t、产气160×10^4m³。如此高的单井产量,震惊了当时的石油行业,英雄岭深层成为中国石油勘探攻关的重点地区之一。

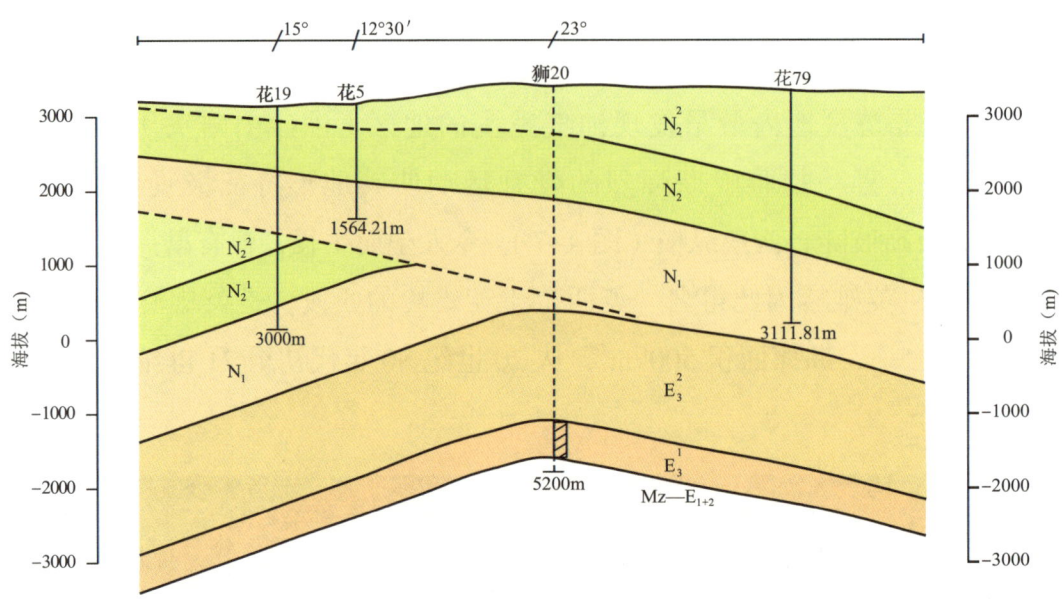

图 4-8　狮 20 井设计剖面图（1983 年）

图 4-9　狮 20 井喷油

钻后分析认为高产层段储层岩性为 E_3^2 泥灰岩，而非当时预判的 E_3^1 碎屑岩目的层。泥灰岩储层受断层改造形成的裂缝型储集空间是狮 20 井高产的关键（图 4-10）。随后制定了"占高点、沿断裂、打裂缝"的勘探部署思路。然而，此后的勘探历程却并非一帆风顺，而是一条充满荆棘的坎坷之路。

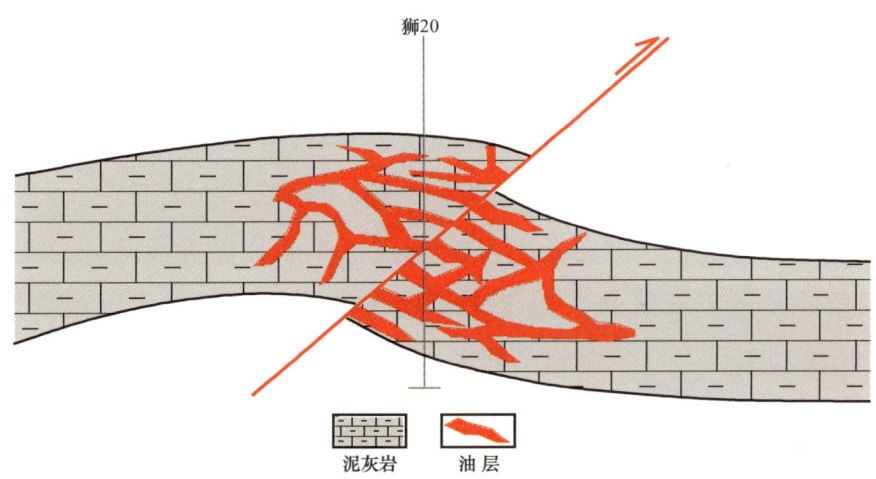

图 4-10 狮子沟深层成藏示意图（1984 年）

二上英西：甩开探索有收获，评价钻探无所得

20 世纪 80 年代中后期，围绕重磁电资料解释的狮北Ⅰ号、狮北Ⅱ号断层，分别甩开钻探狮 22 井、狮 23 井、狮 24 井、狮 25 井（图 4-11）。只有狮 24 井获得高产，钻至 4010.74m 中途测试日喷油 460.2m³，实现了向北甩开的新发现。然而其余三口井却接连失利，想要一战成功抱上"金娃娃"的美梦落空。

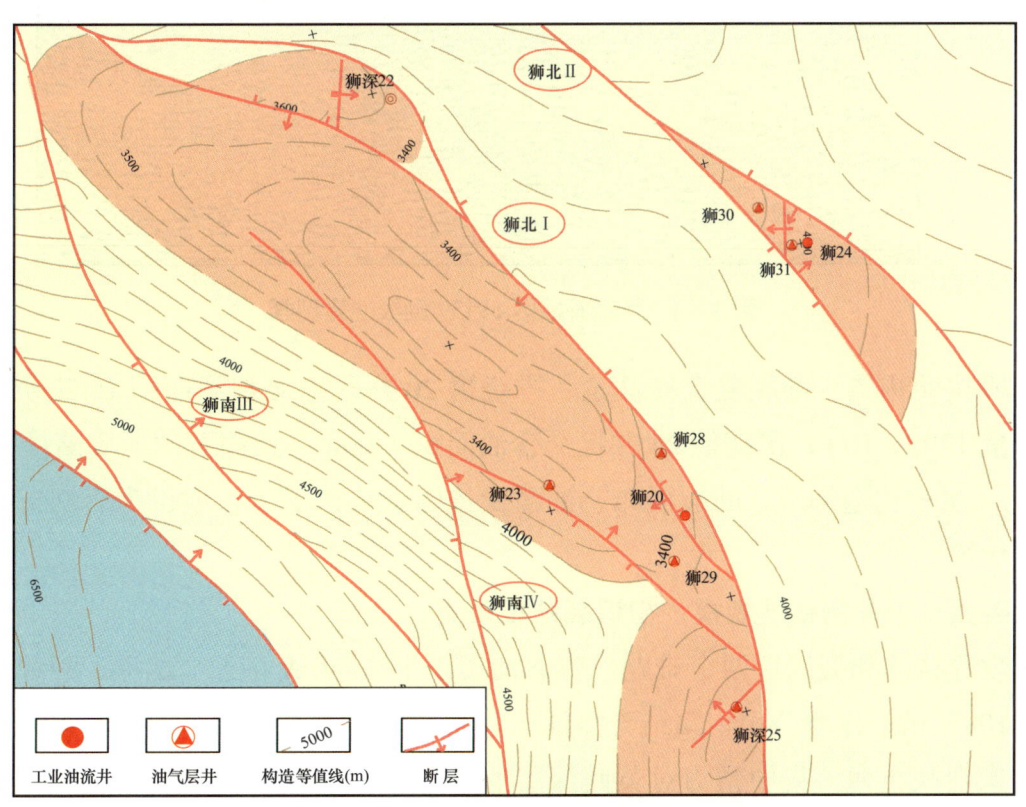

图 4-11 狮子沟地区 E_3^2 底构造图（1984 年）

90年代初，油田又围绕高产井评价钻探，在狮20井周缘部署狮28、狮29井，围绕狮24井钻探了狮30井、狮31井（图4-11），结果却折戟沉沙，四口井全部失利。其中狮31井目的层距离狮24井不到100m，试油仅获0.4m³/d的低产油流。

甩开勘探未能如愿，评价钻探更是当头一棒。此时，勘探工作者们已经清醒地意识到地下情况复杂，构造及断层展布不落实，勘探工作面临极大风险，急需开展地震攻关。但复杂的地面条件给地震部署和采集带来了极大挑战，克服重重困难部署了4条穿沟二维地震测线，结果却不尽人意，资料品质差，构造轮廓及断裂展布无法落实（图4-12）。

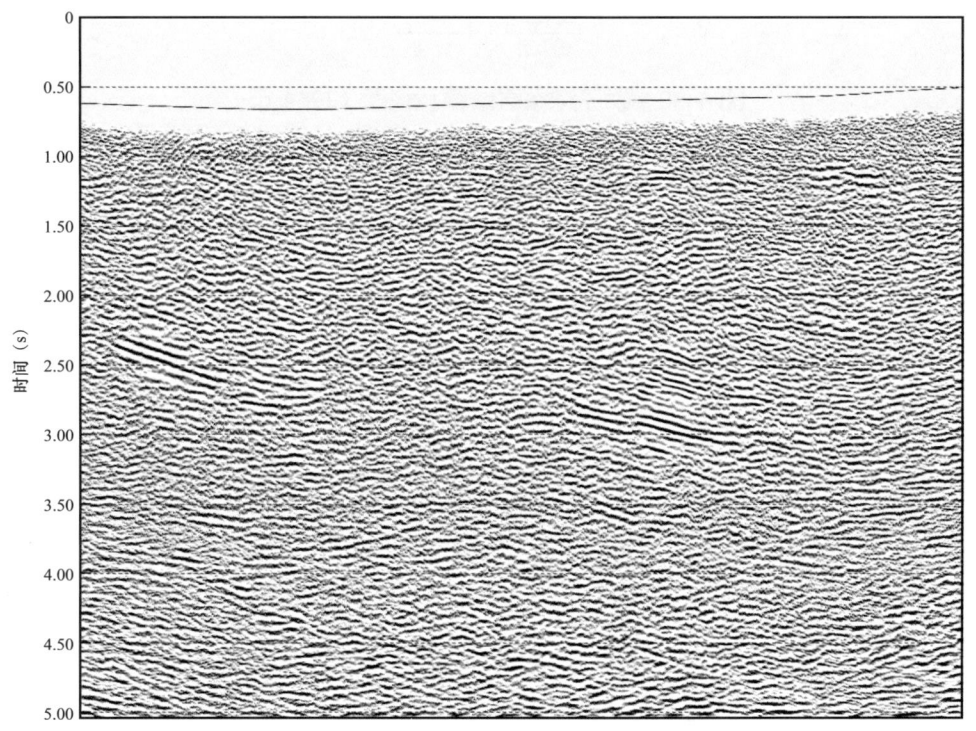

图4-12 英雄岭地区89139测线地震剖面

此阶段按照构造、断裂复合控油论，围绕狮20井区提交含油面积15.2km²，控制石油地质储量1298×10⁴t；围绕狮24井提交含油面积4.5km²，预测石油地质储量573×10⁴t（图4-13）。虽然构造细节、断裂展布、油藏受控因素认识不清，但也为后期持续探索攻关埋下了伏笔。

三上英西：老井侧钻展规模，初识裂缝难攻克

为了攻克构造和裂缝这两个难题，青海油田于1996年成立了"地震、裂缝"双攻项目部和"108"试采作业公司。集结青海油田、斯伦贝谢及西南油气田等国内外裂缝油气藏勘探专家会战英西，集中精力对英西深层油藏开展攻关，希望找到突破口，拿下大油田。会战初期，论证部署二维地震测线48km，采用小道距、大组合、大药量、较高覆盖次数攻关，运用中深井组合激发、横向大组合接收、模型静校正技术，资料信噪比有了一定提高。首次利用地震资料证实深层为一大型背斜构造，但构造主体成像仍然较差，圈闭细节及断层展布难以落实（图4-14）。

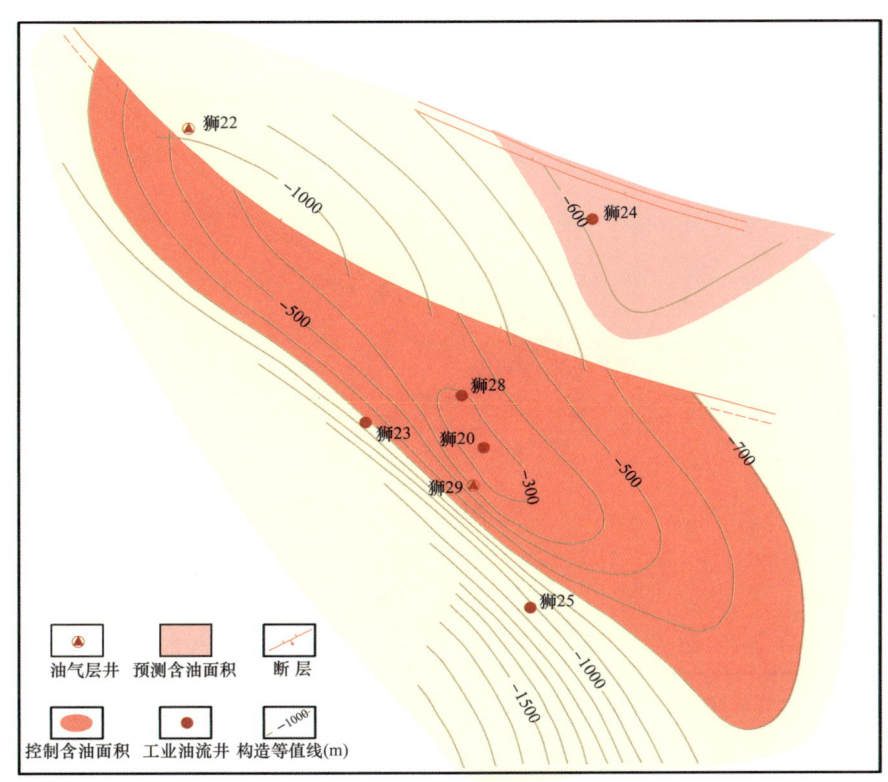

图4-13 狮子沟 E_3^2 油藏控制、预测含油面积图

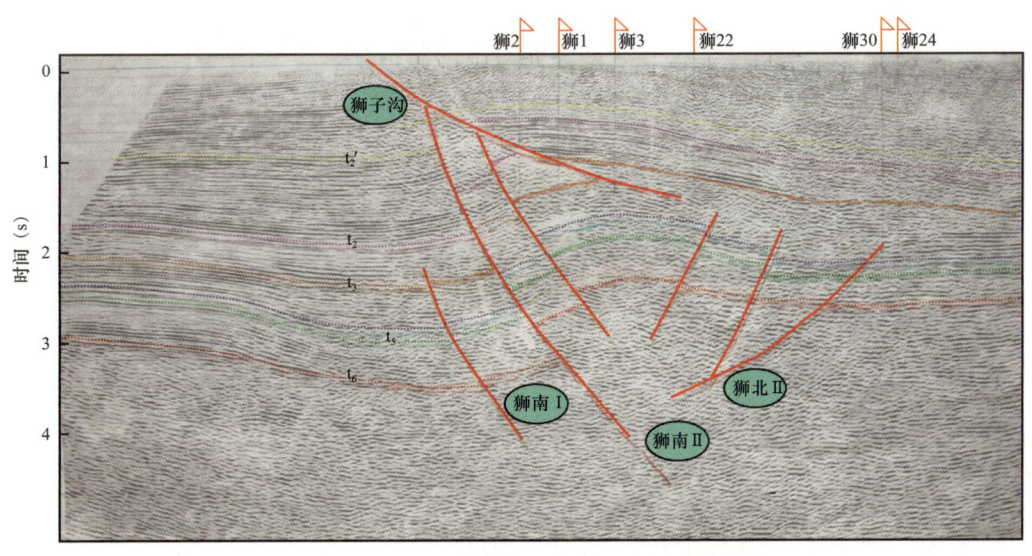

图4-14 狮子沟地区 98SZG 地震剖面

90年代末,依据钻井资料刻画的断层,实施老井开窗侧钻6口(图4-15)。其中狮新28、狮29斜、狮24斜侧钻至老井(狮20井、狮24井)产油段,试油获得高产,试采产量稳定。狮新28井中途测试日产油215m³,试采日产油40~60t(已累计产油15.97×10⁴t),进一步明确了深层的巨大潜力。

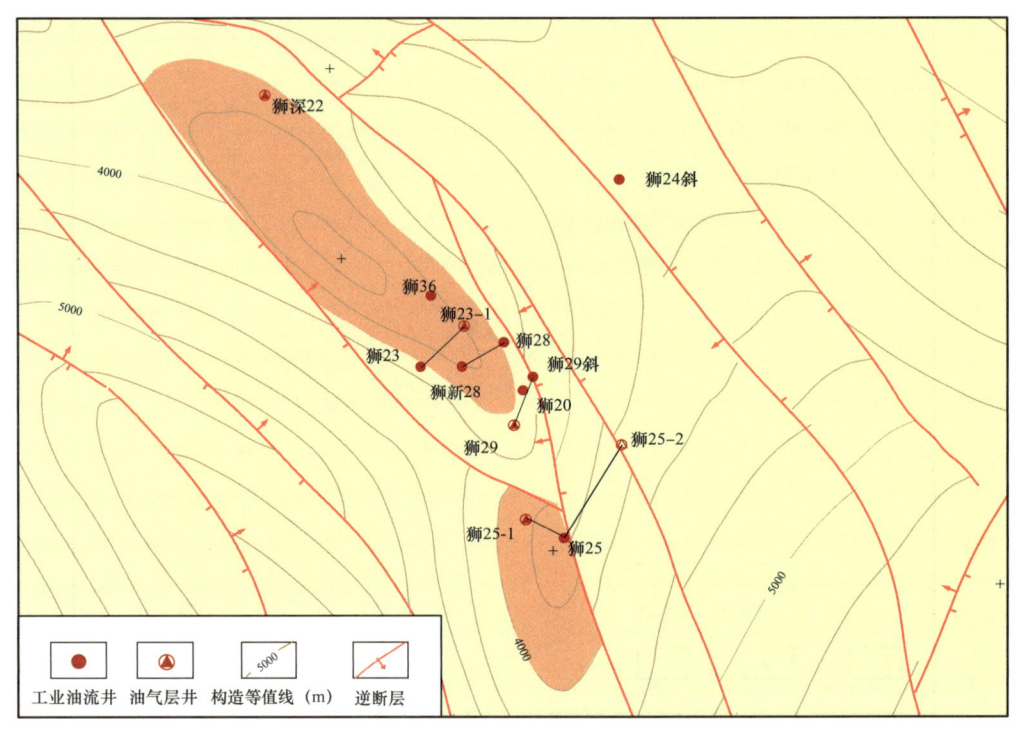

图4-15 狮子沟地区E_3^2底构造图(1984年)

然而欣喜之余,问题却接踵而至。利用新采集地震资料围绕断层部署的狮23-1井、狮25-1井、狮25-2井却未达到预期效果。其中围绕狮25井侧钻的狮25-1井钻至对应狮20井、狮新28井高产层段(4176.0~4181.5m)全烃达100%,中途测试日产油仅5.8m³。当时分析认为由于狮25-1井未钻遇狮20井控油断层,导致裂缝不如狮20井、狮新28井发育。

此阶段就成像测井技术开始与斯伦贝谢公司开展合作,狮24斜井成像资料显示高产层段发育大量裂缝,并且呈网状特征(图4-16),进一步坚定了寻找裂缝型高产油藏的信心。但由于受到地震资料品质及成像测井数量较少的影响,构造细节、断裂展布与裂缝分布等关键核心问题仍未得到解决。

四上英西:风险勘探擦肩过,紧追断层生疑惑

不死心,不放弃。2005年再次部署二维地震测线189km,采用2炮3线宽线二维新技术开展攻关,资料品质得到明显提升,构造格局与局部轮廓得到进一步落实(图4-17)。同时正值中国石油推行风险勘探,英西深层再次被锁定作为攻关目标。

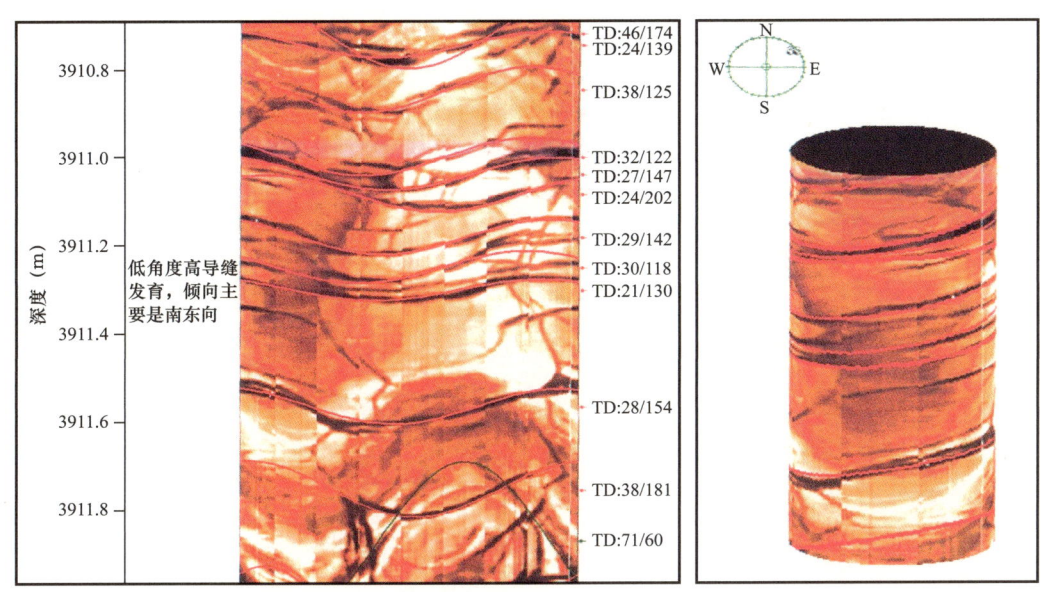

图 4-16 狮 24 斜井油层段成像测井图

图 4-17 狮子沟地区 06031 地震剖面

通过对地震资料详细解剖，积极论证，甩开钻探狮 35 井、狮 36 井。其中在狮 20 井西侧 10km 处解释出一形态相对完整的断背斜圈闭，狮 20 井控油的狮北 1 号断层也延伸到此处（图 4-18）。2005 年实施狮 35 风险井，钻探过程中油气显示活跃，对 4206～4275m 井段中途测试折算日产油 19.86m^3，但完井三个层组试油均未成功。其中两个层组进行了小规模措施改造（排量 3m^3 以内、液量 100m^3），措施后仅见到少量油花，钻后认为构造存在，失利的主要原因还是未钻遇控油断层。

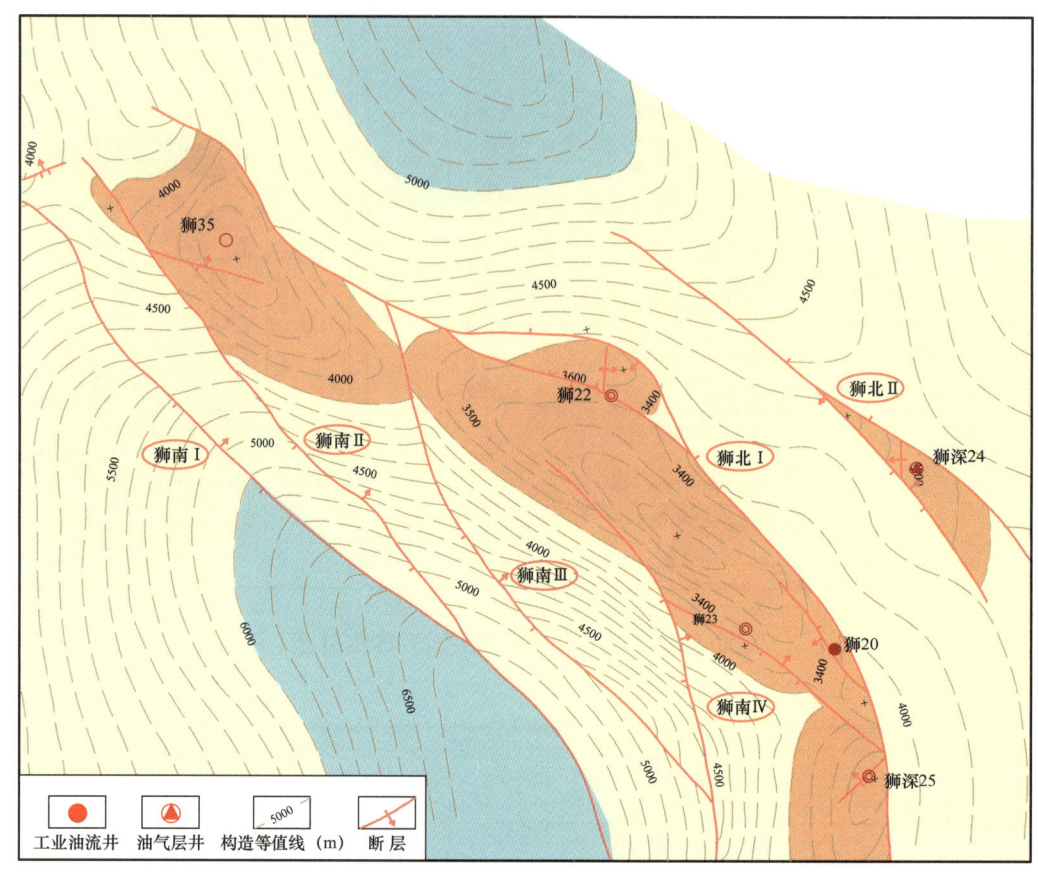

图 4-18　狮子沟地区 E_3^2 底构造图（2005 年）

回头看，2016 年邻近狮 35 井钻探的狮 53 井对应油层段储层以基质孔隙为主，平均孔隙度 6.2%，压裂后 2mm 油嘴日产油 31.5m³（加砂 41.00m³、最大排量 5.00m³/min、注入地层净液量 836.30m³）。进而说明狮 35 井试油效果不理想的主要原因是当时一心想钻狮 20 井一类的高产层，遇到物性相对较差、裂缝不发育的层，储层改造工艺却不相适应。

2006 年立足已发现的狮 20 井区，为追踪狮 20 井区狮北 I 号控油断层，在其西侧钻探狮 36 井（图 4-19）。对 4212.40～4237.40m 中途测试折算日产原油 9.80m³，完钻后因测井仅解释出差油层 16m/2 层而裸眼完井，未开展试油、试采工作。钻后结合倾角测井资料，对比出在 4040m 钻遇狮北 I 号断层，与设计较为吻合。

为何同样钻遇狮北 I 号控断层，产液能力会天壤之别？是否与构造位置偏低有关？通过对构造形态与狮北 I 号控油断层再认识，先后对狮 36 井向南和西南构造高部位侧钻狮 36-1、狮 36-2 两口斜井（图 4-19），均钻遇了狮北 I 号断层，却未能形成高产，结果令人困惑。当时主观的分析认为狮 36 井区与狮 20 井区具有同一构造背景，断裂结构相似，只是向西控油断层规模变小，裂缝不发育，造成含油气性变差。

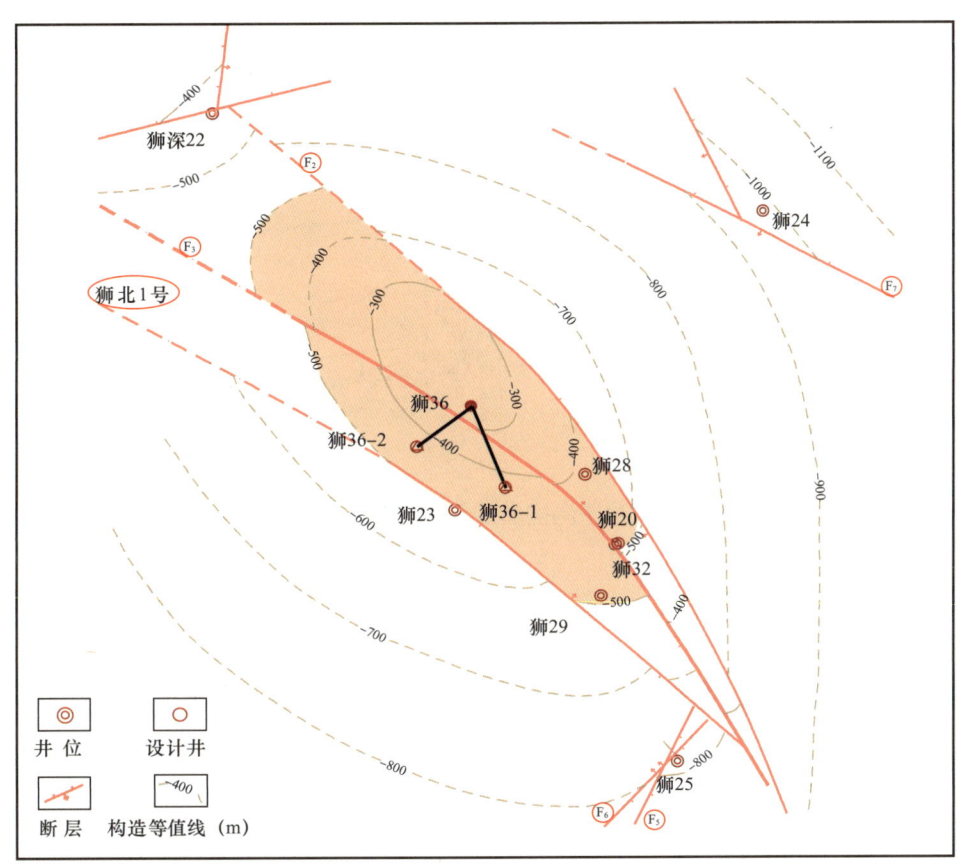

图 4-19　狮 20—狮 36 井区 E_3^2 底构造图（2006 年）

时至今日再分析，狮 36 井三个井眼均未达到预期效果的原因主要有两点：一是三口井均钻遇同一条控油断层，狮 20 井是在 V-7 号小层钻遇，但狮 36 井则在 V-16 钻遇，断层与主力目的层的匹配性至关重要；二是当时测井对流体识别存在短板，4212.40~4237.40m 中途测试折算日产原油 9.80m³，但完钻后因测井没有解释出可靠油层而未下套管试油，2017 年低部位钻探的狮 41-4 井在同样层位却日产油达 27.5t。

30 年来面对盆地油源条件最好，构造最复杂，单井产量最高的英西深层，长期处于"有井无田、难以扩展"的尴尬局面。分析原因主要存在以下两个方面难题未能解决。

难题一：对储层类型和控藏因素认识不清。此阶段认为英西深层储层以泥灰岩裂缝为主，把是否钻遇规模裂缝带作为成功的先决条件（图 4-20），对储油岩性、储集空间类型及物性特征的认识比较肤浅，油藏主控因素认识存在误区。

难题二：受复杂地面、地下条件影响，构造特征难以落实。英雄岭地区前后经过多轮次的地震攻关，受限于复杂地震地质条件影响，资料品质无法提升，构造特征、断裂展布及裂缝分布难以落实，直接影响到油藏认识与井位部署。

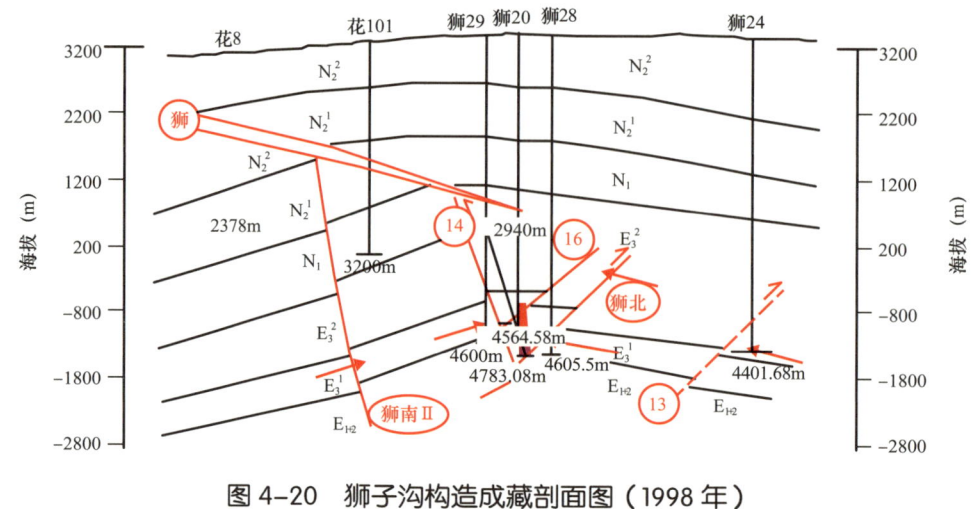

图 4-20　狮子沟构造成藏剖面图（1998 年）

第二节　山地地震显神威　精雕细刻助突破

一、迂回英东送佳音，三维采集克难关

面对英西深层久攻不克的被动局面，积极转变思路。2010 年针对英雄岭构造带制定了"先易后难、先浅后深、整体部署、分步实施"的勘探思路，纵向上确定了由深层碳酸盐岩向浅层碎屑岩转变；平面上确定了由局部复杂区向相对稳定区转变。

在两个"转变"思想指导下，有针对性地对构造带东段英东地震老资料进行精细目标处理，资料品质有了一定改善，在浅层发现两个圈闭。2010 年优选一号断背斜圈闭实施砂 37 井（图 4-21），设计井深 2050m。该井于 2010 年 6 月 18 日开钻，从 158m 开始油气显示非常活跃，槽面多次见到针孔状气泡和条带状油花，岩屑录井见油砂显示 295m。显示如此连续、级别如此之高，实属罕见，为了尽快弄清浅层含油情况，决定于 1251m 处提前完钻，完井电测解释出油气层 224.2m/92 层，针对不同类型 8 个层组分类测试，均获得工业油气流。其中 813.5～816.0m 4mm 油嘴日产油 29.5m^3，拉开了英东中浅层碎屑岩勘探序幕。

砂 37 井成功后，为快速扩大勘探成果，向东南 1.7km 钻探了英东 101 井，可惜天不遂人愿，油气显示差，完井解释全是水层。是油藏小？还是构造低？钻探的失利，意识到该区并不是简单的背斜构造，要想落实构造细节获得大发现，必须开展三维地震勘探。

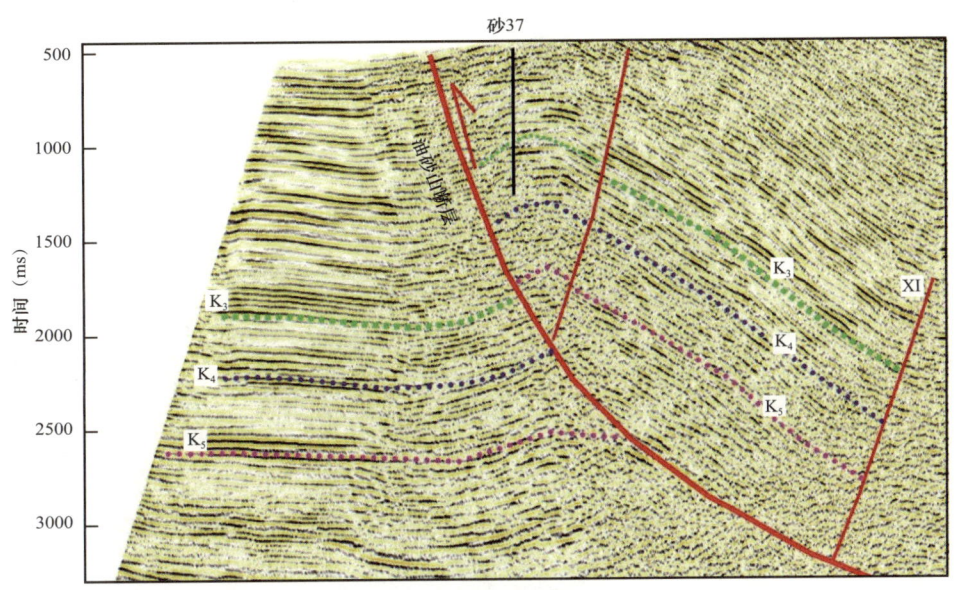

图 4-21　英东地区 2010 年重新处理 05036 地震剖面

但英东地区地面海拔高（2800～3500m）、高差大，沟壑纵横（图 4-22）；地表干燥疏松、山高水低，低降速带厚（500m）；地下构造高陡、断裂发育，地震地质条件极为复杂，给三维地震勘探带来了巨大的挑战，被称为地震勘探"禁区"，难度堪称"世界之最"。获取高品质资料迫在眉睫，经过反复论证在英东部署三维地震 350km^2，中国石油将此攻关项目列为 2011 年"一号工程"。

面对如此复杂的地质条件，如何开展攻关，成为当时最为棘手的难题，通过系统的梳理地震勘探历程与实际的地震地质条件，意识到英雄岭地区开展地震勘探存在四大技术难题：

（1）起伏剧烈的地面形态、干燥疏松的地表结构，产生众多规律性极差的强能量侧面散射干扰波；巨厚且没有规律的低降速带和表层风化地层造成严重静校正问题；

（2）巨厚且没有规律的低降速带和表层风化地层，导致地震波吸收、衰减严重，有效反射信息淹没在复杂的噪声中，原始资料信噪比极低，去噪成为第二大难题；

（3）该区经历了多次强烈构造运动，使得构造变形剧烈，主体断裂发育、地层高陡破碎、波场复杂，速度场难以求取，复杂构造断裂带及逆掩断裂下盘的精确成像极为困难；

（4）复杂地表条件使得现代化运输工具丧失用武之地，野外采集的各项生产工序完全依赖人抬肩扛，严重制约施工进度。

如何高效、优质、安全的完成野外地震采集作业？针对客观存在的难题，专家组"对症下药"，通过系统总结以往经验教训，理论基础结合大量野外试验，制定了英雄岭山地地震勘探攻关的四项技术对策：

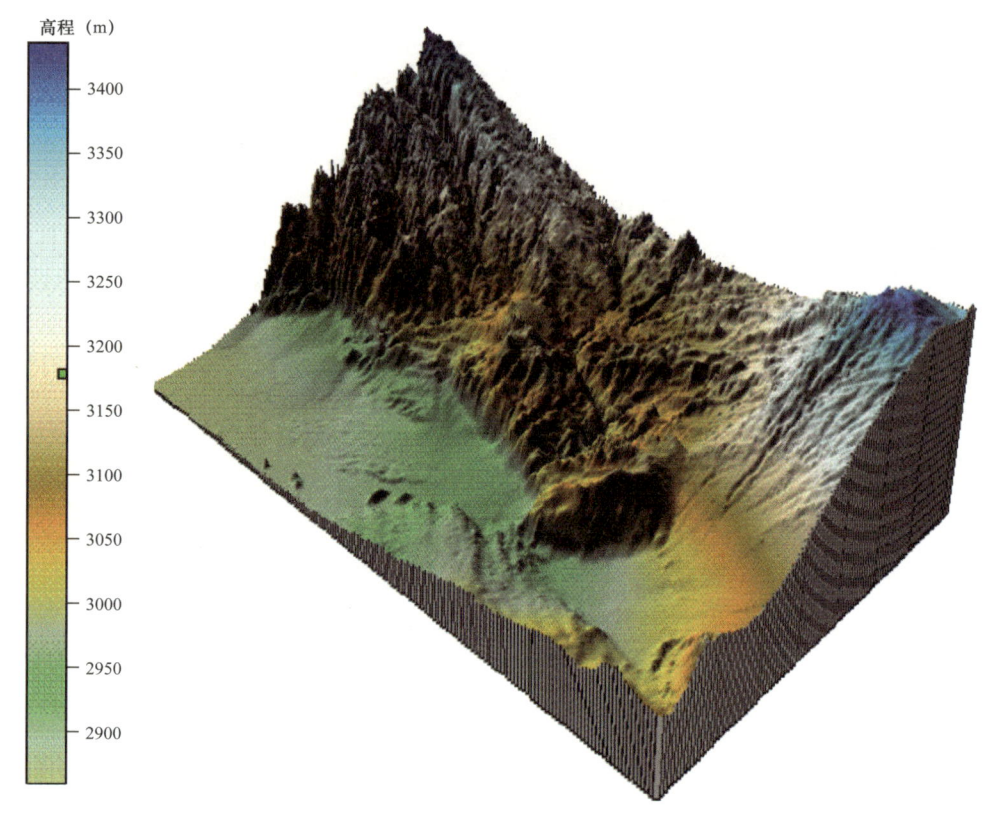

图 4-22 英东地区高程立体图

（1）全面精细的先导性试验。通过室内模拟、理论计算，确定了点、线、面一体化攻关试验方案，在野外先导性试验结果基础上，确定合理的采集方案和关键参数（点实验确定激发深度、药量、激发组合井数等参数；线实验确定排列长度、检波器组合、覆盖次数等参数；面试验确定三维地震采集的密度、方位宽度等参数）。

（2）"两高一宽"（高覆盖、高密度、宽方位）采集技术方法和观测系统设计。针对资料信噪比低、构造复杂的特点，通过提高覆盖次数（312~468 次）、覆盖密度（69 万~104 万道/km^2）和宽方位（方位宽度 0.7）观测，提高地震资料信噪比和复杂构造成像精度（图 4-23）。高覆盖次数和高密度观测系统提升了目的层段的地震资料品质，实现了准确成像。

（3）震检联合组合提高原始资料信噪比。针对信噪比低的问题，在采用多井组合激发有效增加目的层反射能量的基础上，通过炮点与接收点的联合组合方式，压制散射噪声，提高原始资料信噪比，效果显著（图 4-24）。

（4）创新高原复杂山地数字化采集作业新模式。通过高精度航拍、山地钻机集中供气、遥控指挥系统为核心的复杂山地三维地震作业方法，实现了科学、高效、安全、优质、可视化生产，提高了施工效率，降低了生产成本。

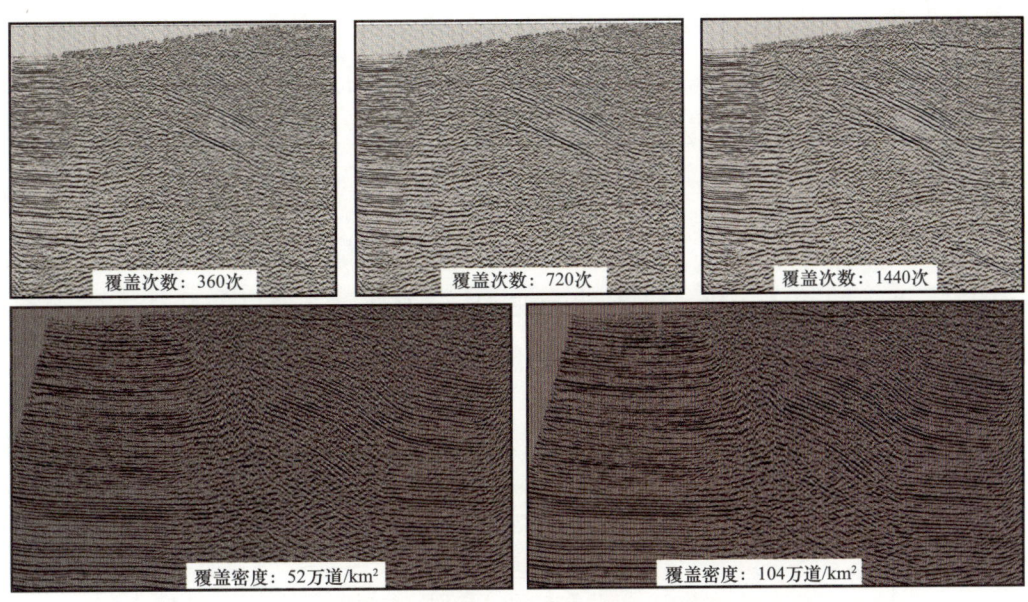

图 4-23 提高覆盖次数及覆盖密度后资料品质的变化

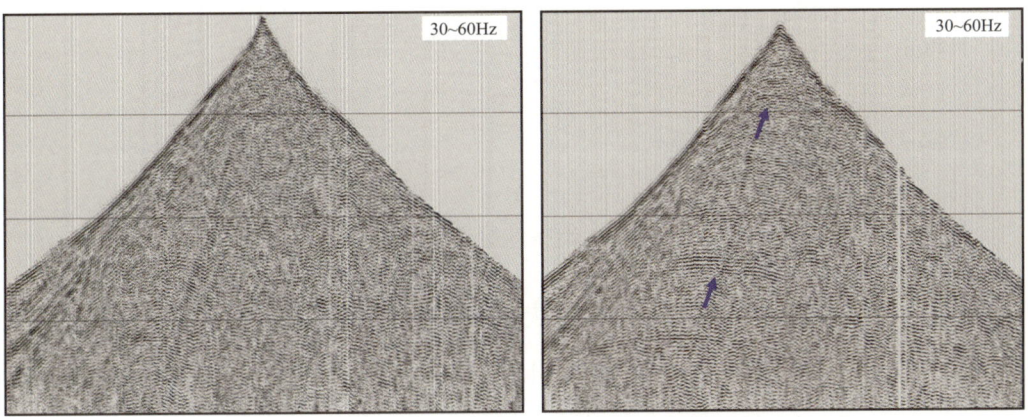

图 4-24 炮点组合与震检联合组合原始资料对比

有针对性的四项对策和创新性的采集方法,致使英东地区地震资料品质取得了历史性的突破(图 4-25)。

图 4-25 英东地区二维地震资料与三维地震资料对比

地震采集取得成功后，井震结合开展了五轮次的处理解释攻关，逐步落实了英东中浅层断层展布和构造圈闭细节，为英东油田的快速探明，规模建产奠定了坚实基础。英东油田以油砂山断层为界，分为上、下两盘，上盘发育多个断块叠置油气藏，下盘为断层遮挡油藏，油藏具有埋藏浅、单井含油井段长（640～2277m）的特点（图4-26）。最终在英东中浅层提交探明油气地质储量9146.26×10^4t，储量丰度达1016.25×10^4t/km^2，建成产能55×10^4t，年产油40×10^4t，已累计产油187×10^4t。成为目前柴达木盆地单个油藏储量规模最大、丰度最高、物性最好、效益最佳的整装油气田。

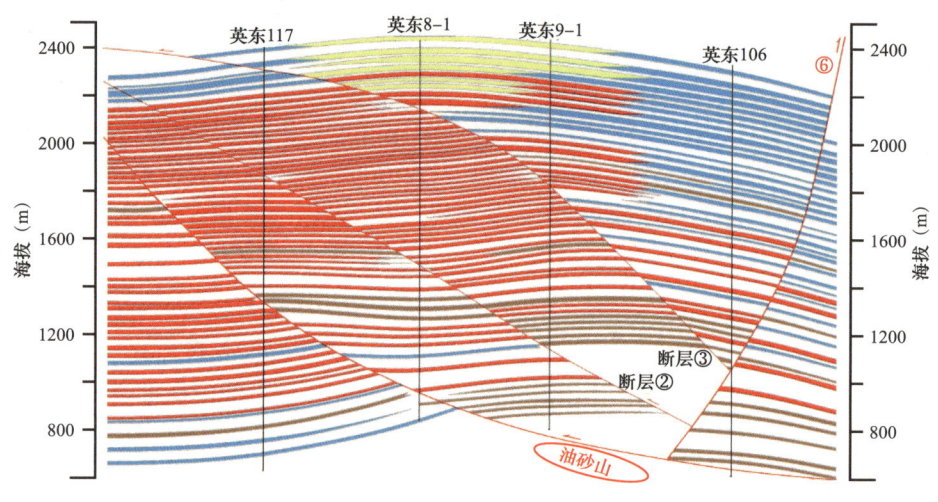

图4-26 英东地区油藏剖面图

英东地震攻关的突破在带动其中浅层快速探明与规模建产的同时，为更为复杂的英中、英西地区地震勘探提供了技术支撑、树立了信心。2012年、2013年分别在英中、英西地区部署三维地震251km^2、201km^2（图4-27）。

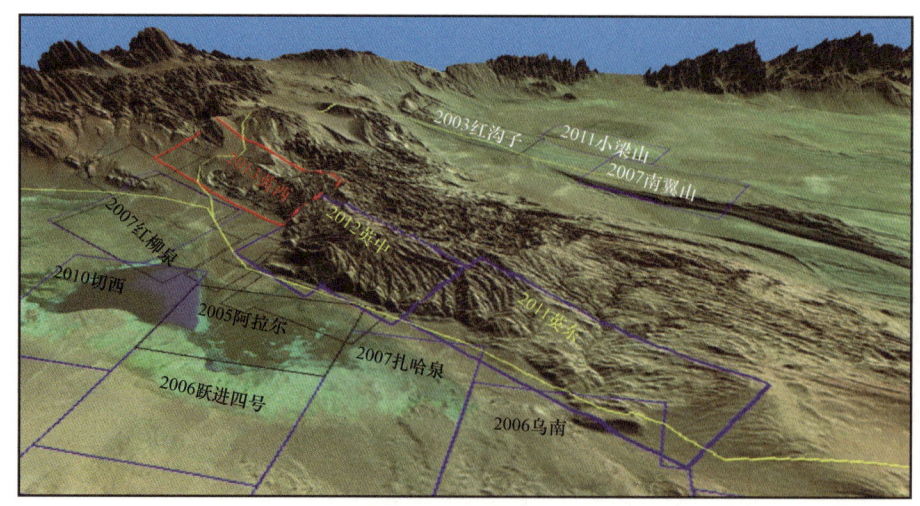

图4-27 英雄岭地区三维地震部署图

二、处理解释齐发力，构造细节露真容

英西三维地震充分借鉴英东地震采集攻关经验，同时有针对性地对采集参数进行优化。具有采集方位角更宽，炮密度（164.3~492.9 炮/km²）、覆盖次数（476~1428次）更高，炮检距（6105m）、接收组合基距（$Lx \approx 54m$、$Ly \approx 64m$）更大、激发组合优化、井震联合采集的特点，采集工作取得了历史性突破（图4-28）。

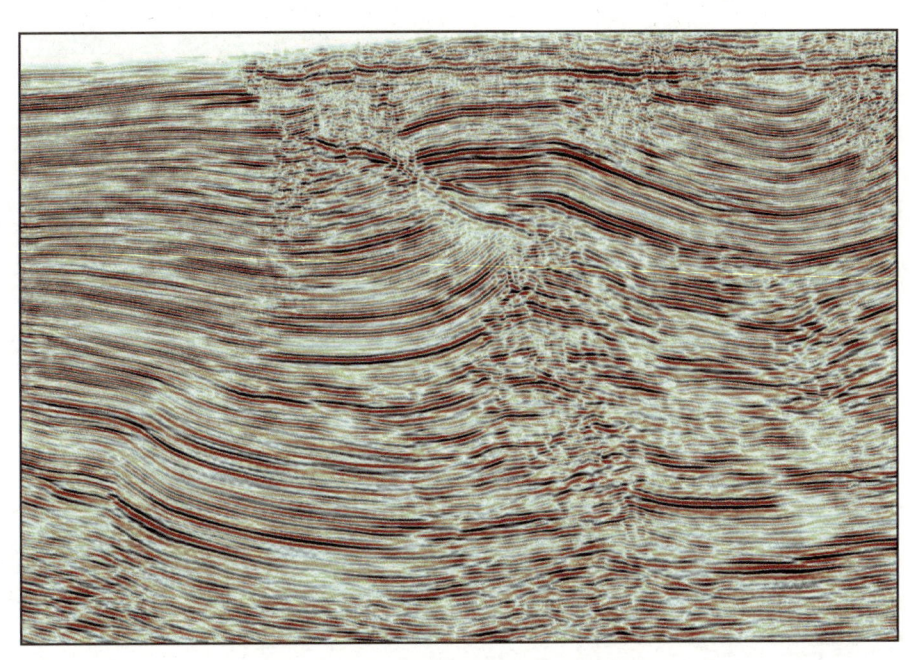

图4-28 英西地区新三维地震资料

如何让宝贵的地震资料揭露地下地质结构的真实面容，提高资料信噪比、成像精度，成为复杂地震资料处理工程师首当其冲的任务。通过组织青海油田公司勘探开发研究院、中国石油集团东方地球物理勘探有限责任公司、斯伦贝谢公司开展联合攻关，各方专家集思广益、取长补短，集中攻关，巧用"去噪、静校正、偏移"三板斧，复杂构造逐步露出真容。

第一板斧：去噪。复杂山地原始地震资料的最大特征就是有效信号淹没在各种各样的噪声中。通过大量的分析实验工作，确立了"先强后弱、先易后难、先相干后随机"的去噪思路，形成了六分法多域组合去噪方法和5DMPFI、OVT域处理等特色去噪技术（图4-29），地震资料信噪比得到明显提升。

第二板斧：静校正。表层低降速带变化剧烈，底界不清，给静校正计算带来很大困难。处理工程师们根据表层岩性调查资料，创新性地提出了把潜水面反射作为标志层进行表层结构建模，提高了静校正计算精度。首创了基于潜水面标志层的综合静校正技术（图4-30）。

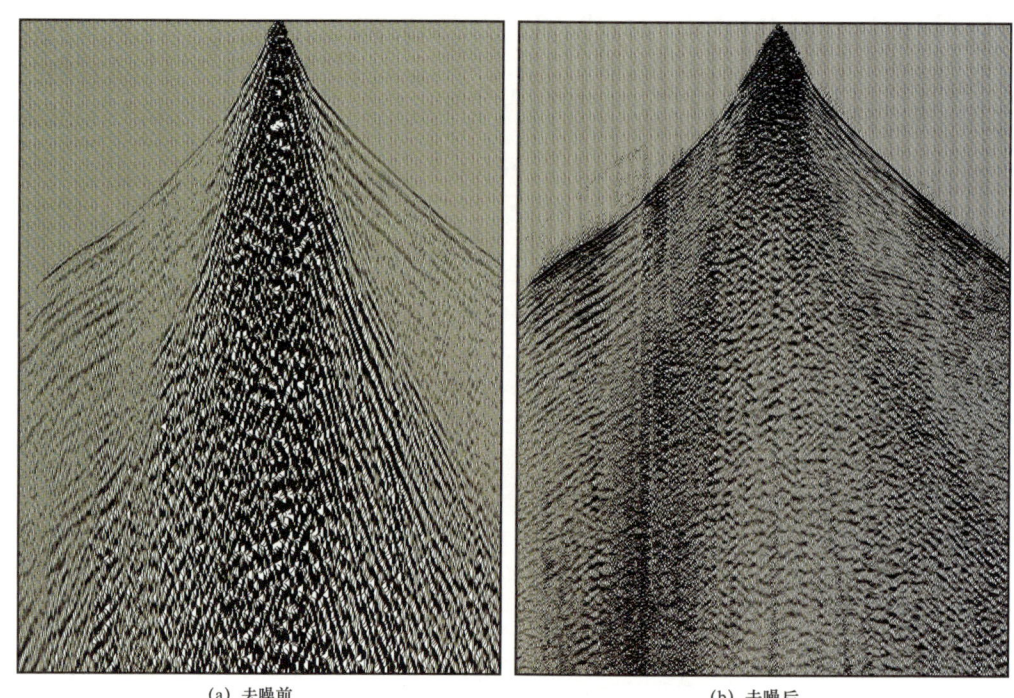

(a) 去噪前　　　　　　　　　　(b) 去噪后

图 4-29　多域组合去噪前后对比图

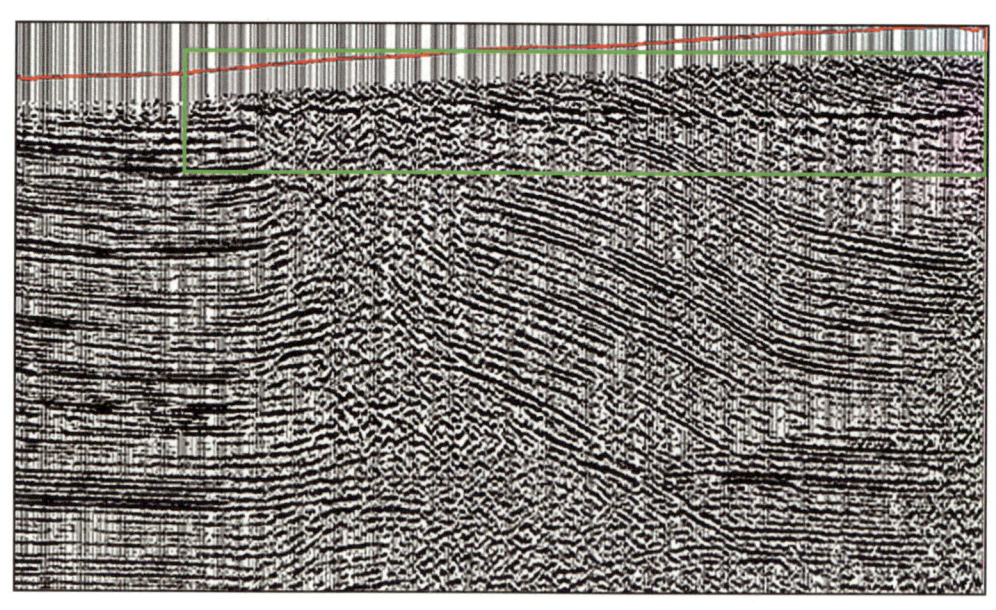

图 4-30　多轮剩余静校正后地震资料

第三板斧：偏移。常规成像处理一般采用叠前时间偏移，但成果用于英西井位部署后井震矛盾非常大。为此开展了地震地质建模、地震正演分析研究，解决了时间域成像出现的假构造、假断层及断层位移等现象。明确了复杂构造及断裂带下盘进行叠前深度偏移处理的必要性。

精确的速度模型是深度域成像的核心，通过攻关研究，探索出一套基于DWT+ZTOMO层析反演的井控各向异性高精度速度建模技术，大大提高了速度建模精度。速度模型由初始模型采用DWT回转波层析反演建立浅层模型；同时基于潜水面的认识，对模型浅层进行约束更新，到基于地质导向的反射波层析反演ZTOMO更新中深层速度模型，再到井与分层数据约束，CIP道集拉平准则，进一步更新速度模型，再重复到基于地质导向的反射波层析反演ZTOMO更新中深层速度模型。

同时，通过完善以克西霍夫叠前深度偏移和RTM叠前逆时深度偏移方法，地震资料的成像精度大幅度提高，构造细节更加准确（图4-31）。最终形成了以多域组合去噪、基准面标志层静校正、高精度建模以及叠前深度偏移为核心的复杂山地三维地震处理技术。

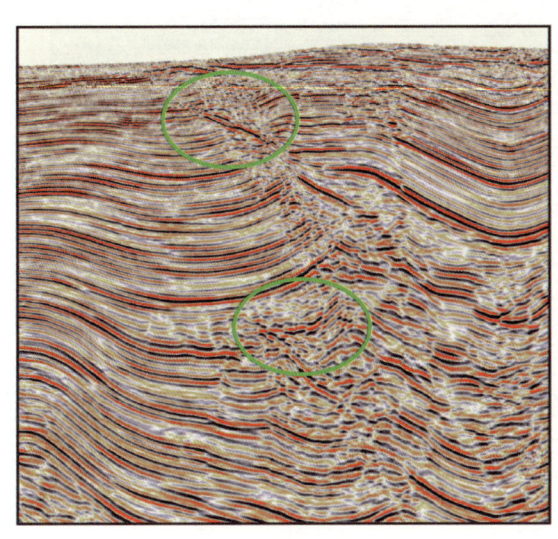 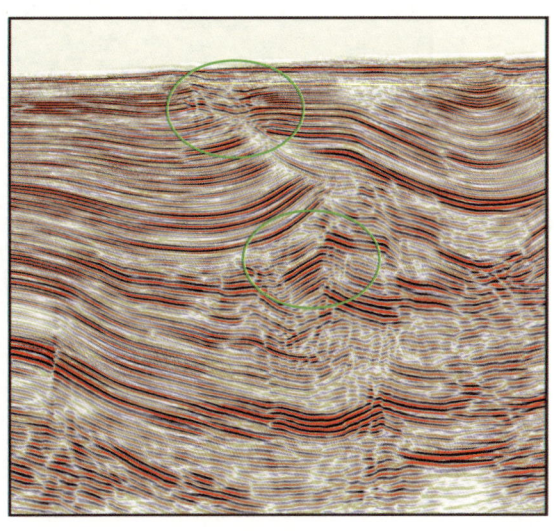

(a) 2014年　　　　　　　　　　(b) 2017年

图4-31　2014年与2017年处理攻关后的地震资料对比

为了建立准确的构造样式，落实构造细节，让露出真容的资料勾勒出真实的地下情况。从时间域到深度域，从盐间到盐下，处理、解释人员经过"井震标定—模式建立—发现问题—重新建立模式解释—再井震对比—揭示问题—连片处理精细解释"反反复复三个阶段的联合攻关。

第一阶段：初步解释，明确双层结构。2013年利用叠前时间偏移资料开展初步解释，明确了英西为狮子沟断裂控制的双层结构，浅层为滑脱褶皱，深层具有走滑—压缩特征，深、浅层构造有较大的差异（图4-32）。

第二阶段：联合攻关，落实构造样式。不同单位提出了似花状、构造楔、逆冲叠瓦等多种构造样式，争议较大，认识难以统一，通过与北京大学、浙江大学及斯伦贝谢联合攻关，地质认识不断深入，构造样式日趋合理。

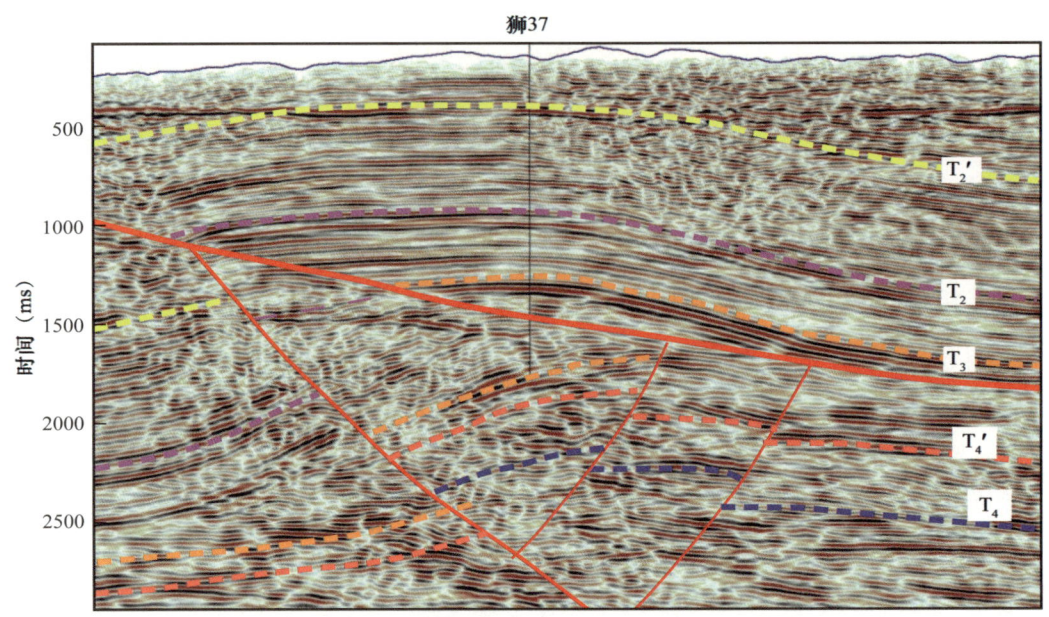

图 4-32　第一阶段时间域解释剖面

似花状观点：区域应力背景分析认为柴达木盆地存在东昆仑和阿尔金两大走滑断裂体系，根据走滑叠合的性质建立了似花状构造样式。但该方案不能合理解释构造主体厚度是斜坡部位的 2～3 倍，从湖盆认识角度分析这么大的厚度变化不尽合理。

构造楔观点：采取三维激光点云数据的精细建模及产状提取等技术，利用表层约束建立的构造楔+盐构造的构造样式。此方案反映出上、下构造层为同期形成，与区域构造演化背景不一致（图 4-33）。

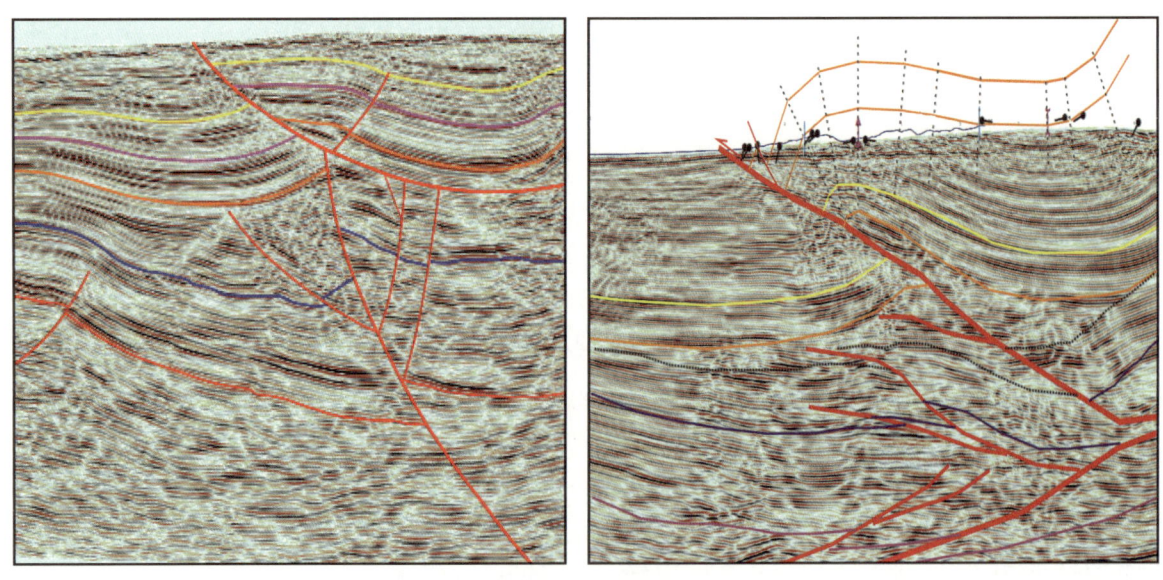

图 4-33　似花状、构造楔构造样式

逆冲叠瓦观点：通过开展构造模型试验、断层相关褶皱倾角、轴面分析，结合地质资料深入分析、井震资料反复标定，逐步解开了构造样式的真正面纱。英西纵向上具有双层结构，最终确定为：浅层为滑脱断层控制的背斜构造；深层被一组北倾断层及反冲断层切割，形成逆冲叠瓦状构造样式（图 4-34）。

第三阶段：连片解释，揭露整体形态。前期处理解释成果，初步明确了构造格局，新一轮钻井剖面产状与测井 FMI 倾角资料不符、局部层位不统一的矛盾也越来越突出，为了精确解决细节问题，2016 年底又开展了新一轮速度建模及处理解释攻关。新成果井震吻合程度更高，更加逼近地下真实情况。通过全三维构造解释和三维构造建模技术，大大提高了复杂构造、逆掩断层的解释精度，断裂的展布及交接关系更加明确。通过精细解释，明确了深层受①号、②号断层控制，划分为南带、中带和北带（图 4-34）。构造细节的落实，有效指导了三个区带的油气勘探。

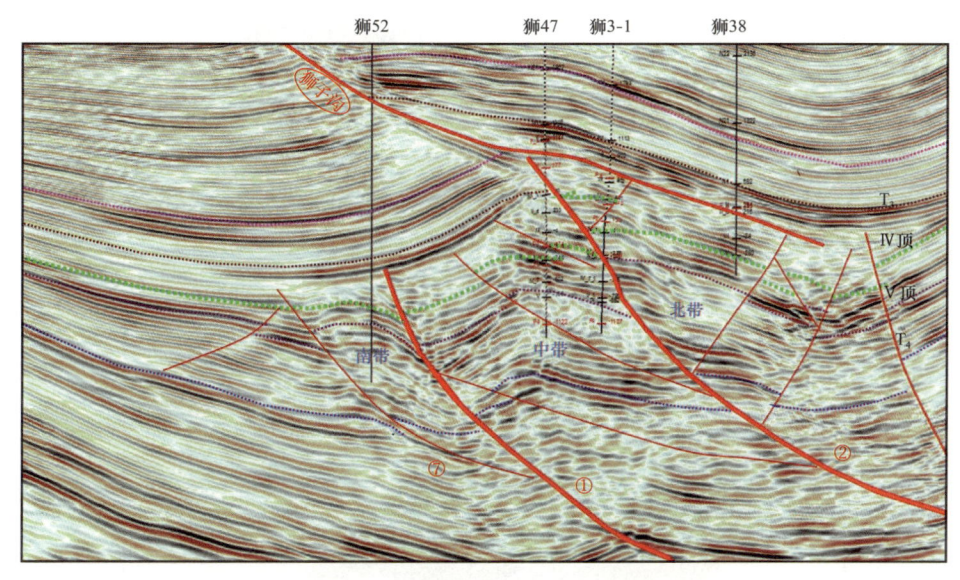

图 4-34　过南带—中带—北带地震剖面

依托构造细节的落实，储层研究的进展，2015—2016 年继中、北带油藏规模得到持续扩展后，2017 年南带再获突破。但继续向东甩开扩展油藏规模时发现，资料边界处圈闭形态、结构不清，断裂展布不落实，为此开展了第六轮英西—英中连片处理解释攻关。明确了南带构造细节，发现了英中三排呈南北向展布的构造圈闭（图 4-35），为向英中地区甩开部署奠定了坚实的基础。

通过三个阶段、六个轮次的反复研究，应用地震正演、井震对比、多信息构造建模、断层综合识别、物理模拟、复杂应力机制分析、全三维构造解释等多信息一体化解释技术，明确了英西构造样式、断层展布及圈闭形态（图 4-36）。

发现大油气田

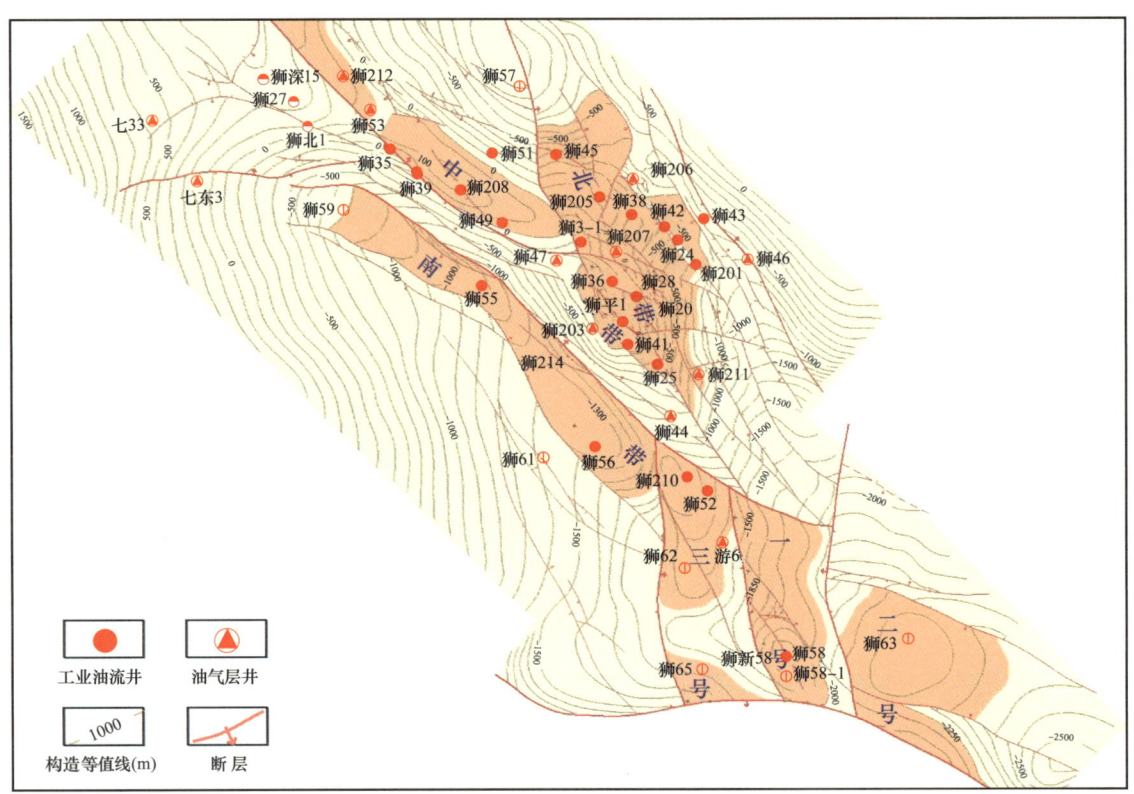

图 4-35　英西—英中地区 V 油组顶构造图

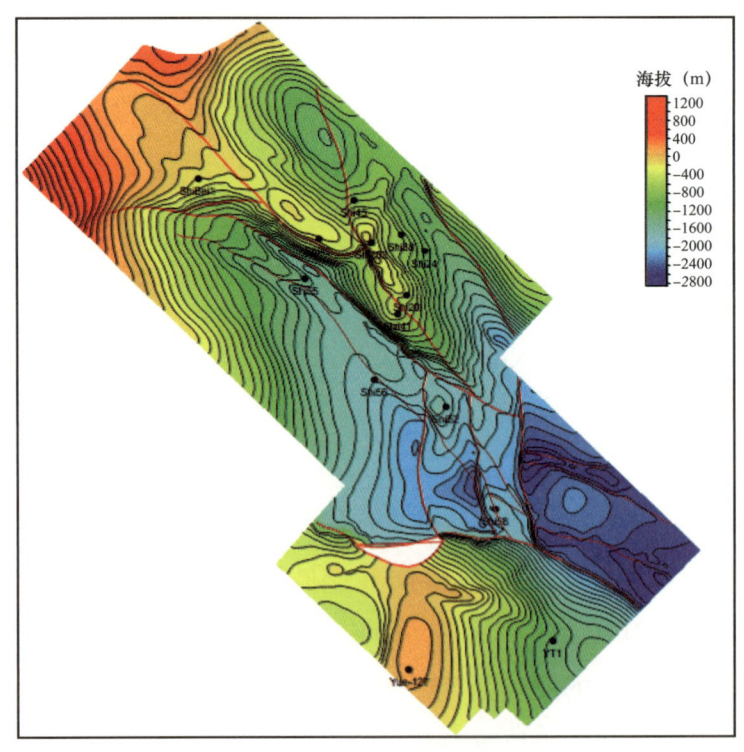

图 4-36　英中—英西地区 V 油组顶构造模型

持续探索迎来了英雄岭地震勘探的"春天"。资料品质实现了"从无到有、由差变好"的突破（图4-37），填补了柴达木盆地山地地震勘探空白，支撑了英雄岭构造带油气勘探的发现，形成了复杂山地三维地震勘探技术系列，达到了国际领先水平，在中国西部盆地已推广应用，引领了复杂山地地震勘探的发展。

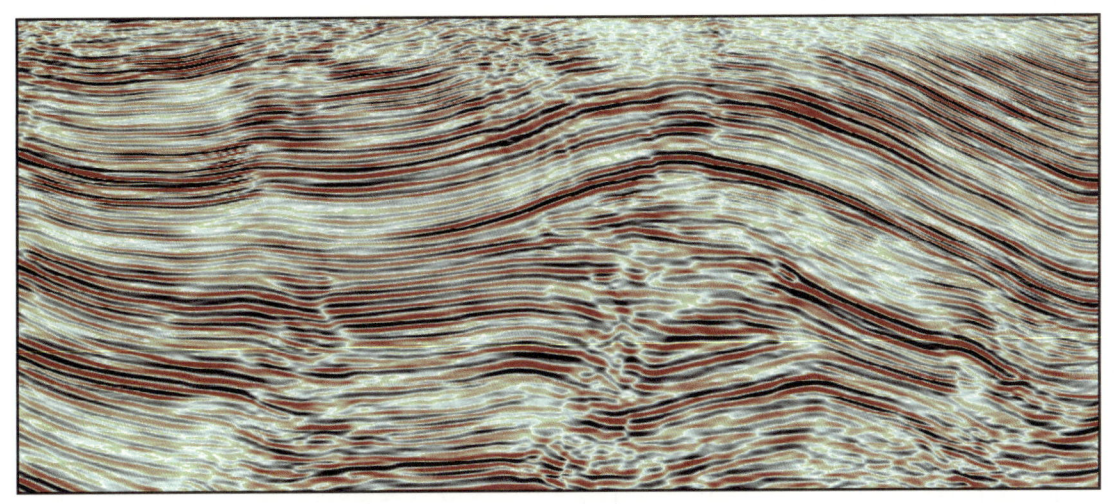

图4-37　英西三维最新地震剖面图

第三节　创新认识阔征途　峰回路转定乾坤

一、重上盐间战未果，老井复查现玄机

地震勘探突破，为重上英西奠定了基础，但勘探成果的取得却并非一蹴而就。2013年利用三维地震时间资料处理解释结果，在E_3^2上部盐间落实了三个构造圈闭，面积27.1km²，埋藏相对较浅，部署钻探了狮37井、狮38井、狮39井（图4-38），仅狮37井获低产油流（2681~2691m日产油5.88m³，累计产油63.95m³，但随后试采无产量）。有构造无油藏，何去何从？新的问题摆在地质人员面前。

盐间钻探虽未取得实质性突破，但通过对狮37、狮38井盐间岩心开展X射线衍射分析发现矿物组成中方解石与白云石含量较高，最高可以达到60%以上（图4-39），对深层储层岩性的认识起到了铺垫作用。

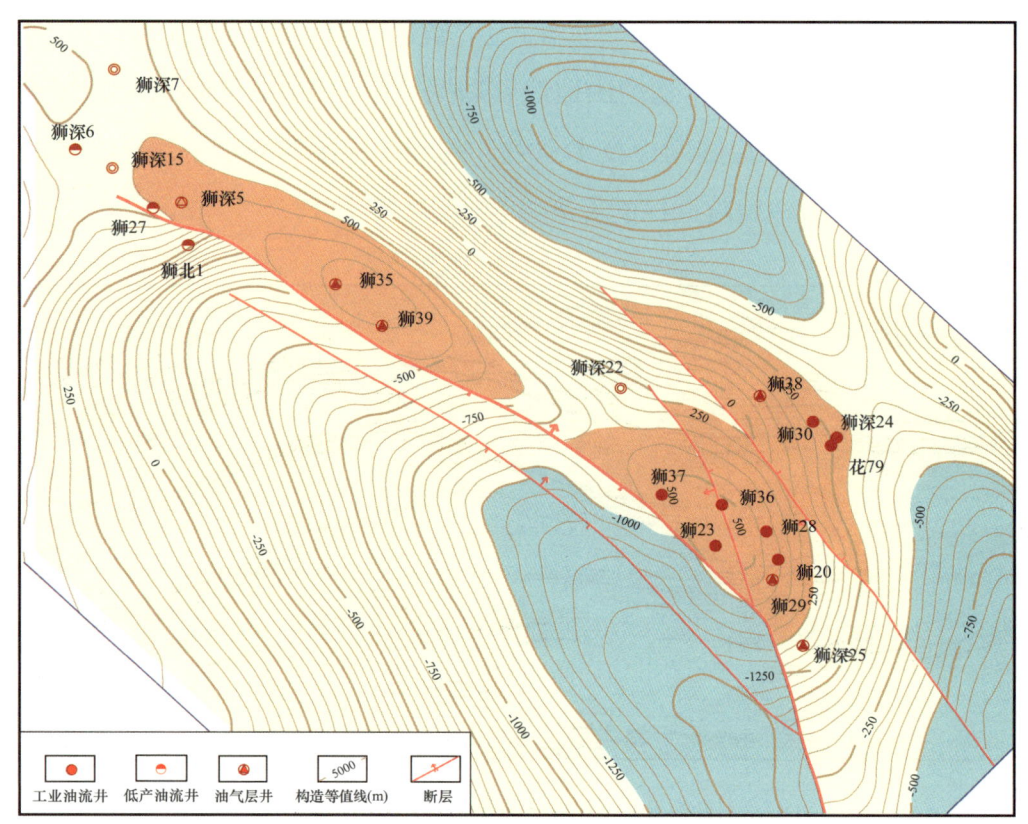

图 4-38 英西三维叠前地震 T_4' 反射层构造图

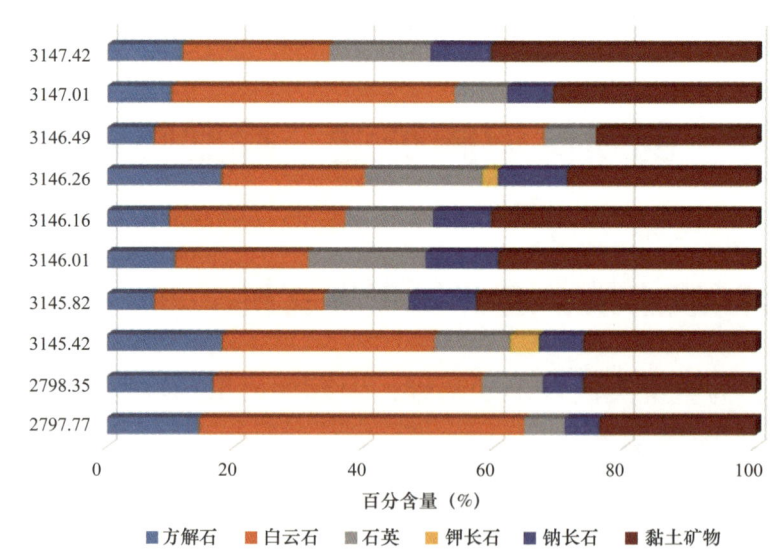

图 4-39 狮 38 井岩心 X 射线衍射分析矿物组分图

再上英西首战未果,关键时刻中国石油主管勘探领导于 2014 年 5 月亲临青海油田进行指导,深入一线与基层研究人员一起对第一手地质资料进行详细分析。针对前期时间域资料出现的井震矛盾,通过对近期叠前深度偏移处理解释成果精细分析,初步明确了英西纵向发育浅、深双层结构。其中深层为被断层复杂化的背斜构造，受断层切割划分为多个背斜、断鼻及断块构造（图4-40）。

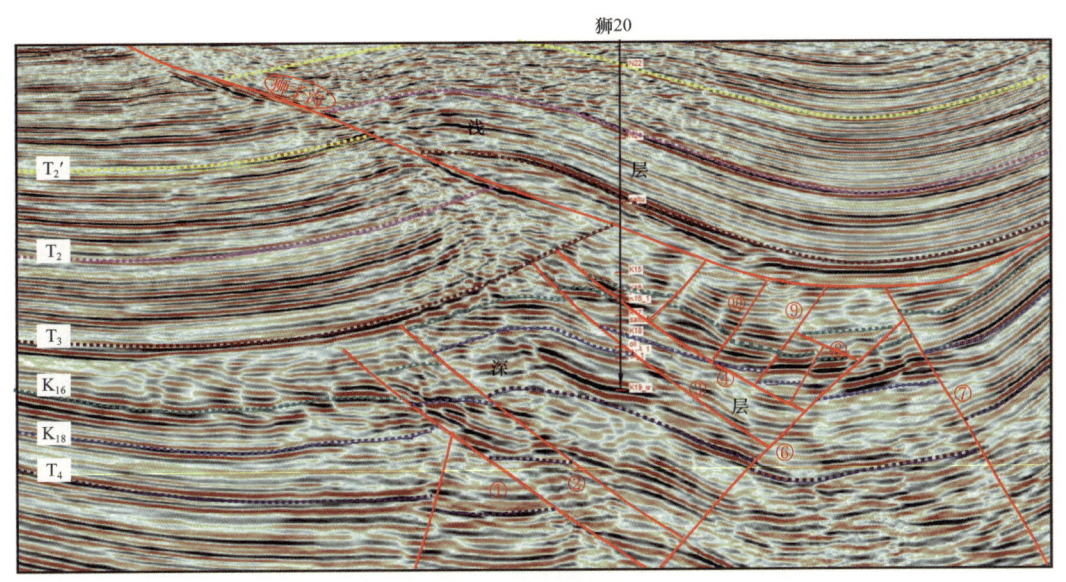

图4-40 过狮20井地震剖面（2014年）

①至④、⑥至⑩为断层

针对深层储层及油藏关键控制因素不清晰的现状，通过分析明确16口老井深层主力油层均分布在 E_3^2 上部盐岩层之下，说明盐岩层对油气富集具有良好的封盖作用，明确了盐下目的层油气成藏条件更为有利。同时，紧邻的狮20、狮新28及狮29斜三口井在盐层之下累计产液 $63.8\times10^4 m^3$。其中原油 $31.6\times10^4 t$，天然气近亿立方米，仅狮新28井已累计产液 $29.2\times10^4 m^3$，累计产油 $12.7\times10^4 t$（图4-41）。仅有裂缝绝不可能产出如此多的流体，感性认识到碳酸盐岩储层可能存在大量的基质孔隙。

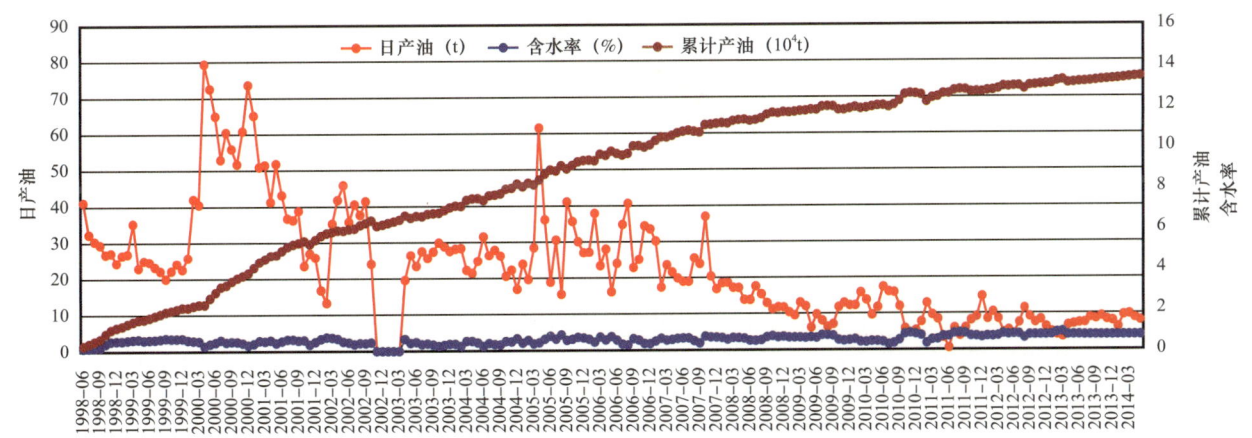

图4-41 狮新28井试采曲线

狮20井钻至4064m气测全烃上升至100%，显示一直持续至4130m，气测显示段厚达66m；同时反映裂缝发育与否的声波时差曲线在跳跃段和非跳跃段均存在气测显示异常。由此推测裂缝与非裂缝段均有可能同时产出油气，测井曲线和油气显示特征也说明有效基质孔的存在（图4-42）。

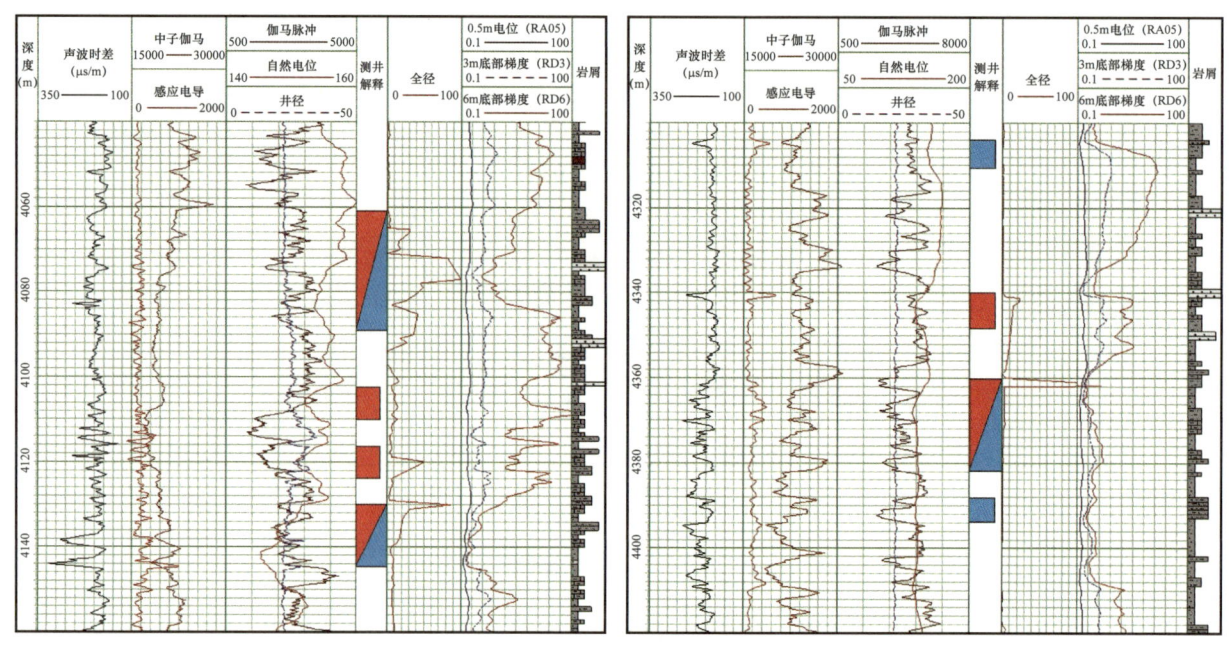

图4-42 狮20井测井解释成果图

狮新28井4068~4153m高产层段试井曲线显示早期压力导数曲线呈近垂直方向上升，后期曲线出现波动有上翘趋势（图4-43）。反映出储层具有双重孔隙介质特征，再次揭示出基质孔的存在，并且对产液能力具有一定的贡献。

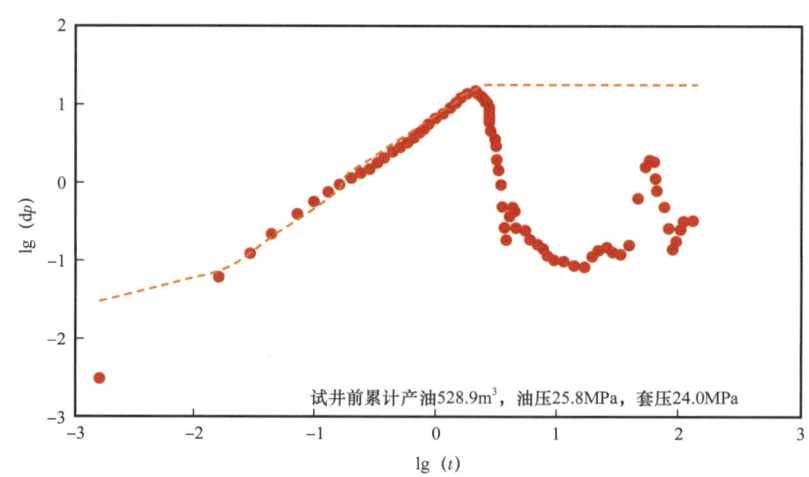

图4-43 狮新28井试井数据分析图

试井层段4068~4153m，用8mm、6mm油嘴放喷157h后管井压力恢复9950min

同时对盐下老井岩心开展了储层相关分析。X射线衍射分析发现深层储层矿物成分复杂，但白云石、方解石占比优势明显，平均含量达到40%～70%，发现深层含泥、泥质灰云岩储层。此外薄片、扫描电镜资料发现灰云岩晶间孔普遍发育，孔隙分布均匀、大小规则，孔径在2～10μm，面孔率可达8%（图4-44）。晶间基质孔有效储层的认识极大提高了英西碳酸盐岩油藏的勘探价值，意义非常重大。

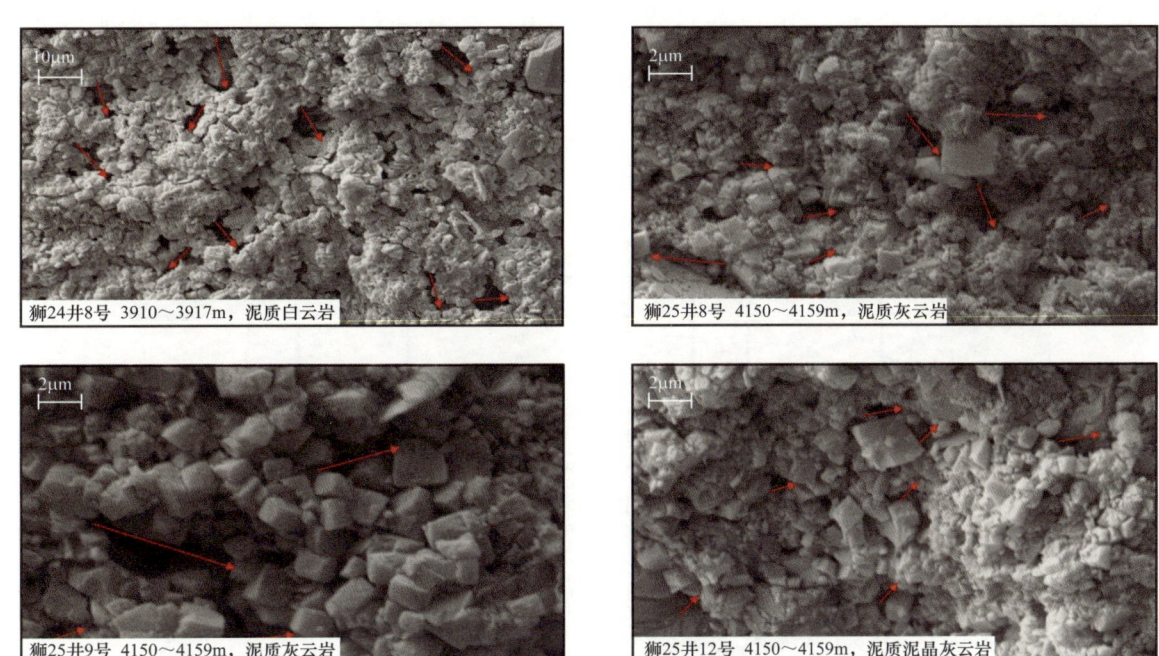

图4-44　英西深层老井扫描电镜照片

领导和科研人员共同研究分析，首次明确了晶间基质孔的有效性、双层构造形态及上覆盐岩盖层对深层油气富集的关键作用。并明确指出"强化地震处理解释，加强老井资料分析，重点落实储层类型、油藏特征及主控因素"为英西下步乃至今后一段时间的重点攻关方向。

二、再次探索揭面纱，精准剖析解疑惑

围绕重点问题，从基础研究入手，联合不同单位不同专业技术人员共同攻关，认识上取得重要进展，审时度势短时间内又一次召开了英西专题研讨会。总部、油田领导和与会专家通过会议达成共识，制定出了针对基质孔型、缝洞型两类储层，进行整体部署，全面展开，精细解剖的思路。

2014年下半年针对不同类型储层分别实施了狮42、狮41井。其中狮42井以寻找断层控制下的缝洞型高产油藏为目的；狮41井部署在断层不发育的构造主体，以发现基质

孔型油藏为目的（图4-45）。

狮42井完钻井深4095m，对裸眼段3647～4079m（基质孔隙度5.5%、裂缝孔隙度0.5%）中途测试，日产油203t，测井资料显示目的层段裂缝发育，且沿裂缝存在明显的溶蚀现象。进一步证实了高产油气层受控于断层形成的缝洞型储层。狮41井完钻井深4650m，解释油层86.5m/23层，对4606～4615m（计算孔隙度8.5%）试油日产油28.5m³，试采日产油5～10.0t，产量稳定，累计产油4174t（图4-46）。成像测井资料显示油层段裂缝完全不发育（图4-47），明确狮41井是以基质孔为主的储层类型，首次通过试油、试采资料证实了基质孔储层的有效性。

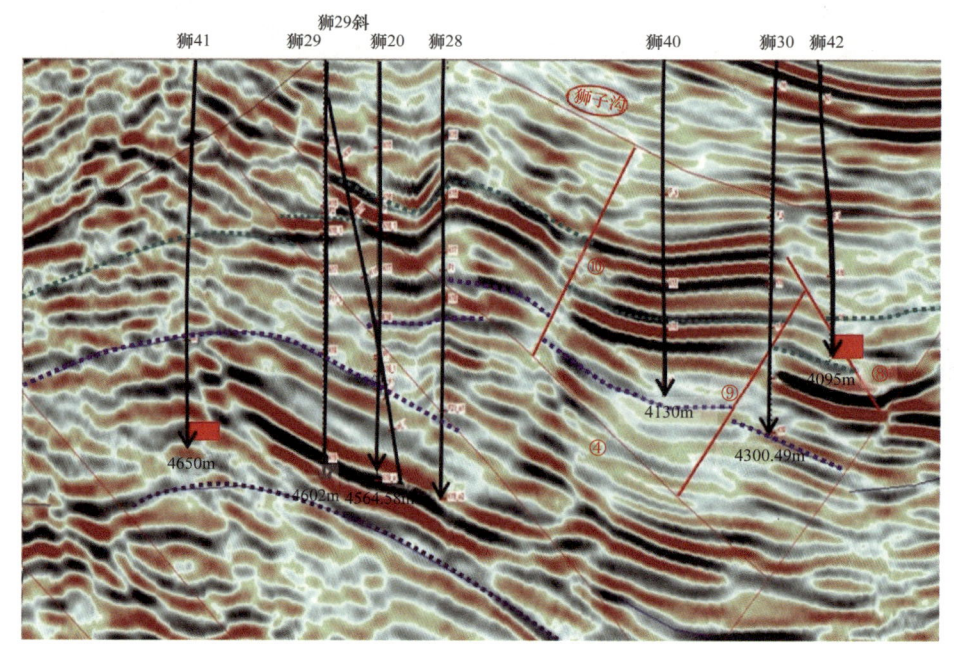

图4-45　部署狮41井、狮42井地震剖面

④、⑧、⑨、⑩为断层

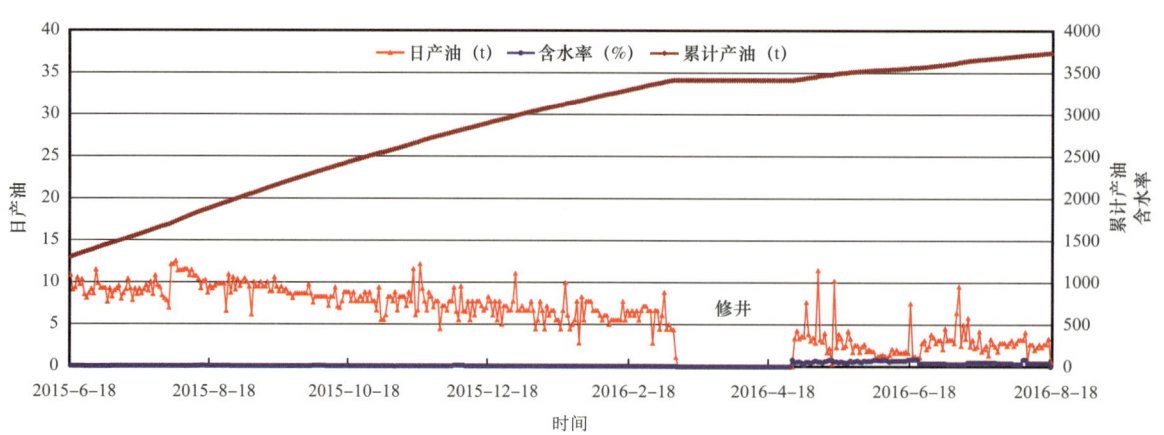

图4-46　狮41井试采曲线（未含试油数据）

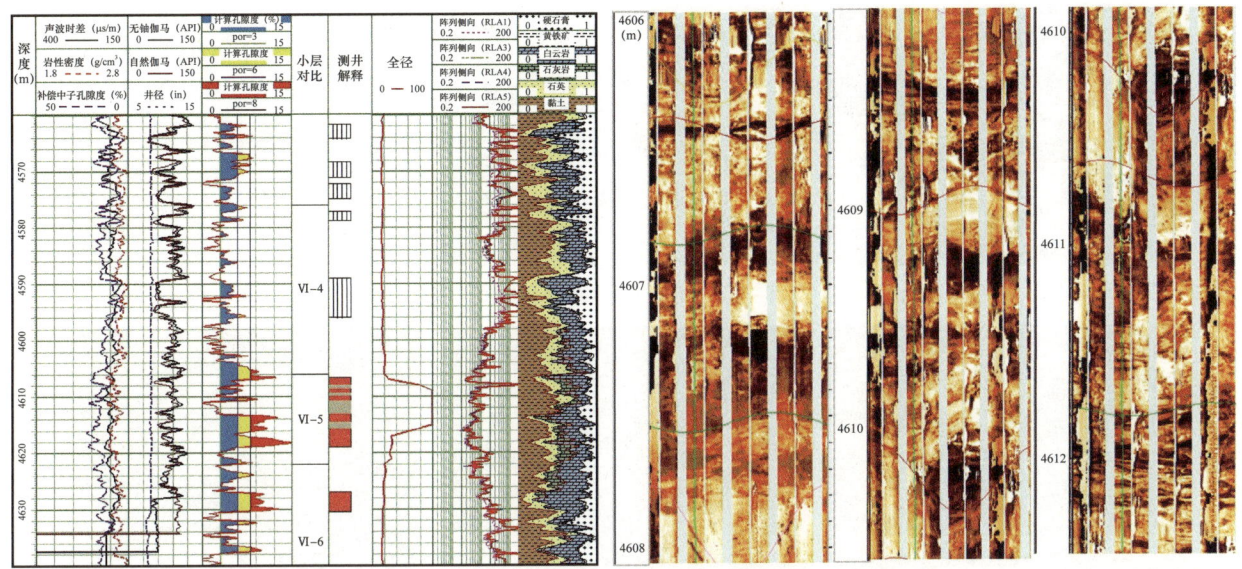

图 4-47　狮 41 井测井解释及油层段成像测井图

为了进一步开展储层精细刻画，2014 年开始加大沉积储层研究力度。结合沉积背景、构造演化、古地貌、古气候变化以及测录井资料详细分析，明确英西 E_3^2 沉积时期整体处于干旱气候背景下的欠补偿闭塞浅湖—半深湖沉积湖盆，强烈的蒸发作用导致水体咸化，形成广泛的白云石沉积（图 4-48）。

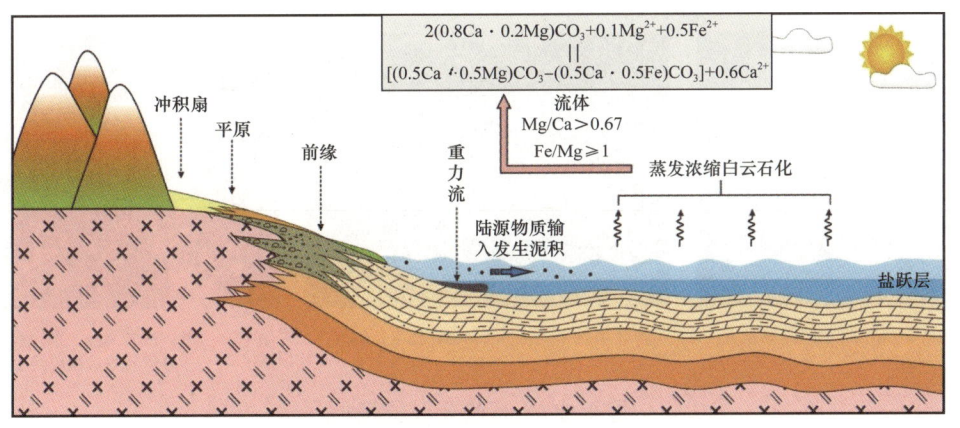

图 4-48　英西 E_3^2 准同生期白云石化模式

大量薄片、扫描电镜资料再次证实英西深层白云石晶间孔广泛发育，面孔率 8%～10%，白云石含量与晶间孔大小呈明显的正相关。同时，压汞和数字岩心测试表明白云石晶间孔具有典型的小孔（微米级）细喉的特征。但其孔喉配位数高（平均 >3.5），连通性较好，大量荧光薄片资料显示白云石晶间孔储层荧光级别较高，呈亮黄色，弥散状分布（图 4-49），进一步证实了晶间孔储层的有效性。英西具有整体含油的推断得到初步证实，地质认识的不断深化，为今后整体部署、规模发现奠定了重要基础。

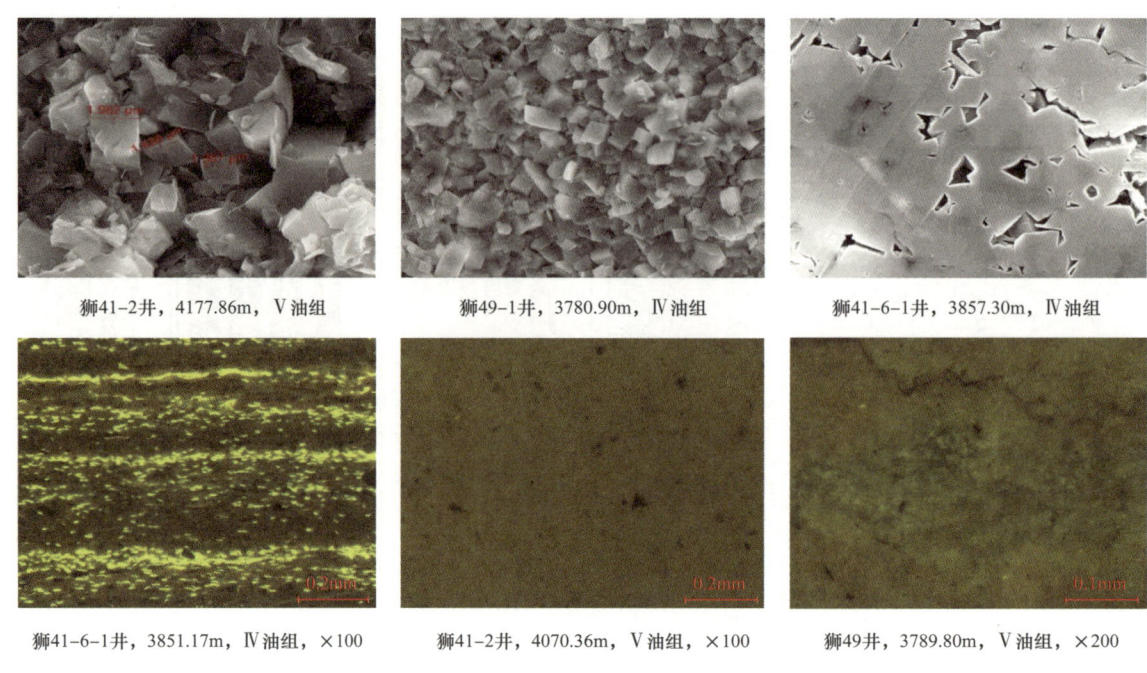

狮41-2井，4177.86m，Ⅴ油组　　　狮49-1井，3780.90m，Ⅳ油组　　　狮41-6-1井，3857.30m，Ⅳ油组

狮41-6-1井，3851.17m，Ⅳ油组，×100　　狮41-2井，4070.36m，Ⅴ油组，×100　　狮49井，3789.80m，Ⅴ油组，×200

图 4-49　晶间孔储层特征

准同生白云化基质孔，受大气淡水溶蚀、有机酸溶蚀以及深埋藏期硫酸盐热还原反应（TSR）扩溶作用叠加改造，局部发育大量溶蚀孔洞，表现为孔喉半径大、物性好（孔隙度 8%～12%）的特点（图 4-50）。

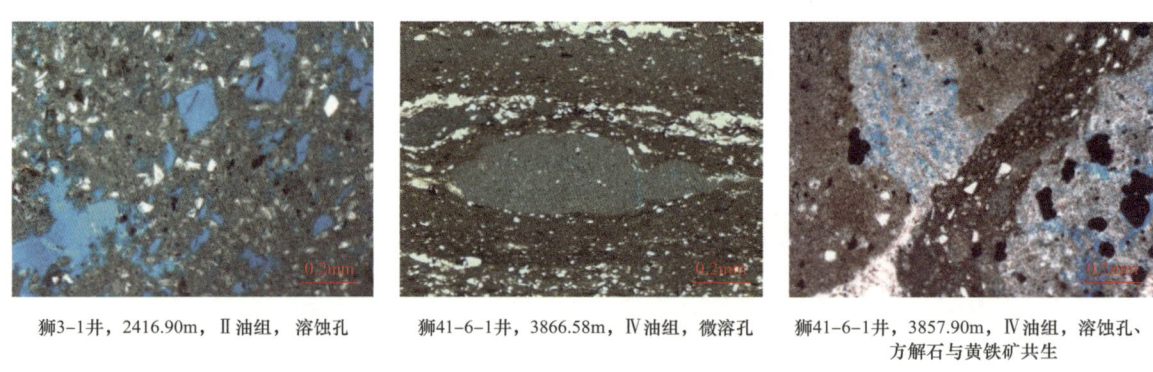

狮3-1井，2416.90m，Ⅱ油组，溶蚀孔　　狮41-6-1井，3866.58m，Ⅳ油组，微溶孔　　狮41-6-1井，3857.90m，Ⅳ油组，溶蚀孔、方解石与黄铁矿共生

图 4-50　溶蚀孔储层特征

在断裂破碎带及层间揉皱区，角砾化孔（洞）异常发育（图 4-51）。晚期构造挤压力学环境下盐间地层发生层间滑脱变形，是角砾化缝洞形成的主要动力学机制。

此外，构造应力集中区普遍发育裂缝，尤其是软（盐岩、泥岩）硬（碳酸盐岩）岩石互层，与构造变形耦合导致裂缝网络发育（图 4-52），可有效改善储层物性，形成微裂缝网络－孔隙型复合系统。总之，基质孔、溶蚀孔、角砾化孔（洞）及裂缝多重介质储集空间类型是英西深层形成高产、稳产的重要前提。

狮40井，4147.81m，Ⅳ油组　　　　　狮3-1井，4371.1m，Ⅳ油组

图4-51　狮40井、狮3-1井角砾化孔（洞）岩心资料

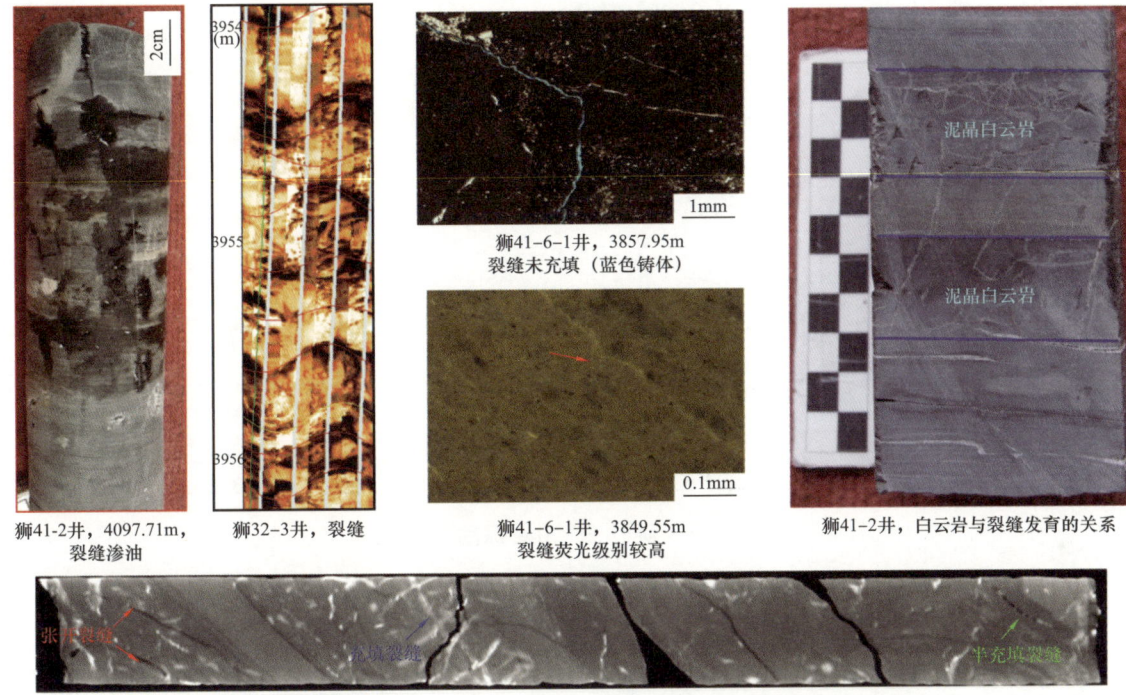

图4-52　微裂缝网络储层特征图版

开展储层研究的同时，针对英西深层进行了精细地层对比。依据沉积演化序列、结合盐岩展布、油层分布、储盖组合特征，将目的层E_3^2纵向上划分为盐间、盐下两套含油组合。进一步细分为6个油层组，其中盐层集中分布在Ⅰ—Ⅲ油层组（图4-53），为今后的油藏特征深入研究奠定了基础。

2014年底通过对狮41、狮42两口新井结合老井资料分析，初步认为英西深层发育两种不同类型的油藏：一是受断裂控制的缝洞型高产油藏；二是受白云石晶间孔控制的连续型油藏。油藏受上覆优质的盐岩盖层、广覆式分布的灰云岩储层及断裂复合控制，油层主要分布在K_{16}标志层以下的Ⅳ、Ⅴ、Ⅵ油组（图4-54）。利用振幅、曲率等属性，结合断裂展布，预测有利勘探面积120km^2。

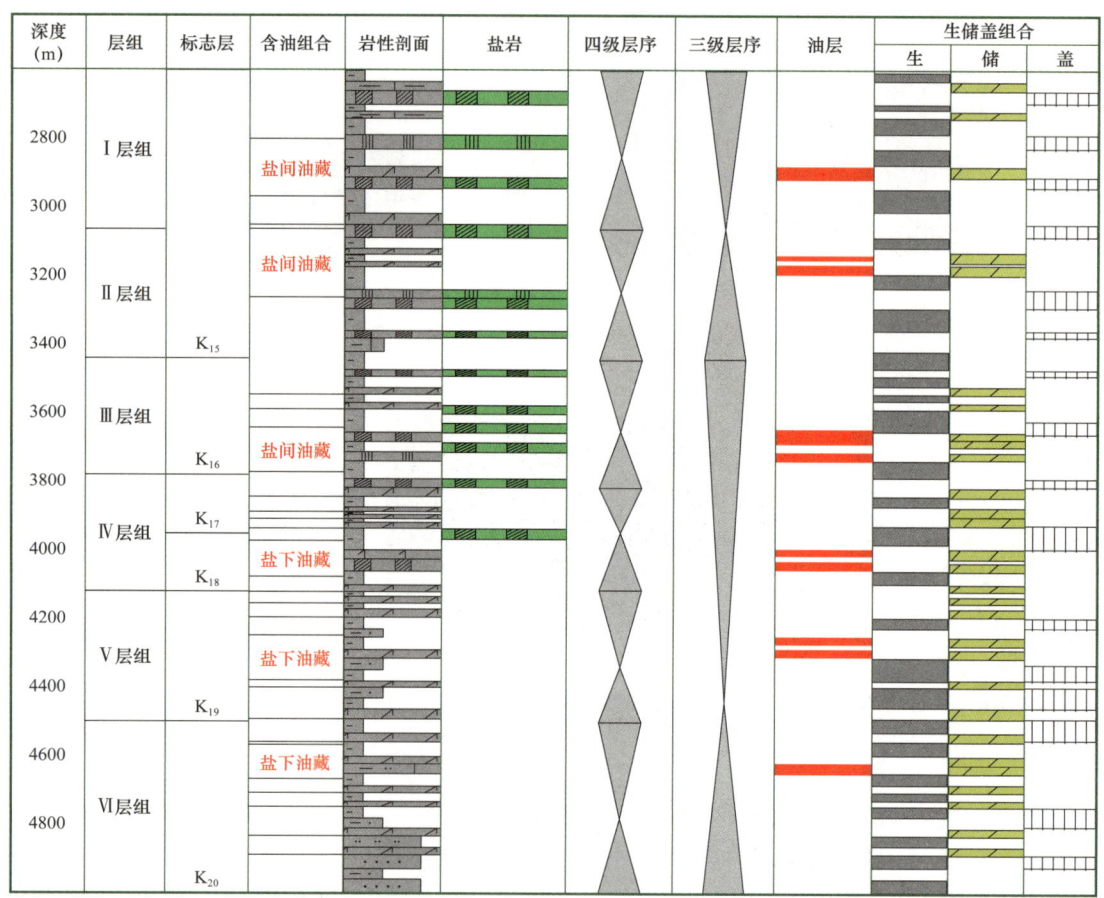

图 4-53 英西 E_3^2 油藏综合柱状图

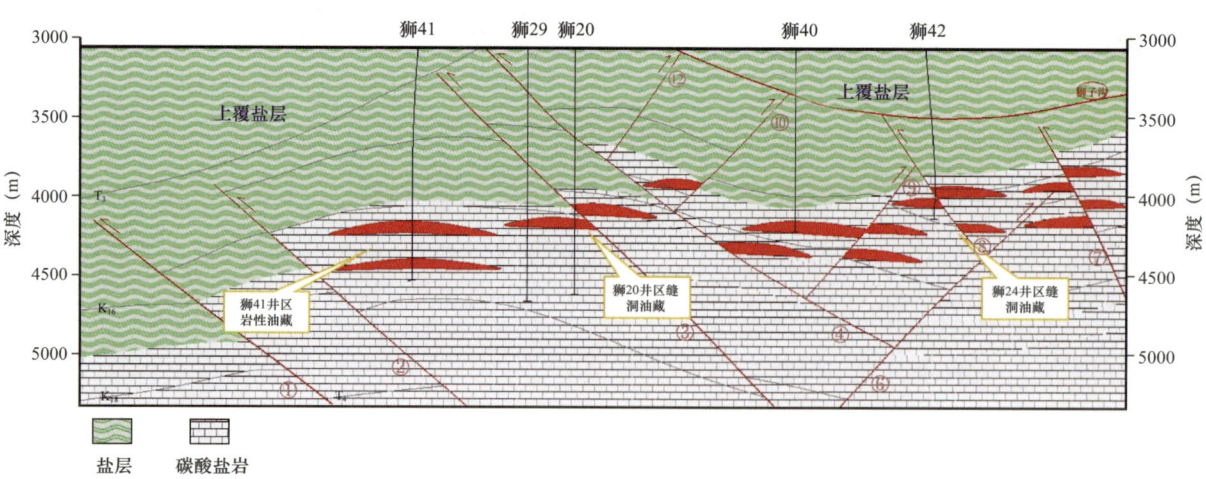

图 4-54 英西深层油藏模式图（2014 年）
①至④、⑥至⑩、⑫ 为断层

第四节　几番探索现真相　千吨油龙吐宝藏

狮 41 井、狮 42 井的成功开启了英西深层探索新征程，2015 年开始推进勘探开发一体化，随后制定了"预探谋突破、评价控规模、开发快建产"的部署思路。通过实施，在前期成果基础上，又相继发现了狮 38、狮 49、狮 52、狮 58、狮 202 等油气富集区。

一、油藏主体得扩展，开发试采终有田

北带盐下斩获高产　盐间实现突破　2015 年利用第二轮井震反馈解释成果，在北带追踪狮 24 井、狮 42 井高产层段向断裂不发育的构造主体展布。对前期钻至盐间的狮 38 井加深钻探，钻至 3805m 槽面显示强烈，对 3522~3805m 裸眼段中途测试，敞喷日产油 1440m^3，成为盆地 30 年来单井产量最高的井，累计产油 $2.53 \times 10^4 m^3$（图 4-55），成功发现了狮 38 高产区。为继续向西扩展狮 38 高产区油藏规模，钻探狮 205 井，对 3380~3599m 裸眼测试，12mm 油嘴日产油 1108m^3，日产气 $21.7 \times 10^4 m^3$，年产油气当量超过 $10 \times 10^4 t$（图 4-56）。狮 38、狮 205 井之间钻探的狮 38-2 井再获高产，中途测试 3 小时产出 125.0m^3 原油及大量天然气，折算日产油达 947.3m^3。

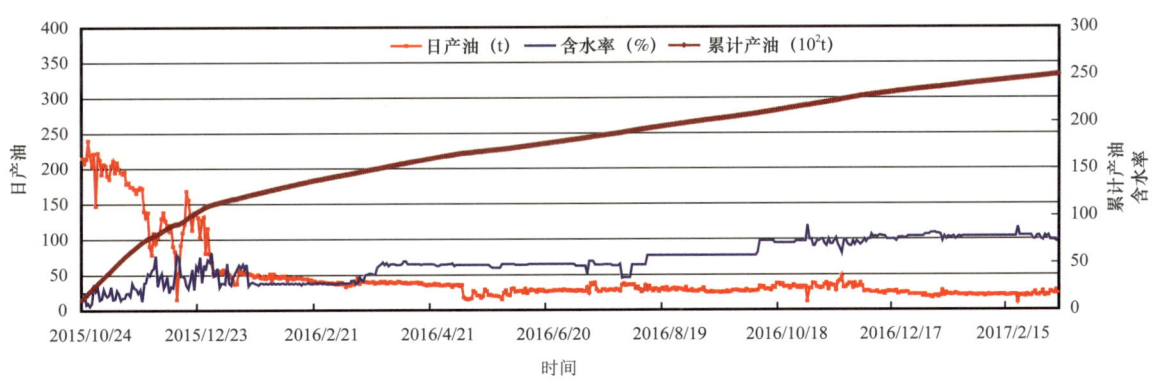

图 4-55　狮 38 井试采曲线

钻探证实狮 38 高产井区油层均分布在Ⅳ-10 小层，油藏埋深 3500~4200m，油层段裂缝发育，压力大（压力系数 1.7~1.9）、产量高，为典型的缝洞型油藏（图 4-57）。

2013 年利用时间域资料解释成果，首战盐间部署狮 37 井、狮 38 井、狮 39 井，但效果不佳。经过两年钻探，多口井在探索盐下目的层"路过"盐间时油气显示活跃。2015

年提出了探索盐下目的层时，兼顾埋藏相对较浅的盐间油藏，部署实施狮202、狮204井均在Ⅱ-8小层获工业油流。其中狮202井试采日产油39.59t；狮204井试采日产油28.02t，产量稳定，发现了狮202富集区，钻探证实盐间为受构造控制的岩性油气藏。盐间的突破也反映出地质认识是不断深化的过程。

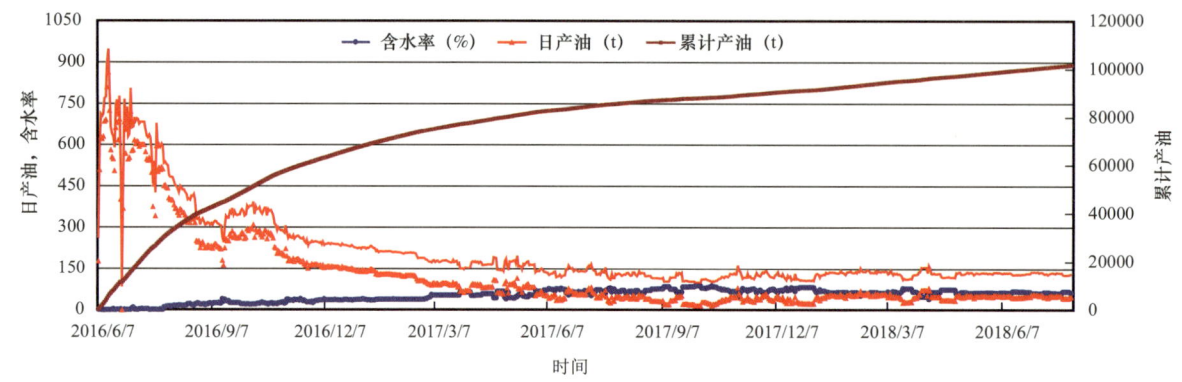

图4-56　狮205井试采曲线

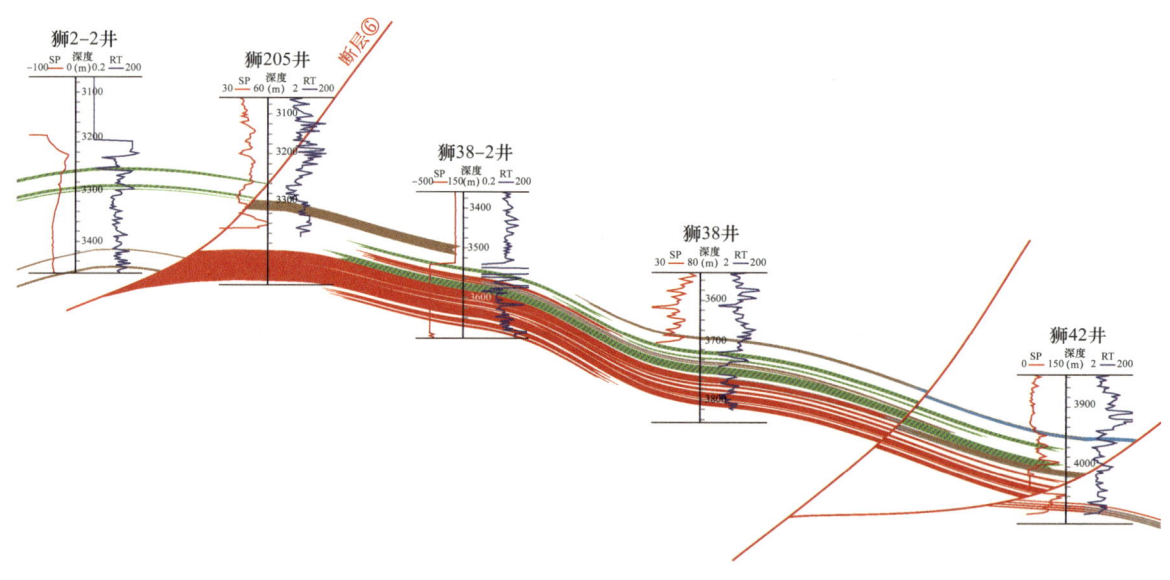

图4-57　北带狮38井区油藏剖面图

2016—2017年围绕狮202富集区勘探开发一体化相继实施狮1-2井、狮1-3H1井、狮1-3向1井均获高产（图4-58）。狮1-2井对2448～3004m井段裸眼投产，20mm油嘴日产油912m³，日产气11.2×10⁴m³，油压15MPa。狮1-3向1井对2520～2663m（Ⅱ-8小层）裸眼投产，8mm油嘴日产油545.2t，日产气43507m³（图4-59），油压28MPa；已累计产油11951.1t、气46.3×10⁴m³。证实了盐间同样为重要的一套含油组合，也能形成高产。

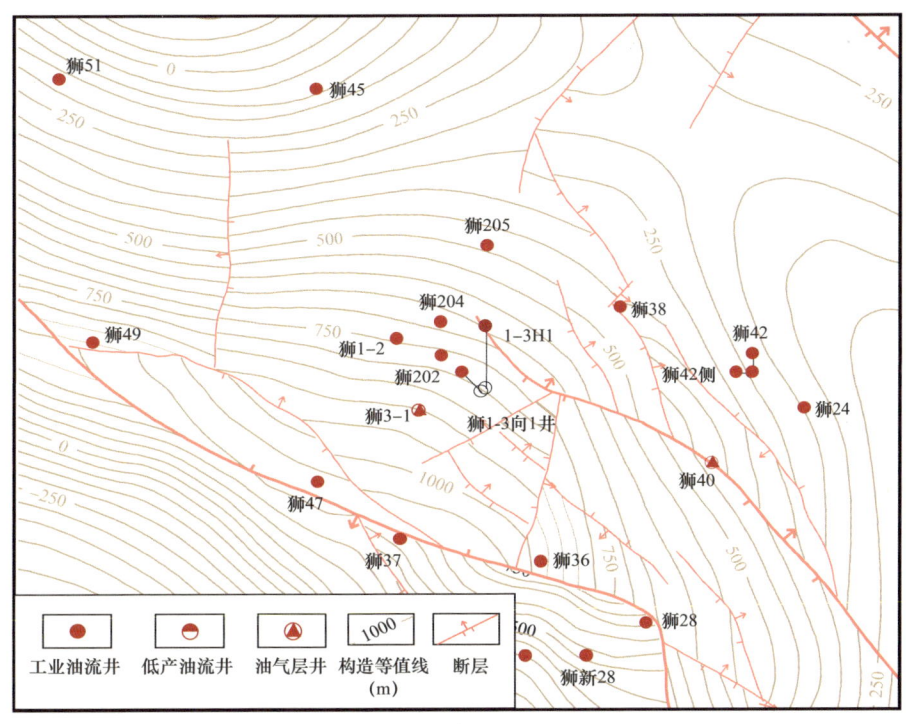

图 4-58　英西盐间 II 油组顶面构造图

图 4-59　狮 1-3 向 1 井盐间喷油

中带油藏不断扩展　水平井开发效果显现　2015 年为落实中带狮 41 井区以基质孔为主的连续型油藏规模，部署评价井、开发井 5 口，4 口井试油获得成功，但后期均面临试采产量递减快的难题（狮 25-3 井累计产油 270.93t，狮 41-6-1 井累计产油 515.3t，狮 41-2 井累计产油 287.6t）。

为向西扩展中带油藏规模，2016 年钻探狮 49 井，对 3391～3788m 裸眼测试，日喷油 70.4t，完井后对 3700～3822m 井段 5mm 油嘴试采，产量稳定在 10t 左右，目前累计产油

3510t。为扩大狮49井区油藏范围，相继部署6口井均获工业油流，实现了油藏规模扩展。

狮49井区与狮41井区大多数油层都面临着试采产量递减快的瓶颈，如何实现该类油藏的有效动用？成为中带后期开发必须面临的问题。为实现该类油藏的有效动用，提高单井产量，针对非均质性极强的湖相碳酸盐岩储层，大胆尝试水平井开发方式。2017年优选狮41井区以基质孔为主稳定分布的Ⅳ–12油层实施狮平1井，水平段解释油层526.25m，油层钻遇率达83.8%。完井后采用裸眼封隔器实施8段压裂改造，改造后投产初期6mm油嘴生产，油压40MPa，日产油223.5t。目前3mm油嘴生产，油压4MPa，日产油10.5t，产量稳定，10个月试油、试采已累计产油12238.4t（图4-60）。

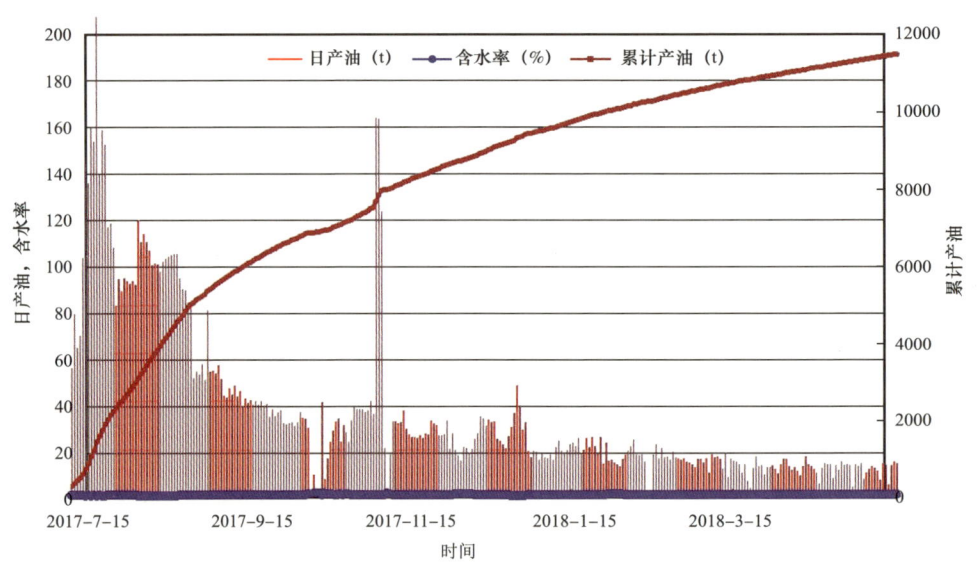

图4-60　狮平1井试采曲线（未含试油数据）

狮平1井的成功，证实了水平井开发的可行性，2017年下半年开始围绕中带狮41、狮49富集区普遍采用"水平井＋体积压裂"的开发方式，提高建产效果。狮41井区已部署水平井4口，狮49井区已部署水平井6口（图4-61），已投产的6口井效果显著，投产30天平均单井日产油51t。其中，狮49H3对3880～4331m分7段压裂（平均排量8.9m³/min，最高压力92.5MPa，施工总液量10993.5m³，加砂573.7m³），压后4mm油嘴生产，油压38MPa，日产油125t，4个月已累计产油6563.2t；狮41H3井投产35天已累计产油1627.2t。

解决井震矛盾　南带获得解放　伴随中、北带快速评价开发，局部地区井震矛盾日益显现。其中紧邻①号断层上盘的狮49、狮203井，通过井震标定发现地震剖面产状与实钻地层倾角不符。2016年底又开展了第五轮速度建模及处理解释攻关，解决了中、北带井震矛盾，并在①号断层下盘新发现了南带（图4-62）。

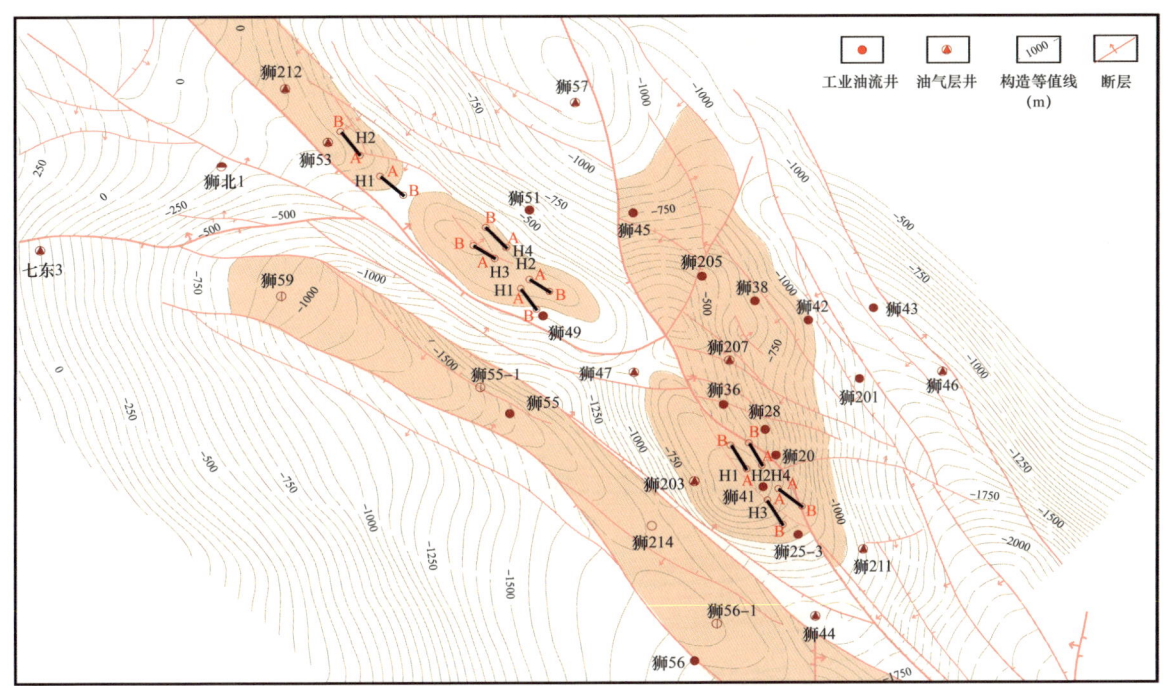

图 4-61 英西 E_3^2 油藏水平井部署图

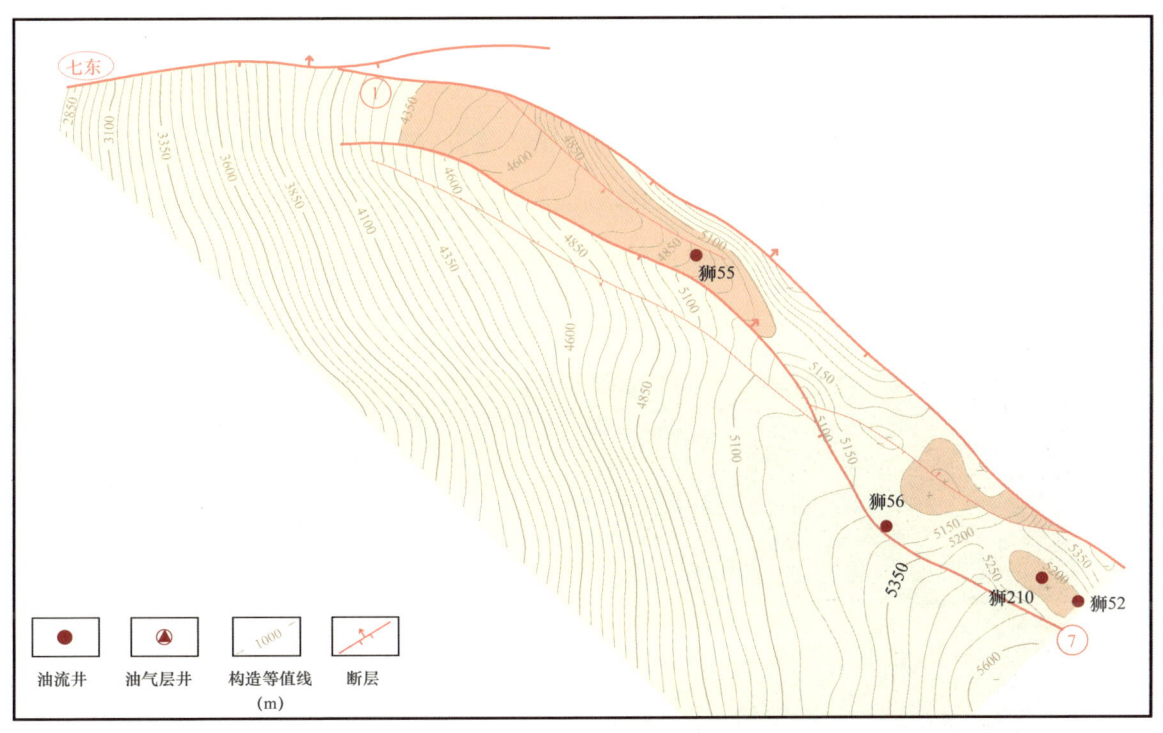

图 4-62 英西南带 V 油组顶面构造图

依托地震解释成果 2016 年底在南带东段甩开钻探了狮 52 井,钻至 4404m 时中途测试,日产油 161.8m³,日产气 2.9×10^4 m³,累计产油 5392.4t,发现了狮 52 井高产区。2017 年针对南带甩开部署狮55井、狮56井；评价狮52井高产区，部署狮210井。三口井均获高产工业油气流。其中狮56井中途测试10小时喷出原油383.5m³；狮210井投产初期16mm油嘴日产油1183m³，天然气9.2×10⁴m³；180天已累产油6.8×10⁴t，累计产气366×10⁴m³。

南带钻探的4口高产井（狮55井、狮56井、狮52井、狮210井）揭示油层主要分布于Ⅳ-12小层，平面连续，分布稳定，为受断裂及上覆盐岩盖层复合控制的缝洞型高压、高产油藏（图4-63）。

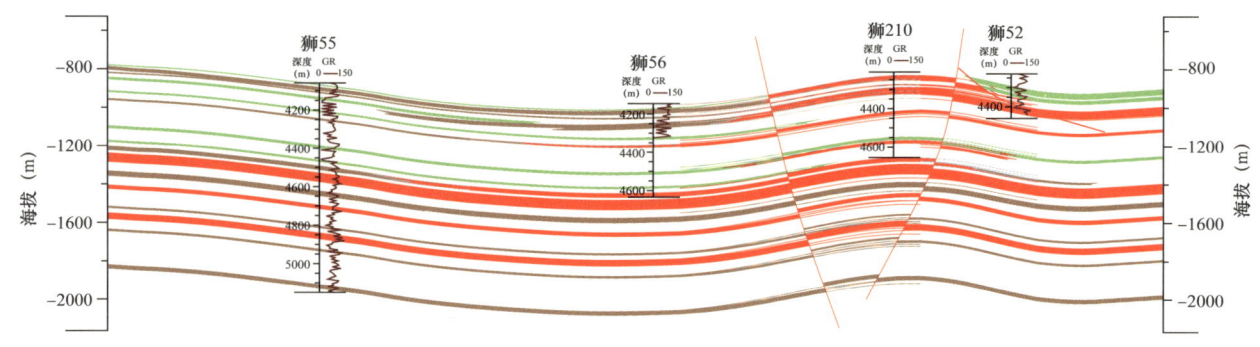

图4-63　南带狮52井区油藏剖面图

甩开探索外围　英中新区获突破　南带的发现推进了勘探向英中挺进，2017年英西—英中三维地震连片解释，在英中地区发现了英中一号、英中二号、英中三号三排构造圈闭，2017年优选一号圈闭南高点实施狮58井。狮58井钻至5451.18m获高产工业油气流，日产气200×10⁴m³（图4-64），日产液1000m³，实现了深层勘探由英西向英中的扩展，证实了英中深层具有较好的油气成藏条件和更高的压力系统（压力系数高达2.0），同时也反映出英中深层具有更高的演化特征。

图4-64　狮58井点火照

但由于狮 58 井是英中地区钻探的第一口探井，标志层的解释追踪面临着极大困难，主力目的层设计分层与实钻相差 355m，技术尾管提前下深至 4984.31m；此外，盆地首次钻遇如此高的硫化氢含量（最高达 18729μg/g），缺少有效应对手段，致使狮 58 井无法成功投产，以封井完井。2018 年井震结合针对英中地区进行了精细目标处理解释，立足新的构造解释成果，部署实施狮新 58、狮 58-1 等 5 口井，即将进入目的层。针对英中地区高含硫化氢的地质特征，在钻井工具的选取及现场防护方面已做好了充足准备。

2014—2017 年按照"边研究、边部署、边扩展、边总结、边调整"的部署思路，在英西—英中共部署探井 34 口，27 口井获成功，斩获 9 口千吨油气井。平面上落实了北带狮 38 井和狮 202 井、中带狮 41 井和狮 49 井以及南带狮 52 井五个富集区，并发现了英中狮 58 高产区。

总的来说深层 E_3^2 油藏在有利相带、多期应力、连续充注共同作用下，受控于隆起构造背景、高效盐岩盖层、广覆式孔—洞—缝储层，具有整体含油、叠合连片、局部高产的特点。同时，根据盐层分布、油层展布结合宏观油藏控制因素差异性，纵向上可划分为三套含油层系。

第一套：盐间 I—III 油组油藏。盐间盐岩层与砂质（含砂）灰云岩储层呈互层状分布，受陆源碎屑含量、塑性与脆性岩石组合及大气淡水溶蚀共同作用，粒间孔、晶间孔、溶蚀孔及微裂缝均较为发育；由于盐间烃源岩不发育，为典型的下生上储型油藏。盐间油藏受构造、盐岩盖层、优质储层及油气输导断层复合控制，油层主要分布在 II-8 层，I、III 油组零星分布（图 4-65）。

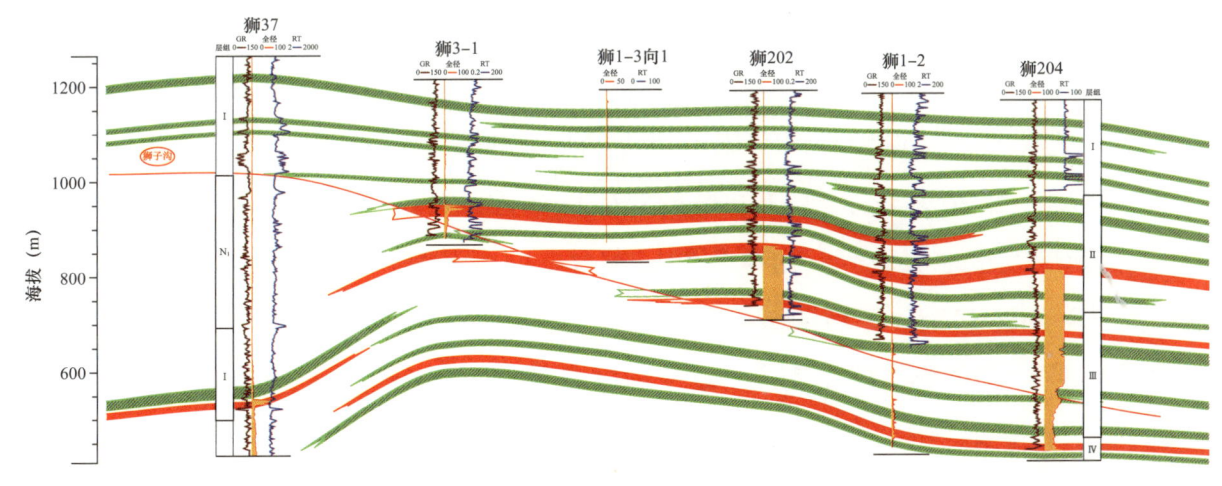

图 4-65 北带盐间狮 202 井区油藏剖面图

第二套：盐下 IV 油组油藏。盐下 IV 油组油藏，油层主要分布在 IV 油组 8-12 小层，位于第一套盐岩层之下，在塑性与脆性岩石组合及构造应力共同作用下，形成丰富的网状裂缝，是该套油层具有高压、高产的关键。该套油藏主要在北带的狮 38 井区，中带的狮 41 井区及南带的狮 52 井区分布。

北带狮 38 井区的狮 38、狮 38-2 井产层段在塑性与脆性岩石组合及局部构造细节变化的作用下裂缝较发育（图 4-66），致使其高产。

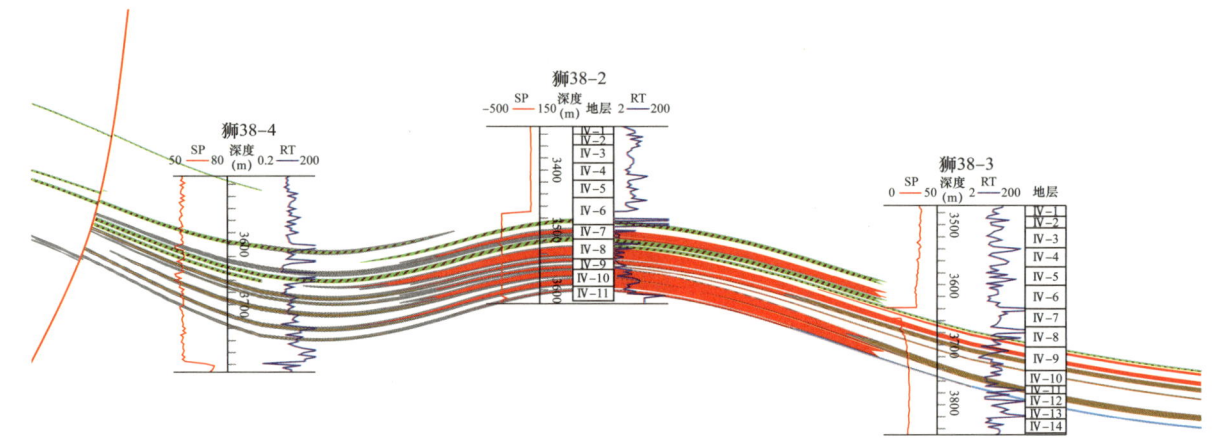

图 4-66　过狮 38-4—狮 38-2—狮 38-3 井油藏剖面图

狮 38 井区构造上倾方向的狮 205 井在狮 38 井、狮 38-2 井高产控制因素的基础上，又受到⑥号断层的改造作用（图 4-57），形成大量的角砾化孔洞致使其产液能力好于狮 38 井、狮 38-2 井（图 4-55 和图 4-56），狮 205 井已累计产油 $10.1 \times 10^4 t$，目前日产油仍有 50～60t。

第三套：盐下 Ⅴ、Ⅵ 油组。盐下 Ⅴ、Ⅵ 油组储层以灰云岩基质孔隙为主，油藏受构造、物性复合控制，表现为构造背景下的岩性油气藏。该类油藏具有油层厚度大、含油面积大、叠合连片的特点。由于基质孔隙相对致密致使直井建产效果较差，目前通过水平井试验，此类油藏已得到有效动用。该类储层局部受断层改造形成角砾化储层类型，致使油气富集。狮 20 井位于狮 41 井区相对较低部位，Ⅴ 油组产层段紧邻②号断层（图 4-67），受断层改造地层破碎，角砾化储层发育，使得其高产，长期稳产。狮 20 井试油初期最高日产油达 $1138 m^3$，后期试采日产油稳定在 20～30t，累计产油 $11.04 \times 10^4 t$。

通过近四年的攻关，英西深层油藏控制因素及油层展布规律已基本明确，截至 2017 年底针对主体区南、中、北带已提交三级油气当量储量超亿吨（图 4-68），外围甩开的狮 58、狮 60 等井证实油藏具有进一步扩展的潜力。同时通过勘探开发一体化持续攻关，年产油量快速攀升，2016—2017 年生产原油 $25 \times 10^4 t$，预计"十三五"末建成产能 $50 \times 10^4 t$。

第四章 柴达木盆地英西湖相碳酸盐岩油气大发现

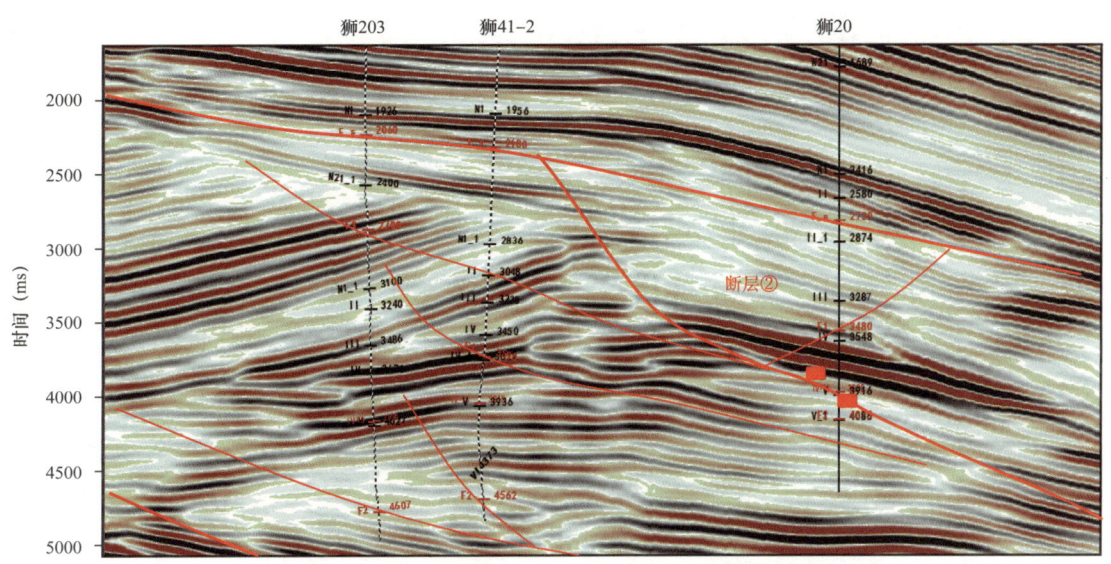

图 4-67 中带狮 41 井区过狮 20 井地震剖面图

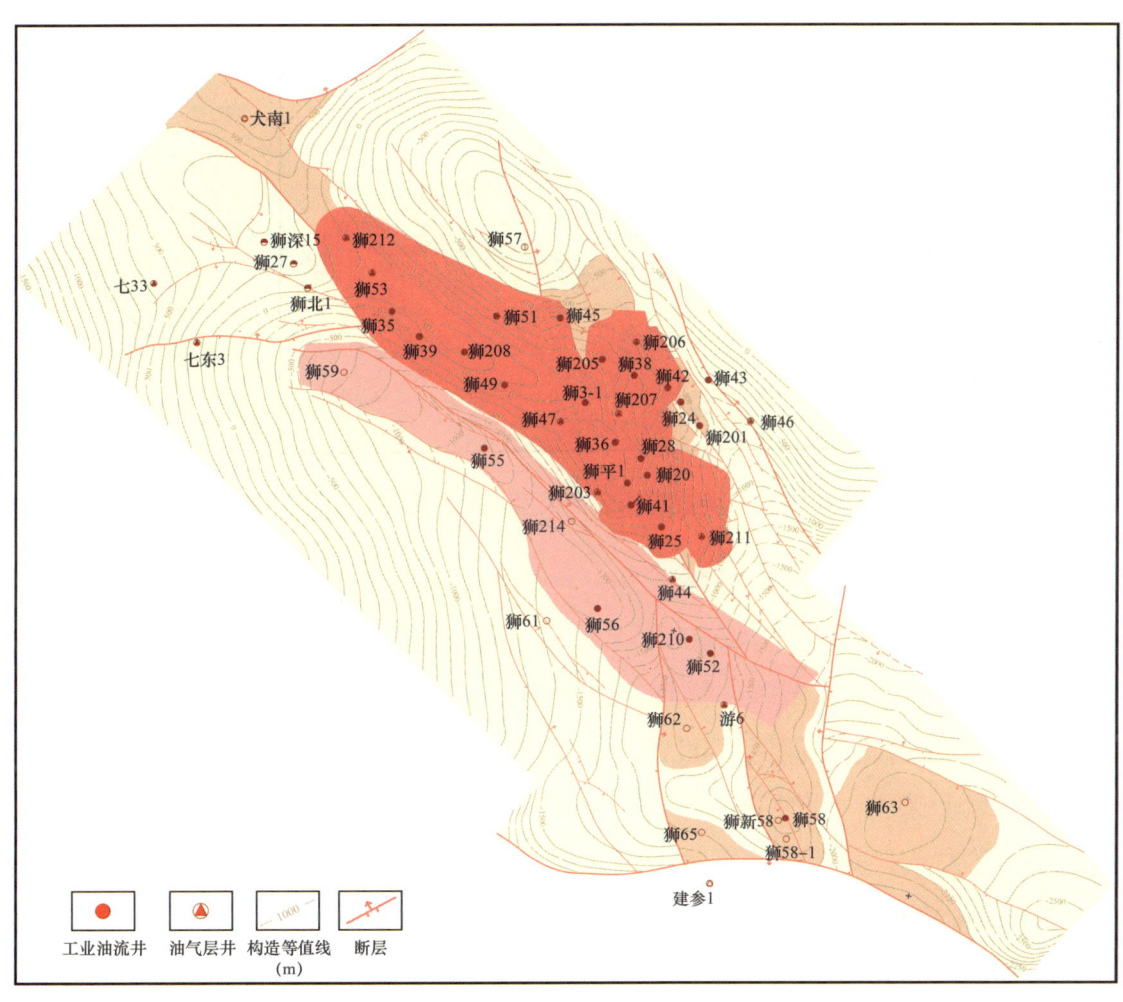

图 4-68 英西深层控制及预测含油面积分布

二、展望盆地潜力大，持续探索续辉煌

英雄岭构造带晚期强烈改造隆升成山，浅层破坏严重，油气大规模逸散，而深层地质条件更为复杂。通过构造—生烃耦合和动态成藏组合特征研究，创建了以英西深层和英东中浅层为代表的盆内晚期断隆区盐下"低熟早排、源储一体"，盐间—盐上"多期调整、断裂输导、动态聚集"的复式成藏模式（图4-69），可有效指导盆地类似区域的勘探工作。

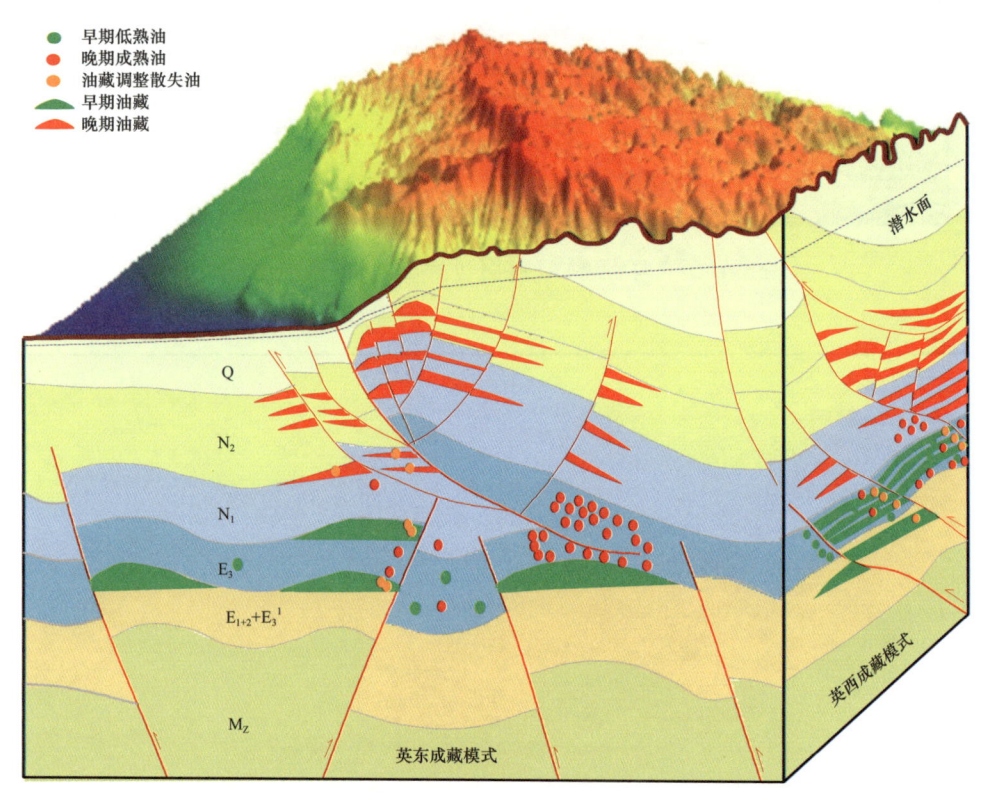

图4-69 英雄岭构造带英西、英东成藏模式图

此外，环英雄岭构造带广泛发育浅湖—半深湖相沉积环境，烃源岩条件优越，灰云岩有效储层分布稳定，展布面积达8600km^2（图4-70）。通过对该套湖相碳酸盐岩油气藏基本地质条件进行评价，认为成藏条件优越、圈闭类型丰富、勘探层系众多，具备探明石油地质储量$2×10^8$t、天然气地质储量$1000×10^8$m^{3}的潜力，将成为青海油田增储上产的主战场。

该区还发育干柴沟、咸水泉—油墩子、小梁山—大风山等构造带，圈闭储备丰富，勘探程度低，潜力大，前期在南翼山、黄瓜峁、开特等圈闭碳酸盐岩领域已见重要苗头。更令人振奋的是，2017年实施的英北三维地震勘探，资料品质得到明显提高，发现7个背斜圈闭，为该区的突破奠定了基础。其中被前人寄予厚望的油南1井区，深层构造得到落实，高点位置清晰（图4-71），有望继英西之后，再获新突破。

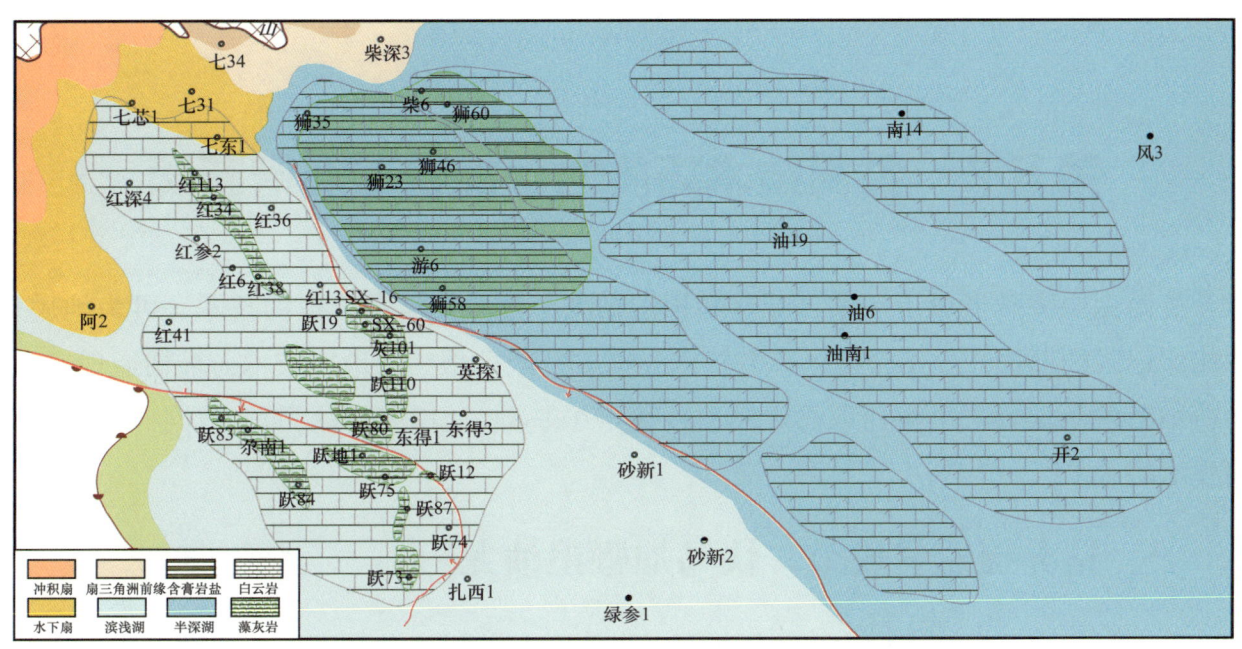

图 4-70 英雄岭地区下干柴沟组（E_3^2）沉积相平面图

该区还发育干柴沟、咸水泉—油墩子、小梁山—大风山等构造带，圈闭储备丰富，勘探程度低，潜力大，前期在南翼山、黄瓜峁、开特等圈闭碳酸盐岩领域已见重要苗头。更令人振奋的是，2017年实施的英北三维地震勘探，资料品质得到明显提高，发现 7 个背斜圈闭，为该区的突破奠定了基础。其中被前人寄予厚望的油南 1 井区，深层构造得到落实，高点位置清晰（图 4-71），有望继英西之后，再获新突破。

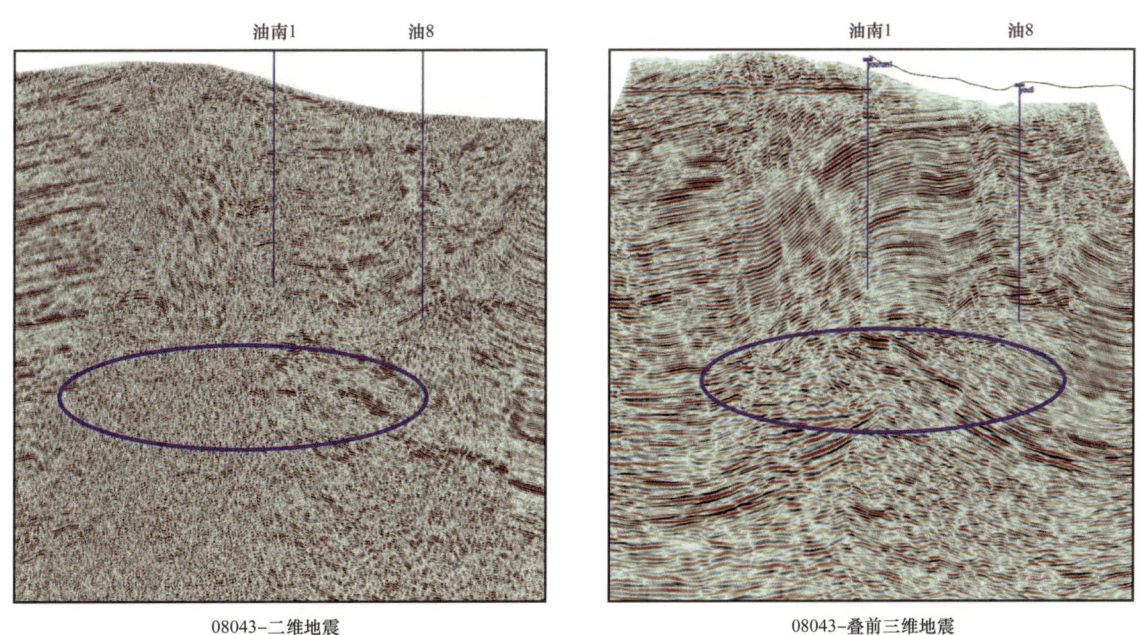

图 4-71 油南 1 井区二维与三维地震资料对比

第五节　井筒技术巧施力　加快节奏谱新篇

英西深层突破形成了一系列配套物探、钻井、测井及压裂改造的技术，可为地质条件相似地区的勘探开发工作提供有力技术支撑。复杂山地三维地震技术力推构造现真身，构造细节的落实为再上英西取得规模发现奠定了基础，但英西深层的突破同样离不开井筒技术的进步。

一、钻井提速显成效，快马加鞭追油龙

英西深层裂缝发育，纵向多套压力系统共存，传统钻完井技术在前期勘探屡屡碰壁，复杂事故多，钻井周期长，严重制约勘探进度。

为了实现钻井提速，降低钻井成本，2013年以来全面应用"小三开"井身结构，防斜打直、综合提速等多种技术结合，将钻井周期缩短至3～4个月，2017年机械钻速较2014年提高34.2%，平均达到5.2m/h，单井节约成本300万元～400万元（图4-72）。

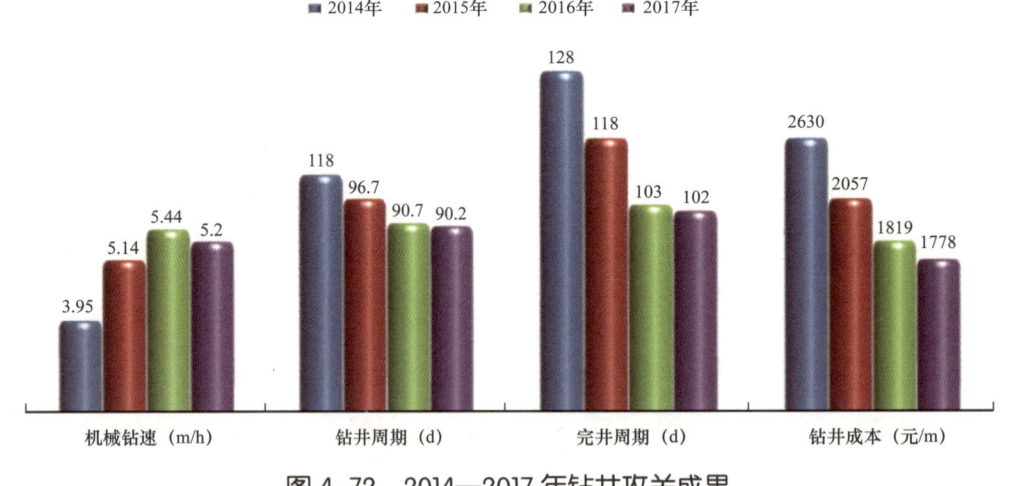

图4-72　2014—2017年钻井攻关成果

膏盐岩发育造成卡钻等复杂事故常发，为降低复杂率，不断改进完善钻井液配方，自主研发形成"英西有机盐"钻井液体系，有效抑制膏盐层蠕动，复杂时效大大降低（图4-73）。

1988年钻探的狮28井，受钻井技术影响，事故频发，4605.5m的井深，钻井周期长达3年3个月；2016年钻探的狮207井，4657m的井深仅用时112天。

二、特殊测井广作为，拨开云雾找黑金

1996年以前技术方法局限，地质条件复杂，测井资料在英西深层束手无策，储层岩性是什么？有效储层如何划分？储层物性如何计算？如何准确判识流体？四大难题均无法利用测井资料解决。

为了准确辨识储层岩性，引进斯伦贝谢先进的测井技术，但对岩性的识别也走过一些弯路。2014首先采用了斯伦贝谢ECS测井技术，但发现仅能识别英西深层碳酸盐岩发育，矿物成分却无法区分，造成测井岩性识别步入误区。2014年底开始全面引进Litho Scanner测井技术（图4-74），通过岩心X射线衍射刻度Litho Scanner测井明确了主要矿物为黏土、白云石、方解石，最终确定了储层岩性为含泥灰云岩和泥质灰云岩。

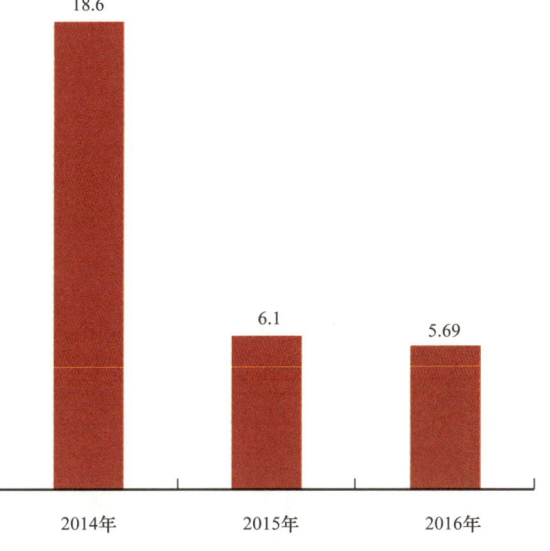

图4-73 英西地区复杂时效对比

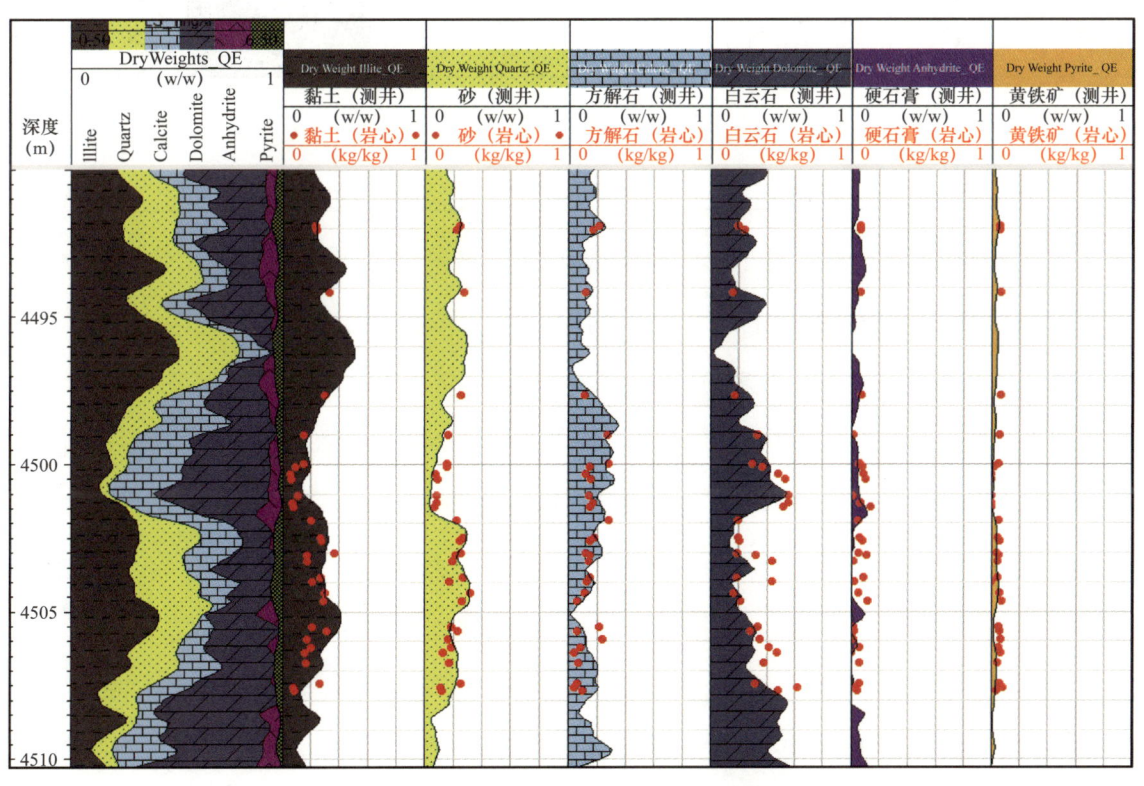

图4-74 狮203井岩性扫描与实测矿物成分对比图

孔隙度的计算也经历了前期简单地运用密度和声波时差曲线进行计算，但结果与实测差距较大。后期探索出一套基于岩性扫描测井得到矿物体积，结合常规密度测井，应用变骨架密度值的方法计算孔隙度，岩心孔隙度与计算孔隙度变化趋势一致，计算精度高达80%（图4-75）。

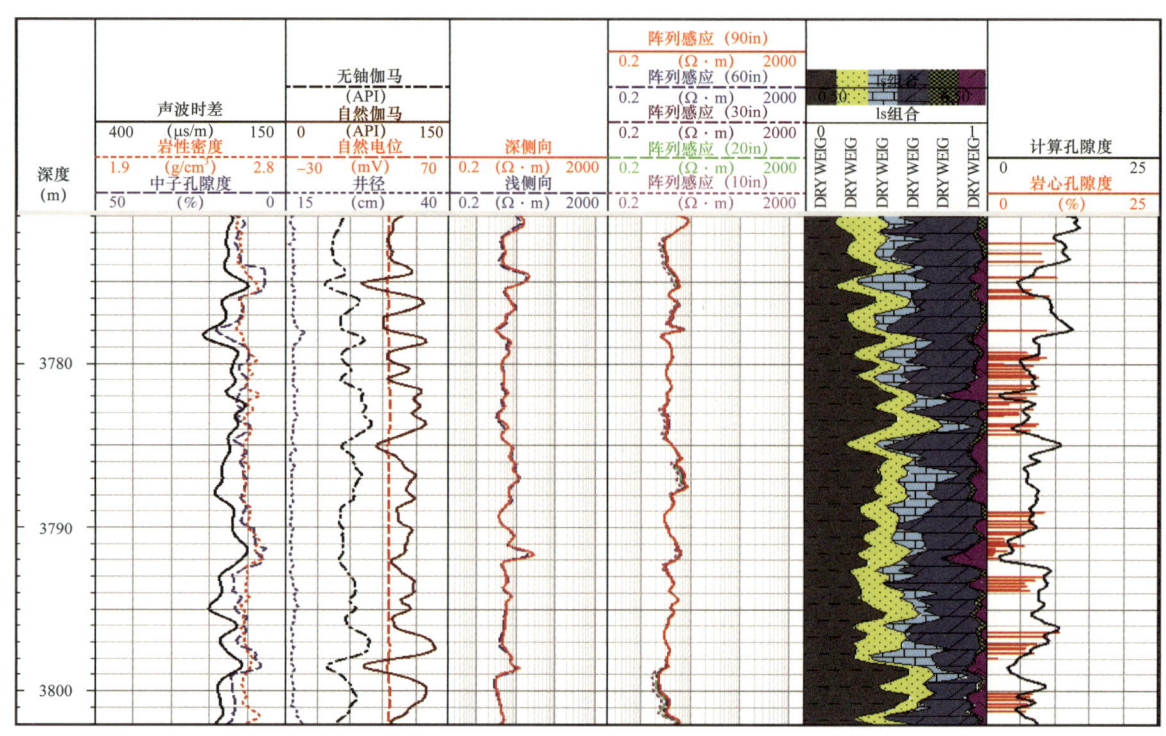

图4-75 狮49-1井计算与实测孔隙度图

同时，为了解决裂缝评价问题，大范围的采用成像测井技术，充分挖掘电成像测井信息。一方面精细裂缝拾取，准确计算裂缝参数；另一方面深度挖掘储层沉积规律和成岩特征，由电成像的结构特征将储层细分为暗斑状、弱层状、强层状三类，其中暗斑状储层最有利，弱层状次之（图4-76）。

由基质孔隙度、裂缝孔隙度结合试油试采资料，对英西深层的储层类型进行量化分类（图4-77），明确有效储层下限，为油层判识提供了重要技术保障。

测井的最大进步还要属流体识别难题的攻克，英西深层矿物成分复杂，储层、油层非均质性强，造成英西深层流体识别成为世界级难题。邀请中国石油大学（北京）、斯伦贝谢公司联合攻关，最终建立了基于录井、测井、非电法综合判识标准（图4-78至图4-80），流体识别难题逐步攻克，测井解释符合率达78%以上。

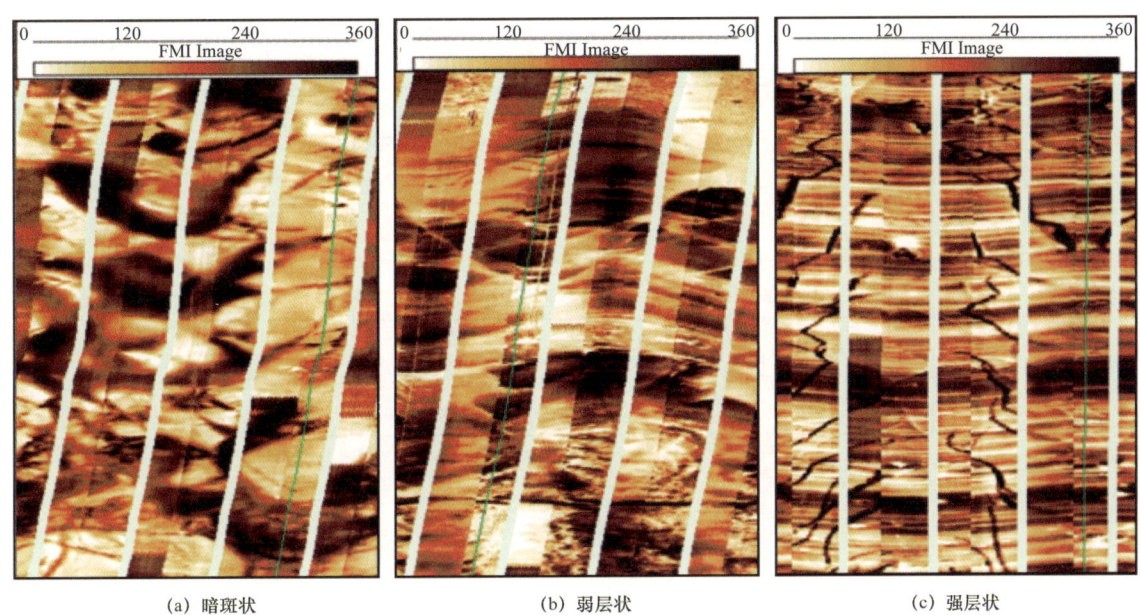

图 4-76 成像暗斑状、弱层状、强层状结构特征

储层类型	分类	成像构造	裂缝孔隙度（%）	φ×（云+灰+砂）	面孔率（%）
裂缝—孔隙型	Ⅰ类		≥0.1		
孔隙型	Ⅰ类	暗斑状 弱层状	<0.1	≥5.5	
				<5.5	≥4
	Ⅱ类	强层状	<0.1	4~5.5	
	Ⅲ类	强层状 块状	<0.1	3~4	
	干层	块状	<0.1	<3	

图 4-77 英西深层储层划分标准

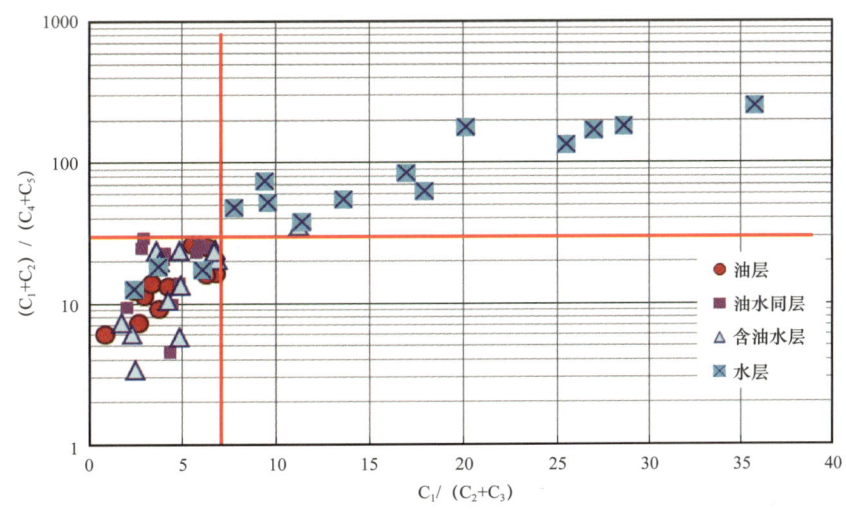

图 4-78 录井油层识别图版

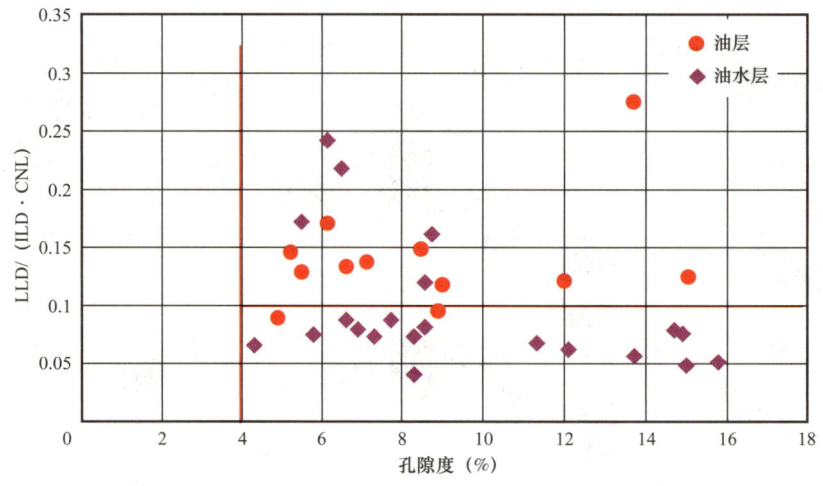

图 4-79 测井油层识别图版

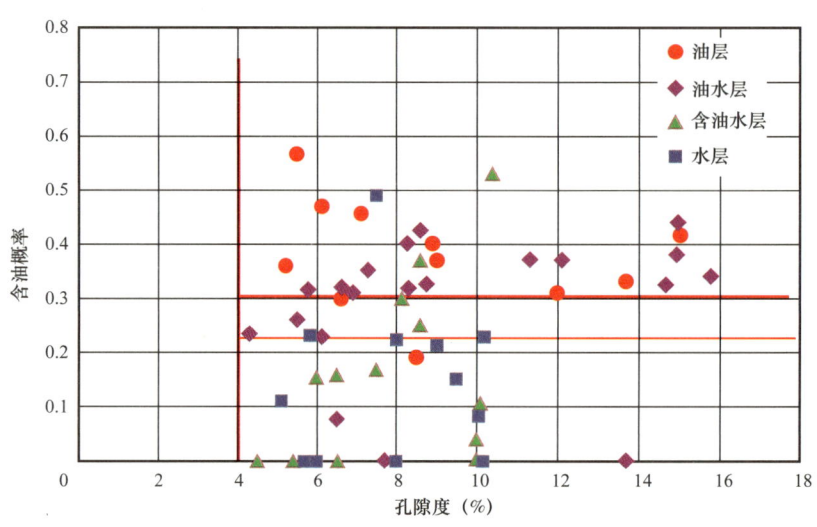

图 4-80 非电法油层识别图版

三、压裂改造与时进，效益勘探奏华章

英西深层广泛发育致密灰云岩基质孔型储层，钻遇此类储层油气显示活跃，改造后初期产量高，但稳产难，通过推广"体积压裂"技术，实现了该类储层的有效动用。

2014年以前，尚未意识到灰云岩基质孔的存在，储层改造以断层、破碎带酸压解堵为主，单井用酸150～200m³，施工排量3～5m³/min，改造程度小，主要以疏通天然裂缝为主，增产效果不明显。

2015年以来形成"打碎"基质储层的缝网压裂改造技术方法。英西基质孔储层致密，但对地质储量贡献大。为打碎此类"磨刀石"似的储层，借鉴致密油体积压裂理念，采用提高压裂施工排量、基质改造体积、单井产量为主的压裂思路。攻关效果显著，平均压裂施工排量6.5m³/min、单井液量1011m³、加砂量58.1m³，改造规模大幅提升，产量明显增加，2017年改造后单井日增油16.39m³（图4-81）。

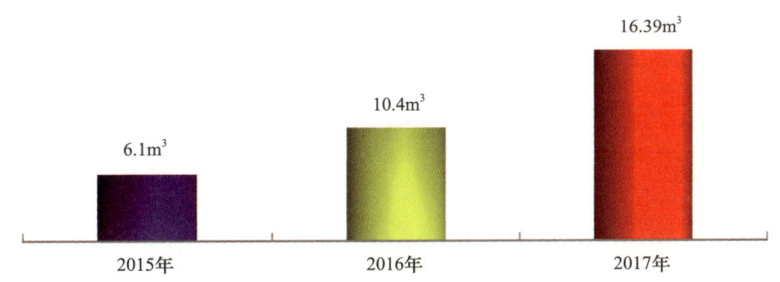

图4-81　2015—2017年压后日增油柱状图

储层改造的进步，尤其是"体积压裂"技术的引用，为水平井大规模开发奠定了坚实的技术基础。针对灰云岩基质孔型储层钻探的狮平1井采用裸眼封隔器实施了8段压裂改造，平均施工排量8m³/min，最高压力108.7MPa，施工总液量10363m³，加砂621m³。通过井下微地震监测，累计改造体积710.7×10⁴m³（图4-82），形成了复杂缝网体系，改造后日产油达到223.5t，较直井产量提高8~10倍。"水平井+体积压裂"方法成为英西深层水平井投产的主导技术。

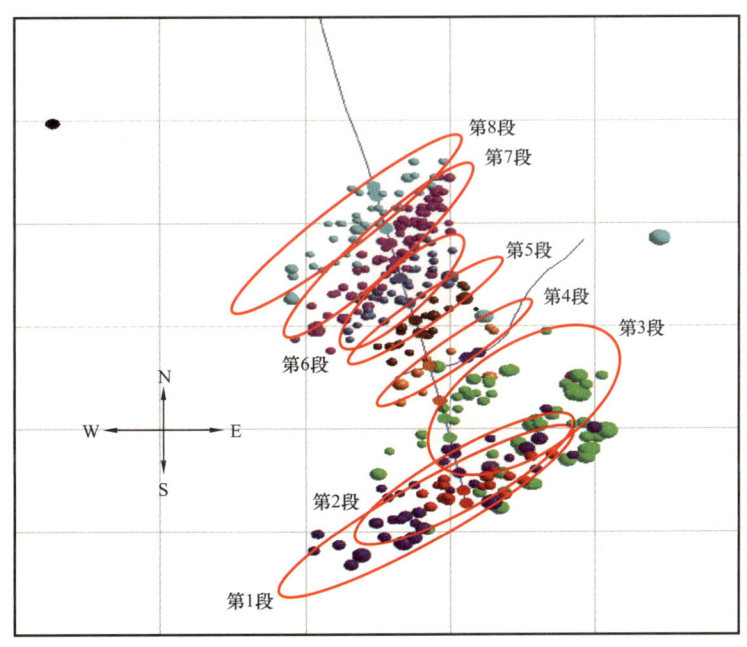

图4-82　狮平1井裂缝监测俯视图

感悟

雄关漫道真如铁，而今迈步从头越。英西，是一部浓缩了青海油田油气勘探科技攻关的精藏宝典。翻开这部恢宏史册，不禁让我们为几代石油人站在世界上海拔最高的油气田，呕心沥血、励精图治，发扬"攻城不怕坚，攻书莫畏难，科学有险阻，苦战能过关"的干事创业精神，攻克了世界级勘探难题而感到欣慰和自豪。

30年，青春不再；30年信念不悔；执着、执着、再执着。高原石油人一以贯之的秉承吃苦耐劳、开拓创新，不达目的不罢休的实干精神；发扬艰苦奋斗，为油而战的奉献精神；接续传承几代石油人，为了一个共同目标的苦干精神，攻克了青藏高原复杂山地三维地震勘探的世界级难题，总结出了一套特有的复杂构造区咸化湖相碳酸盐岩油气藏勘探技术方法。

"长安何处在，只在马蹄下"展现的是高原石油人初上英西时志在高远的雄心。

"衣带渐宽终不悔，为伊消得人憔悴"记录的是高原石油人三十年锲而不舍、艰辛探索的影像。

"山穷水复疑无路，柳暗花明又一村"是英西勘探喜获丰收呈现给高原石油人最美味的佳肴。

"三十春秋宏图志，英雄岭上终无悔"是几代高原石油人"长征"英雄岭寻找大油田的圆梦之旅。

一路走来一路艰辛，终获满园芬芳。实践证明只要牢记"勘探不息、攻关不止"的信念，勇于探索、善于创新，就一定会收获丰硕的果实。

锲而不舍，方得始终。柴达木盆地英西湖相碳酸盐岩大发现让我们深刻地感到：方向把握是战略，领域选择是根本；部署决策是关键，坚定信念是动力；思路转变是方向，认识提升是创新；技术进步是保障，瓶颈突破是基础。

油气勘探不是一蹴而就的事情，尤其是复杂构造勘探攻关，更要耐得住寂寞，受得了煎熬。勘探也要讲科学，但更要讲辩证法。在研究中提高认识，在失败中总结经验，在决策中坚定信念。

世上无难事，只要肯登攀。英西湖相碳酸盐岩大发现为中国复杂构造区湖相碳酸盐岩油气藏勘探提供了宝贵的经验，提升了高原油田在中国石油西部重要能源战略接替区的地位。青海油田作为青藏地区唯一的油气规模生产基地，油气重大发现和产量快速增长对满足和保障甘青藏地区的能源需求、经济发展、社会进步和国防、边疆建设均具有特殊的战略意义。

路漫漫其修远兮，吾将上下而求索。英西亿吨级规模储量的发现，证明柴达木盆地油气勘探没有战胜不了的困难，没有实现不了的目标！

谨此，向为了高原油田发展默默奉献的石油人致以崇高的敬意！向长期给予柴达木盆地油气勘探工作支持的各级领导、专家、学者、单位、团体一并表示感谢！